현대 광학

MODERN OPTICS

안승준 · 안성준

북스힐

머 리 말

과학과 기술은 부를 창출하는 근원이며 근간임에 틀림이 없다. 그럼에도 불구하고 과학을 공부하고자 하는 인재들이 점점 줄어들고 있는 것이 현실이다. 먼저 이공계를 선택하여 저자의 좁은 식견과 짧은 지식으로 고민한 "**현대 광학**"을 접한 여러분의 의기와 용기에 뜨거운 갈채를 보낸다.

우리 나라의 경제적 발전과 우리가 누리는 부의 원천인 제조업은, 예전의 역동적인 힘과 미래를 향한 vision을 점점 잃어 가고 있는 것이 현재의 상황이다. 경제 규모가 커짐에 따라 발생하는 분배의 부작용, 고임금 및 노사분규는 급기야 생산거점을 해외로 이전시키고 몇몇 분야에서는 산업공동화를 불러왔다. 이러한 난제를 타개하고 새로운 전환점을 만들기 위해서는 기초적인 연구를 토대로 세계적인 리더가 될 수 있는 선도기술이나 핵심기술을 개발하여 국가 경쟁력을 확보해야 한다.

저자는 본 교재가 이러한 의미있는 발걸음에 불을 붙이는 작은 seed가 되기를 바란다. 광학은 반도체, 디스플레이, 측정 및 계측 등과 같은 여러 가지 응용분야의 기초 학문이다. 저자가 스무 해 이상 광학을 강의하면서 무척 안타깝게 생각한 것은 기초 수준의 광학 입문서가 없다는 것이다. 많은 원서와 번역서가 출간되었지만 처음 광학을 접하면서 쉽게 이해할 수 있는 책을 찾을 수 없었다. 저자는 그동안의 강의 경험을 바탕으로 학부 학생들이 광학 전반에 대하여 쉽게 배워나갈 수 있는 광학 입문서를 집필하기로 하였다.

이 교재는 대학교 2~3학년 정도의 수준이면 무난히 읽을 수 있도록 수학과 물리적 개념을 조절하였고 새로운 용어에는 영문을 병기하여 독자의 이해를 돕고자 하였다. Chapter 1에서는 광학에 필요한 아주 기본적인 수학적 지식을 소개하였으며, chapter

2와 3에서는 기하광학 전반에 대하여, chapter 4에서는 두꺼운 렌즈, chapter 5에서는 빛의 간섭, chapter 6에서는 편광과 반사, chapter 7에서는 박막의 다중 간섭, chapter 8에서는 빛의 회절, 그리고 chapter 9에서는 레이저 입문에 대하여 기술하였다. 또한 각 chapter의 마지막에는 본문 내용의 이해를 완성하기 위하여 쉽게 다룰 수 있는 연습문제를 준비하였다. 본문에 대한 이해의 척도는 연습문제의 풀이이다.

끝으로 이 책이 출간되도록 협력해 주신 ㈜북스힐의 조승식 사장님, 그리고 꼼꼼한 교정과 본 교재의 삽화에 많은 도움을 준 윤효은 선생에게 감사드린다. 평생 교직의 외길을 묵묵히 함께 걸어온 사랑하는 나의 아내에게 이 책을 온전히 드립니다.

2019년 3월 5일

대표저자 안 승 준

차 례

01 서 론

광학은 과학과 공학에 널리 응용되는 학문 중의 하나이다. 광학을 공부하는데 있어서 가장 중요한 것은 기본 개념을 명확히 파악하고 이것을 바탕으로 응용문제에 잘 적용할 수 있는 능력을 기르는 것이다. 또한 광학은 빛에 대한 자연현상을 논리적으로 기술하는 학문이며, 광학에서 기술되는 모든 법칙이나 원리가 수학적 표현으로 나타나기 때문에 물리적 개념을 이해하기 위하여 기본적인 수학적 지식이 필요하다.

광학을 공부하는 과정에서 새로운 개념의 파악과 이에 필요한 수학적 지식의 습득은 반드시 필요하지만 chapter 1에서는 광학에 필요한 아주 기본적인 수학적 지식만을 소개하고자 한다. 광학에서 많이 사용되는 벡터, 좌표계, 삼각함수, 복소수, 그리고 멱급수 전개에 대한 기본 사항을 학습함으로써, 광학을 공부하는데 있어서 수식을 이해하고 해석하는 기본적인 소양을 갖추도록 하였다.

1.1 벡터

벡터는 크기와 방향을 모두 가지는 것으로 변위, 속도, 가속도, 힘, 전기장, 자기장 등이 있다. 반면에 스칼라는 크기만을 가지는 양이다. 스칼라는 수치(그리고 단위)만 주어지면 완전히 결정되는 양으로 온도, 시간, 일 등이 있다. 벡터를 표시할 때, 그림 1-1과 같이 $\vec{A}$로 쓰고 벡터 A라고 읽는다. 벡터가 시작되는 점을 작용점이라고 하고 화살표의 길이는 벡터 $\vec{A}$의 크기를 나타내며 화살표의 방향은 벡터의 방향을 표시한다.

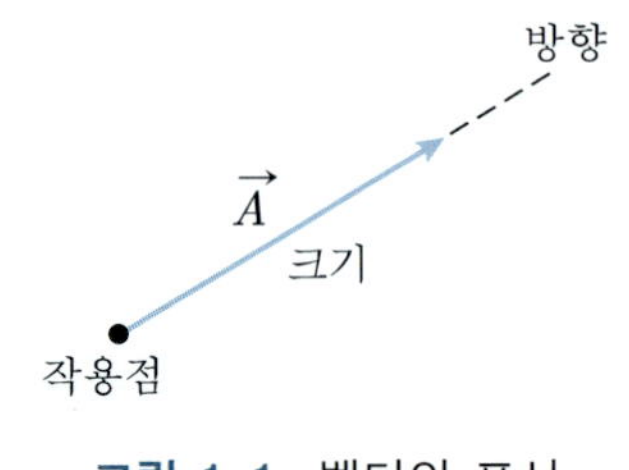

그림 1-1 벡터의 표시

1.1.1 벡터의 특성

그림 1-2에서 크기와 방향이 같은 두 개의 벡터 $\vec{A}$와 $\vec{B}$는 서로 같으며 $\vec{A}=\vec{B}$로 표시한다. 벡터 $\vec{A}$를 평행 이동하여 얻은 벡터 $\vec{B}$는 원래의 벡터 $\vec{A}$와 같다.

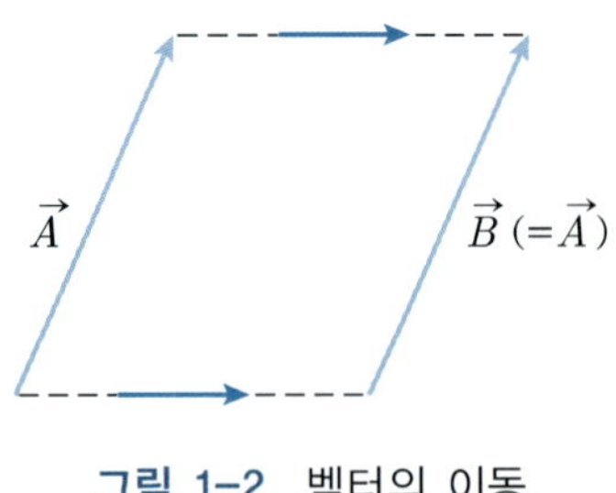

그림 1-2 벡터의 이동

그리고 벡터 $\vec{A}$와 크기가 같고 방향이 반대인 벡터를 벡터 $\vec{A}$의 (−) 벡터라 하고 $-\vec{A}$로 표시한다.

벡터의 덧셈과 뺄셈

두 개의 벡터 $\vec{A}$와 $\vec{B}$를 더하여 그와 같은 효과를 가지는 한 개의 벡터 $\vec{C}$를 구하는 방법을 벡터의 덧셈이라고 하며 $\vec{A}+\vec{B}=\vec{C}$로 나타낸다. 이 때 벡터 $\vec{C}$를 $\vec{A}$와 $\vec{B}$의 합벡터라고 한다. 그림 1-3은 벡터의 덧셈을 그림으로 나타낸 것이다. 그림 1-3 (a)와 같이 한 점에 두 벡터 $\vec{A}$와 $\vec{B}$가 작용할 때 인접한 두 벡터 $\vec{A}$와 $\vec{B}$가 두 변이 되는 평행사변형을 그리면 대각선이 합벡터 $\vec{C}$가 된다. 합벡터 $\vec{C}$의 크기는 평행사변형의 대각선 길이이고, 벡터의 방향은 대각선 방향이 된다. 이와 같은 벡터의 합성법을 **평행사변형법**이라고 한다. 또 하나의 다른 방법은 그림 1-3 (b)와 같이 인접한 두 벡터 $\vec{A}$와 $\vec{B}$에서 $\vec{B}$를 평행 이동하여 $\vec{B}$의 작용점이 $\vec{A}$의 머리에 오도록 한 다음 $\vec{A}$의 작용점과 $\vec{B}$의 머리를 이으면 합벡터 $\vec{C}$가 된다. 이와 같은 벡터의 합성법을 **삼각형법**이라고 한다.

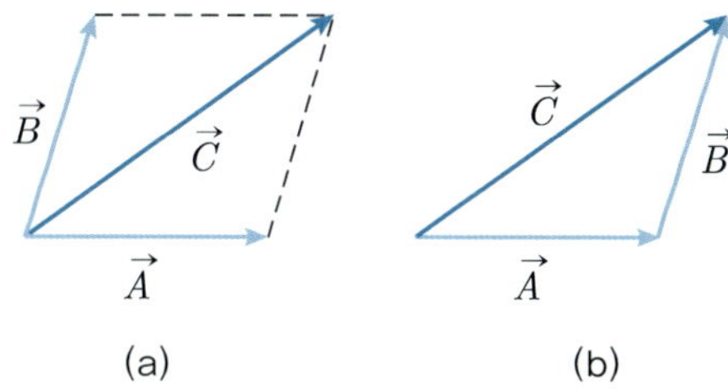

그림 1-3 (a) 평행사변형법과 (b) 삼각형법에 의한 벡터의 덧셈

벡터의 뺄셈은 앞에서 정의된 (−) 벡터의 개념을 이용하면 덧셈과 동일하다. 예를 들어 $\vec{A}$에서 $\vec{B}$를 뺄 경우 그림 1-4와 같이 벡터 $\vec{B}$와 길이가 같고 방향이 정반대인 (−) 벡터 $-\vec{B}$를 그린 다음 $\vec{A}$와 $-\vec{B}$를 삼각형법으로 합성하면 된다. 벡터 $\vec{A}$와 벡터 $\vec{B}$의

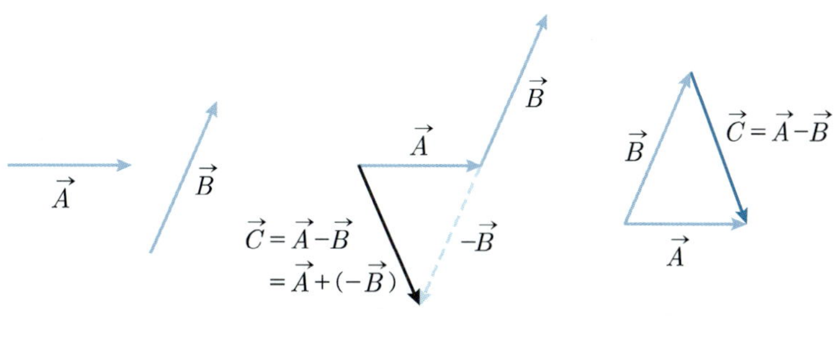

그림 1-4 벡터의 뺄셈

차 $\vec{A}-\vec{B}=\vec{C}$는 $\vec{A}$와 $(-\vec{B})$의 합인 $\vec{A}+(-\vec{B})=\vec{C}$와 같으므로 다음과 같이 나타낼 수 있다.

$$\vec{A}-\vec{B}=\vec{A}+(-\vec{B})=\vec{C} \tag{1-1}$$

1.1.2 벡터의 성분과 단위벡터

여러 개의 벡터를 하나의 벡터로 합성할 수 있는 것과 마찬가지로 임의의 벡터 $\vec{A}$가 주어졌을 때, 같은 효과를 갖는 둘 또는 그 이상의 벡터로 나눌 수 있는데, 이를 **벡터의 분해**라고 한다. 일반적으로 벡터를 분해하는 방향은 임의로 정할 수 있으나 그림 1-5와 같이 서로 직교하는 방향(x축 방향과 y축 방향)의 두 벡터로 분해하는 것이 물리적 현상을 벡터적으로 해석하는데 편리하다. 임의의 벡터 $\vec{A}$에 대해서 x축에 평행한 성분벡터 $\vec{A}_x$와 y축에 평행한 성분벡터 $\vec{A}_y$의 두 벡터의 합으로 나타낼 수 있다.

벡터의 성분

임의의 벡터 $\vec{A}$를 분해하여 얻은 두 벡터 $\vec{A}_x$와 $\vec{A}_y$는 벡터 $\vec{A}$의 **성분벡터**라고 한다. x축에 대한 벡터 $\vec{A}$의 사영 A_x를 벡터 $\vec{A}$의 x성분이라고 하고 y축에 대한 벡터 $\vec{A}$의 사영 A_y를 벡터 $\vec{A}$의 y성분이라고 한다.

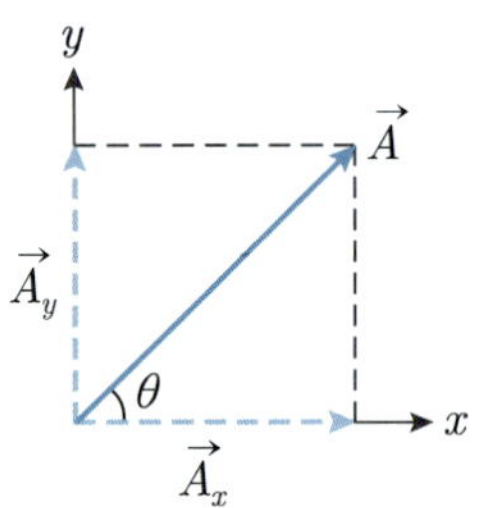

그림 1-5 벡터의 분해

이 성분들은 단위를 가진 양 또는 음의 수이며 벡터 $\vec{A}$가 x축과 이루는 각을 θ라고 하면, 벡터 $\vec{A}$의 x성분과 y성분 A_x와 A_y는

$$A_x = A\cos\theta,\quad A_y = A\sin\theta \tag{1-2}$$

이며 벡터 $\vec{A}$의 크기와 방향은 다음의 관계를 만족한다.

$$A = \sqrt{A_x^2 + A_y^2}, \quad \tan\theta = \frac{A_y}{A_x} \tag{1-3}$$

단위벡터

차원이 없고 크기가 1인 벡터를 **단위벡터** 또는 기본벡터라고 한다. 단위벡터는 무수히 많으나 우리가 관심을 가지는 것은 특별한 좌표계에 대한 좌표축의 단위벡터이다. 직각좌표의 축방향인 x, y, z축 방향을 나타내는 단위벡터는 $\hat{i}$, $\hat{j}$, $\hat{k}$ 또는 $\hat{x}$, $\hat{y}$, $\hat{z}$ 이다. 단위벡터를 나타내는 일반적인 표현방법은 글자 위에 "모자"를 씌워서 표현한다. 예를 들어 직각좌표의 x축에 대한 단위벡터는 $\hat{i}$로 쓰고 "**아이 햇**(i-hat)"이라고 읽는다. 직각좌표의 단위벡터인 $\hat{i}$, $\hat{j}$, $\hat{k}$는 서로 수직이며 크기는 당연히 모두 1이다.

그림 1-6과 같이 xy 평면에 있는 벡터 $\vec{A}$를 성분벡터와 단위벡터를 이용하여 표시해 보자. x축 방향의 성분벡터인 $\vec{A}_x$는 $\vec{A}_x = A_x\hat{i}$ 이며 크기는 A_x이고 x축에 평행하다. 마찬가지로 y축 방향의 성분벡터인 $\vec{A}_y$는 $\vec{A}_y = A_y\hat{j}$ 이며 크기는 A_y이고 y축에 평행하다. 그러므로 단위벡터를 이용해서 벡터 $\vec{A}$를 표시하면 다음과 같이 쓸 수 있다.

$$\vec{A} = A_x\hat{i} + A_y\hat{j} \tag{1-4}$$

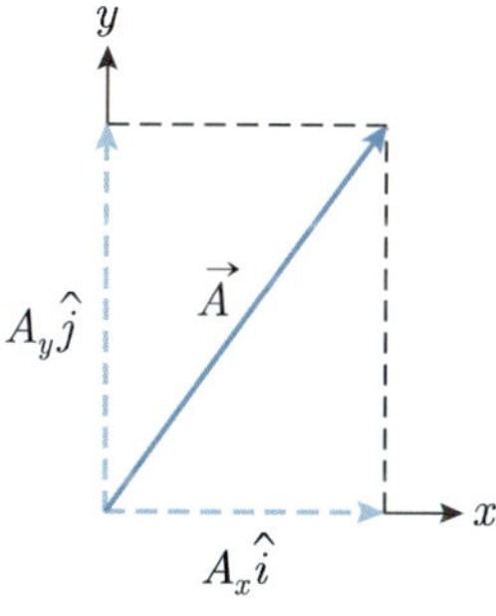

그림 1-6 성분벡터와 단위벡터를 이용한 벡터 $\vec{A}$의 표현

벡터의 덧셈

성분벡터와 단위벡터를 이용하여 임의의 두 벡터 $\vec{A}$와 $\vec{B}$를 더해 보자. 두 벡터 $\vec{A}$와 $\vec{B}$의 합을 벡터 $\vec{R}$(그림 1-7 참조)이라고 하면

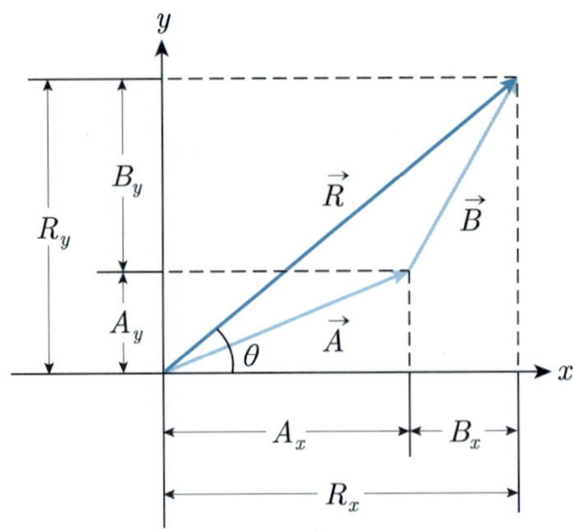

그림 1-7 성분벡터와 단위벡터를 이용한 벡터 $\vec{A}$와 $\vec{B}$의 합

$$\vec{R} = \vec{A} + \vec{B} = (\vec{A}_x + \vec{A}_y) + (\vec{B}_x + \vec{B}_y) \tag{1-5}$$
$$= (A_x \hat{i} + A_y \hat{j}) + (B_x \hat{i} + B_y \hat{j})$$
$$= (A_x + B_x)\hat{i} + (A_y + B_y)\hat{j}$$

으로 나타낼 수 있으며, 합 벡터 $\vec{R}$의 크기와 x축이 만드는 각을 θ라고 하면 다음과 같이 표현된다.

$$R = \sqrt{R_x^2 + R_y^2} = \sqrt{(A_x + B_x)^2 + (A_y + B_y)^2} \tag{1-6}$$
$$\tan\theta = \frac{R_y}{R_x} = \frac{A_y + B_y}{A_x + B_x}$$

같은 방법으로 식 (1-6)을 3차원으로 확장하면 다음과 같이 나타낼 수 있다.

$$\vec{R} = \vec{A} + \vec{B} = (\vec{A}_x + \vec{A}_y + \vec{A}_z) + (\vec{B}_x + \vec{B}_y + \vec{B}_z) \tag{1-7}$$
$$= (A_x \hat{i} + A_y \hat{j} + A_z \hat{k}) + (B_x \hat{i} + B_y \hat{j} + B_z \hat{k})$$
$$= (A_x + B_x)\hat{i} + (A_y + B_y)\hat{j} + (A_z + B_z)\hat{k}$$

$$R = \sqrt{R_x^2 + R_y^2 + R_z^2} = \sqrt{(A_x + B_x)^2 + (A_y + B_y)^2 + (A_z + B_z)^2}$$

1.1.3 벡터의 곱

두 개의 벡터를 곱하는 방법은 두 가지가 있다. 그 중에 하나는 **스칼라 곱**(scalar product) 또는 내적이라고 하며 곱의 결과가 스칼라가 된다. 다른 하나는 **벡터 곱**(vector product) 또는 외적이라고 하며 곱의 결과는 벡터가 된다.

스칼라 곱

두 벡터 $\vec{A}$와 $\vec{B}$의 스칼라 곱은 $\vec{A}\cdot\vec{B}$로 표기하며 벡터 $\vec{A}$의 크기와 벡터 $\vec{B}$의 크기를 곱한 후, 벡터 $\vec{A}$와 $\vec{B}$ 사이의 각도 θ의 코사인을 곱한 것으로 정의하며 다음과 같이 쓸 수 있다.

$$\vec{A}\cdot\vec{B} = AB\cos\theta \tag{1-8}$$

스칼라 곱에 대한 정의에 따라 $\vec{A}$가 $\vec{B}$에 수직($\theta = 90°$)일 경우 $\vec{A}\cdot\vec{B} = 0$이 되며 서로 평행하여 방향이 같을 경우($\theta = 0°$)에는 $\vec{A}\cdot\vec{B} = AB$가 된다. $\vec{A}$와 $\vec{B}$가 평행하지만 방향이 서로 반대일 경우($\theta = 180°$)에는 $\vec{A}\cdot\vec{B} = -AB$이다. 스칼라 곱은 $90° < \theta \leq 180°$일 때 (−) 값을 갖는다.

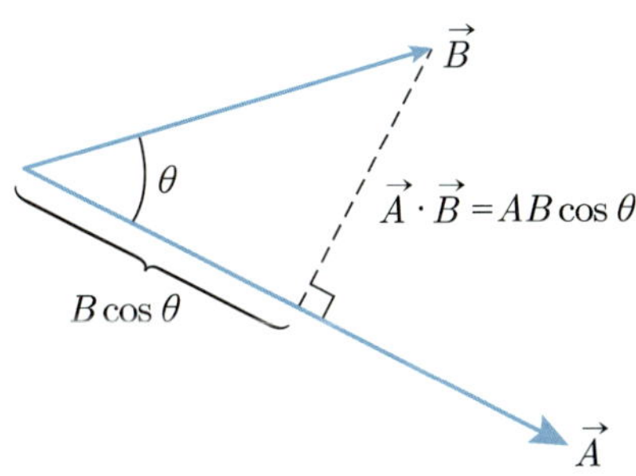

그림 1-8 두 벡터 $\vec{A}$와 $\vec{B}$의 스칼라 곱 $\vec{A}\cdot\vec{B}$의 크기

앞에서 정의한 직각좌표계에서의 단위벡터 $\hat{i}$, $\hat{j}$, $\hat{k}$에 대한 스칼라 곱을 계산해 보자. $\vec{A}\cdot\vec{B}$의 정의에 따라 이들 단위벡터 $\hat{i}$, $\hat{j}$, $\hat{k}$의 스칼라 곱은 다음과 같다.

$$\hat{i}\cdot\hat{i} = \hat{j}\cdot\hat{j} = \hat{k}\cdot\hat{k} = 1 \tag{1-9}$$

$$\hat{i}\cdot\hat{j} = \hat{j}\cdot\hat{k} = \hat{i}\cdot\hat{k} = 0$$

3차원의 두 벡터 $\vec{A}$와 $\vec{B}$를 $\vec{A}=A_x\hat{i}+A_y\hat{j}+A_z\hat{k}$와 $\vec{B}=B_x\hat{i}+B_y\hat{j}+B_z\hat{k}$로 정의한 다음 식 (1-9)를 이용하여 벡터 $\vec{A}$와 $\vec{B}$의 스칼라 곱을 계산하면

$$\vec{A}\cdot\vec{B}=A_xB_x+A_yB_y+A_zB_z$$

이고 $\vec{A}=\vec{B}$인 특별한 경우는

$$\vec{A}\cdot\vec{A}=A_x^2+A_y^2+A_z^2$$

임을 알 수 있다.

벡터 곱

두 벡터 $\vec{A}$와 $\vec{B}$의 벡터 곱은 $\vec{A}\times\vec{B}$로 표기하며 $\vec{A}\times\vec{B}$는 크기가 $AB\sin\theta$인 제3의 벡터 $\vec{C}$로 정의된다. 여기서 A는 벡터 $\vec{A}$의 크기, B는 벡터 $\vec{B}$의 크기, 그리고 θ는 벡터 $\vec{A}$와 $\vec{B}$ 사이의 각도이며 다음과 같이 쓸 수 있다.

$$\vec{A}\times\vec{B}=\vec{C}=AB\sin\theta\,\hat{n} \tag{1-10}$$

벡터 $\vec{C}$의 크기는 $C=AB\sin\theta$이며 $\hat{n}$은 벡터 $\vec{C}$의 단위벡터이다. $AB\sin\theta$는 그림 1-9에 나타낸 것처럼 벡터 $\vec{A}$와 $\vec{B}$가 만드는 평행사변형의 넓이와 같으며, 벡터 $\vec{C}$의 방향은 벡터 $\vec{A}$와 $\vec{B}$가 만드는 평면에 수직이다. 벡터 $\vec{C}$의 방향을 결정하는 가장 좋은 방법은 그림 1-9처럼 오른손의 네 손가락을 벡터 $\vec{A}$로 향하게 한 뒤, 각도 θ를 지나 $\vec{A}$에서 $\vec{B}$로 회전하는 방향으로 감아쥘 때, 바로 선 엄지손가락의 방향이 $\vec{A}\times\vec{B}=\vec{C}$의 방향이다.

벡터 곱에 대한 정의에 따라 $\vec{A}$가 $\vec{B}$에 수직($\theta=90°$)일 경우 $\vec{A}\times\vec{B}=AB$가 되며 서로 평행하여 방향이 같을 경우($\theta=0°$)에는 $\vec{A}\times\vec{B}=0$이 된다. 스칼라 곱과 달리 벡터 곱은 교환법칙이 성립하지 않기 때문에 두 벡터의 곱하는 순서를 바꿀 경우 $\vec{A}\times\vec{B}=-\vec{B}\times\vec{A}$가 된다. 이것의 증명은 연습문제로 남겨둔다.

예제 1.1 벡터의 스칼라 곱

두 벡터 $\vec{A}$와 $\vec{B}$를 $\vec{A}=3\hat{i}+6\hat{j}+9\hat{k}$와 $\vec{B}=-2\hat{i}+3\hat{j}+\hat{k}$로 정의하고 다음을 구하시오.

(1) 벡터 $\vec{A}$와 $\vec{B}$의 크기

(2) 벡터 $\vec{A}$와 $\vec{B}$의 스칼라 곱 $\vec{A}\cdot\vec{B}$

(3) 벡터 $\vec{A}$와 $\vec{B}$의 사이각 $\theta(0\leq\theta\leq 180°)$

풀이 (1) $A=\sqrt{A_x^2+A_y^2+A_z^2}=\sqrt{3^2+6^2+9^2}=3\sqrt{14}$ 이고

$B=\sqrt{B_x^2+B_y^2+B_z^2}=\sqrt{(-2)^2+3^2+1^2}=\sqrt{14}$ 이다.

(2) $\vec{A}\cdot\vec{B}=(3\hat{i}+6\hat{j}+9\hat{k})\cdot(-2\hat{i}+3\hat{j}+\hat{k})=21$

(3) $\vec{A}\cdot\vec{B}=AB\cos\theta$

$$\cos\theta=\frac{\vec{A}\cdot\vec{B}}{AB}=\frac{21}{3\sqrt{14}\sqrt{14}}=\frac{1}{2}$$

따라서 $\theta=60°$ 임을 알 수 있다.

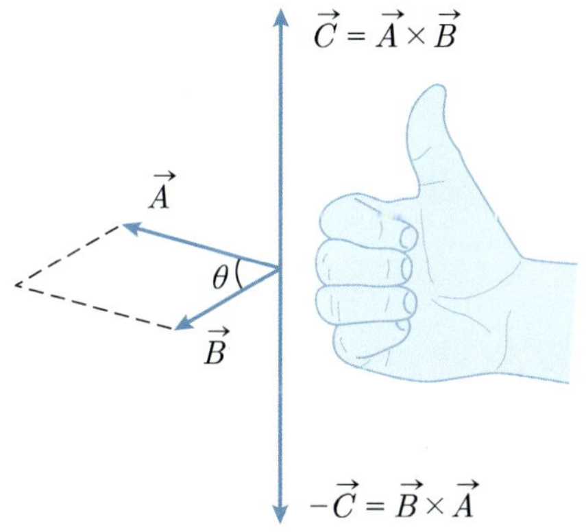

그림 1-9 두 벡터 $\vec{A}$와 $\vec{B}$의 벡터 곱 $\vec{A}\times\vec{B}$의 크기와 방향

앞에서 정의한 직각좌표계에서의 단위벡터 $\hat{i}$, $\hat{j}$, $\hat{k}$에 대한 벡터 곱을 계산해 보자. $\vec{A}\times\vec{B}$의 정의에 따라 이들 단위벡터 $\hat{i}$, $\hat{j}$, $\hat{k}$의 벡터 곱은 다음과 같다.

$$\hat{i}\times\hat{i}=\hat{j}\times\hat{j}=\hat{k}\times\hat{k}=0 \tag{1-11}$$

$$\hat{i}\times\hat{j}=-\hat{j}\times\hat{i}=\hat{k}$$

$$\hat{j}\times\hat{k}=-\hat{k}\times\hat{j}=\hat{i}$$

$$\hat{k}\times\hat{i}=-\hat{i}\times\hat{k}=\hat{j}$$

3차원의 두 벡터 $\vec{A}$와 $\vec{B}$를 $\vec{A}=A_x\hat{i}+A_y\hat{j}+A_z\hat{k}$와 $\vec{B}=B_x\hat{i}+B_y\hat{j}+B_z\hat{k}$로 정의한 다음 식 (1-11)을 이용하여 벡터 $\vec{A}$와 $\vec{B}$의 벡터 곱을 계산하면

$$\begin{aligned}\vec{A}\times\vec{B} &= \left(A_x\hat{i}+A_y\hat{j}+A_z\hat{k}\right)\times\left(B_x\hat{i}+B_y\hat{j}+B_z\hat{k}\right) \\ &= \left(A_yB_z-A_zB_y\right)\hat{i}+\left(A_zB_x-A_xB_z\right)\hat{j}+\left(A_xB_y-A_yB_x\right)\hat{k}\end{aligned} \tag{1-12}$$

의 결과를 얻을 수 있다.

예제 1.2 벡터의 벡터 곱

두 벡터 $\vec{A}=3\hat{i}+6\hat{j}+9\hat{k}$와 $\vec{B}=-2\hat{i}+3\hat{j}+\hat{k}$의 벡터 곱을 구하고 그 크기를 계산하시오.

풀이

$$\begin{aligned}\vec{A}\times\vec{B} &= (3\hat{i}+6\hat{j}+9\hat{k})\times(-2\hat{i}+3\hat{j}+\hat{k}) \\ &= -6(\hat{i}\times\hat{i})+9(\hat{i}\times\hat{j})+3(\hat{i}\times\hat{k})-12(\hat{j}\times\hat{i})+18(\hat{j}\times\hat{j})+6(\hat{j}\times\hat{k}) \\ &\quad -18(\hat{k}\times\hat{i})+27(\hat{k}\times\hat{j})+9(\hat{k}\times\hat{k}) \\ &= 9\hat{k}-3\hat{j}+12\hat{k}+6\hat{i}-18\hat{j}-27\hat{i} \\ &= -21\hat{i}-21\hat{j}+21\hat{k}\end{aligned}$$

$\vec{A}\times\vec{B}$의 크기는

$$\begin{aligned}|\vec{A}\times\vec{B}| &= |-21\hat{i}-21\hat{j}+21\hat{k}| \\ &= \sqrt{(-21)^2+(-21)^2+21^2} \\ &= 21\sqrt{3}\end{aligned}$$

이 된다.

식 (1–12)의 계산은 행렬식을 이용하여 계산할 수도 있다.

$$\vec{A}\times\vec{B} = \begin{vmatrix} \hat{i} & \hat{j} & \hat{k} \\ A_x & A_y & A_z \\ B_x & B_y & B_z \end{vmatrix} = \begin{vmatrix} A_y & A_z \\ B_y & B_z \end{vmatrix}\hat{i} + \begin{vmatrix} A_z & A_x \\ B_z & B_x \end{vmatrix}\hat{j} + \begin{vmatrix} A_x & A_y \\ B_x & B_y \end{vmatrix}\hat{k} \tag{1–13}$$

$$= (A_yB_z - A_zB_y)\hat{i} + (A_zB_x - A_xB_z)\hat{j} + (A_xB_y - A_yB_x)\hat{k}$$

식 (1–12)와 (1–13)의 자세한 계산은 연습문제로 남겨두기로 한다.

1.1.4 벡터의 미분연산자

스칼라 함수 $\phi(x, y, z)$ 상의 임의의 점 (x_0, y_0, z_0)에서 거리에 따른 ϕ의 변화율 $\dfrac{d\phi}{ds}$를 구해 보자. 주어진 방향의 벡터를 $\vec{n} = a\hat{i} + b\hat{j} + c\hat{k}$라고 하고 점 (x_0, y_0, z_0)에서 출발하여 벡터 $\vec{n}$의 방향으로 $s(s \geq 0)$만큼 이동해서 점 (x, y, z)에 도달하였다면, 그림 1–10과 같이 두 점을 잇는 벡터는 $s\vec{n}$이며

$$(x, y, z) - (x_0, y_0, z_0) = s\vec{n} = s(a\hat{i} + b\hat{j} + c\hat{k})$$

또는

$$x = x_0 + sa \tag{1–14}$$

$$y = y_0 + sb$$

$$z = z_0 + sc$$

이다.

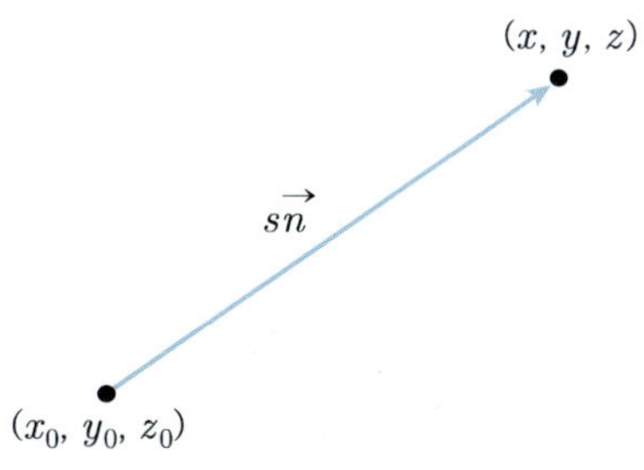

그림 1–10 벡터의 변위

식 (1–14)의 x, y, z를 $\phi(x, y, z)$에 대입하면 ϕ는 변수 s만의 함수가 된다. 따라서 $d\phi/ds$는

$$\begin{aligned}\frac{d\phi}{ds} &= \frac{\partial\phi}{\partial x}\frac{dx}{ds} + \frac{\partial\phi}{\partial y}\frac{dy}{ds} + \frac{\partial\phi}{\partial z}\frac{dz}{ds} \\ &= \frac{\partial\phi}{\partial x}a + \frac{\partial\phi}{\partial y}b + \frac{\partial\phi}{\partial z}c\end{aligned} \tag{1–15}$$

로 쓸 수 있다.

식 (1–15)는 벡터 $\vec{n}$과 벡터 $\frac{\partial\phi}{\partial x}\hat{i} + \frac{\partial\phi}{\partial y}\hat{j} + \frac{\partial\phi}{\partial z}\hat{k} = \left(\frac{\partial}{\partial x}\hat{i} + \frac{\partial}{\partial y}\hat{j} + \frac{\partial}{\partial z}\hat{k}\right)\phi$의 스칼라 곱이다. $\frac{\partial\phi}{\partial x}\hat{i} + \frac{\partial\phi}{\partial y}\hat{j} + \frac{\partial\phi}{\partial z}\hat{k}$를 함수 ϕ의 **기울기**(gradient)라고 하며 $\vec{\nabla}\phi$ 또는 gradϕ로 표기한다. 벡터 $\left(\frac{\partial}{\partial x}\hat{i} + \frac{\partial}{\partial y}\hat{j} + \frac{\partial}{\partial z}\hat{k}\right)$를 미분연산자 $\vec{\nabla}$로 정의하며 del 또는 nabla라고 읽고 **해밀턴**(Hamilton) **연산자**라고도 한다.

$$\vec{\nabla} = \frac{\partial}{\partial x}\hat{i} + \frac{\partial}{\partial y}\hat{j} + \frac{\partial}{\partial z}\hat{k} \tag{1–16}$$

식 (1–16)은 스칼라 함수나 벡터 함수를 미분하는 연산자이며 스칼라의 기울기(gradient), 벡터의 **발산**(divergence), 벡터의 **회전**(curl 혹은 rotation)을 정의하는데 널리 사용되고 있다.

임의의 공간에 있는 점 (x, y, z)에서 미분 가능한 벡터 $\vec{V}$를 다음과 같이 정의하자.

$$\vec{V}(x, y, z) = V_x\hat{i} + V_y\hat{j} + V_z\hat{k}$$

벡터의 연산자 $\vec{\nabla}$과 벡터 $\vec{V}$의 스칼라 곱을 벡터 $\vec{V}$의 **발산**(divergence)이라고 하며 $\vec{\nabla}\cdot\vec{V}$ 또는 div$\vec{V}$로 표기하고 다음과 같이 정의한다.

$$\begin{aligned}\vec{\nabla}\cdot\vec{V} &= \left(\frac{\partial}{\partial x}\hat{i} + \frac{\partial}{\partial y}\hat{j} + \frac{\partial}{\partial z}\hat{k}\right)\cdot\left(V_x\hat{i} + V_y\hat{j} + V_z\hat{k}\right) \\ &= \frac{\partial V_x}{\partial x} + \frac{\partial V_y}{\partial y} + \frac{\partial V_z}{\partial z}\end{aligned} \tag{1–17}$$

그리고 벡터의 연산자 $\vec{\nabla}$과 벡터 $\vec{V}$의 벡터 곱을 벡터 $\vec{V}$의 **회전**(curl 또는 rotation)이라고 하며 $\vec{\nabla}\times\vec{V}$ 또는 curl$\vec{V}$로 표기하고 다음과 같이 정의한다.

$$\vec{\nabla}\times\vec{V}=\left(\frac{\partial}{\partial x}\hat{i}+\frac{\partial}{\partial y}\hat{j}+\frac{\partial}{\partial z}\hat{k}\right)\times\left(V_x\hat{i}+V_y\hat{j}+V_z\hat{k}\right) \tag{1-18}$$

$$=\begin{vmatrix}\hat{i} & \hat{j} & \hat{k}\\ \frac{\partial}{\partial x} & \frac{\partial}{\partial y} & \frac{\partial}{\partial z}\\ V_x & V_y & V_z\end{vmatrix}$$

$$=\left(\frac{\partial V_z}{\partial y}-\frac{\partial V_y}{\partial z}\right)\hat{i}+\left(\frac{\partial V_x}{\partial z}-\frac{\partial V_z}{\partial x}\right)\hat{j}+\left(\frac{\partial V_y}{\partial x}-\frac{\partial V_x}{\partial y}\right)\hat{k}$$

예제 1.3 벡터의 미분연산자 (1)

스칼라 함수 $\phi=xyz$에 대하여 점 $(1, 1, 1)$에서의 $\vec{\nabla}\phi$를 계산하시오.

풀이

$$\vec{\nabla}\phi=\frac{\partial\phi}{\partial x}\hat{i}+\frac{\partial\phi}{\partial y}\hat{j}+\frac{\partial\phi}{\partial z}\hat{k}$$

$$=\frac{\partial(xyz)}{\partial x}\hat{i}+\frac{\partial(xyz)}{\partial y}\hat{j}+\frac{\partial(xyz)}{\partial z}\hat{k}$$

$$=yz\hat{i}+xz\hat{j}+xy\hat{k}$$

이다. 따라서 점 $(1, 1, 1)$에서의 $\vec{\nabla}\phi$는

$$\vec{\nabla}\phi=\hat{i}+\hat{j}+\hat{k}$$

이다.

예제 1.4 벡터의 미분연산자 (2)

스칼라 함수 $\phi=x^2y+xz$ 상의 점 $(1, 2, -1)$에서 벡터 $\vec{A}=2\hat{i}-2\hat{j}+\hat{k}$ 방향에 대한 $\vec{\nabla}\phi$의 크기를 구하시오.

풀이 벡터 $\vec{A}$의 단위벡터 $\hat{n}$은 $\hat{n}=\dfrac{\vec{A}}{A}$이다.

$$A=\sqrt{2^2+(-2)^2+1}=3$$

$$\hat{n}=\frac{1}{3}(2\hat{i}-2\hat{j}+\hat{k})$$

이며 $\overrightarrow{\nabla}\phi$는

$$\overrightarrow{\nabla}\phi=\frac{\partial\phi}{\partial x}\hat{i}+\frac{\partial\phi}{\partial y}\hat{j}+\frac{\partial\phi}{\partial z}\hat{k}=(2xy+z)\hat{i}+x^2\hat{j}+x\hat{k}$$

이므로 점 $(1, 2, -1)$에서 $\overrightarrow{\nabla}\phi=3\hat{i}+\hat{j}+\hat{k}$이다. 따라서 벡터 $\overrightarrow{A}$에 방향에 대한 $\overrightarrow{\nabla}\phi$의 크기는

$$\begin{aligned}\frac{d\phi}{ds}=\overrightarrow{\nabla}\phi\cdot\hat{n}&=(3,\ 1,\ 1)\cdot\frac{1}{3}(2,\ -2,\ 1)\\&=2-\frac{2}{3}+\frac{1}{3}\\&=\frac{5}{3}\end{aligned}$$

가 된다.

1.2 좌표계

직각좌표계(rectangular coordinate system)는 우리가 지금까지 가장 많이 사용해온 좌표계 중의 하나이다. 직각좌표계 외에도 극좌표계, 원통좌표계, 구좌표계 등 여러 가지 좌표계가 있다. 좌표계를 설정하는 중요한 목적은 공간에서 임의의 점에 대한 위치를 정확하게 표현하고, 임의의 점에서 벡터의 크기와 방향을 명확하고 간단하게 나타내기 위함이다. 즉 스칼라와 벡터를 정확하고 간단하게 표현하는데 중요한 목적이 있다. 기술하고자 하는 대상의 기하학적인 특징에 적합한 다양한 좌표계가 개발되어 있어서, 좌표계를 적절하게 선택함으로써 물리학적 원리의 이해는 물론 문제 해결을 더 용이하게 할 수 있다.

1.2.1 기준좌표계

일반적으로 기준좌표계라 함은 직각좌표계, 원통좌표계, 구좌표계를 의미하며 학부과정의 광학을 학습하는데 있어서 기준좌표계의 범위를 넘어가지 않는다.

직각좌표계

직각좌표계는 3가지 기준좌표계 중에서도 가장 기준이 되는 좌표계로서 그림 1-11과 같이 3개의 직선축이 공간의 한 점에서 서로 직교하여 만들어지는 좌표계이다. 3개의 직교 직선축을 각각 x축, y축, 그리고 z축이라고 정의하며 3축이 서로 직교하며 만나는 점 0을 원점이라고 한다. 또한 직각좌표계는 xy평면, yz평면, zx평면이 서로 수직으로 교차하여 만들어지는 좌표계이다.

공간상의 임의의 점 P의 위치는 $P(x, y, z)$로 P점의 좌표를 표기한다. 좌표축 방향의 단위벡터는 그림 1-11에서 보는 바와 같이 $\hat{i}$, $\hat{j}$, $\hat{k}$로 표시한다. 단위벡터 $\hat{i}$, $\hat{j}$, $\hat{k}$는 크기가 1이고 특정한 방향을 표시하므로 상수벡터이다. 그리고 각 축방향의 미소변위는 dx, dy, dz로 표현할 수 있기 때문에 직각좌표계에 있어서 **체적소**(volume element) dV는

$$dV = dx\,dy\,dz$$

이다.

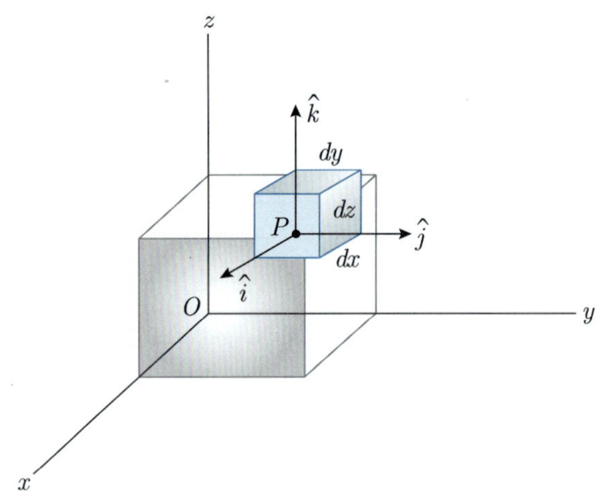

그림 1-11 직각좌표계

원통좌표계

원통좌표계(cylindrical coordinate system)는 좌표를 나타내는 독립변수가 r, ϕ, z이다. 그림 1-12는 직각좌표계를 기준으로 하여 원통좌표계를 나타낸 것이다. 원기둥과 같은 구조를 해석할 경우 원통좌표계를 사용하면 수학적으로 표현이 훨씬 더 용이해 질 것이다. r은 원통의 동심축, 즉 z축으로부터의 거리이고 ϕ는 z축 방향으로 오른나사를 진행시킬 때 나사가 회전하는 방향의 방향각을 나타낸다. z축은 물론 직각좌표계에서의 z축과 유사하다. 즉 원통의 축방향의 거리이다.

회전각 ϕ는 그림 1-12에서 보는 바와 같이 xz평면을 기준으로 하여 회전각 ϕ를 표현하였다. 공간상의 임의의 점 P의 위치는 $r = \text{constant}$인 면, $\phi = \text{constant}$인 면, 그리고 $z = \text{constant}$인 면이 서로 직교하는 점을 $P(r, \phi, z)$로 정의한다. 그리고 $r = \text{constant}$인 면은 동심 원통의 측면을 이루고, $\phi = \text{constant}$인 면은 동심 원통축 z를 지나고 이 축에 평행한 면이며, 그리고 $z = \text{constant}$인 면은 이 축에 수직한 면을 나타낸다.

그림 1-12에서 점 $P(r, \phi, z)$에서의 r, ϕ, z 방향의 단위벡터 $\hat{r}$, $\hat{\phi}$, $\hat{z}$가 표시되어 있다. 단위벡터 $\hat{r}$, $\hat{\phi}$, $\hat{z}$는 모든 점에서 서로 수직이며 독립변수 r, ϕ, z가 증가하는 방향이다. 직각좌표계에서와 마찬가지로 각 축방향의 미소변위는 dr, $rd\phi$, dz이며 원통좌표계에서의 체적소 dV는

$$dV = r\,dr\,d\phi\,dz$$

이다.

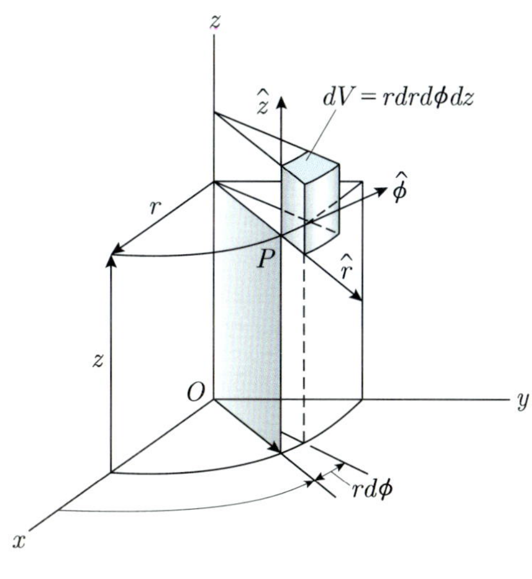

그림 1-12 원통좌표계

원통좌표와 직각좌표와의 관계는

$$x = r\cos\phi \qquad (1\text{-}19)$$
$$y = r\sin\phi$$
$$z = z$$

이며, 그 역관계는 다음과 같다.

$$r = \sqrt{x^2 + y^2} \qquad (1\text{-}20)$$
$$\phi = \tan^{-1}\frac{y}{x}$$
$$z = z$$

구좌표계

구좌표계(spherical coordinate system)는 좌표를 나타내는 독립변수가 r, θ, ϕ 이다. 구좌표계의 r 은 원통좌표에서의 r 과는 다르다. 원통좌표계에서의 r은 축대칭인 원통의 반경이며 구좌표계의 r은 구대칭인 구의 반경을 나타낸다. 구좌표계는 중심력장과 방사문제와 같은 구대칭 문제에 대해 대단히 유용하다. 그림 1-13은 직각좌표계를 기준으로 하여 구좌표계를 나타낸 그림이다.

공간상의 임의의 점 P의 좌표는 $P(r, \theta, \phi)$로 표시한다. r은 원점으로부터 P점까지의 거리이고 θ는 극축, 즉 z축과 OP가 이루는 각이며 ϕ는 원통좌표에서와 같이 xy평면에 대한 OP의 투사선과 x축과의 사이각이다.

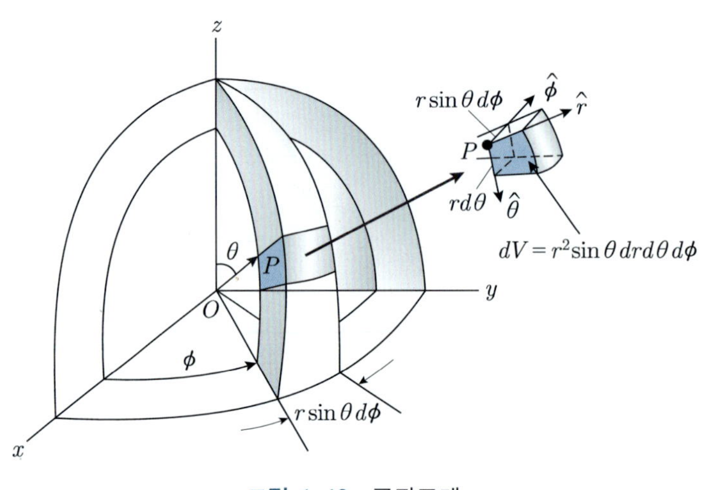

그림 1-13 구좌표계

$r =$ constant인 면은 동심구면을, $\theta =$constant인 면은 원추면을, 그리고 $\phi =$ constant인 면은 극축, 즉 z축을 통과하고 그 축에 평행한 평면이다. 그림 1-13에 구좌표의 단위벡터인 $\hat{r}$, $\hat{\theta}$, $\hat{\phi}$가 점 $P(r, \theta, \phi)$에 표시되어 있다. 단위벡터 $\hat{r}$, $\hat{\theta}$, $\hat{\phi}$는 모든 점에서 서로 수직이며 독립변수 r, θ, ϕ가 증가하는 방향이다. r, θ, ϕ 방향의 미소변위는 dr, $rd\theta$, $r\sin\theta\, d\phi$이며 구좌표계에서의 체적소 dV는

$$dV = r^2 \sin\theta\, dr\, d\theta\, d\phi$$

이다. 마찬가지로 구좌표와 직각좌표와의 관계는

$$x = r\sin\theta\cos\phi \qquad (1-21)$$

$$y = r\sin\theta\sin\phi$$

$$z = r\cos\theta$$

로 주어지며, 역관계는 다음과 같다.

$$r = \sqrt{x^2 + y^2 + z^2} \qquad (1-22)$$

$$\theta = \tan^{-1}\frac{\sqrt{x^2+y^2}}{z}$$

$$\phi = \tan^{-1}\frac{y}{x}$$

1.2.2 직교곡선좌표계

지금까지 3개의 기본좌표계에 대해 알아보았다. 3개의 기본좌표계 모두 3개의 면이 서로 직교하여 공간의 임의의 점에 대한 좌표를 정의하고 있다. 이제 3개의 면이 서로 직교하여 이루어지는 일반화된 좌표계를 생각해 보자. 일반화된 좌표계를 구성하는 3개의 면 또한 직각좌표계에 의해 표시할 수 있을 것이다. 일반화된 좌표계를 구성하는 3개의 면은

$$u_1(x,\ y,\ z) = \text{constant} \tag{1-23}$$

$$u_2(x,\ y,\ z) = \text{constant}$$

$$u_3(x,\ y,\ z) = \text{constant}$$

로 나타낼 수 있으며 서로 직교하도록 정의된다. 식 (1-23)에 의해 표시되는 면은 반드시 평면일 필요가 없으며 곡면을 포함하는 일반적인 면이다. 따라서 공간상의 임의의 점 P의 좌표는 $(u_1,\ u_2,\ u_3)$로 정의되고 단위벡터 $\hat{e}_1,\ \hat{e}_2,\ \hat{e}_3$는 기준좌표계에서와 같이 각각 $u_1,\ u_2,\ u_3$의 증가방향이며 모든 점에서 서로 수직이다. 이렇게 선정된 좌표계 $(u_1,\ u_2,\ u_3)$를 **직교곡선좌표계**(orthogonal curvilinear coordinate system)라고 한다.

그림 1-14는 직교곡선좌표계의 무한소인 체적소 dV를 나타내고 있다. 각 좌표 $u_1,\ u_2,\ u_3$방향의 미소변위, 즉 미소선소 $d\ell_1,\ d\ell_2,\ d\ell_3$은

$$\overrightarrow{d\ell}_1 = h_1 du_1 \hat{e}_1$$

$$\overrightarrow{d\ell}_2 = h_2 du_2 \hat{e}_2$$

$$\overrightarrow{d\ell}_3 = h_3 du_3 \hat{e}_3$$

으로 나타낼 수 있다.

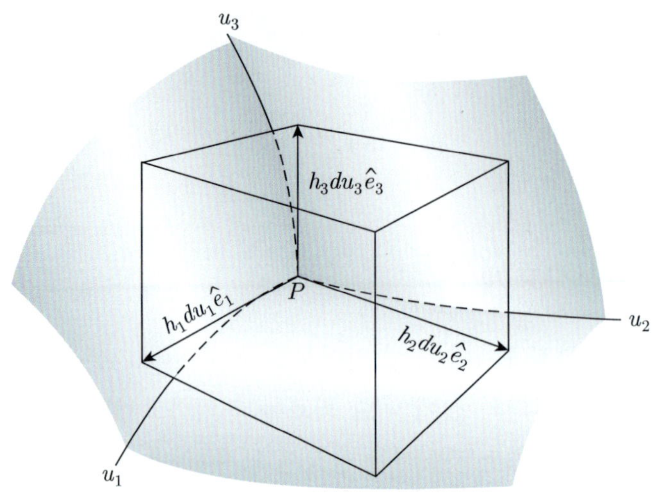

그림 1-14 직교곡선좌표계

구좌표계의 θ나 ϕ처럼 독립변수가 바로 거리를 나타내지 않을 수 있으므로 h_1, h_2, h_3은 이것을 보정하기 위하여 도입된 척도인자이며 u_1, u_2, u_3의 함수이다. u_1 곡선 상에서는 u_2와 u_3은 상수이며 $d\vec{\ell}_1 = h_1 du_1 \hat{e}_1$이다. 임의의 점 P에서 u_1을 따른 호 길이의 미소변위 $d\ell_1$은 $d\ell_1 = h_1 du_1$이다. 마찬가지로 임의의 점 P에서 u_2와 u_3을 따른 호 길이의 미소변위 $d\ell_2$와 $d\ell_3$ 역시 $d\ell_2 = h_2 du_2$, $d\ell_3 = h_3 du_3$이다. 따라서 직교곡선좌표계의 체적소 dV는

$$dV = h_1 h_2 h_3 du_1 du_2 du_3$$

이다. 예를 들면 구좌표계에서 u_1, u_2, u_3은 r, θ, ϕ이므로 $d\ell_1 = dr$, $d\ell_2 = rd\theta$, $d\ell_3 = r\sin\theta\, d\phi$이며 $h_1 = 1$, $h_2 = r$, $h_3 = r\sin\theta$임을 알 수 있다.

직교곡선좌표계에서 임의의 위치 벡터 $\vec{r} = \vec{r}(u_1, u_2, u_3)$에 대한 미소변위 $d\vec{r}$은 $d\vec{r} = \frac{\partial \vec{r}}{\partial u_1} du_1 + \frac{\partial \vec{r}}{\partial u_2} du_2 + \frac{\partial \vec{r}}{\partial u_3} du_3 = h_1 du_1 \hat{e}_1 + h_2 du_2 \hat{e}_2 + h_3 du_3 \hat{e}_3$이다. 스칼라 함수 Φ와 이것을 이용하여 $\vec{\nabla}\Phi$, $\vec{\nabla} \cdot \vec{r}$, $\vec{\nabla} \times \vec{r}$, $\nabla^2 \Phi$(라플라시안 Φ)의 값을 계산하면 식 (1-24)와 같다.

$$\vec{\nabla}\Phi = \frac{1}{h_1}\frac{\partial \Phi}{\partial u_1}\hat{e}_1 + \frac{1}{h_2}\frac{\partial \Phi}{\partial u_2}\hat{e}_2 + \frac{1}{h_3}\frac{\partial \Phi}{\partial u_3}\hat{e}_3 \tag{1-24}$$

$$\vec{\nabla} \cdot \vec{r} = \frac{1}{h_1 h_2 h_3}\left\{\frac{\partial}{\partial u_1}(h_2 h_3 r_1) + \frac{\partial}{\partial u_2}(h_3 h_1 r_2) + \frac{\partial}{\partial u_3}(h_1 h_2 r_3)\right\}$$

$$\overrightarrow{\nabla}\times\vec{r}=\frac{1}{h_1h_2h_3}\begin{vmatrix} h_1\hat{e}_1 & h_2\hat{e}_2 & h_3\hat{e}_3 \\ \dfrac{\partial}{\partial u_1} & \dfrac{\partial}{\partial u_2} & \dfrac{\partial}{\partial u_3} \\ h_1r_1 & h_2r_2 & h_3r_3 \end{vmatrix}$$

$$\nabla^2\Phi=\frac{1}{h_1h_2h_3}\left\{\frac{\partial}{\partial u_1}\left(\frac{h_2h_3}{h_1}\frac{\partial\Phi}{\partial u_1}\right)+\frac{\partial}{\partial u_2}\left(\frac{h_3h_1}{h_2}\frac{\partial\Phi}{\partial u_2}\right)+\frac{\partial}{\partial u_3}\left(\frac{h_1h_2}{h_3}\frac{\partial\Phi}{\partial u_3}\right)\right\}$$

표 1-1 기준좌표와 직교곡선좌표의 대응관계

직교곡선좌표	직각좌표	원통좌표	구좌표
u_1	x	r	r
u_2	y	ϕ	θ
u_3	z	z	ϕ
h_1	1	1	1
h_2	1	r	r
h_3	1	1	$r\sin\theta$
$\hat{e}_1$	$\hat{i}$	$\hat{r}$	$\hat{r}$
$\hat{e}_2$	$\hat{j}$	$\hat{\phi}$	$\hat{\theta}$
$\hat{e}_3$	$\hat{k}$	$\hat{z}$	$\hat{\phi}$
$d\ell_1$	dx	dr	dr
$d\ell_2$	dy	$rd\phi$	$rd\theta$
$d\ell_3$	dz	dz	$r\sin\theta\, d\phi$

예제 1.5 임의의 스칼라 함수 Φ의 기울기

원통좌표와 구좌표에서 함수 Φ의 기울기를 구하시오.

풀이 원통좌표와 구좌표에서 함수 Φ의 기울기는 다음과 같다.

$$\overrightarrow{\nabla}\Phi=\frac{\partial\Phi}{\partial r}\hat{r}+\frac{1}{r}\frac{\partial\Phi}{\partial\phi}\hat{\phi}+\frac{\partial\Phi}{\partial z}\hat{z}$$

$$\overrightarrow{\nabla}\Phi=\frac{\partial\Phi}{\partial r}\hat{r}+\frac{1}{r}\frac{\partial\Phi}{\partial\theta}\hat{\theta}+\frac{1}{r\sin\theta}\frac{\partial\Phi}{\partial\phi}\hat{\phi}$$

예제 1.6 임의의 벡터 $\vec{A}$의 발산

원통좌표와 구좌표에서 벡터 함수 $\vec{A}$의 발산을 구하시오.

풀이 원통좌표에서 벡터 함수 $\vec{A}$의 발산은

$$\vec{\nabla}\cdot\vec{A} = \frac{1}{r}\left\{\frac{\partial}{\partial r}(rA_r) + \frac{\partial}{\partial \phi}(A_\phi) + \frac{\partial}{\partial z}(rA_z)\right\}$$

$$= \frac{A_r}{r} + \frac{\partial A_r}{\partial r} + \frac{1}{r}\frac{\partial A_\phi}{\partial \phi} + \frac{\partial A_z}{\partial z}$$

이고 구좌표에서 벡터 함수 $\vec{A}$의 발산은 다음과 같다.

$$\vec{\nabla}\cdot\vec{A} = \frac{1}{r^2\sin\theta}\left\{\frac{\partial}{\partial r}(r^2\sin\theta A_r) + \frac{\partial}{\partial \theta}(r\sin\theta A_\theta) + \frac{\partial}{\partial \phi}(rA_\phi)\right\}$$

$$= \frac{2}{r}A_r + \frac{\partial A_r}{\partial r} + \frac{A_\theta}{r}\cot\theta + \frac{1}{r}\frac{\partial A_\theta}{\partial \theta} + \frac{1}{r\sin\theta}\frac{\partial A_\phi}{\partial \phi}$$

예제 1.7 임의의 스칼라 함수 Φ의 라플라시안

원통좌표와 구좌표에서 스칼라 함수 Φ의 라플라시안($\nabla^2\Phi$)을 구하시오.

풀이 원통좌표에서의 스칼라 함수 Φ의 라플라시안은

$$\nabla^2\Phi = \frac{1}{r}\left\{\frac{\partial}{\partial r}\left(r\frac{\partial \Phi}{\partial r}\right) + \frac{\partial}{\partial \phi}\left(\frac{1}{r}\frac{\partial \Phi}{\partial \phi}\right) + \frac{\partial}{\partial z}\left(r\frac{\partial \Phi}{\partial z}\right)\right\}$$

$$= \frac{1}{r}\frac{\partial \Phi}{\partial r} + \frac{\partial^2 \Phi}{\partial r^2} + \frac{1}{r^2}\frac{\partial^2 \Phi}{\partial \phi^2} + \frac{\partial^2 \Phi}{\partial z^2}$$

이고 구좌표에서의 스칼라 함수 Φ의 라플라시안은

$$\nabla^2\Phi = \frac{1}{r^2\sin\theta}\left\{\frac{\partial}{\partial r}\left(r^2\sin\theta\frac{\partial \Phi}{\partial r}\right) + \frac{\partial}{\partial \theta}\left(\sin\theta\frac{\partial \Phi}{\partial \theta}\right) + \frac{\partial}{\partial \phi}\left(\frac{1}{\sin\theta}\frac{\partial \Phi}{\partial \phi}\right)\right\}$$

$$= \frac{1}{r^2}\frac{\partial}{\partial r}\left(r^2\frac{\partial \Phi}{\partial r}\right) + \frac{1}{r^2\sin\theta}\frac{\partial}{\partial \theta}\left(\sin\theta\frac{\partial \Phi}{\partial \theta}\right) + \frac{1}{r^2\sin^2\theta}\frac{\partial^2 \Phi}{\partial \phi^2}$$

$$= \frac{2}{r^2}\frac{\partial \Phi}{\partial r} + \frac{\partial^2 \Phi}{\partial r^2} + \frac{\cot\theta}{r^2}\frac{\partial \Phi}{\partial r} + \frac{1}{r^2}\frac{\partial^2 \Phi}{\partial \theta^2} + \frac{1}{r^2\sin^2\theta}\frac{\partial^2 \Phi}{\partial \phi^2}$$

이다.

1.3 삼각함수

1.3.1 호도법

지금까지 우리는 각도를 도(degree)의 단위로 표시하여 왔다. 그러나 물리학이나 광학에서는 도보다는 라디안(radian)을 더 자주 사용한다. 그림 1-15에서 보는 바와 같이 원호의 길이를 s, 반지름을 r 이라고 할 때, 반지름 r과 반지름 r에 의해 그려진 호의 길이 s 의 비를 각도 θ라고 정의하고 단위를 **라디안**이라고 한다.

$$\theta = \frac{s}{r} \ \text{(radian)} \tag{1-25}$$

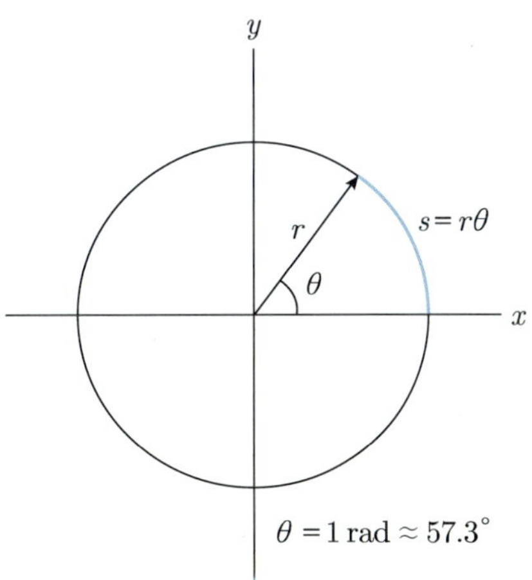

그림 1-15 1 라디안의 정의

이와 같은 각도의 측정법을 **호도법**이라고 한다. 60진법의 각인 도와 라디안의 관계를 알아보면 반지름이 r 인 원의 둘레는 $2\pi r$, 즉 반지름 r 의 2π배이므로 360°에 해당하는 호도법의 각도는 2π rad이 될 것이다.

$$2\pi = 360°$$

$$1 \text{ rad} = \frac{180°}{\pi} \simeq 57.3°$$

각(angle)의 단위

식 (1-25)를 보면 θ 는 길이를 길이로 나눈 값이다. 따라서 θ 는 단순히 어떤 실수(real number)가 된다. 이것은 radian이 kg이나 s 처럼 물리적 실체를 가지는 단위가 아니라는 것을 의미한다. 어떤 값 뒤에 rad가 붙어 있다면 이것은 그 값이 각(angle)을 나타내고 있다는 의미 정도로 해석할 수 있다. 즉, rad은 단위라기보다는 기호(symbol)에 가깝다. 마찬가지로 360분법에서 사용하는 도(°) 역시 기호라고 보는 것이 옳다고 하겠다. 원래 각(angle)이라는 것이 두 선분이 서로 벌어진 정도를 나타내기 위해 도입한 수라는 것을 생각해 보면, 각에 대한 단위가 필요한 것은 아니라는 점을 이해할 수 있다.

1.3.2 일반각의 삼각함수

그림 1-16과 같이 길이 r 인 반경 OP 가 x 축의 양의 방향과 이루는 각을 θ 라 하고 점 P 의 좌표를 $(x,\ y)$ 라 할 때, $\frac{x}{r},\ \frac{y}{x},\ \frac{r}{y},\ \frac{r}{x},\ \frac{x}{y}$ 는 θ 의 함수이다. 이 함수들을 통칭하여 삼각함수라 하며

$$\sin\theta = \frac{y}{r},\ \ \cos\theta = \frac{x}{r},\ \ \tan\theta = \frac{y}{x} \tag{1-26}$$

를 각각 각 θ 의 사인(sine)함수, 코사인(cosine)함수, 그리고 탄젠트(tangent)함수라고 정의한다.

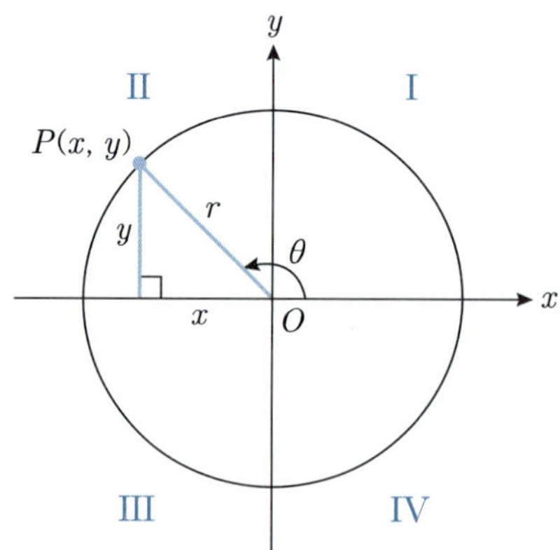

그림 1-16 삼각함수의 정의

그리고 그들의 역수인

$$\csc\theta = \frac{1}{\sin\theta} = \frac{r}{y}, \ \sec\theta = \frac{1}{\cos\theta} = \frac{r}{x}, \ \cot\theta = \frac{1}{\tan\theta} = \frac{x}{y} \tag{1-27}$$

를 각각 코시컨트(cosecant)함수, 시컨트(secant)함수, 그리고 코탄젠트(cotangent)함수라고 정의하며 이들 모두를 각 θ에 대한 삼각함수의 역수라고 한다.

삼각함수의 정의에서 반경 $OP = r$은 어떤 사분면에 있든 관계없이 항상 (+)이며 x와 y는 점 P가 어떤 사분면에 위치하느냐에 따라 (+)와 (−) 값을 가지게 된다. 표 1-2는 점 P의 위치(각 θ의 크기)에 따른 삼각함수 값의 부호를 나타낸다.

표 1-2 점 P의 위치(각 θ의 크기)에 따른 삼각함수 값의 부호

	I	II	III	IV
$\sin\theta$	+	+	−	−
$\cos\theta$	+	−	−	+
$\tan\theta$	+	−	+	−

삼각함수의 기본 성질

식 (1-26)의 정의를 이용하여 삼각함수의 기본적인 성질을 알아보기로 하자.

$$\sin^2\theta + \cos^2\theta = \left(\frac{y}{r}\right)^2 + \left(\frac{x}{r}\right)^2 = \frac{x^2+y^2}{r^2} = 1 \tag{1-28}$$

$$1 + \tan^2\theta = 1 + \left(\frac{y^2}{x^2}\right) = \frac{x^2+y^2}{x^2} = \left(\frac{r}{x}\right)^2 = \sec^2\theta$$

$$1 + \cot^2\theta = 1 + \left(\frac{x^2}{y^2}\right) = \frac{x^2+y^2}{y^2} = \left(\frac{r}{y}\right)^2 = \csc^2\theta$$

$$\tan\theta = \frac{y}{x} = \frac{y/r}{x/r} = \frac{\sin\theta}{\cos\theta}$$

식 (1-28)은 정의로부터 쉽게 유도할 수 있지만 삼각함수에 대한 가장 기본적인 성질이므로 익숙해지도록 외워두어야 할 것이다.

$\frac{n}{2}\pi \pm \theta$의 삼각함수 공식

n이 정수일 때, θ와 $2n\pi+\theta$는 원에서 같은 지점을 나타내므로 두 각에 대한 삼각함수의 값은 같다. 따라서

$$\sin(2n\pi+\theta)=\sin\theta \tag{1-29}$$
$$\cos(2n\pi+\theta)=\cos\theta$$
$$\tan(n\pi+\theta)=\tan\theta$$

가 성립한다. 여기서 n은 정수이다. 식 (1-29)의 세 번째 식은 tan의 값이 3 상한에서도 (+)의 값을 가지기 때문에 $\tan(2n\pi+\theta)=\tan(n\pi+\theta)=\tan\theta$가 성립한다.

마찬가지로 그림 1-17에서와 같이 반지름이 1인 원 위에서 두 각 θ 및 $-\theta$에 해당하는 점을 각각 $P(x,y)$, $P'(x',y')$라고 하면 점 P와 P'은 x축에 대하여 대칭이다. 그러므로

$$x'=x,\quad y'=-y$$

이다.

따라서, 다음과 같은 음각의 공식이 성립한다.

$$\sin(-\theta)=y'=-y=-\sin\theta \tag{1-30}$$
$$\cos(-\theta)=x'=x=\cos\theta$$
$$\tan(-\theta)=\frac{y'}{x'}=-\frac{y}{x}=-\tan\theta$$

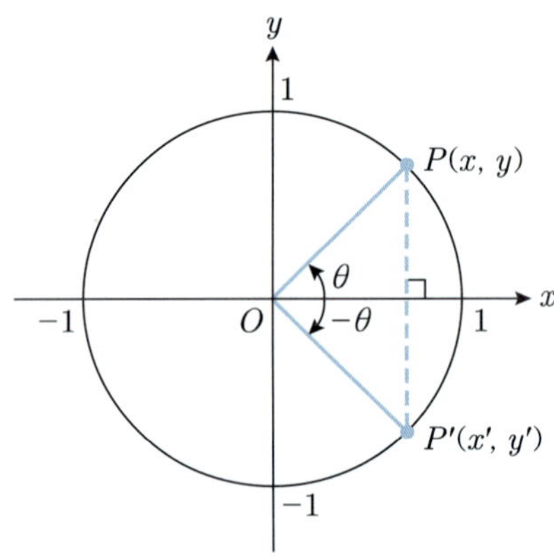

그림 1-17 단위 원

보각과 여각에 대해서도 같은 방법으로 대칭성을 이용하면 쉽게 다음과 같은 결과를 얻을 수 있다.

$$\sin(\pi-\theta)=\sin\theta,\quad \sin\left(\frac{\pi}{2}-\theta\right)=\cos\theta \tag{1-31}$$

$$\cos(\pi-\theta)=-\cos\theta,\quad \cos\left(\frac{\pi}{2}-\theta\right)=\sin\theta$$

$$\tan(\pi-\theta)=-\tan\theta,\quad \tan\left(\frac{\pi}{2}-\theta\right)=\cot\theta$$

예제 1.8 삼각함수 계산 (1)

$\sin\frac{25}{6}\pi+\cos\frac{17}{3}\pi+\tan\frac{11}{4}\pi$의 값을 계산하시오.

풀이

$$\sin\frac{25}{6}\pi=\sin\left(\frac{\pi}{2}\times 8+\frac{\pi}{6}\right)=\sin\frac{\pi}{6}=\frac{1}{2}$$

$$\cos\frac{17}{3}\pi=\cos\left(\frac{\pi}{2}\times 11+\frac{\pi}{6}\right)=\sin\frac{\pi}{6}=\frac{1}{2}$$

$$\tan\frac{11}{4}\pi=\tan\left(\frac{\pi}{2}\times 5+\frac{\pi}{4}\right)=-\cot\frac{\pi}{4}=-1$$

따라서 $\sin\frac{25}{6}\pi+\cos\frac{17}{3}\pi+\tan\frac{11}{4}\pi=\frac{1}{2}+\frac{1}{2}-1=0$이다.

1.3.3 삼각함수의 덧셈정리와 여러 가지 공식

그림 1-18과 같이 단위 원 위의 두 점 A, B에 대하여 벡터 $\overrightarrow{OA}$, $\overrightarrow{OB}$가 x축의 양의 방향과 이루는 각의 크기를 각각 α, β라고 하면, 점 A, B의 좌표는

$$A(\cos\alpha,\ \sin\alpha),\ B(\cos\beta,\ \sin\beta)$$

이며 $|\overrightarrow{OA}|=|\overrightarrow{OB}|=1$이다. 벡터 $\overrightarrow{OA}$와 $\overrightarrow{OB}$의 스칼라 곱을 계산하면

$$\overrightarrow{OA}\cdot\overrightarrow{OB}=|\overrightarrow{OA}||\overrightarrow{OB}|\cos(\alpha-\beta)=\cos(\alpha-\beta) \tag{1-32}$$

이다. 벡터 $\overrightarrow{OA}=\cos\alpha\,\hat{i}+\sin\alpha\,\hat{j}$, $\overrightarrow{OB}=\cos\beta\,\hat{i}+\sin\beta\,\hat{j}$ 이므로 식 (1-32)에 적용하면

$$\begin{aligned}\overrightarrow{OA}\cdot\overrightarrow{OB}&=\cos(\alpha-\beta)\\&=(\cos\alpha\,\hat{i}+\sin\alpha\,\hat{j})\cdot(\cos\beta\,\hat{i}+\sin\beta\,\hat{j})\\&=\cos\alpha\cos\beta+\sin\alpha\sin\beta\end{aligned}\tag{1-33}$$

를 얻을 수 있다.

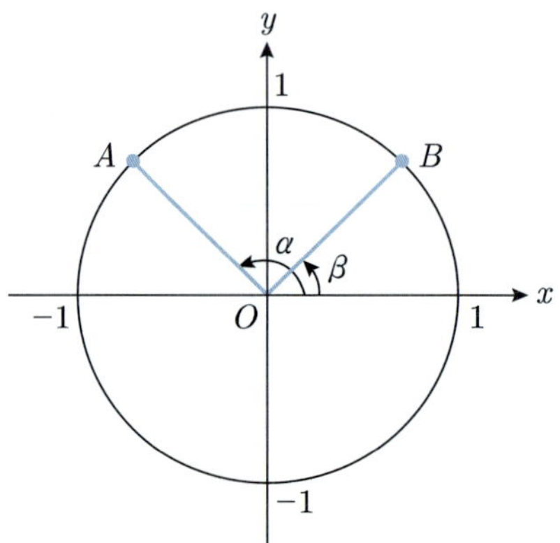

그림 1-18 삼각함수의 덧셈정리

식 (1-33)에서 β 대신에 $-\beta$를 대입하면 $\cos(\alpha+\beta)$의 값을 다음과 같이 쉽게 계산할 수 있다.

$$\cos(\alpha+\beta)=\cos\alpha\cos\beta-\sin\alpha\sin\beta\tag{1-34}$$

그리고 식 (1-33)과 $\sin\theta=\cos\left(\frac{\pi}{2}-\theta\right)$를 이용하면

$$\begin{aligned}\sin(\alpha+\beta)&=\cos\left\{\frac{\pi}{2}-(\alpha+\beta)\right\}=\cos\left\{\left(\frac{\pi}{2}-\alpha\right)-\beta\right\}\\&=\cos\left(\frac{\pi}{2}-\alpha\right)\cos\beta+\sin\left(\frac{\pi}{2}-\alpha\right)\sin\beta\\&=\sin\alpha\cos\beta+\cos\alpha\sin\beta\end{aligned}\tag{1-35}$$

이다. 같은 방법으로 식 (1-35)에서 β 대신에 $-\beta$를 대입하면 $\sin(\alpha-\beta)$의 값 역시

쉽게 계산할 수 있다.

$$\sin(\alpha-\beta)=\sin\alpha\cos\beta-\cos\alpha\sin\beta \tag{1-36}$$

tangent에 대해서도 계산을 하면 다음과 같은 식을 얻을 수 있다.

$$\tan(\alpha\pm\beta)=\frac{\tan\alpha\pm\tan\beta}{1\mp\tan\alpha\tan\beta} \tag{1-37}$$

배각, 반각의 공식

$\sin(\alpha+\beta)$, $\cos(\alpha+\beta)$, $\tan(\alpha+\beta)$에서 β 대신에 α를 대입하면 다음과 같은 배각의 공식을 얻을 수 있다.

$$\sin 2\alpha=2\sin\alpha\cos\alpha \tag{1-38}$$

$$\begin{aligned}\cos 2\alpha&=\cos^2\alpha-\sin^2\alpha\\&=2\cos^2\alpha-1\\&=1-2\sin^2\alpha\end{aligned}$$

$$\tan 2\alpha=\frac{2\tan\alpha}{1-\tan^2\alpha}$$

식 (1-38)에서 $\cos^2\alpha=\dfrac{1+\cos 2\alpha}{2}$, $\sin^2\alpha=\dfrac{1-\cos 2\alpha}{2}$이므로 α 대신에 $\dfrac{\alpha}{2}$를 대입하면 다음과 같은 반각의 공식을 얻을 수 있다.

$$\sin^2\frac{\alpha}{2}=\frac{1-\cos\alpha}{2} \tag{1-39}$$

$$\cos^2\frac{\alpha}{2}=\frac{1+\cos\alpha}{2}$$

$$\tan^2\frac{\alpha}{2}=\frac{1-\cos\alpha}{1+\cos\alpha}$$

합, 차 및 곱의 공식

삼각함수의 덧셈정리

$$\sin(\alpha+\beta)=\sin\alpha\cos\beta+\cos\alpha\sin\beta$$

$$\sin(\alpha-\beta)=\sin\alpha\cos\beta-\cos\alpha\sin\beta$$

에서 $\sin\alpha\cos\beta$의 표현을 얻기 위하여 두 식을 더하면

$$\sin(\alpha+\beta)+\sin(\alpha-\beta)=2\sin\alpha\cos\beta$$

$$\sin\alpha\cos\beta=\frac{1}{2}\{\sin(\alpha+\beta)+\sin(\alpha-\beta)\}$$

를 얻을 수 있다. 위와 같은 방법으로 간단한 계산을 하면 다음과 같이 삼각함수의 곱을 합, 차의 표현으로 나타낼 수 있다.

$$\sin\alpha\cos\beta=\frac{1}{2}\{\sin(\alpha+\beta)+\sin(\alpha-\beta)\} \tag{1-40}$$

$$\cos\alpha\sin\beta=\frac{1}{2}\{\sin(\alpha+\beta)-\sin(\alpha-\beta)\}$$

$$\cos\alpha\cos\beta=\frac{1}{2}\{\cos(\alpha+\beta)+\cos(\alpha-\beta)\}$$

$$\sin\alpha\sin\beta=-\frac{1}{2}\{\cos(\alpha+\beta)-\cos(\alpha-\beta)\}$$

식 (1-40)에서 $\alpha+\beta=A$, $\alpha-\beta=B$로 두면

$$\alpha=\frac{A+B}{2},\quad \beta=\frac{A-B}{2}$$

가 되어 다음과 같이 삼각함수의 합, 차를 곱의 표현으로 나타낼 수 있다.

$$\sin A+\sin B=2\sin\frac{A+B}{2}\cos\frac{A-B}{2} \tag{1-41}$$

$$\sin A-\sin B=2\cos\frac{A+B}{2}\sin\frac{A-B}{2}$$

$$\cos A+\cos B=2\cos\frac{A+B}{2}\cos\frac{A-B}{2}$$

$$\cos A-\cos B=-2\sin\frac{A+B}{2}\sin\frac{A-B}{2}$$

예제 1.9 삼각함수 계산 (2)

$\dfrac{\sin 55° \sin 35°}{\cos 80° + \cos 40°}$ 의 값을 계산하시오.

풀이

$$\frac{\sin 55° \sin 35°}{\cos 80° + \cos 40°} = \frac{-\frac{1}{2}\{\cos(55° + 35°) - \cos(55° - 35°)\}}{2\cos\frac{(80° + 40°)}{2}\cos\frac{(80° - 40°)}{2}}$$

$$= \frac{-(\cos 90° - \cos 20°)}{4\cos 60° \cos 20°}$$

$$= \frac{\cos 20°}{4 \cdot \frac{1}{2}\cos 20°}$$

$$= \frac{1}{2}$$

1.3.4 사인 법칙과 코사인 법칙

$\triangle ABC$의 외접원 반지름을 R이라고 할 때, 그림 1-9에서 B에서 O를 지나는 지름을 $\overline{BA'}$라고 하면 $\angle BA'C = \angle A$이다.

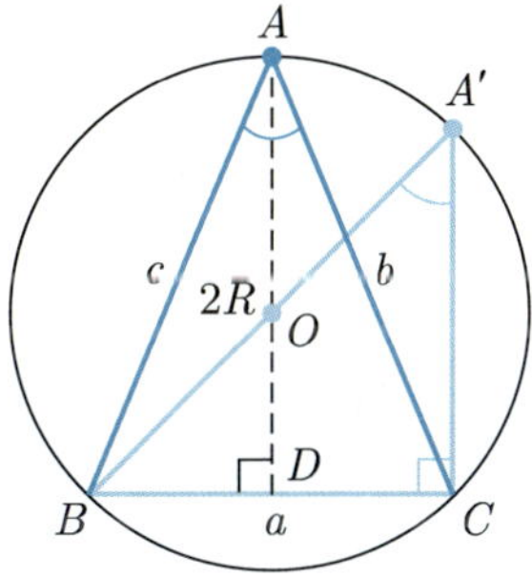

그림 1-19 삼각함수의 사인 법칙과 코사인 법칙

따라서

$$\sin(\angle BA'C) = \sin A$$

이며 $\angle BCA' = 90°$ 이므로 $\overline{BC} = \overline{BA'}\sin(\angle BA'C) = 2R\sin A$ 이므로

$$\frac{a}{\sin A} = 2R \tag{1-42}$$

이다. 같은 방법으로 $\frac{b}{\sin B} = 2R$, $\frac{c}{\sin C} = 2R$을 얻을 수 있다. 식 (1-42)와 함께 정리하면

$$\frac{a}{\sin A} = \frac{b}{\sin B} = \frac{c}{\sin C} = 2R \tag{1-43}$$

와 같이 나타낼 수 있으며 이를 **사인 법칙**이라고 한다.

$\triangle ABC$의 꼭지점 A에서 $\angle B$와 $\angle C$가 모두 예각이 되도록 대변 BC에 수선 AD를 내리면 점 D는 BC 사이에 존재하며 다음과 같은 관계가 있다.

$$\begin{aligned} \overline{BC} &= \overline{BD} + \overline{DC} \\ &= \overline{AB}\cos B + \overline{AC}\cos C \\ &= c\cos B + b\cos C \end{aligned} \tag{1-44}$$

같은 방법으로

$$\begin{aligned} b &= c\cos A + a\cos C \\ c &= a\cos B + b\cos A \end{aligned} \tag{1-45}$$

도 성립함을 알 수 있다. 식 (1-44)와 (1-45)를 **제1코사인 법칙**이라고 하며 다음과 같이 나타낼 수 있다.

$$\begin{aligned} a &= b\cos C + c\cos B \\ b &= c\cos A + a\cos C \\ c &= a\cos B + b\cos A \end{aligned} \tag{1-46}$$

식 (1-46)에 적당한 상수를 곱하고 간단한 계산을 하면 **제2코사인 법칙**이라고 하는 식 (1-47)을 얻을 수 있다.

$$\begin{aligned} a^2 &= b^2 + c^2 - 2bc\cos A \\ b^2 &= c^2 + a^2 - 2ca\cos B \\ c^2 &= a^2 + b^2 - 2ab\cos C \end{aligned} \tag{1-47}$$

식 (1-47)의 계산은 연습문제로 남겨두기로 한다.

1.4 복소수

유리수와 무리수를 합하여 실수(real number)라고 한다. 실수는 "실제로 존재하는 수"라는 의미로 "실제로 존재하지 않는 수"는 허수(imaginary number)라고 하며 실수와 허수를 합하여 **복소수**라고 한다. 이차방정식 $az^2 + bz + c = 0$의 일반해는

$$z = \frac{-b \pm \sqrt{b^2 - 4ac}}{2a} \tag{1-48}$$

로 주어진다. 만약 판별식 $D(= b^2 - 4ac)$가 음수이면 음수의 제곱근을 알아야 z의 값을 구할 수 있다. 양수만이 제곱근을 가질 수 있으므로 제곱근이 음수인 허수를 정의하기 전에는 $D < 0$인 경우 식 (1-48)을 사용할 수 없다. 따라서 제곱해서 -1이 되는 수, 즉 $\sqrt{-1}$을 i로 정의하고 **허수단위**라고 한다.

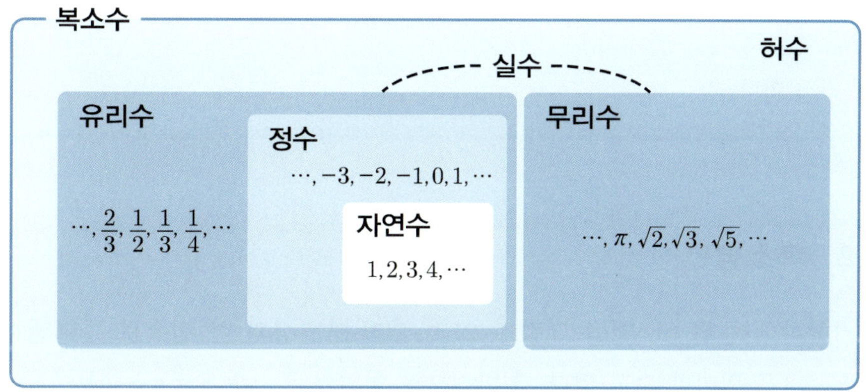

그림 1-20 복소수의 정의

1.4.1 복소수의 실수부와 허수부

a와 b를 임의의 실수라고 할 때, 복소수는 일반적으로 $z = a + ib$로 표현한다. 이 때 $a = \mathrm{Re}(z)$를 실수부라 하고, $b = \mathrm{Im}(z)$을 허수부라고 한다. 복소수의 실수부나 허수부는 0이 될 수 있다. 실수부가 0일 때 복소수는 허수(또는 순허수)라 부르며 0인 실수부는

보통 쓰지 않는다. 예를 들어 $0+i3$이라고 표현하지 않고 $i3$ 또는 $3i$로 쓴다. 마찬가지로 허수부인 b가 0이면 복소수는 실수가 된다. 따라서 복소수는 실수와 허수를 특별한 경우로 가지고 있는 일반적인 수이다.

대수학에서는 보통 복소수를 $z=a+ib$로 표기한다. 그러나 복소수를 다른 측면에서 생각할 수도 있다. 앞에서 언급한 바와 같이 복소수는 실수부와 허수부로 되어 있으며 이들은 실수이다. 따라서 $z=a+ib$ 대신에 $(a,\ b)$로 표현할 수도 있다. 이러한 표현은 복소수를 기하학적으로 표현하는데 매우 유용하다.

예제 1.10 복소수의 순환

복소수의 순환성질을 이용하여 i^{42}의 값을 계산하시오.

풀이 $i=\sqrt{-1},\ i^2=-1,\ i^3=i^2 i=-i,\ i^4=i^2 i^2=1$이므로

$$\begin{aligned} i^{42} &= \left(i^4\right)^{10} i^2 \\ &= i^2 \\ &= -1 \end{aligned}$$

이다.

1.4.2 복소평면

해석기하학에서 점 (5, 3)을 그림 1-21과 같이 평면상의 한 점으로 나타낼 수 있지만 복소수 $5+i3$을 의미할 수도 있다. 일반적으로 임의의 복소수 $z=a+ib$는 $(x,\ y)$ 평면에서 점 $(x,\ y)$로 표현할 수 있다. 또한 $(x,\ y)$ 평면에 있는 임의의 점 $(x,\ y)$는 $x+iy$ 또는 $(x,\ y)$로 표기할 수 있다. 이러한 목적으로 $(x,\ y)$ 평면이 사용될 때 우리는 이것을 **복소평면**이라고 한다.

복소평면에서 x축을 실수축, y축을 허수축이라고 부른다. 허수축이라고 해서 iy로 나타내는 것이 아니라 그냥 y로 나타내면 된다. 복소수를 $x+iy$의 형태로 나타내는 것을 직사각형식(rectangular form)이라고 한다. 이는 복소평면에서 점을 나타내는 직각좌표가 x와 y이기 때문이다.

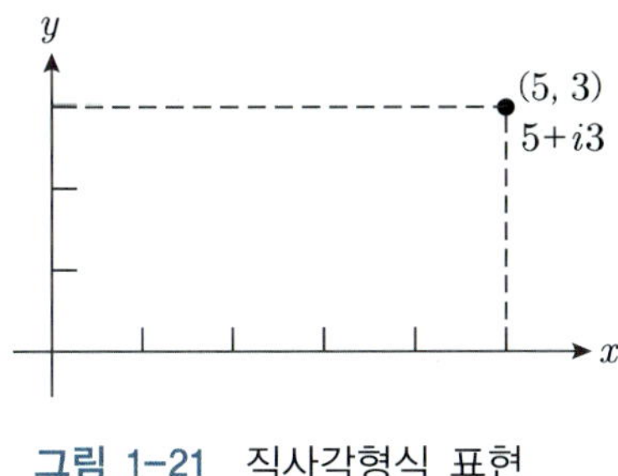

그림 1-21 직사각형식 표현

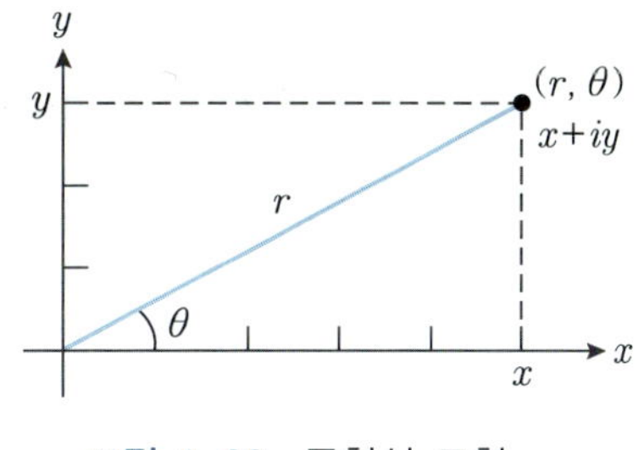

그림 1-22 극형식 표현

점의 위치를 나타내는 방법으로 직각좌표 $(x,\ y)$ 대신에 극좌표인 $(r,\ \theta)$를 사용해서 표현할 수도 있다. 여기서 r은 원점에서부터 복소수까지의 거리, θ는 $+x$축과 r이 이루는 각(angle)이다. θ를 측정할 때는 $+x$축을 기준으로 r까지 반시계 방향으로 돌면서 측정한 각을 양(+)의 값으로 한다. 반대로 $+x$축에서 출발하여 r까지 시계 방향으로 돌면서 측정한 각은 음(−)의 부호를 붙인다. 이를 복소수의 **극형식**(polar form)이라고 한다. 그림 1-22에서 보는 바와 같이 직각좌표와 극좌표 상호간에는 다음과 같은 상관관계가 있다.

$$x = r\cos\theta \tag{1-49}$$

$$y = r\sin\theta$$

식 (1-49)에 의해 복소수 $z = x + iy$는

$$z = x + iy = r\cos\theta + ir\sin\theta = r(\cos\theta + i\sin\theta)$$

로 나타낼 수 있다. 멱급수 전개에 관한 1.5절에서 자세히 언급하겠지만 $\cos\theta + i\sin\theta$는 $e^{i\theta}$와 같은 지수함수의 형태로 표현할 수 있다.

예제 1.11 복소수의 지수형식 (1)

복소평면 상의 점 $(1,\ \sqrt{3})$을 직사각형식과 지수형식으로 표현하시오.

풀이 $r = \sqrt{x^2 + y^2}$ 이므로 $r = \sqrt{1^2 + (\sqrt{3})^2} = 2$이다. 그리고 $\cos\theta$와 $\sin\theta$는

$$\cos\theta = \frac{1}{2},\ \sin\theta = \frac{\sqrt{3}}{2}$$

이며 $\theta=\pi/3$임을 알 수 있다. 따라서 점 $(1,\ \sqrt{3})$는 다음과 같이 나타낼 수 있다.

$$\begin{aligned}(1,\ \sqrt{3}) &= 1+i\sqrt{3}\\ &= 2\left(\cos\frac{\pi}{3}+i\sin\frac{\pi}{3}\right)\\ &= 2e^{i\pi/3}\end{aligned}$$

이다.

따라서 복소수는 다음과 같이 나타낼 수도 있다.

$$z=x+iy=r(\cos\theta+i\sin\theta)=re^{i\theta} \tag{1-50}$$

식 (1-50)과 같이 지수함수를 이용하여 복소수를 표현한 것을 **복소수의 지수형식**이라고 한다. 지수형식의 r은 z의 절대값 또는 modulus, 그리고 θ는 z의 각도(위상, 편각)라고 하며 다음과 같은 기호로 표기한다.

$$\begin{aligned}\mathrm{Re}(z)&=x \\ \mathrm{Im}(z)&=y \\ |z|=\mathrm{mod}\,z=r&=\sqrt{x^2+y^2} \\ \theta&=\arg(z)\end{aligned} \tag{1-51}$$

공액복소수(켤레복소수)

복소수 $z=x+iy$에서 허수부의 부호를 바꾸어서 얻은 복소수 $x-iy$를 **공액복소수**(complex conjugate) 또는 **켤레복소수**라고 하고 z^* 또는 $\bar{z}$로 표시한다. 예를 들어 $2+i3$의 공액복소수는 $2-i3$이고 $2-i3$의 공액복소수는 $2+i3$이다. 마찬가지로 복소수를 지수형식으로 표현했을 때 그림 1-23에서 보는 바와 같이 z와 z^*의 r 값은 서로 같고 θ의 값은 서로 반대 부호를 갖는다. 따라서 복소수 $z=x+iy=r(\cos\theta+i\sin\theta)$에 대한 공액복소수 z^*는

$$z^* = r\{\cos(-\theta) + i\sin(-\theta)\} \quad (1\text{-}52)$$
$$= r(\cos\theta - i\sin\theta)$$
$$= re^{-i\theta}$$

로 θ의 부호를 반대로 하는 것과 같다.

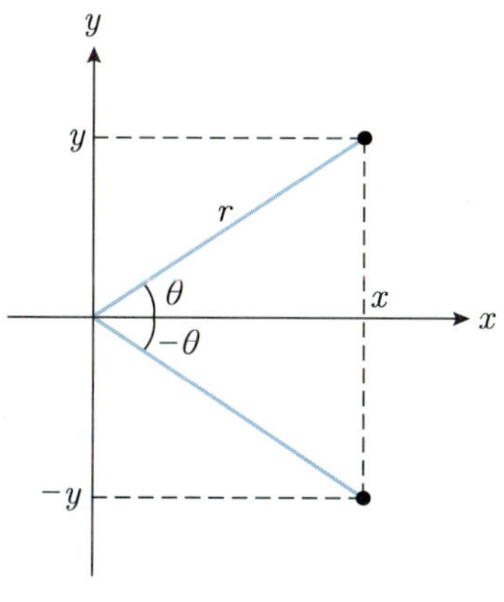

그림 1-23 공액복소수

두 개의 복소수 $z_1 = a + ib$과 $z_2 = c + id$를 정의하고 두 복소수에 대한 사칙연산을 알아보자.

(1) $z_1 + z_2 = (a + ib) + (c + id) = (a + c) + i(b + d)$

(2) $z_1 - z_2 = (a + ib) - (c + id) = (a - c) + i(b - d)$

(3) $z_1 \cdot z_2 = (a + ib)(c + id) = ac + i(ad + bc) + i^2 bd$
$$= (ac - bd) + i(ad + bc)$$

(4) $\dfrac{z_1}{z_2} = \dfrac{a + ib}{c + id} = \dfrac{(a + ib)(c - id)}{(c + id)(c - id)}$
$$= \frac{ac + i(bc - ad) - i^2 bd}{c^2 + d^2}$$
$$= \frac{ac + bd}{c^2 + d^2} + i\frac{bc - ad}{c^2 + d^2}$$

예제 1.12 복소수의 지수형식 (2)

복소수 $z=-1-i$를 지수형식으로 표현하시오.

풀이 $r=\sqrt{x^2+y^2}$ 이므로 $r=\sqrt{(-1)^2+(-1)^2}=\sqrt{2}$ 이다. 그리고 $\cos\theta$와 $\sin\theta$는

$$\cos\theta=-\frac{1}{\sqrt{2}},\ \sin\theta=-\frac{1}{\sqrt{2}}$$

이며 $\theta=5\pi/4$임을 알 수 있다. 따라서 복소수 $z=-1-i$는 다음과 같이 나타낼 수 있다.

$$\begin{aligned} z &= -1-i \\ &= \sqrt{2}\left(\cos\frac{5\pi}{4}+i\sin\frac{5\pi}{4}\right) \\ &= \sqrt{2}\,e^{i\frac{5\pi}{4}} \end{aligned}$$

이다.

예제 1.13 복소수의 사칙계산

두 복소수 $4+3i$, $-2+i$에 대한 덧셈, 뺄셈, 곱셈 및 나눗셈을 계산하시오.

풀이 $(4+3i)+(-2+i)=(4-2)+(3+1)i=2+4i$

$(4+3i)-(-2+i)=(4+2)+(3-1)i=6+2i$

$(4+3i)\times(-2+i)=-8+4i-6i+3i^2=-11-2i$

$$\begin{aligned} \frac{(4+3i)}{(-2+i)} &= \frac{(4+3i)(-2-i)}{(-2+i)(-2-i)}=\frac{-8-4i-6i-3i^2}{(-2)^2-(i)^2} \\ &= \frac{-5-10i}{5} \\ &= -1-2i \end{aligned}$$

1.5 멱급수 전개

계수 c_n이 상수일 때, x 또는 $(x-a)$의 멱급수(power series)는 다음과 같이 쓸 수 있다.

$$\sum_{n=0}^{\infty} c_n x^n = c_0 + c_1 x + c_2 x^2 + c_3 x^3 + c_4 x^4 + \cdots$$

또는

$$\sum_{n=0}^{\infty} c_n (x-a)^n = c_0 + c_1 (x-a) + c_2 (x-a)^2 + c_3 (x-a)^3 + \cdots$$

임의의 함수 $f(x)$를 $(x-a)$의 멱급수를 이용하여 전개(expansion)함으로써 얻어진 식을 **Taylor 급수**라고 한다. 일반적으로 Taylor 급수는 $(x-a)$의 멱급수이며 a는 상수이다. 임의의 함수 $f(x)$를 $(x-a)$의 멱급수로 전개하면

$$f(x) = \sum_{n=0}^{\infty} c_n (x-a)^n = c_0 + c_1 (x-a) + c_2 (x-a)^2 + c_3 (x-a)^3 + \cdots \quad (1\text{–}53)$$

이며, 여기서 계수 c_0, c_1, c_2, $\cdots$, c_n, $\cdots$을 구하면 $(x-a)$의 멱급수로 전개된 함수 $f(x)$를 얻을 수 있다. 계수 c_0는 $f(a) = c_0$이므로 쉽게 구할 수 있다. c_1은 함수 $f(x)$를 x에 대해 일차 미분한 다음 $f'(a)$를 구하면

$$f'(x) = c_1 + 2c_2 (x-a) + 3c_3 (x-a)^2 + 4c_4 (x-a)^3 + \cdots$$

$$f'(a) = c_1$$

이다. 같은 방법으로 나머지 상수 c_2, c_3, c_4, $\cdots$, c_n, $\cdots$을 구하면

$$c_2 \rightarrow f''(x) = 2c_2 + 3 \times 2c_3 (x-a) + 4 \times 3c_4 (x-a)^2 + \cdots$$

$$f''(a) = 2 \times 1c_2$$

$$c_2 = \frac{1}{2!} f''(a)$$

$$c_3 \to f'''(x) = 3\times 2c_3 + 4\times 3\times 2c_4(x-a) + 5\times 4\times 3c_5(x-a)^2 + \cdots$$

$$f'''(a) = 3\times 2\times 1c_3$$

$$c_3 = \frac{1}{3!}f'''(a)$$

$$c_4 \to f^{(4)}(x) = 4\times 3\times 2c_4 + 5\times 4\times 3c_5(x-a) + \cdots$$

$$f^{(4)}(a) = 4\times 3\times 2\times 1c_4$$

$$c_4 = \frac{1}{4!}f^{(4)}(a)$$

이며, 반복적으로 계산을 하면 n번째 상수인 $c_n = \frac{1}{n!}f^{(n)}(a)$을 얻을 수 있다. 따라서 함수 $f(x)$의 $(x-a)$에 대한 멱급수 전개는 다음과 같이 나타낼 수 있다.

$$f(x) = \sum_{n=0}^{\infty} c_n(x-a)^n = c_0 + c_1(x-a) + c_2(x-a)^2 + c_3(x-a)^3 + \cdots \quad (1\text{–}54)$$

$$= f(a) + f'(a)(x-a) + \frac{1}{2!}f''(a)(x-a)^2 + \frac{1}{3!}f'''(a)(x-a)^3 + \cdots$$

$$= \sum_{n=0}^{\infty} \frac{1}{n!}f^{(n)}(a)(x-a)^n$$

임의의 함수 $f(x)$를 $(x-a)$의 멱급수로 전개한 식 (1–54)를 함수 $f(x)$의 Taylor 전개라고 한다. 특히 $a=0$인 경우, 즉 함수 $f(x)$의 x에 대한 멱급수 전개를 **Maclaurin 전개**라고 한다.

예제 1.15 함수 e^{ix}의 Maclaurin 전개 (1)

함수 e^{ix}를 x에 대한 멱급수로 나타내시오.

풀이 함수 e^{ix}를 x에 대한 멱급수 전개하면

$$
\begin{aligned}
f(x) &= \sum_{n=0}^{\infty} c_n x^n = c_0 + c_1 x + c_2 x^2 + c_3 x^3 + \cdots \\
&= f(0) + f'(0)x + \frac{1}{2!}f''(0)x^2 + \frac{1}{3!}f'''(0)x^3 + \cdots \\
&= \sum_{n=0}^{\infty} \frac{1}{n!} f^{(n)}(0) x^n
\end{aligned}
$$

이다. $f(x) = e^{ix}$이므로

$$
\begin{aligned}
& f(x) = e^{ix} = c_0 + c_1 x + c_2 x^2 + c_3 x^3 + \cdots \\
& f(0) = 1 = c_0 \\
& f'(x) = ie^{ix} \quad \rightarrow f'(0) = i \\
& f''(x) = -e^{ix} \quad \rightarrow f''(0) = -1 \\
& f'''(x) = -ie^{ix} \rightarrow f'''(0) = -i \\
& f^{(4)}(x) = e^{ix} \quad \rightarrow f^{(4)}(0) = 1
\end{aligned}
$$

이다. 따라서

$$
\begin{aligned}
e^{ix} &= c_0 + c_1 x + c_2 x^2 + c_3 x^3 + \cdots \qquad (1\text{–}55) \\
&= f(0) + f'(0)x + \frac{1}{2!}f''(0)x^2 + \frac{1}{3!}f'''(0)x^3 + \cdots \\
&= 1 + ix - \frac{1}{2!}x^2 - i\frac{1}{3!}x^3 + \frac{1}{4!}x^4 + i\frac{1}{5!}x^5 + \cdots
\end{aligned}
$$

※ $f^{(5)}(x) = f'(x), f^{(6)}(x) = f''(x), \cdots$가 되어 고차 도함수의 값이 반복적으로 $f'(x) \sim f^{(4)}(x)$ 값과 같은 값을 가지게 된다.

예제 1.16 함수 e^{-ix}의 Maclaurin 전개 (2)

함수 e^{-ix}를 x에 대한 멱급수로 나타내시오.

풀이 함수 e^{-ix}를 x에 대한 멱급수 전개하면

$$f(x)=\sum_{n=0}^{\infty}c_n x^n = c_0 + c_1 x + c_2 x^2 + c_3 x^3 + \cdots$$

$$= f(0) + f'(0)x + \frac{1}{2!}f''(0)x^2 + \frac{1}{3!}f'''(0)x^3 + \cdots$$

$$= \sum_{n=0}^{\infty}\frac{1}{n!}f^{(n)}(0)x^n$$

이다. $f(x)=e^{-ix}$이므로

$$f(x)=e^{-ix}=c_0 + c_1 x + c_2 x^2 + c_3 x^3 + \cdots$$

$$f(0)=1=c_0$$

$$f'(x)=-ie^{-ix}\rightarrow f'(0)=-i$$

$$f''(x)=-e^{-ix}\rightarrow f''(0)=-1$$

$$f'''(x)=ie^{-ix}\rightarrow f'''(0)=i$$

$$f^{(4)}(x)=e^{-ix}\rightarrow f^{(4)}(0)=1$$

이다. 따라서 예제 1.15에서와 마찬가지의 방법으로 계산하면

$$e^{-ix}=c_0 + c_1 x + c_2 x^2 + c_3 x^3 + c_4 x^4 + \cdots \quad (1\text{–}56)$$

$$= f(0) + f'(0)x + \frac{1}{2!}f''(0)x^2 + \frac{1}{3!}f'''(0)x^3 + \cdots$$

$$= 1 - ix - \frac{1}{2!}x^2 + i\frac{1}{3!}x^3 + \frac{1}{4!}x^4 - i\frac{1}{5!}x^5 + \cdots$$

이다.

예제 1.17 함수 $\cos x$와 $\sin x$의 Maclaurin 전개 (3)

함수 $\cos x$와 $\sin x$를 x에 대한 멱급수로 나타내시오.

풀이 함수 $\cos x$를 x에 대한 멱급수 전개하면

$$f(x) = \sum_{n=0}^{\infty} c_n x^n = c_0 + c_1 x + c_2 x^2 + c_3 x^3 + \cdots$$

$$= f(0) + f'(0)x + \frac{1}{2!}f''(0)x^2 + \frac{1}{3!}f'''(0)x^3 + \cdots$$

$$= \sum_{n=0}^{\infty} \frac{1}{n!} f^{(n)}(0)x^n$$

이다. $f(x) = \cos x$이므로

$$f(x) = \cos x = c_0 + c_1 x + c_2 x^2 + c_3 x^3 + \cdots$$

$$f(0) = 1 = c_0$$

$$f'(x) = -\sin x \to f'(0) = 0$$

$$f''(x) = -\cos x \to f''(0) = -1$$

$$f'''(x) = \sin x \to f'''(0) = 0$$

$$f^{(4)}(x) = \cos x \to f^{(4)}(x) = 1$$

이다. 따라서 $\cos x$의 x에 대한 멱급수 전개는 다음과 같이 표현할 수 있다.

$$\cos x = c_0 + c_1 x + c_2 x^2 + c_3 x^3 + c_4 x^4 + \cdots \tag{1-57}$$

$$= f(0) + f'(0)x + \frac{1}{2!}f''(0)x^2 + \frac{1}{3!}f'''(0)x^3 + \cdots$$

$$= 1 - \frac{1}{2!}x^2 + \frac{1}{4!}x^4 - \frac{1}{6!}x^6 + \cdots$$

같은 방법으로 $\sin x$를 x에 대하여 멱급수 전개하면 다음과 같다.

$$\sin x = c_0 + c_1 x + c_2 x^2 + c_3 x^3 + c_4 x^4 + \cdots \tag{1-58}$$

$$= f(0) + f'(0)x + \frac{1}{2!}f''(0)x^2 + \frac{1}{3!}f'''(0)x^3 + \cdots$$

$$= x - \frac{1}{3!}x^3 + \frac{1}{5!}x^5 - \frac{1}{7!}x^7 + \cdots$$

식 (1-55), (1-56)과 (1-57), (1-58)을 비교하면

$$e^{ix} = \cos x + i\sin x \qquad (1\text{-}59)$$

$$e^{-ix} = \cos x - i\sin x$$

임을 알 수 있다. 식 (1-59)를 **오일러**(Euler) **공식**이라고 한다. 식 (1-59)를 변형하면 다음과 같이 코사인과 사인함수를 지수함수의 형식으로 나타낼 수 있다.

$$\cos x = \frac{e^{ix} + e^{-ix}}{2} \qquad (1\text{-}60)$$

$$\sin x = \frac{e^{ix} - e^{-ix}}{2i}$$

식 (1-60)은 코사인이나 사인함수가 다른 함수와 곱해진 함수를 적분할 때를 비롯하여 많은 경우에 유용하게 사용할 수 있다.

연습문제

벡터

01 벡터 $\vec{A}$와 $\vec{B}$가 다음과 같이 주어질 때, 다음을 계산하시오.

$$\vec{A}=2\hat{i}-3\hat{j},\ \vec{B}=-\hat{i}+2\hat{j}$$

(1) $|\vec{A}|$ (2) $|\vec{B}|$ (3) $\vec{A}+\vec{B}$

(4) $\vec{A}-\vec{B}$ (5) $|\vec{A}+\vec{B}|$ (6) $|\vec{A}-\vec{B}|$

(7) $\vec{A}\cdot\vec{B}$ (8) 벡터 $\vec{A}$와 $\vec{B}$가 이루는 각

02 벡터 $\vec{A}$와 $\vec{B}$가 다음과 같이 주어질 때, 다음을 구하시오.

$$\vec{A}=2\hat{i}-3\hat{j},\ \vec{B}=-\hat{i}+2\hat{j}$$

(1) $\vec{A}\times\vec{B}$ (2) $\vec{B}\times\vec{A}$ (3) $\vec{A}\times\vec{B}$의 방향

03 그림과 같이 벡터 $\vec{A}$의 크기는 35.0이고 방향은 x축으로부터 반시계 방향으로 325° 이다. 벡터 $\vec{A}$의 x성분과 y성분을 구하시오.

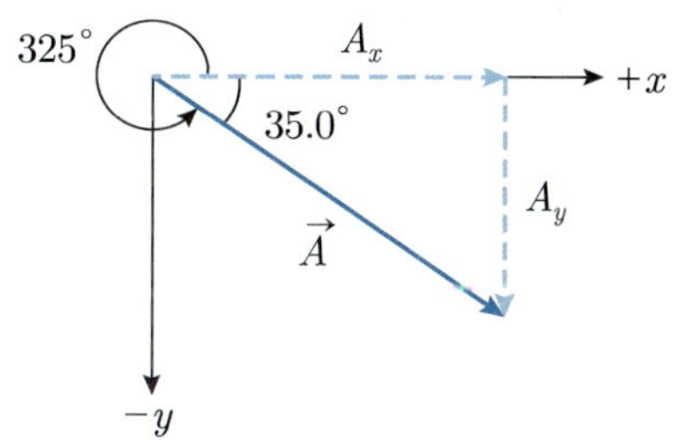

04 그림과 같이 두 벡터 $\vec{A}$와 $\vec{B}$가 있다. 벡터 $\vec{A}$는 x축과 60° 방향으로 길이가 14 cm 이고 벡터 $\vec{B}$는 x축과 20° 방향으로 길이가 20 cm이다. 두 벡터의 합벡터 $\vec{C}$의 길이와 x축과 이루는 각을 구하시오.

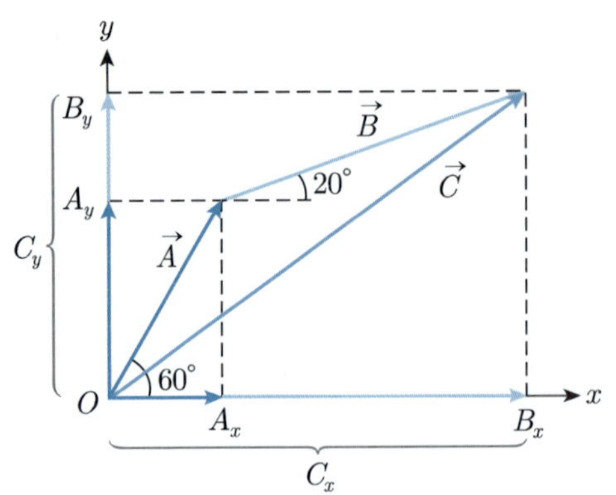

05 점 (x, y, z)에서의 온도 T가 $T=x^2-y^2+xyz+273$으로 주어진다. 점 $(-1, 2, 3)$에서 온도증가율이 가장 빠른 방향과 그 방향에서의 온도증가율을 계산하시오.

06 곡면의 방정식이 $x^3y^2z=12$로 주어질 때, 점 $(1, -2, 3)$에서 이 곡면에 접하는 접선에 대한 법선의 방정식을 구하시오.

07 3차원 벡터 $\vec{A}$와 $\vec{B}$가 다음과 같이 주어질 때

$$\vec{A}=A_x\hat{i}+A_y\hat{j}+A_z\hat{k}$$

$$\vec{B}=B_x\hat{i}+B_y\hat{j}+B_z\hat{k}$$

$\vec{A}\times\vec{B}=-\vec{B}\times\vec{A}$임을 증명하시오.

08 자세한 계산을 통하여 식 (1-12)와 (1-13)을 구하시오.

09 벡터 $\vec{r}=x\hat{i}+y\hat{j}+z\hat{k}$일 때, 다음을 계산하시오.

(1) $\vec{\nabla}\times(\hat{k}\times\vec{r})$ (2) $\vec{\nabla}\cdot\left(\frac{\vec{r}}{|r|}\right)$ (3) $\vec{\nabla}\times\left(\frac{\vec{r}}{|r|}\right)$

좌표계

10 극좌표계의 단위벡터인 $\hat{r}$와 $\hat{\theta}$가 다음과 같이 표현됨을 증명하시오.

$$\hat{r}=\cos\theta\,\hat{i}+\sin\theta\,\hat{j}$$

$$\hat{\theta}=-\sin\theta\,\hat{i}+\cos\theta\,\hat{j}$$

11 극좌표계를 이용하여 반경이 r인 원판의 넓이가 πr^2임을 보이시오.

12 반지름이 a이고 밀도가 ρ인 속이 찬 구가 있다. 구좌표계의 체적소 dV가 $dV = r^2 \sin\theta\, dr\, d\theta\, d\phi$임을 이용하여 구의 질량 M이 $\frac{4}{3}\pi a^3 \rho$임을 계산하시오.

13 구좌표계를 이용하여 반경이 r인 구의 표면적이 $4\pi r^2$임을 보이시오.

14 원통좌표계의 체적소 dV는 $dV = r\,dr\,d\phi\,dz$로 주어진다. 이것을 이용하여 반지름이 a, 높이가 h, 밀도가 ρ인 원기둥이 원판의 중심을 관통하는 축(z축)을 중심으로 회전하고 있을 때, 그 원기둥의 관성모멘트($I = mr^2$)를 구하시오.

삼각함수

15 반지름이 8 cm, 중심각이 $\frac{\pi}{4}$인 부채꼴의 호의 길이 ℓ과 넓이 S를 구하시오.

16 호의 길이가 4 cm, 넓이가 4 cm^{2}인 부채꼴의 중심각 θ를 구하시오.

17 그림에서 점 P의 좌표가 $(-1, \sqrt{3})$일 때, 다음 삼각함수의 값을 구하시오.

(1) $\sin 120°$ (2) $\cos 120°$ (3) $\tan 120°$

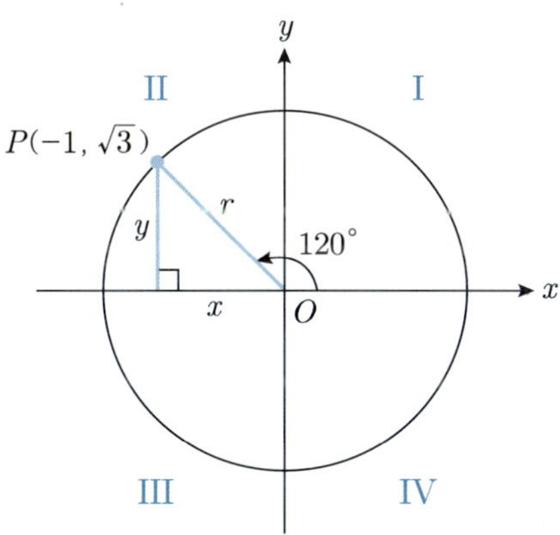

18 θ가 제3사분면의 각이고 $\cos\theta = -\frac{3}{5}$일 때, $\sin\theta$와 $\tan\theta$의 값을 구하시오.

19 삼각함수의 덧셈정리를 이용하여 다음 값을 구하시오.

(1) $\sin 75^\circ$ (2) $\cos 135^\circ$ (3) $\tan 15^\circ$

20 $\sin\theta = \frac{3}{5}$일 때, $\sin 2\theta$, $\cos 2\theta$, $\tan 2\theta$의 값을 구하시오.

21 $\sin 3\theta \cos\theta$, $\cos 5\theta \cos\theta$, $\sin 3\theta \sin 2\theta$를 합 또는 차의 꼴로 나타내시오.

22 식 (1-47)으로 주어지는 제2코사인 법칙을 유도하시오.

$$a^2 = b^2 + c^2 - 2bc\cos A \tag{1-47}$$

$$b^2 = c^2 + a^2 - 2ca\cos B$$

$$c^2 = a^2 + b^2 - 2ab\cos C$$

복소수

23 다음 복소수를 계산하시오.

(1) $(i + \sqrt{3})^2$ (2) $\left(\frac{1+i}{1-i}\right)^2$ (3) $\frac{3+i}{2+i}$

24 복소수 $i^2 + 2i + 1$을 지수형식으로 표현하시오.

25 다음 식에서 x와 y를 구하시오.

$$(x + iy)^2 = 2i$$

26 복소평면에서 $|z| = 4$인 조건을 만족하는 점들이 만드는 곡선을 구하시오.

27 오일러 공식을 사용하여 $\frac{d}{dx}\sin x = \cos x$임을 증명하시오.

멱급수 전개

28 함수 $f(x) = x^3 + 3x^2 + 2x + 1$을 $(x-1)$에 대한 Taylor 급수를 구하시오.

29 다음 함수들을 Maclaurin 급수로 표현하시오.

(1) e^x (2) $\ln(1+x)$ (3) $\frac{1}{x}\ln(1+x)$

(4) $\frac{1}{1+x}$ (5) $e^x \cos x$ (6) $e^x \sin x$

30 다음과 같이 교대하는 조화급수의 합을 구하시오.

$$1-\frac{1}{2}+\frac{1}{3}-\frac{1}{4}+\frac{1}{5}-\frac{1}{6}+\cdots$$

02

빛의 성질

빛은 일종의 전자기파이다. 빛은 이미 잘 알려진 것처럼 입자성과 파동성을 가진다. 광학이란 빛의 본질과 발생, 전파 현상, 검출은 물론 빛과 물질의 상호작용 현상 등을 탐구하는 학문으로 빛을 취급하는 관점에 따라 기하광학, 물리광학(또는 파동광학), 양자광학 등으로 분류된다.

양자광학이란 양자 현상으로 나타나는 원자 스펙트럼의 방출과 흡수, 레이저를 비롯한 다양한 광원 및 광검출기의 원리와 광 계측 등을 취급하는 학문으로 빛을 광자(photon)라는 입자로 취급하여 그 성질을 연구한다. 또한 물리광학은 빛의 전자기적 성질을 기반으로 빛의 파동적 현상인 간섭, 회절, 편광을 주로 연구한다.

반면에 **기하광학**은 빛의 파장이 렌즈, 광분할기(beam splitter) 등과 같은 광학계에 비해 매우 작을 때 빛을 광선으로 취급하여, 빛의 직진성, 반사법칙, 굴절법칙을 기반으로 물리현상을 기술하는 학문이다. 즉 기하광학은 간섭과 회절을 무시할 수 있을 때만 적용할 수 있는 근사이다. 본 chapter에서는 빛과 관련된 가장 기본적인 특성 및 현상들에 관하여 간략하게 알아보기로 한다.

2.1 빛의 속도

역사적으로 사람들은 "빛의 속도는 무한하다"고 생각하였다. 이러한 생각에 처음으로 의문을 가지고 빛의 속도를 측정한 사람은 갈릴레오(G. Galileo)였다. 1667년 갈릴레오는 자기의 조수를 멀리 떨어진 맞은편 산봉우리 위에 세우고 각각이 램프를 켜서 덮개로 막았다. 먼저 갈릴레오가 램프의 덮개를 벗기는 순간, 갈릴레오의 램프로부터 발산된 빛을 맞은편 산봉우리에 있는 조수가 관측한 즉시 자기의 램프 덮개를 벗기게 하였다. 갈릴레오는 자기 램프의 덮개를 벗긴 후 조수로부터 되돌아오는 램프 불빛을 관측할 때까지의 시간차를 측정하여 빛의 속도를 측정하고자 하였다. 물론 갈릴레오가 측정한 시간차에는 빛의 속도에 의한 것뿐 아니라 인간의 반응시간도 포함되어 있어서, 갈릴레오는 오직 빛의 속도가 인간의 반응 속도보다 매우 빠르다는 것만 알 수 있었다. 비록 갈릴레오는 빛의 속도가 유한하다는 것을 보여주지는 못하였지만 빛의 속도를 측정하기 위한 실험의 장을 열었다.

최초로 빛의 속도를 유한한 값으로 측정한 사람은 덴마크의 천문학자인 뢰머(O. C. Rømer)였다. 1675년 뢰머는 목성의 위성 중 하나인 이오위성의 월식을 관찰하여 빛의 속도를 측정하는데 성공하였다. 목성이 이오위성과 지구 사이에 있는 동안 이오위성이 보이지 않는 월식이 일어난다. 뢰머는 이오위성의 월식이 일어나는 시간이, 지구가 목성에서 멀어질 때보다 목성 쪽으로 향할 때, 짧아진다는 것을 관찰했다. 이러한 현상을 뢰머는 빛의 속도가 유한하다는 가정 하에 설명하였으며 이 월식을 수년간 관측한 결과 빛의 속도가 2.2×10^8 m/s 임을 계산할 수 있었다.

1849년 프랑스의 피조(A. H. L. Fizeau)는 지표상에서 빛의 속도를 측정하기 위하여 그림 2-1과 같은 기발한 방법을 고안하였다. 피조는 광원에서 멀리 떨어져 있는 거울에 개별적인 빛의 펄스를 보낼 수 있도록 광원 앞에 빠른 속도로 회전하는 톱니바퀴를 사용하였다. 거울은 빠른 속도로 회전하는 톱니바퀴를 통과한 빛의 펄스를 다시 톱니바퀴 쪽으로 반사시킨다. 펄스가 톱니바퀴로 되돌아 왔을 때, 톱니바퀴는 이미 더 돌아 톱니바퀴의 위치에 따라 펄스가 차단되거나 통과하여 관측자에게 되돌아온다. 피조는 톱니바퀴와 거울 사이의 거리, 톱니바퀴의 회전수 및 톱니 산의 개수를 측정하여 빛의 속도가 3.15×10^8 m/s 임을 알았다.

역시 프랑스의 물리학자 푸코(J. B. L. Foucault)는 피조의 측정방법을 개량하여, 톱니바퀴 대신에 거울을 회전시켜서 더 정밀하게 빛의 속도를 측정할 수 있었다. 이 방법으로 푸코는 물속에서의 빛의 속도도 구해낼 수 있었다.

1900년대에 이르러 미국의 마이켈슨(Michelson)에 의하여 정밀한 빛의 속도 측정이 이루어졌다. 마이켈슨은 푸코가 측정했던 방법으로 지금 우리가 알고 있는 공인된 값, 2.99792458×10^8 m/s와 거의 차이가 나지 않는 2.99774×10^8 m/s라는 정확한 값을 얻을 수 있었다.

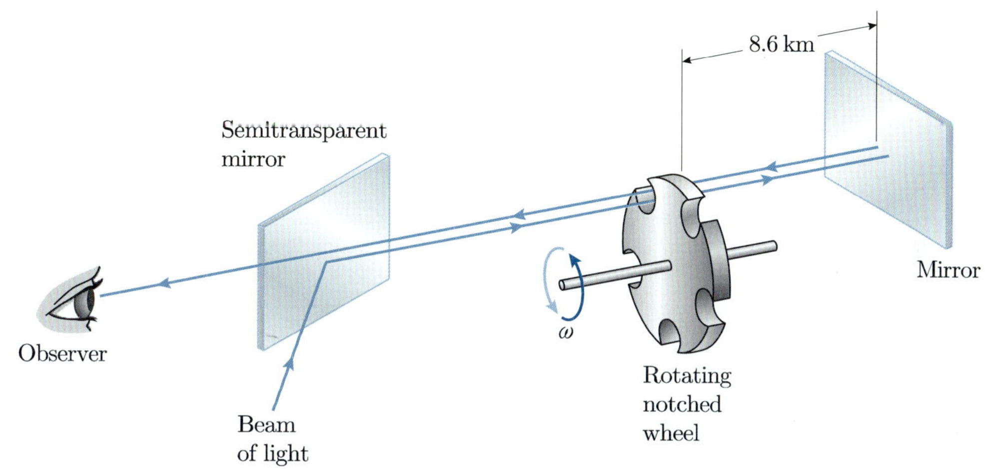

그림 2-1 빛의 속도 측정

현재 표준으로 사용하고 있는 빛의 속도는 국제표준단위(SI unit)에서 c로 표기하는데, 다음과 같이 정의한다.

$$c = 299,792,458 \text{ m/s}$$

빛의 속도는 절대 상수이므로 이 값을 기준으로 미터(m, meter)를 정의하여 길이의 표준으로 삼는다. 빛의 속도를 이용하여 길이를 정의하기 위해서는 우선 시간을 정확히 정의해야 한다. Cs-133(세슘-133) 원자는 핵과 전자의 상호작용으로 인해 초미세 구조(hyper fine structure)라고 불리는 에너지 레벨을 가지며 그로 인해 특정한 파장의 마이크로파를 방출한다. 그 마이크로파가 정확히 9,192,631,770번 진동하는데 걸리는 시간이 국제표준에서 정하는 1초이다. 이러한 시간의 정의에 따라 1 m는 빛이 진공 중에서 1/299,792,458초 동안 진행하는 거리로 규정해서 지금 사용하고 있는 길이의 표준으로 정하였다.

물질에서의 빛의 속도

빛이 자유공간(진공이나 공기)을 통과할 때는 $c \simeq 3.0 \times 10^8$ m/s의 속력으로 진행하지만 임의의 매질 속을 통과할 때는 c보다 작은 속력으로 진행하게 된다. 예를 들어, 가시광선의 빛이 유리를 통과할 때 $v \simeq 2.0 \times 10^8$ m/s의 속력으로 유리 속을 진행한다. 물론 가시광선의 파장과 유리의 종류에 따라 유리를 통과하는 빛의 속도는 달라진다.

빛이 자유공간을 진행할 때의 속도(c)와 임의의 매질에서의 속도(v) 비(ratio)를 **굴절률**(index of refraction 또는 refractive index) n으로 정의한다.

$$n = \frac{c}{v}$$

여기서 v는 임의의 매질에서 빛의 속도를 나타낸다. 빛이 한 물질에서 다른 물질로 진행함에 따라 빛이 굴절되는데(꺾이는데), 이는 두 매질에서의 빛의 속도가 다르기 때문에 일어나는 현상으로 속도 비(굴절률)가 클수록 꺾이는 정도가 크다. 즉, 굴절률에 의하여 굴절되는(꺾이는) 정도가 결정된다. 진공(자유공간)에서의 굴절률은 1이고 그 밖의 모든 매질에 대한 굴절률은 1보다 큰 값을 갖는다. 공기 중에서의 굴절률은 빛의 파장, 기압, 온도, 습도 등에 따라 달라지므로 대략, 1.0003으로 1보다 약간 큰 값을 가지나 대부분의 경우 대략 1로 계산한다.

빛이 어떤 매질 내에서 진행할 경우, 그 매질 내에서의 빛의 속도 v는 진동수(f)와 파장(λ)의 곱으로 나타낼 수 있다. 진동수와 파장에 대한 정의와 개념은 chapter 5에서 자세히 언급하기로 하고 chapter 2에서는 그냥 사용하기로 한다.

$$v = f\lambda$$

빛의 진동수 f는 빛이 서로 다른 매질들로 진행을 하더라도 변하지 않고 일정하게 유지되므로, 진공 중에서 빛의 파장을 λ_0라고 할 때, 굴절률이 n인 매질에서 빛의 파장 λ는 다음과 같이 구할 수 있다.

$$f = \frac{c}{\lambda_0} = \frac{v}{\lambda}$$

$$\lambda = \frac{v}{c}\lambda_0 = \frac{\lambda_0}{n}$$

$n \geq 1$이므로 임의의 매질에서 빛의 파장은 진공에서의 빛의 파장보다 더 짧다. 매질 내에서는 진공 중에서 보다 파장이 더 짧아지므로 매질 내에서 빛의 속도는 더 느리게 된다. 굴절률은 물질의 종류에 따라 다르다. 같은 물질의 경우 입사각이 달라지면 굴절각은 달라지지만 굴절률은 일정하다. 표 2-1은 여러 가지 물질에 대한 굴절률을 나타낸 것이다.

표 2-1 파장이 598 nm인 광원(나트륨등의 노란색 빛)에 대한 굴절률

매 질	굴절률	매 질	굴절률
진공	1.00	공기(0 ℃ 1기압)	1.00029
물	1.33	아세톤	1.36
에틸알콜	1.36	설탕물(30 %)	1.38
비결정 수정	1.46	설탕물(80 %)	1.49
보통유리	1.52	소금결정	1.54
폴리에틸렌	1.55	특수유리	1.65
사파이어	1.77	고밀도유리	1.89
다이아몬드	2.42	벤젠	1.50

예제 2.1 공기와 유리에서의 파장 변화

일반적으로 유리의 굴절률은 1.50으로 계산한다. 공기 중에서 파장이 300 nm인 빛이 유리를 통과할 경우에 유리 속에서 빛의 파장은 얼마인가?

풀이 진동수, 파장, 그리고 속도와의 관계는 $v = \lambda f$이며 진동수 $f = v/\lambda$이다. 유리에서의 빛의 속도와 파장을 v_g와 λ_g라고 하면

$$f = \frac{c}{\lambda_0} = \frac{v_g}{\lambda_g}$$

이다. $v_g = c/n = 3.0 \times 10^8/1.5 = 2.0 \times 10^8$ m/s이므로

$$\lambda_g = \frac{\lambda_0 v_g}{c} = \frac{300.0 \times 10^{-9} \times 2.0 \times 10^8}{3.0 \times 10^8}$$

$$= 200.0 \times 10^{-9} \text{ (m)}$$

$$= 200 \text{ (nm)}$$

이다.

예제 2.2 Germanium에서의 빛의 속도

보통 반도체들은 적외선 영역의 긴 파장의 빛에 대하여 투명하다. 파장이 2 μm인 빛에 대하여 germanium의 굴절률은 4.0이다. Germanium 속에서 빛의 속도를 구하시오.

풀이 굴절률 n은 $n=c/v$로 정의된다. 따라서 임의의 매질에서의 빛의 속도는

$$v=\frac{c}{n}$$

이다. 그러므로 germanium 속에서의 빛의 속도 v_g는 다음과 같이 계산할 수 있다.

$$v_g=\frac{c}{n}=\frac{3.0\times10^8}{4.0}$$
$$=7.5\times10^7\ (\text{m/s})$$

전자기파의 스펙트럼

스펙트럼이란 빛을 파장이나 진동수에 따라 분류 혹은 구분하여 연속적으로 배열한 것을 말한다. 파장의 영역에 따라, 라디오파(radio wave), 마이크로파(micro wave), 적외선(infrared), 가시광선(visible light), 자외선(ultra-violet), X선(X-ray), 그리고 감마선(gamma ray) 등으로 나눌 수 있다.

Technische Hochschule의 물리학 교수인 헤르츠(H. Hertz)는 spark gap을 이용한 방전 진동자로부터 전자기파를 발생시키고 검출하는데 성공하였다. 헤르츠가 발생시킨 전자기파는 진동수가 3 Hz~300 MHz인 전자기파인데, 이러한 영역의 전자기파를 **라디오파**라고 한다.

마이크로파의 진동수 영역은 300 MHz에서 3×10^{11} Hz까지이며 파장으로 환산하면 1 m에서 1.0 mm이다. 마이크로파와 라디오파 영역의 파장 중에서 지구의 대기권을 통과할 수 있는 영역은 1 cm에서 30 m까지이다. 실제로 우주공간에 분포하는 중성의 수소원자는 파장이 21 cm인 마이크로파를 방출한다. 마이크로파는 우주선들 사이의 통신에 주로 사용되며 최근에 이르러 많은 분야에 응용되고 있다.

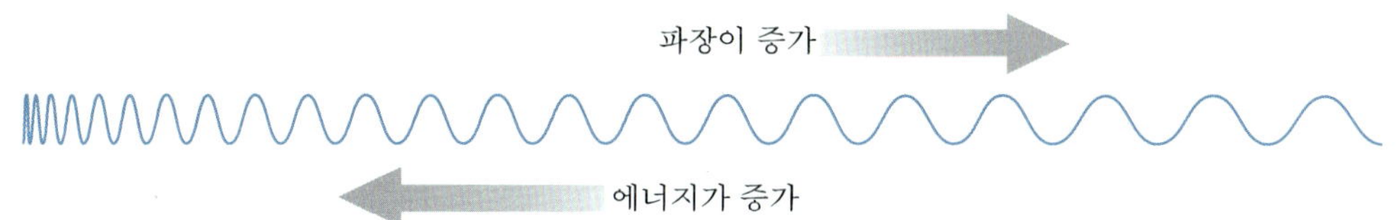

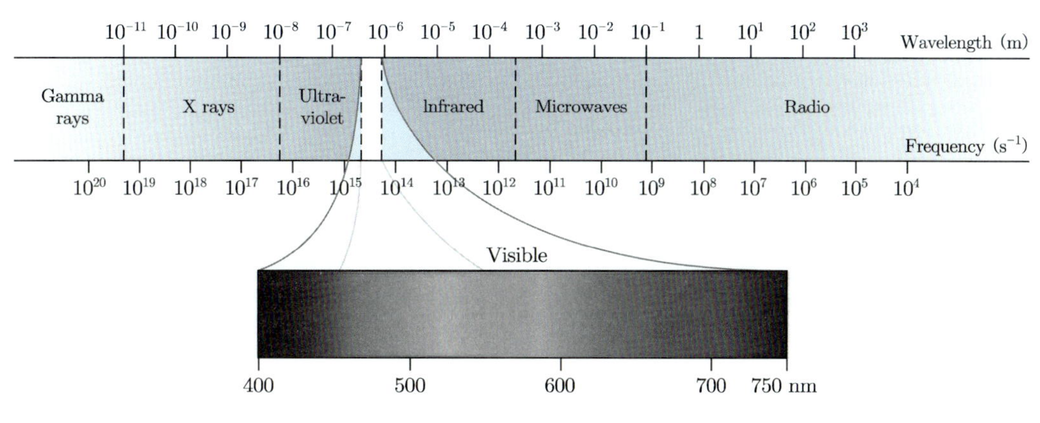

그림 2-2 전자기파의 스펙트럼

천문학자 허셜(W. Herschel)이 발견한 **적외선**은 진동수가 $\sim 3\times10^{11}$ Hz에서 $\sim 4\times10^{14}$ Hz까지이다. 적외선 영역은 4개로 세분되는데 근적외선(780~3000 nm), 중적외선(3000~6000 nm), 원적외선(6000~15000 nm), 그리고 극원적외선(15000 nm~1.0 mm)이다. 어느 물체이든 물체를 구성하고 있는 분자나 원자의 열운동으로 적외선을 흡수하거나 방출할 수 있다. 인체가 방출하는 적외선은 아주 약하지만 파장이 3000 nm에서 시작해서 10000 nm에서 최대가 된다.

예제 2.3 가시광선의 Frequency Range

일반적으로 파장이 400~700 nm인 빛을 가시광선이라고 한다. 가시광선의 진동수 범위를 구하시오.

풀이 진동수, 파장, 그리고 속도와의 관계는 $v=\lambda f$이며 진동수 $f=v/\lambda$이다. 진공 중에서 빛의 속도는 c이므로 빛의 파장을 λ_0라고 하면

$$f=\frac{c}{\lambda_0}$$

이므로 $f_{\min}$과 $f_{\max}$는 다음과 같다.

$$f_{\min} = \frac{c}{\lambda_{\max}} = \frac{3.0 \times 10^8}{700.0 \times 10^{-9}}$$

$$= 4.3 \times 10^{14} \ (\mathrm{s}^{-1})$$

$$= 4.3 \times 10^{14} \ (\mathrm{Hz})$$

$$f_{\max} = \frac{c}{\lambda_{\min}} = \frac{3.0 \times 10^8}{400.0 \times 10^{-9}}$$

$$= 7.5 \times 10^{14} \ (\mathrm{s}^{-1})$$

$$= 7.5 \times 10^{14} \ (\mathrm{Hz})$$

여러 가지 빛의 영역 중에서 우리가 눈으로 감지할 수 있는 영역의 빛을 **가시광선**이라고 한다. 가시광선 영역의 파장은 400~700 nm으로 매우 좁은 영역의 전자기파이다. 고온의 필라멘트나 태양 등에서 가속된 전자들의 충돌로 인해 발생한 열복사(thermal radiation)가 가시광선의 주된 광원이다. 인간의 눈으로 어떤 물체의 형태와 색깔을 인지할 수 있는 것은 물체의 표면 특성에 따라 전자기 스펙트럼의 영역에서 반사되는 정도가 다르고 인간의 눈이 가시광선 영역의 파장이 갖는 고유한 특성을 인지할 수 있기 때문이다.

가시광선에 이웃하는 파장영역으로 리터(J. W. Ritter)가 발견한 **자외선**이 있다. 자외선 영역의 진동수는 $\sim 8 \times 10^{14}$ Hz에서 3×10^{16} Hz까지이다. 태양으로부터 오는 자외선은 대기 상층부의 원자를 이온화시킬 수 있는 에너지를 가지고 있기 때문에 대기 상층부에 전리층을 형성할 수 있으며 지구표면의 생물체들에게 지대한 영향을 줄 수 있다. 그러나 대기 중에 형성되어 있는 오존층에서 자외선을 흡수함으로써 자외선이 가지고 있는 에너지로부터 입을 수 있는 폐해를 막아주고 있다. 파장이 290 nm보다 짧은 자외선 영역의 자외선은 살균력이 있으며 파장이 짧을수록 입자성이 강해진다.

X-선은 1895년 뢴트겐(W. C. Röntgen)에 의해 발견되었으며 진동수가 3×10^{16} Hz에서 3×10^{19} Hz까지이다. X-선을 발생시키는 일반적인 방법은 고속의 대전입자를 갑자기 감속시키는 것으로써 대전입자를 구리와 같은 금속 target에 충돌시켜서 넓은 진동수 영역의 제동복사(bremsstrahlung)를 일으켜 X-선을 얻는 것이다. 감마선은 X-선 중에서 주파수가 높은 영역을 포함하는데 $\sim 10^{18}$ Hz보다 높은 주파수의 전자기파를 감마선이라고 한다.

기하광학에서는 이러한 여러 가지 전자파 스펙트럼 중에서 광원으로 주로 가시영역의 빛을 사용할 것이다. Chapter 5에서부터 다루게 될 파동광학에서도 주된 광원은 가시광선이 될 것이다.

2.2 반사와 굴절

2.2.1 빛의 반사

빛이 없다면 우리는 세상을 볼 수 없다. 그러나 태양과 같이 단지 몇몇 물체만이 빛을 방출한다. 우리는 대부분의 물체들에서 반사되어 나오는 빛을 통해 물체를 인식한다. 우리가 낮에 나무를 본다면, 우리가 실제로 보는 것은 태양으로부터 나온 빛이 나무에서 반사된 빛을 보게 되는 것이다. 얼마나 많은 빛이 반사되느냐 하는 것은 물체의 표면의 상태와 물체가 가지고 있는 물리적 특성에 달려 있다. 예를 들어, 매끄럽고 밝은 색의 표면은 거칠고 어두운 표면보다 많은 빛을 반사한다. 거울은 표면이 매우 매끄럽기 때문에 거울에 도달한 빛은 들어올 때와 똑같은 양상으로 되돌아가고, 그래서 어떤 물체의 완전한 그림이나 상을 반사할 수 있다.

빛은 전파되다가 다른 매질을 만나면 그 경계면에서 그 일부가 되돌아오게 되는데 이러한 현상을 **빛의 반사**라고 한다. 빛이 반사될 때 그림 2-3과 같이 입사각(θ_1)과 반사각(θ_1')은 항상 같다(뒤에 스넬의 법칙으로 증명함). 여기서 입사각 θ_1은 입사파의 진행방향이 경계면에 수직인 법선과 이루는 각이며 반사각 θ_1'은 반사파의 진행방향과 법선이 이루는 각을 말한다.

$$\theta_1 = \theta_1'$$

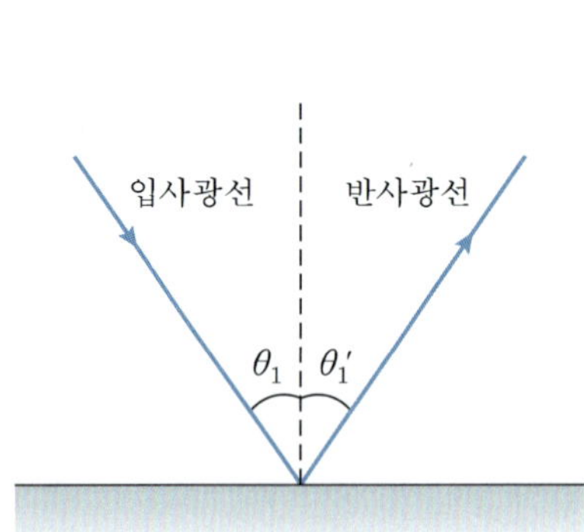

그림 2-3 입사각과 반사각

이 때 입사파와 법선, 그리고 반사파는 항상 같은 평면상에 있는데 이 면을 입사면이라고 한다. 반사의 법칙은 반사면이 평면이 아니라 곡면일 경우도 마찬가지로 성립한다. 즉, 입사파가 반사면을 만나면 반사면의 법선에 대하여 입사각과 같은 크기의 반사각으로 반사된다. 역시 입사파와 법선, 반사파는 같은 평면상에 있다.

2.2.2 빛의 굴절

빛의 굴절은 빛이 임의의 한 물질에서 다른 물질로 입사할 때, 그 경계면에서 진행방향이 꺾이는 현상을 말한다. 그림 2-4에서 보는 바와 같이 빛의 굴절은 빛이 매질을 통과할 때 매질에 따라 빛의 속력이 다르기 때문에 일어난다. 빛은 두 물질의 경계면에서 일부는 반사하지만 일부는 굴절한다.

물속에 담긴 젓가락이 꺾여 보이거나 물속에 있는 물체가 떠 보이는 것, 어항 속의 물고기의 모습이 다르게 보이는 것은 모두 빛의 굴절 때문이다. 경계면에 수직인 선과 굴절 광선이 이루는 각을 굴절각이라 한다. 매질에서의 굴절각은 입사각과 매질의 굴절률에 의하여 결정된다.

굴절률은 빛이 등방성의 두 매질의 경계면에서 굴절할 때 입사각 θ_1과 굴절각 θ_2 사이에 성립되는 스넬의 법칙(굴절의 법칙)에서 상수 n의 값을 의미하며 빛이 한 물질에서 다른 물질로 진행할 때 굴절률에 따라 굴절되는(꺾이는) 정도가 결정된다.

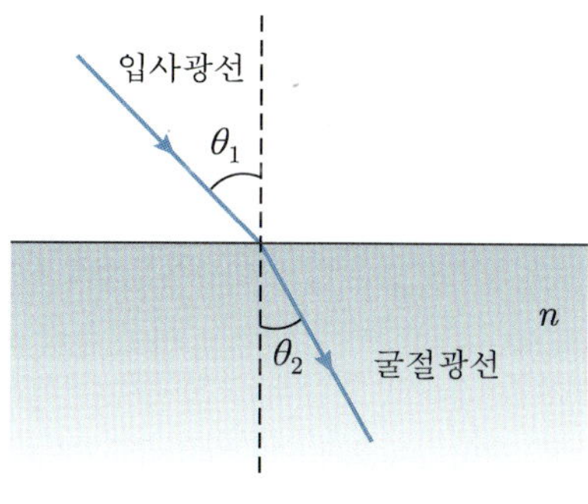

그림 2-4 입사각과 굴절각

2.2.3 스넬의 법칙

호이겐스의 원리

호이겐스(Huygens, 1629~1695)는 네덜란드의 헤이그에서 태어나 레이덴 대학을 졸업한 후 영국, 프랑스, 독일 등에서 유학하였다. 1655년 형인 콘스탄틴과 굴절 망원경을 제작하여 토성에 있는 고리를 발견하였으며 토성의 위성을 관측하였다. 그리고 1656년 진자시계를 발명하였다. 1666년 프랑스 과학아카데미가 창립된 후 외국인으로서 최초로 회원이 되어 1681년까지 프랑스에서 중심적 인물로 활동했다.

호이겐스는 복굴절 및 빛의 전파속도에 대해 알려진 사실을 기초로 빛의 파동설을 수립하였으며 매질(에테르)을 통해 전파되는 파동으로서의 빛의 개념을 정립하여 파면의 전파를 구면파의 중첩으로 보는 **호이겐스의 원리**를 확립하였다. 그의 저서 ≪빛에 관한 논술≫은 1678년 완성되어 1690년에 출판되었다. 호이겐스 원리란 광파가 진행하는 모양을 그림으로 구하는 방법을 나타내는 원리를 말한다. 그림 2-5에서 보는 바와 같이 어느 순간의 파면(AA')이 주어지면 다음 순간의 파면은 주어진 파면상의 각 점이 각각의 독립된 파원이 되어 발생하는 2차적인 구면파에 공통으로 접하는 면(BB'), 즉 포락면(파형요소)이 된다는 것이다.

1678년 호이겐스가 발표한 빛의 파동설은 광파의 진행 상태를 기술하는데 근원이 되었으며 빛의 입자설로 설명이 부족했던 물리적 현상을 명확하게 해 주었다. 뉴턴의 빛의

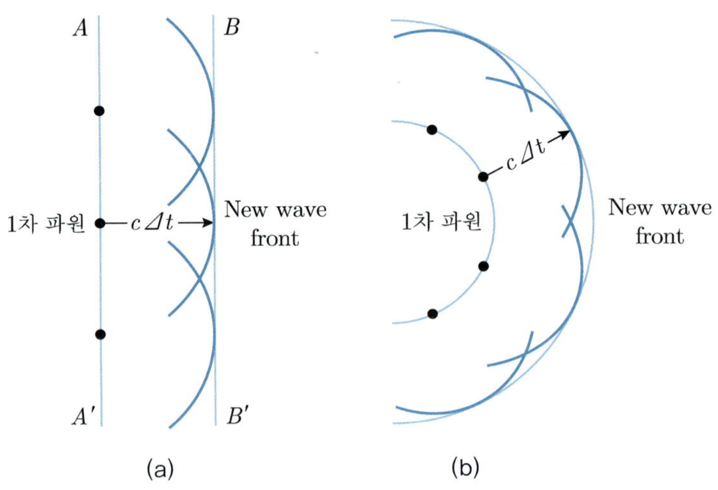

그림 2-5 호이겐스의 원리 : 파의 전파

입자설에 기초가 된 빛의 직진성이나 굴절·반사 등과 같은 여러 가지 현상도 호이겐스 원리를 바탕으로 파동설의 입장에서도 설명할 수 있다. 호이겐스의 시대에는 광파의 주기성이라고 하는 개념이 명확하게 파악되어 있지 않았으며 파장이라는 개념이 정립되어 있지 않아서 회절현상 등을 설명할 수가 없었으나 프레넬과 키르히호프 등과 공동연구를 통하여 이러한 부분을 보완하여 파동광학의 기초를 확립하였다.

스넬의 법칙

스넬(Snell)은 네덜란드의 물리학자이자 수학자로 레이덴에서 태어났으며 1613년 이후 레이덴 대학에서 역학을 강의하였다. 1615년 **스넬의 법칙**을 확립했는데, 이것은 빛의 굴절 현상을 실험적으로 연구한 것으로 광학 발전에 기초가 되었다.

스넬의 법칙은 빛에 대해서 뿐만 아니라 일반적인 파동에 대해서도 성립하는 법칙이다. 파동이 등방적인 매질에서 다른 등방성 매질로 입사해 굴절할 경우, 입사면(입사파의 방향과 경계면의 법선을 포함하는 면)과 굴절면(굴절파의 방향과 경계면의 법선을 포함하는 면)은 같은 평면 내에 있고 입사각을 θ_1, 굴절각을 θ_2라고 하면

$$n_1 \sin\theta_1 = n_2 \sin\theta_2 \tag{2-1}$$

이라는 관계가 성립한다. 이 경우에 n_1은 입사물질의 굴절률, n_2는 투과물질의 굴절률이다.

반사의 법칙 역시 호이겐스 원리를 이용하여 유도할 수 있다. 그림 2-6 (a)에서 보는 바와 같이 직선 AA'는 입사광선의 파면을 나타낸다. 광선 3이 A'에서 C까지 진행하는 동안 광선 1은 경계면 A에서 반사되어 반지름이 AD인 구면파를 만들어 진행하며 호이겐스 원리에 따라 구면파의 반지름은 $v\Delta t$이다. 반지름 $A'C$와 AD인 두 구면파는 같은 매질 내에 있고 구면파의 속력 v가 같기 때문에 $A'C = AD$이다. 반면에 광선 2는 광선 1보다 늦게 경계면에 도달하기 때문에, B를 중심으로 퍼져나간 구면파는 A를 중심으로 퍼져나간 구면파보다 곡률반경이 작다.

CD는 반사된 파의 파면이다. 따라서 호이겐스의 원리로부터 반사된 모든 구면파의 파면은 CD에 접하게 된다. 그림 2-6 (b)에서 직각삼각형 ADC와 $AA'C$는 동일한 빗면 AC를 가지며 $A'C = AD$이므로 합동이다. 따라서 다음과 같은 식을 얻을 수 있다.

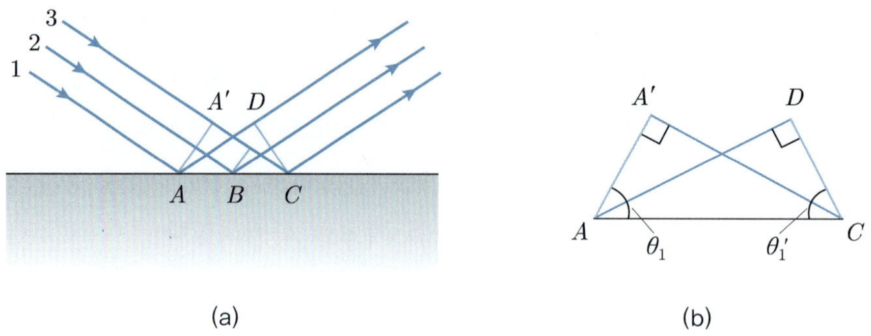

그림 2-6 반사의 법칙을 설명하기 위한 호이겐스의 원리

$$\sin\theta_1 = \frac{\overline{A'C}}{\overline{AC}},\ \sin{\theta_1}' = \frac{\overline{AD}}{\overline{AC}} \tag{2-2}$$

식 (2-2)로부터, $A'C = AD$이므로 $\sin\theta_1 = \sin{\theta_1}'$이다. 따라서 $\theta_1 = {\theta_1}'$이므로 반사의 법칙을 잘 나타내고 있다.

그림 2-7을 이용하여 굴절에 대한 스넬의 법칙을 유도해 보기로 하자. 직선 AA'는 입사광선의 파면이므로 광선 1이 A에서 B까지 진행하는 동안 광선 2는 A'에서 C까지 진행한다. A를 중심으로 퍼져나간 구면파의 반경은 $v_2 \Delta t$이고 A'을 중심으로 퍼져나간 구면파의 반경은 $v_1 \Delta t$이다. $\angle A'AC = \theta_1, \angle ACB = \theta_2$이므로 $\triangle A'AC$와 $\triangle ACB$로부터 다음과 같은 식을 얻을 수 있다.

$$\sin\theta_1 = \frac{v_1 \Delta t}{\overline{AC}},\ \sin\theta_2 = \frac{v_2 \Delta t}{\overline{AC}}$$

$$\frac{\sin\theta_1}{\sin\theta_2} = \frac{v_1}{v_2}$$

굴절률의 정의로부터 $v_1 = c/n_1$이고 $v_2 = c/n_2$이므로

$$\frac{\sin\theta_1}{\sin\theta_2} = \frac{c/n_1}{c/n_2} = \frac{n_2}{n_1}$$

$$n_1 \sin\theta_1 = n_2 \sin\theta_2$$

이다. 이 식이 바로 굴절에 대한 스넬의 법칙이다.

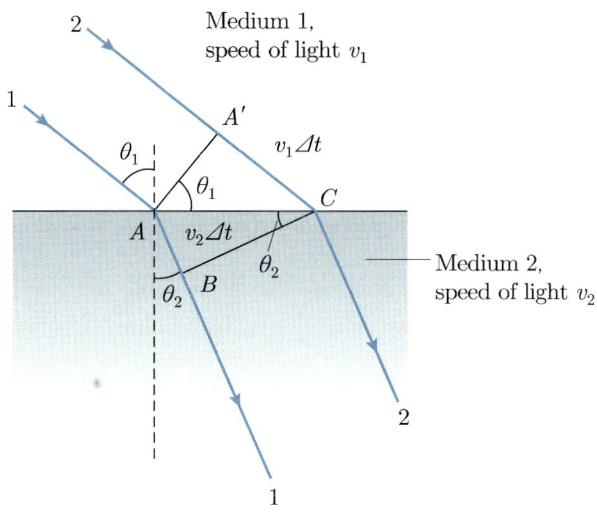

그림 2-7 굴절의 법칙을 설명하기 위한 호이겐스의 원리

페르마의 원리를 이용한 스넬의 법칙

광선이 매질의 경계면에서 꺾어지는 현상을 페르마(Fermat, Pierre de, 1601~1665)가 명확하게 설명하였다. 프랑스의 법률가로서 지방의원을 지내기도 했던 페르마는 수학의 여러 분야에 걸쳐서 많은 중요한 업적들을 남기고 대학교수를 능가하는 수학적 재능과 지식이 있었지만 아마추어 수학자로서 단지 수학을 즐겼기 때문에 자신의 연구업적을 잘 정리하여 논문으로 발표하지 못해서 학자로서의 명성을 얻지는 못했다. 그러나 그가 던져 놓은 과제들을 후대의 수학자들이 해결하려 몰두한 결과, 수학사에 중요한 발전들이 이루어지기도 하였다.

그는 광학에서도 중요한 업적을 남겼는데, **빛이 반사, 굴절 등을 동반하여 매질을 진행할 경우, 빛은 최단 시간이 되는 경로로 진행한다**는 이른바 **페르마의 원리**(Fermat's principle) 혹은 **최소 작용의 원리**가 그것이다.

페르마는 빛이 임의의 두 지점 사이를 진행할 때 그 주변의 무수히 많은 여러 경로 중 최소의 시간이 걸리는 경로를 선택하여 진행한다는 것을 제안하였다. 이것으로부터 직진성, 반사의 법칙, 굴절의 법칙 등을 모두 검증할 수 있으며 스넬의 법칙을 적용하기 곤란한 연속적으로 굴절률이 변하는 상황에도 적용할 수 있다.

먼저 경로와 **광경로**(OPL : Optical Path Lenth)에 대한 물리적 개념을 정리해 보자. 임의의 두 점, A와 B를 연결하는 물리적인 직선거리(경로, 공간을 측정한 거리)를 d라고 하면 광경로(즉, 광학적인 거리)는 굴절률과 물리적인 거리의 곱, nd로 정의하며 **시간을 기준으로 측정한 거리**를 의미한다. 따라서 광경로가 같은 임의의 경로를 빛이 통과하는데 걸리는 시간은 같다는 뜻이다.

그림 2-8은 점 S에서부터 점 P까지 광선이 진행하는 광경로 중에서 최소의 시간이 소요되는 경로를 선택하는 과정을 표시한 것이다. 매질의 경계에서 광선이 만나는 지점 O로 연결되는 광선의 경로는 자명하게 직선이 될 것이다. 점 O의 위치를 변화시키면서 점 S와 점 P를 연결하는 두 직선 경로에서 광선의 진행 시간의 합이 최소인 경로를 알아내면 된다. 즉, 점 O의 위치가 변화됨에 따라 빛의 광경로는 x의 함수가 된다.

그림 2-8에서 점 S에서 P까지 빛이 진행한 거리 L은 $\overline{SO}+\overline{OP}$가 되지만, 광경로는 $\text{OPL}=n_1(\overline{SO})+n_2(\overline{OP})$가 된다. 빛은 페르마의 최소 작용의 원리에 따라 OPL이 최소가 되도록 즉, $\delta(\text{OPL})=0$을 만족시키는 경로로 진행하게 된다.

$$\delta(\text{OPL}) = \frac{d}{dx}\left\{n_1(\overline{SO})+n_2(\overline{OP})\right\} \tag{2-3}$$

$$= \frac{d}{dx}\left\{n_1\sqrt{h^2+x^2}+n_2\sqrt{b^2+(a-x)^2}\right\}=0$$

이다. 식 (2-3)을 x에 대하여 미분하여 정리하면

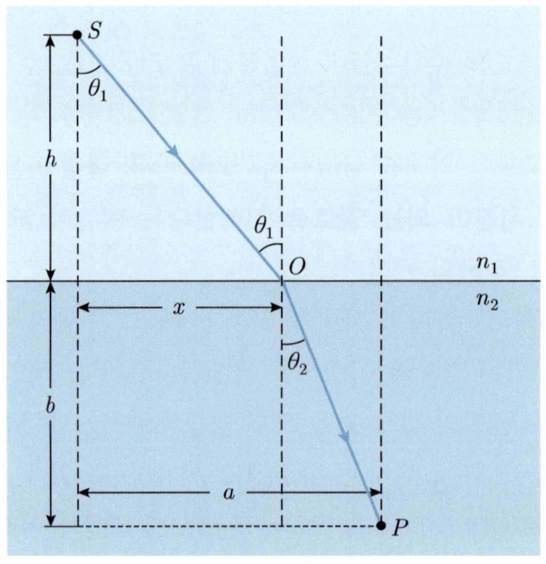

그림 2-8 페르마의 원리

$$\delta(\mathrm{OPL}) = \frac{1}{2} n_1 \frac{2x}{\sqrt{h^2+x^2}} - \frac{1}{2} n_2 \frac{2(a-x)}{\sqrt{b^2+(a-x)^2}} = 0 \quad (2-4)$$

이며 $\sin\theta_1 = x/\sqrt{h^2+x^2}$, $\sin\theta_2 = (a-x)/\sqrt{b^2+(a-x)^2}$ 이므로

$$n_1 \sin\theta_1 = n_2 \sin\theta_2$$

를 만족하며 식 (2-1)과 같은 결과를 얻을 수 있다.

예제 2.4 스넬의 법칙 (1)

광선이 공기에서 30°의 입시각으로 창유리 블록으로 입사하였다. 광선의 굴절각을 구하시오. 창유리의 굴절률은 1.50으로 계산한다.

풀이 스넬의 법칙은 $n_1 \sin\theta_1 = n_2 \sin\theta_2$이다.

$$\sin\theta_2 = \frac{n_1}{n_2}\sin\theta_1$$

이다. $n_1 = 1.0$, $n_2 = 1.5$, $\theta_1 = 30°$이므로

$$\sin\theta_2 = \frac{1}{1.5}\sin 30° = \frac{1}{1.5}\times 0.5$$
$$= 0.33$$
$$\theta_2 = \sin^{-1}(0.33)$$
$$= 19.0°$$

이다.

예제 2.5 스넬의 법칙 (2)

그림에서 보는 바와 같이 굴절률이 n_2인 평행한 유리판이 공기(n_1) 중에 놓여 있다.

(a) 입사각 θ_1과 투과각 θ_3가 같음을 보이시오.

(b) 유리판의 두께가 t라고 하면, 입사 광선에 대한 투과 광선의 편기거리 d가 $d = \dfrac{t\sin(\theta_1 - \theta_2)}{\cos\theta_2}$ 임을 증명하시오.

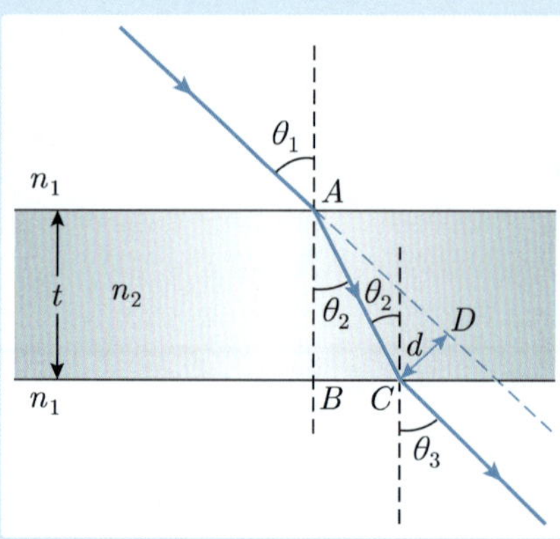

풀이 (a) 먼저 첫 번째 굴절면에서 스넬의 법칙을 적용하면

$$n_1 \sin\theta_1 = n_2 \sin\theta_2 \qquad (\text{예}2.5\text{-}1)$$

$$\sin\theta_2 = \frac{n_1}{n_2}\sin\theta_1$$

이다. 마찬가지로 두 번째 굴절면에도 스넬의 법칙을 적용하면

$$n_2 \sin\theta_2 = n_1 \sin\theta_3 \qquad (\text{예}2.5\text{-}2)$$

$$\sin\theta_3 = \frac{n_2}{n_1}\sin\theta_2$$

가 된다. 식 (예2.5-1)을 식 (예2.5-2)에 대입하면

$$\sin\theta_3 = \frac{n_2}{n_1}\frac{n_1}{n_2}\sin\theta_1$$

이다. 따라서 $\theta_1 = \theta_3$이다.

(b) 그림에서 $\angle CAD = \theta_1 - \theta_2$이고, $\triangle CAD$에서 $d = \overline{AC}\sin(\theta_1 - \theta_2)$이다. 마찬가지로 $\triangle ABC$에서 $\cos\theta_2 = t/\overline{AC}$이며 $\overline{AC} = t/\cos\theta_2$이다. 따라서 $d = \dfrac{t\sin(\theta_1 - \theta_2)}{\cos\theta_2}$가 된다. 더 일반적인 편기거리에 대한 문제는 연습문제에 남겨두었다.

2.2.4 반사와 굴절을 보여주는 자연현상

신기루 현상

사막과 관련하여 머리에 떠오르는 것은 낙타, 오아시스, 그리고 신기루와 같은 것들이다. 구름 한 점 없는 푸른 하늘 아래 끝없는 하얀 모래밭, 모래언덕을 지나는 낙타행상 행렬과 이들에게 안식처를 제공하는 푸른 오아시스는 사막을 여행하는 사람들에게는 천국이라고 할 수 있다. 그런데 오아시스로 착각하게 하는 신기루는 어떻게 생기는 것일까?

그림 2-9에서와 같이 물체에서 반사된 빛은 사방으로 퍼져나가는데, 비스듬히 위로 진행하는 빛은 빛이 진행함에 따라 위쪽으로 굴절한다. 광선이 위쪽으로 굴절하는 것은 지면의 높이에 따라 온도가 다르기 때문이다. 바닥의 모래는 공기보다 빨리 뜨거워지고 빨리 식기 때문에, 낮에는 공기보다 온도가 높다. 따라서 모래 근처의 공기 온도는 높고 위로 갈수록 온도가 낮아진다. 그런데 온도가 높아지면 공기의 밀도가 작아져서 빛의 속력이 더 빠르다. 그러므로 그림 2-9와 같이 오아시스에서 출발한 빛은 지표면을 따라 진행하다가 위로 굴절하여 사람의 눈으로 들어오게 된다. 위로 굴절된 빛에 의해 오아시스의 상을 본 사람은 빛이 자신의 눈으로 똑바로 들어온 것으로 인식하므로 머지않은 지점에 오아시스가 있는 것으로 착각하게 된다.

아스팔트가 깔린 길에서도 이런 현상을 볼 수 있다. 태양열을 흡수하여 뜨거워진 아스팔트는 위에 있는 공기를 뜨겁게 하여 지면 쪽으로 갈수록 온도가 높다. 땅으로 쬐는 하늘빛의 일부와 맞은 편 건물에서 반사된 빛의 일부가 땅 가까이에서 굽어 올라와서 사람 눈에 들어오게 된다. 그러면 사람은 눈에 들어온 빛의 방향의 연장선이 닿는 아스팔트 위에서 하늘과 건물을 보게 된다. 이것은 마치 그곳에 물이 고여 있어 건물이 비춰 보이는 듯하다. 더운 여름에 자동차 여행을 하다가 가끔 보는 현상이다. 사막에서 이런 현상을 보게 되면

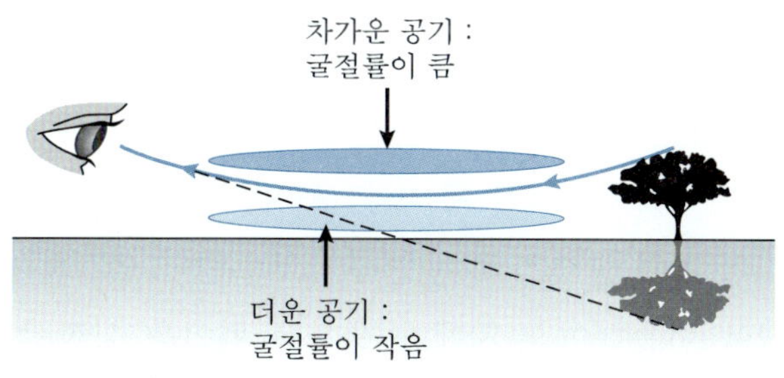

그림 2-9 사막에서의 신기루 현상

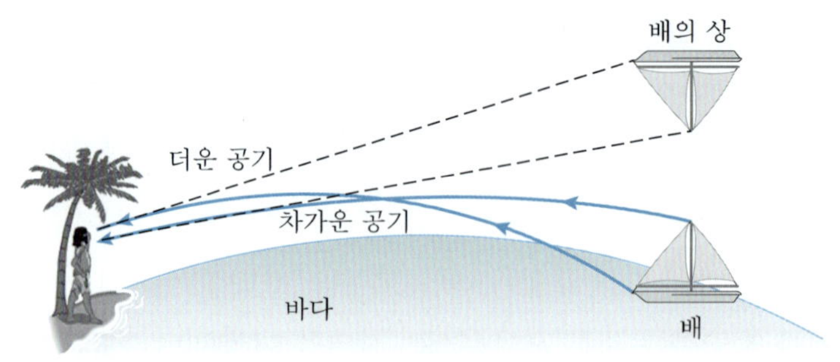

그림 2-10 바닷가에서의 신기루 현상

물을 보았다고 착각하게 될 것이다.

이제 원리는 같지만 온도차가 반대인 경우를 생각해 보자. 즉 해변에 햇빛이 비칠 때, 바닷물이 시원함을 느낄 수 있다. 이것은 물의 비열이 모래나 흙의 비열보다 크기 때문에 물이 흙보다 서서히 데워진다. 따라서 흙은 상대적으로 뜨겁고 물은 시원하다. 반대로 밤이 되면 흙이 빨리 식어지고 물은 서서히 식기 때문에 밤에는 물의 온도가 높다. 이 때문에 낮에 해풍이 불고 밤에는 육풍이 분다.

햇볕이 내리쬐는 해변 가에 서서 바다 멀리서 배가 들어오는 것을 관측한다고 하자. 태양광선이 배에 의해 반사되어 해변 가에 서있는 관측자의 눈에 들어오게 된다. 이 경우에도 앞의 경우처럼 광선이 직진하지 않는다. 바닷물이 차갑기 때문에 바닷물 위의 공기 밀도는 높고 위로 갈수록 온도는 높아진다. 따라서 위쪽으로 갈수록 공기 밀도가 낮아지고 굴절률은 작아진다. 이 때문에 배에서 반사된 광선은 직선으로 관측자의 눈에 들어오는 경로보다 공기밀도가 낮은 위쪽으로 진행하다 아래쪽으로 굴절되어 관측자의 눈으로 들어오는 경로를 택하게 된다. 관측자는 눈으로 들어온 빛의 연장선에 물체가 있는 것처럼 보이기 때문에 물체가 떠 보이게 된다(그림 2-10).

빛의 분산

빛은 진동수에 따라 매질에서 속력이 달라져 굴절되는 정도가 달라지는데 이러한 현상을 빛의 **분산**이라고 한다. 즉, 유리, 물 등 많은 물질 내에서 보라색 쪽이 빨간색 쪽보다 속력이 더 느리므로 더 많이 굴절을 하여 연속 스펙트럼이 생기게 된다(그림 2-11). 빛의 분산과 전반사 현상을 이용하여 무지개가 생기는 원인을 설명할 수 있다.

어떤 매질에서 진동하는 전자의 고유 진동수에 가까운 진동수의 빛일수록 그 매질에서 느리게 진행한다. 이것은 빛 에너지가 그 매질의 전자 사이에서 흡수와 방출이라는 과정을 통해 더 많은 상호 작용을 겪어야 하기 때문이다.

대부분의 투명한 매질에서의 고유 진동수는 자외선 영역이기 때문에 가시광선 중에서도 높은 진동수의 빛이 낮은 진동수의 빛보다도 더 느리게 진동한다. 보통 유리에서는 보라색 빛은 빨간색 빛보다 1 % 정도 느리다. 투명한 매질에서 서로 다른 진동수의 빛이 다른 속도로 진행하기 때문에 다른 각도로 휘게 된다.

그렇다면 무지개는 언제 볼 수 있을까? 무지개를 보려면 하늘 한 쪽에 태양이 빛나고 있어야 하고, 그 반대쪽 하늘에는 비로 인해 생긴 물방울이나 구름 속의 물방울들이 있어야 한다. 그리고 태양을 등지고 서면 무지개를 볼 수 있다. 우리가 흔히 보는 무지개는 반원이다. 하지만 우리가 비행기를 타고 어느 고도까지 올라간다면 원 모양의 무지개를 볼 수 있겠지만 평상시에는 땅이 가로막고 있기 때문에 원 모양의 무지개를 볼 수 없는 것이다.

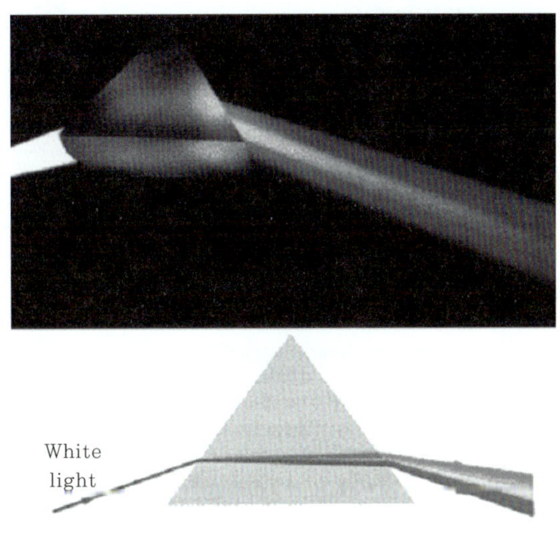

그림 2-11 프리즘에 의한 빛의 분산

그림 2-12에서 보는 바와 같이 물방울 속에서 빛의 분산이 일어난다. 분산된 빛이 물방울 안의 물방울과 공기와의 경계면에서 전반사가 일어나고, 다시 공기층으로 나올 때 굴절이 일어난다. 수많은 물방울이 이런 동일한 과정을 거치게 되어 우리 눈으로 들어오는 빛이 무지개로 보이게 되는 것이다.

즉, 관찰자는 특정한 위치에서 하나의 물방울로부터는 하나의 색깔만을 보게 된다.

만일 어떤 하나의 물방울로부터 나온 보라색 빛이 우리 눈에 들어오면 같은 물방울에서 나온 빨간 빛은 우리 눈 아래쪽을 비추게 된다. 빨간 빛을 보려면 하늘에 더 높이 떠 있는 물방울을 봐야 한다. 물방울로 입사하는 태양광선과 분산된 빛이 이루는 각도가 42°인 곳에서 빨간색이 보이고, 태양광선과 분산된 빛이 이루는 각도가 40°일 때 보라색이 보인다. 분산된 빨간 빛을 보려고 42°를 올려다볼 필요는 없고, 42°를 이루는 원호를 따라 보면 어디서나 빨간 빛을 볼 수 있다. 그림 2-12에서 태양빛과 사람의 눈이 42°를 이루는 위치에서 무지개의 빨간색이 보이고, 41°를 이루는 위치에서 노란색, 40°를 이루는 위치에서 무지개의 보라색이 보이는 것이다.

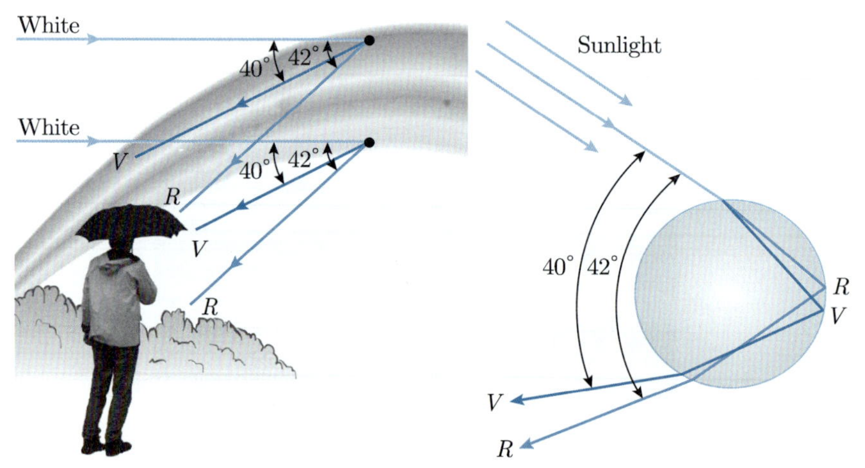

그림 2-12 무지개와 물방울에 의한 빛의 분산

지면 아래에는 물방울이 없으니까 붉은 빛은 원의 지면 위 부분에서 오는 것 같이 보이고, 무지개는 항상 원의 일부분 같은 모양이 된다. 그러나 하늘 높이 나르는 항공기에서 무지개를 본다면 원의 일부가 아니고 원 전체 모양의 무지개가 될 수 있을 것이다. 그림 2-12에 의하면, 무지개를 보려면 태양을 등지고 보아야 한다는 것을 알 수 있다. 아침 무지개는 서쪽에서 보고 오후 무지개는 동쪽에서 보게 된다.

무지개를 볼 경우 가끔 또 하나의 무지개를 볼 수 있다. 위에서 설명한 무지개 위 (혹은 바깥)에 색 순위가 정반대로 되고 좀 희미한 무지개가 보이는 경우가 있다. 태양광선이 물방울에 들어가서 한 번 반사하여 나오는 빛이 관찰자의 눈에 들어오는 경우에 위에 설명한 무지개가 생기고, 두 번 반사하여 나온 빛이 관찰자의 눈에 들어오면 이 희미한 무지개가 된다.

빛의 산란

하늘이 푸른 이유는 19세기에 영국의 레일리 경이 빛의 산란 이론을 바탕으로 해서 하늘이 푸른 이유를 처음으로 이론적으로 설명했다. 하늘이 푸른 이유는 태양빛이 대기 중을 통과할 때 짧은 파장의 빛(푸른 빛)일수록 더 많이 산란되기 때문에 하늘이 푸른 빛을 띠게 된다는 것이다. 예를 들어 푸른 빛(파장의 길이 400 nm)의 산란율은 붉은 빛(파장의 길이 640 nm)에 비해 약 6배 가량 크기 때문에 푸른 빛이 더욱 강해지는 것이다.

레일리의 빛의 산란 이론에 의하면 대기 중에서 빛의 파장의 약 1/10 이하의 미립자를 통과할 때 생기는 산란의 세기가 파장의 4 제곱에 반비례한다고 한다. 레일리는 먼지, 수증기 등 부유 물질이 없어도 산소와 질소의 대기 분자들에 의한 산란에 의해서도 하늘이 푸른 현상이 나타날 수 있다는 주장을 내놓았다. 즉 레일리의 이론에 의하면 아주 깨끗하고 맑은 대기도 빛의 산란에 의해서 푸른 하늘을 나타낼 수 있게 된다.

같은 원리로 해질 무렵과 해 뜰 무렵의 하늘이 붉은 이유도 설명할 수 있다. 해 질 무렵과 해 뜰 무렵에 태양빛은 더욱 먼 거리를 통과해야 하기 때문에 푸른 빛은 거의 다 산란되고, 관찰자에게 직접 도달하는 빛은 붉은색이나 주황색을 띠게 된다.

그림 2-13 산란에 의한 저녁노을

구름은 왜 하얀색을 띠고 있는 것일까? 파도의 물보라나 흰 구름은 여러 크기의 물방울(미세한 것도 있음)로 되어 있다. 크기가 다른 물방울들은 진동수가 다른 빛을 산란시킨다. 큰 물방울은 낮은 진동수(빨강 쪽)의 빛을, 작은 물방울은 높은 진동수(보라 쪽)의 빛을 산란시킨다. 그 결과 모든 빛을 산란시켜 우리에게는 흰색으로 보이게 된다.

빛의 모든 색을 모두 합치면 흰색이 된다. 검은색으로 보이는 물체에서는 빛이 전혀 반사되지 않고 모두 흡수된다. 예를 들면, 블랙홀은 빛조차 흡수하여 블랙홀에서 오는 빛이 전혀 없기 때문에 블랙홀인 것이다.

우주를 여행하는 비행사가 보는 하늘은 무슨 색일까? 우주에는 공기가 없기 때문에 빛이 반사되거나 산란될 수가 없다. 다만, 태양이나 별에서 오는 빛이 우리 눈으로 들어와서 그 실체를 확인할 수 있을 뿐이다. 우주 공간에서 반사되거나 산란되는 빛이 전혀 없기 때문에 검은색 하늘로 보이게 된다.

물은 투명하기도 하고 바닷물처럼 푸르게도 보이는데 물은 어떤 색일까? 본래 물의 빛깔은 호수나 바닷물처럼 아름답고 진한 푸른 빛이 아니다. 그 빛깔은 하늘의 푸른색이 반사된 것이다. 구름이 푸른 하늘을 가리고 구름 사이로 한 줄기 빛이 바다를 비칠 때, 바로 그 바다의 색이 옥빛이다. 물은 거의 모든 빛을 투과시키지만 적외선을 특히 많이 흡수한다. 이것은 물 분자가 적외선의 진동수에 공명하기 때문이며, 적외선의 에너지는 물이 갖게 되어 물의 온도가 올라간다. 햇빛이 물을 데우는 것은 이런 이유 때문이다. 물 분자는 또 적외선과 가까운 진동수를 갖는 빨강에도 매우 적은 양이 공명하기 때문에 빨강도 물에 약간 흡수된다. 호수나 바다에서 물의 깊이가 15 m 정도 될 때 빨간 빛의 세기는 1/4로 줄어들고, 30 m 깊이의 물을 통과하는 빨간 빛은 매우 적다.

햇빛에서 빨간 빛이 없어지면 어떤 빛깔로 보일까? 햇빛에서 어떤 빛이 없어지면 우리는 그 빛의 보색을 보게 된다. 빨간색의 보색은 푸른 빛이 도는 녹색, 즉 청록색이다. 이런 깊이의 바닷물의 색은 청록색으로 보인다. 그리고 흥미롭게도 깊은 물속에서는 검게 보이는 게를 비롯한 바다 생물들이 물 밖에서는 빨갛게 보인다. 이런 깊이에서는 빨강과 검은색이 똑같이 보인다. 자연에서 볼 수 있는 빛깔들은 서로 다른 방법으로 우리 눈에 들어온다. 물체의 분자들이 어떤 빛을 산란시키고 반사하느냐에 따라, 그리고 분자들이 어떤 빛깔을 흡수하느냐에 따라 물체의 빛깔이 다르게 보이는 것이다.

2.3 내부 전반사

2.3.1 내부 전반사

내부 전반사(total internal reflection)란 빛이 밀한 매질(굴절률이 상대적으로 큰 매질)에서 소한 매질(굴절률이 상대적으로 작은 매질)로 진행할 때, 매질의 경계면에서 빛이 모두 반사되는 현상을 말한다. 빛이 밀한 매질에서 소한 매질로 입사하면 굴절각이 입사각보다 커진다. 입사각이 커짐에 따라 굴절각도 커지는데, 굴절각이 90°에 아주 가까워질 때의 입사각을 **임계각**(critical angle) θ_c라고 한다. 스넬의 법칙으로부터 임계각 θ_c를 구할 수 있다.

$$n_1 \sin\theta_c = n_2 \sin 90^\circ$$

$$\theta_c = \sin^{-1}\left(\frac{n_2}{n_1}\right) \tag{2-5}$$

여기서 반드시 $n_1 > n_2$가 만족되어야 한다. 입사각 θ_1이 임계각 θ_c보다 크거나 같은 경우에 입사광선은 굴절되어 빠져나가는 빛이 없이 모두 내부로 반사된다(그림 2-14 참조). 이러한 현상을 내부 전반사라고 한다.

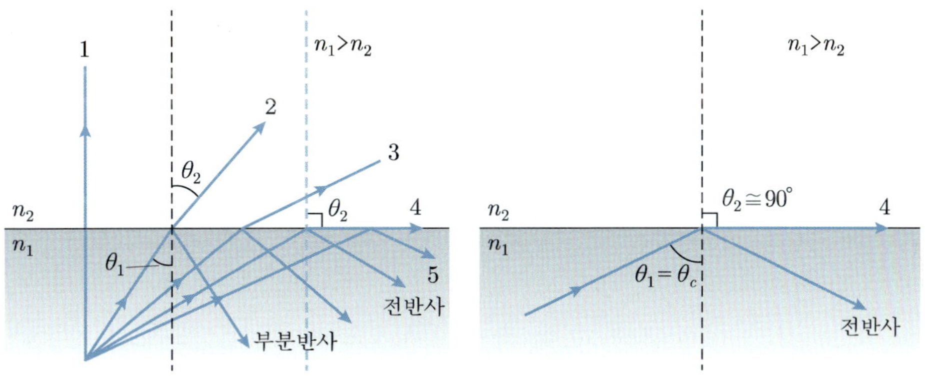

그림 2-14 내부 전반사

내부 전반사는 광학계에서 다양하게 이용되고 있다. 그 대표적인 예가 프리즘과 광섬유이다. 프리즘은 잠망경, 반사식(SLR) 사진기, 쌍안경, 망원경 등과 같은 광학기기에서 광선을 반사시키기 위하여 사용한다. 유리($n = 1.5$)로 만들어진 직각 이등변의 프리즘을 이용하면 빛의 손실이 거의 없이 빛의 진행방향을 평행이동 시키거나 90°로 바꿀 수 있다. 유리의 굴절률을 1.5, 직각 이등변 프리즘의 빗면을 입사 경계면으로 가정하면, 임계각 θ_c가 41.8°임을 알 수 있다. 따라서 41.8°보다 더 큰 각으로 입사하게 되면 입사한 빛은 모두 반사하게 된다(그림 2-15 참조).

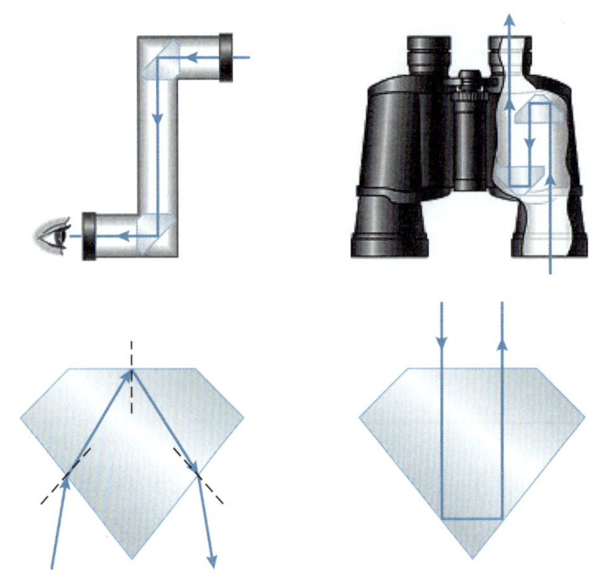

그림 2-15 프리즘을 이용한 전반사

예제 2.6 내부 전반사 (1)

광선이 유리에서 공기 중으로 진행할 때 전반사를 위한 임계각을 구하시오. 여기서 유리의 굴절률은 1.50으로 계산한다.

풀이 전반사를 위한 임계각은 다음과 같이 주어진다.

$$n_1 \sin\theta_c = n_2 \sin 90°$$

$$\theta_c = \sin^{-1}\left(\frac{n_2}{n_1}\right)$$

$n_1 = 1.5,\ n_2 = 1.0$이므로

$$\theta_c = \sin^{-1}\left(\frac{1}{1.5}\right)$$

$$= 41.8°$$

예제 2.7 내부 전반사 (2)

물이 가득 채워진 수영장 바닥에 있는 광원으로부터 방출된 광선이 수면에서 전반사가 일어날 임계각을 계산하고 그 때 광선의 입사각을 구하시오. 여기서 물의 굴절률은 1.33으로 계산한다.

풀이 전반사를 위한 임계각은 다음과 같이 주어진다.

$$n_1 \sin\theta_c = n_2 \sin 90°$$

$$\theta_c = \sin^{-1}\left(\frac{n_2}{n_1}\right)$$

$n_1 = 1.33,\ n_2 = 1.0$이므로

$$\theta_c = \sin^{-1}\left(\frac{1}{1.33}\right)$$

$$= 48.75°$$

이다.

예제 2.8 내부 전반사 (3)

가시광선에 대한 다이아몬드의 굴절률은 약 4.0이다. 빛이 다이아몬드에서 공기로 진행할 때, 내부 전반사를 위한 임계각을 계산하시오.

풀이 전반사를 위한 임계각은 다음과 같이 주어진다.

$$n_1 \sin\theta_c = n_2 \sin 90°$$

$$\theta_c = \sin^{-1}\left(\frac{n_2}{n_1}\right)$$

$n_1 = 4.0,\ n_2 = 1.0$이므로

$$\theta_c = \sin^{-1}\left(\frac{1}{4.0}\right) = 14.5°$$

이다.

2.3.2 광섬유 광학

광섬유(optical fiber)는 전반사 현상을 이용하여 손실 없이 신호를 전송할 수 있도록 만든 가는 유리관으로써 굴절률이 큰 유리를 굴절률이 낮은 유리가 감싸고 있다. 중심축에 전반사 조건을 만족할 수 있도록 광 신호(빛)를 입사시키면 입사된 빛은 내부에서 전반사 되어 광섬유 속을 통해 계속 전달될 수 있다.

광섬유는 코어(core)라고 부르는 중앙의 원통형 물질, 이를 둘러싸고 있는 클래딩(cladding), 그리고 이들을 감싸고 있는 자켓(jacket)으로 구성되어 있다. 코어는 빛을 전달하는 물질로 클래딩보다 굴절률이 높다. 클래딩은 코어보다 굴절률이 작으며 코어를 둘러싸고 있다. 빛은 코어와 클래딩 경계면에서 전반사 과정을 거쳐 손실 없이 먼 거리를 진행할 수 있다. 자켓은 비닐과 같은 부드러운 재료로 구성되어 있으며, 주로 유리로 구성된 코어와 클래딩이 부러지는 것을 방지하며 또한 수분, 부식 등과 같은 외적인 손상으로부터 광섬유를 보호한다.

광섬유를 이용하여 정보를 전달하면, 빛(신호)의 손실이 없이 멀리까지 전달할 수 있다. 광섬유를 전화선으로 사용하면 수 천만 회선의 전화신호를 동시에 전송할 수 있다. 또

구리선에 비해 부피도 작고 가격도 훨씬 쌀 뿐 아니라 카메라가 들어가기 어려운 곳까지도 쉽게 관찰할 수 있다. 그리고 주위의 자기장이나 전기장의 영향을 받지 않으며 노이즈가 적다.

광섬유의 코어와 클래딩 사이의 **굴절률 변화율** Δ는 다음과 같이 정의한다.

$$\Delta = \frac{n_{\text{core}} - n_{\text{clad}}}{n_{\text{core}}} \tag{2-6}$$

굴절률 변화율은 일반적으로 ~0.01 정도의 값을 가진다. 코어와 클래딩 사이의 굴절률 차이가 클수록 전반사 조건을 만족하면서 광섬유에 신호를 launching 할 수 있는 기하학적 입사각은 커지지만 전송신호의 품질이 떨어지기 때문에 굴절률 변화율의 값이 ~0.01 정도의 값을 갖도록 광섬유를 제조한다. 그림 2-16은 가시광선이 launching된 광섬유의 모습에 대한 사진이다.

그림 2-16 가시광선이 launching된 광섬유

광섬유의 코어는 직경이 단일모드일 경우 ~10 μm, 다중모드의 경우는 수 십 μm~1 mm 정도로 작기 때문에 광신호를 광섬유에 launching 하는 것은 결코 쉬운 일이 아니다. 그림 2-17은 임계각으로 입사된 광신호가 광섬유의 코어를 통해 전파되어 가는 것을 도해한 그림이다. 그림에서 입사각 ϕ_1보다 작은 각으로 광섬유에 입사한 광선은 광섬유의 코어 내를 전파해 나갈 것이나 입사각이 ϕ_1보다 약간이라도 큰 각으로 코어에 입사하게 되면 광선은 클래딩 밖으로 빠져나가 신호를 전파할 수 없게 된다.

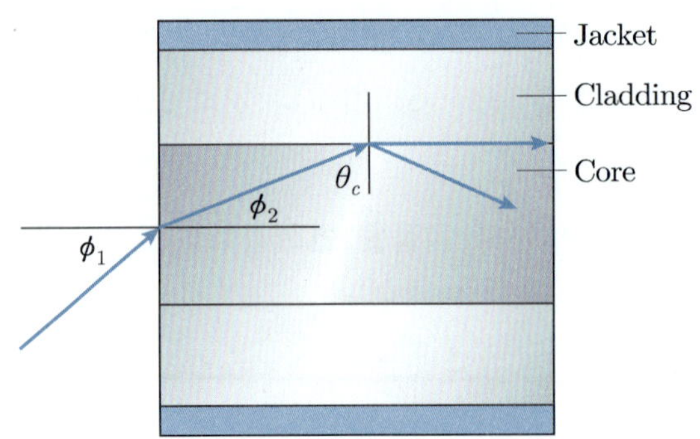

그림 2-17 전반사 조건을 만족하면서 신호의 손실이 없이 전파할 수 있도록 신호를 launching 하는 최대 입사각

광 신호가 전반사 조건을 만족하면서 광섬유의 코어 내를 신호의 손실이 없이 전파할 수 있도록 광섬유의 코어에 신호를 launching 하는 최대 입사각을 ϕ_{max} 라고 하면 광섬유의 **수치구경**(NA : numerical aperture)은 $\sin\phi_{max}$ 로 정의한다. 먼저 코어-클래딩 경계면에 스넬의 법칙을 적용하면

$$n_{core}\sin\theta_c = n_{clad}\sin 90° \tag{2-7}$$

$$\begin{aligned}\sin\theta_c = \frac{n_{clad}}{n_{core}} &= \sin(90° - \phi_2) \\ &= \cos\phi_2 = \sqrt{1-\sin^2\phi_2}\end{aligned}$$

이며, 같은 방법으로 광신호가 광섬유의 코어에 입사하는 공기-코어의 경계면에 스넬의 법칙을 적용하면 다음과 같이 표시할 수 있다.

$$n_{air}\sin\phi_1 = n_{core}\sin\phi_2$$

$$\sin\phi_2 = \frac{n_{air}}{n_{core}}\sin\phi_1$$

$\phi_1 = \phi_{max}$ 일 때 코어에서 전반사가 일어나는 최소 조건을 만족시킨다고 하면,

$$\sin\phi_2 = \frac{n_{air}}{n_{core}}\sin\phi_{max}$$

이고 식 (2-7)에 의해

$$\left(\frac{n_{\text{clad}}}{n_{\text{core}}}\right)^2 = 1 - \sin^2\phi_2 = 1 - \left(\frac{n_{\text{air}}}{n_{\text{core}}}\right)^2 \sin^2\phi_{\max} \tag{2-8}$$

이 되고, 이것을 정리하면

$$n_{\text{air}}^2 \sin^2\phi_{\max} = n_{\text{core}}^2 - n_{\text{clad}}^2$$

이 성립한다. $n_{\text{air}} \simeq 1$이므로

$$\text{NA} = \sin\phi_{\max} = \sqrt{n_{\text{core}}^2 - n_{\text{clad}}^2}$$

이다.

예제 2.9 광섬유의 굴절률 변화율

코어의 굴절률과 클래딩의 굴절률이 계단처럼 변하는 광섬유를 step-index (SI) 광섬유라고 한다. 코어 굴절률이 1.52, 클래딩의 굴절률이 1.50인 SI 광섬유에 대한 굴절률 변화율을 구하고 광선이 손실 없이 진행하기 위한 임계 입사각을 구하시오.

풀이 광섬유의 굴절률 변화율은 식 (2-6)에 의해

$$\begin{aligned}\Delta &= \frac{n_{\text{core}} - n_{\text{clad}}}{n_{\text{core}}} \\ &= \frac{1.52 - 1.50}{1.52} \\ &= 0.0132\end{aligned}$$

이다. 광섬유의 코어 내에서 전반사를 위한 임계각은 식 (2-7)로부터

$$n_{\text{core}} \sin\theta_c = n_{\text{clad}} \sin 90°$$

$$\theta_c = \sin^{-1}\left(\frac{n_{\text{clad}}}{n_{\text{core}}}\right)$$

$n_{\text{core}} = 1.52$, $n_{\text{clad}} = 1.50$이므로

$$\begin{aligned}\theta_c &= \sin^{-1}\left(\frac{1.50}{1.52}\right) \\ &= 80.7°\end{aligned}$$

이다.

예제 2.10 내부 전반사를 위한 임계각

유리의 표면에 굴절률이 1.41인 index-matching oil을 얇게 coating 했을 때, oil과 공기의 경계면에 대한 전반사 임계각을 구하시오.

풀이 밀한 매질과 소한 매질의 경계면에서 전반사를 위한 임계각은 다음과 같이 주어진다.

$$n_1 \sin\theta_c = n_2 \sin 90°$$

$$\theta_c = \sin^{-1}\left(\frac{n_2}{n_1}\right)$$

$n_1 = 1.41,\ \ n_2 = 1.0$이므로

$$\theta_c = \sin^{-1}\left(\frac{1}{1.41}\right)$$
$$= 45.2°$$

이다.

예제 2.11 광섬유의 수치구경

코어 굴절률이 1.52, 클래딩의 굴절률이 1.50인 SI 광섬유의 수치구경을 구하시오.

풀이 광섬유의 수치구경은 다음과 같이 주어진다.

$$\mathrm{NA} = \sin\phi_{\max} = \sqrt{n_{\mathrm{core}}^2 - \mathrm{n}_{\mathrm{clad}}^2}$$

$n_{\mathrm{core}} = 1.52,\ \ n_{\mathrm{clad}} = 1.50$이므로

$$\mathrm{NA} = \sqrt{1.52^2 - 1.50^2}$$
$$= 0.2458$$

이다.

연습문제

빛의 속도

01 지르콘(인조 다이아몬드로 사용되는 물질로 굴절률은 $n=1.5$이다) 내에서의 광속을 계산하여라.

02 공기 중에서 파장이 500 nm인 빛이 있다. (1) 다이아몬드 속에서 이 빛의 파장을 계산하시오(다이아몬드의 굴절률은 2.5로 계산할 것). (2) 굴절률이 1.3인 액체 속에서의 파장은 얼마인가?

03 진동수가 $6.0\times10^{14}\ \mathrm{s}^{-1}$인 파동이 진공 속에서의 속도는 $3.0\times10^{8}\ \mathrm{m/s}$이고, 액체 속에서의 파장은 $3.0\times10^{-7}\ \mathrm{m}$이다. 이 파동이 액체 속을 통과할 때, 다음 물음에 답하시오.

(1) 진공 속에서의 파동의 파장을 구하시오.

(2) 액체 속에서의 파동의 속력을 계산하시오.

(3) 액체의 굴절률을 계산하시오.

04 He-Ne 레이저에서 방출되는 빛은 공기 중에서 632.8 nm의 파장을 갖는다. 레이저 빛이 공기에서 투명한 지르콘(굴절률 $n=1.5$)으로 진행한다고 가정했을 때, 지르콘에서의 레이저 빛의 (1) 속력, (2) 파장, (3) 진동수를 구하시오.

반사와 굴절

05 빛의 기본 성질에 대한 물음에 답하시오.

(1) 가시광선 영역의 파장대를 nm 단위로 나타내시오.

(2) 굴절률의 정의를 기술하고 물리적 의미를 간단히 설명하시오.

(3) 유리(굴절률 $n=1.5$) 속에서 빛이 100 m를 진행했을 때, 빛의 광경로를 구하시오.

(4) 빛이 공기 중에서 유리로 $30°$의 입사각을 가지고 입사했다. 스넬의 법칙을 이용하여 빛의 굴절각을 구하시오.

06 그림과 같이 공기와 유리의 경계면에서 빛이 반사되고 굴절된다. 유리의 굴절률이 n_2 일 때, 반사광선과 굴절광선이 서로 수직을 이루는 공기 중에서의 입사각 θ_1을 구하시오. 단, 공기의 굴절률 n_1은 1.0으로 한다.

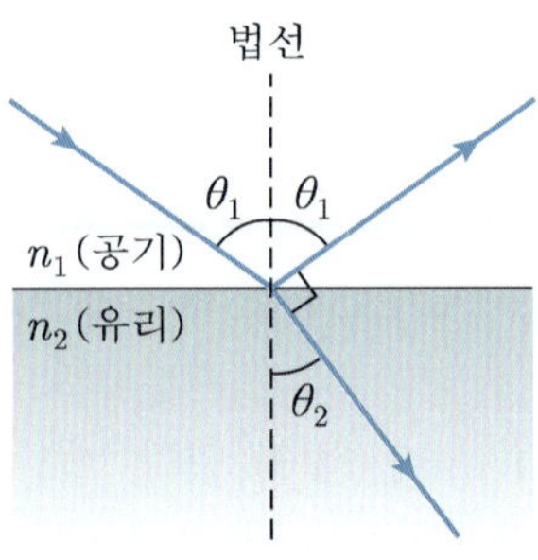

07 굴절률의 단위는 무엇인가?

08 굴절률이 1.0인 공기 중을 통과하던 빛이 $45°$의 각도를 가지고 매질로 입사하여 $30°$의 각도로 굴절되었다. 이 매질의 굴절률은 얼마인가?

09 굴절률이 n_2인 물에서 나온 빛은 그림과 같이 물의 표면에서 굴절하여 산란된다. 공기 중의 관측자는 물체가 원래의 위치보다 떠올라 보이게 된다. 물체의 실제 깊이를 h라고 하면 물체의 겉보기 깊이 h'가 다음과 같이 표현됨을 증명하시오. n_1은 공기의 굴절률이다.

$$h' = h\frac{n_1 \cos\theta_t}{n_2 \cos\theta_i}$$

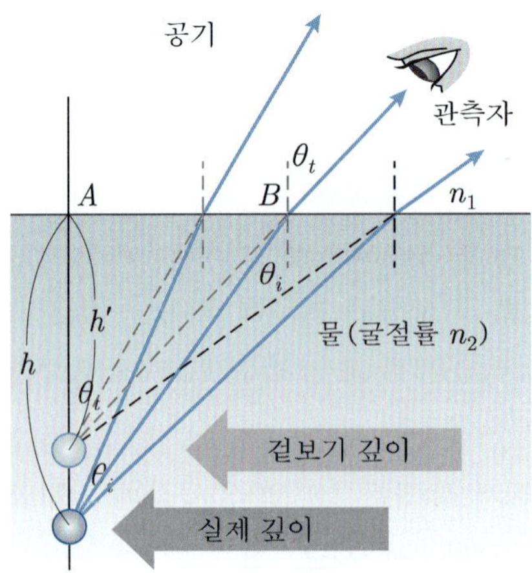

10 굴절률이 1.5이고 두께가 1 m인 유리평판이 있다. (1) 이 유리평판에 수직으로 빛이 입사(입사각=0°)했을 때 유리평판 내에서의 빛의 광경로를 구하시오. (2) 빛이 이 유리평판을 지나갈 때 걸린 시간을 계산하시오.

11 굴절률이 $n=1.33$인 물에서 공기로 다음과 같은 입사각으로 입사하는 경우 굴절각을 계산하시오.

(1) 19° (2) 22° (3) 36° (4) 42° (5) 48°

12 그림에서 보는 바와 같이 빛이 30°의 입사각으로 굴절률이 $n=1.5$인 유리로 만들어진 정삼각형의 프리즘에 입사한다. 다음 물음에 답하시오.

(1) 유리를 통과하는 광선을 작도하고 각 면에서의 입사각과 굴절각을 계산하시오.

(2) 각 면에서 미량의 빛이 반사된다면 각 면에서의 반사각을 계산하시오.

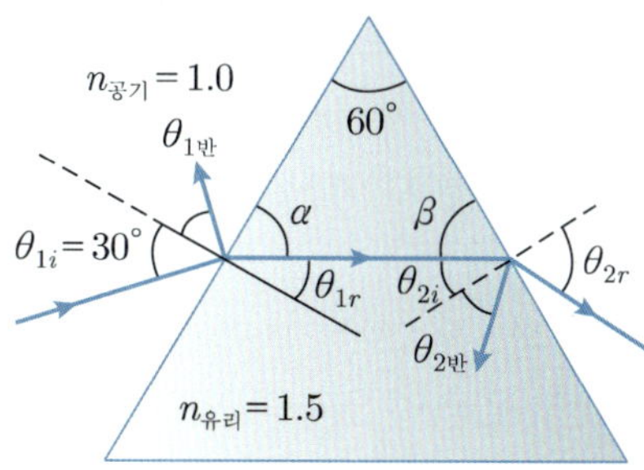

13 물속에서 빨간색 빛의 굴절률은 $n_r=1.33$이고 파란색 빛의 굴절률은 $r_b=1.34$이다. 백색광이 83°의 입사각으로 물속으로 입사할 때, 이 빛의 (1) 파란색과 (2) 빨간색 성분들의 물속에서의 굴절각을 계산하시오.

14 그림과 같이 두께가 t, 굴절률이 n_2인 유리판의 면에 입사각 θ_1으로 광선이 입사한다. 이 광선이 유리판을 지나 다시 반대편의 유리면에서 굴절되어 나갈 때 $\theta_1=\theta_3$가 됨을 보이고 편기거리 d가

$$d=t\sin\theta_1\left\{1-\sqrt{\frac{1-\sin^2\theta_1}{\left(\frac{n_2}{n_1}\right)^2-\sin^2\theta_1}}\right\}$$

임을 증명하시오.

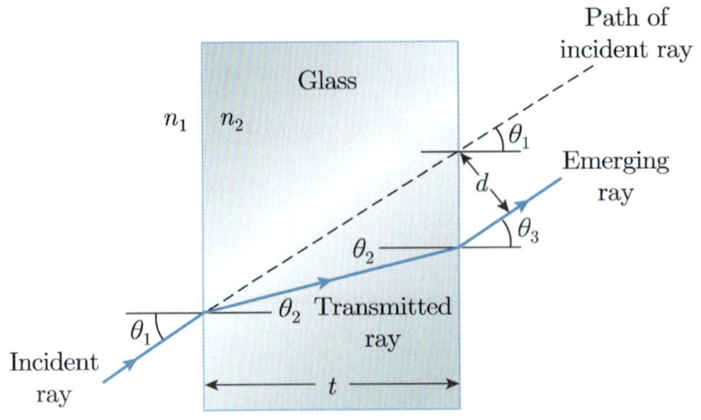

내부 전반사

15 벤젠의 굴절률은 1.80이다. 벤젠-공기 경계면에서의 내부 전반사 임계각을 구하시오.

16 가시광선에 대한 광학유리 BK-7의 굴절률은 1.5이다. BK-7으로 제작된 직각 이등변 삼각형의 prism을 이용하여 He-Ne 레이저에서 발진된 빛의 경로를 직각으로 변경하고 싶다. 어떻게 하면 가능한지 계산으로 자세히 설명하시오. 단 $\sin^{-1}(2/3) \simeq 42°$로 계산할 것.

17 두 표면이 평행한 유리판에 임의의 입사각으로 입사하여 유리판의 첫 번째 표면을 통과한 빛은 유리판을 통과한 다음 어떻게 되겠는가?

① 내부에서 전반사 된다.
② 입사 빛보다 방향으로 더 큰 각으로 굴절한다.
③ 입사 빛보다 더 작은 각으로 굴절한다.
④ 입사 빛에 대하여 평행이동 한다.
⑤ 입사 빛과 같은 선상에 놓인다.

18 물의 굴절률이 $n = 1.33$, 유리의 굴절률이 $n = 1.5$일 때 물-유리의 경계면에서 일어나는 전반사에 대하여 맞게 설명한 것은?

① 유리에서 물로 빛이 진행할 때에는 항상 발생한다.
② 물에서 유리로 빛이 진행할 때에는 항상 발생한다.
③ 유리에서 물로 빛이 진행할 때 발생할 수 있다.
④ 물에서 유리로 빛이 진행할 때 발생할 수 있다.
⑤ 이 경계 면에서는 결코 발생할 수 없다.

19 다음 그림과 같이 물($n=1.33$) 위에 기름($n=1.48$)이 떠있다. 기름-공기 경계면에서 전반사하기 위한 임계각 θ_c와 입사각 θ_i를 각각 구하시오.

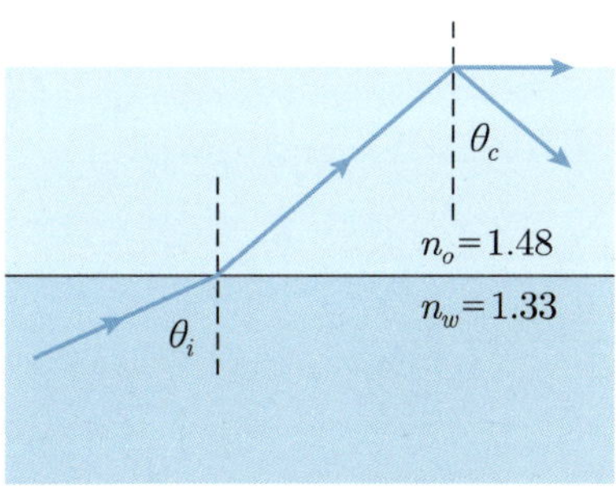

20 백색광이 프리즘을 통과하면 여러 색으로 분리되는 것은 (   ) 때문에 일어나는 현상이다.

① 내부 전반사

② 각각의 표면에서 부분적으로 반사

③ 파장에 따른 굴절률의 변화

④ 유리 내부에서의 빛의 속도의 감소

⑤ 여러 가지 색들의 선택적 흡수

21 아래 그림과 같이 공기 중에 놓여 있는 직각 이등변 삼각형 모양의 프리즘에서 광선이 수직하게 입사하여 경사면에서 내부 전반사하기 위한 프리즘 최소 굴절률은 얼마인가?

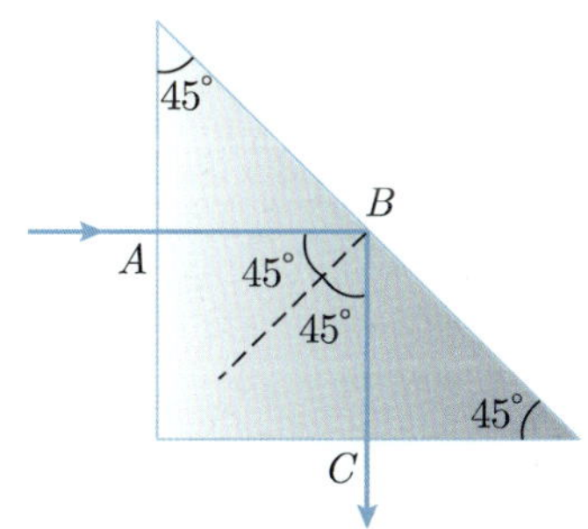

22 Glass($n=1.5$)-물($n=1.33$) 경계면에 대한 내부 전반사 임계각을 구하시오.

23 아래 그림과 같이 직사각형 모양의 glass(어떤 특성의 glass인 지 모르는) 조각이 물($n=1.33$)속에 놓여 있다. 입사각이 $\theta_i=45°$일 때, glass-물 경계면에서 전반사가 일어났다면 glass의 최소 굴절률은 얼마인가?

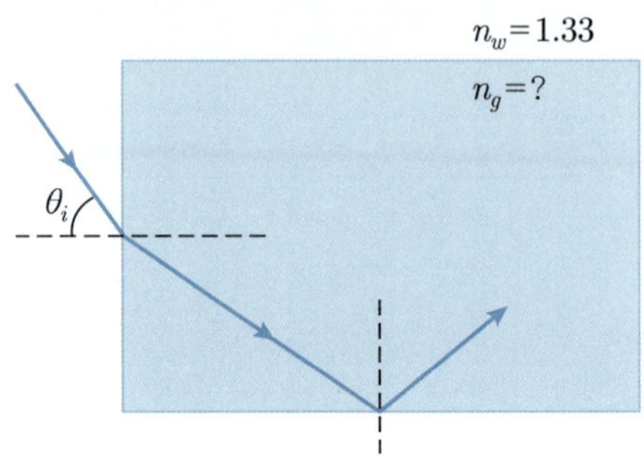

24 코어가 1.62, 클래딩이 1.52의 굴절률을 갖는 광섬유의 수치구경과 공기 중에 있을 때 광섬유의 최대 수용각을 구하시오.

25 그림과 같이 코어에 입사한 광선이 코어의 내벽에서 전반사하여 진행하고 있다. 코어의 직경은 2.0 μm, 굴절률은 1.36이며 공기 중에 놓여 있다. 광선이 코어 내에서 전반사를 유지할 수 있는 최대 입사각을 구하시오.

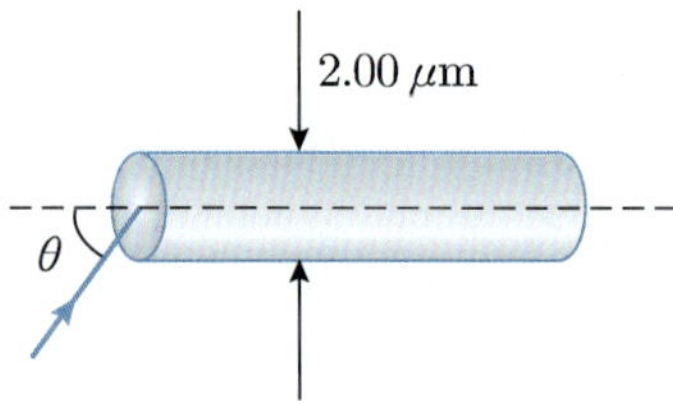

03

거울과 렌즈

편평도가 우수한 금속면은 좋은 반사체이다. 일반적으로 거울은 뒷면이 은으로 도금이 되어 있다. 광학소자는 비단 평면경이나 프리즘과 같이 잘 연마된 평면을 가진 요소를 포함하고 있을 뿐만 아니라, 넓은 범위의 곡률의 구면을 가진 렌즈를 포함하고 있다. 이 chapter에서 다루고자 하는 것은 두 매질을 분리하고 있는 한 구면에서 광선이 어떻게 굴절하는가 하는 문제이다.

렌즈는 두 개 이상의 굴절면을 가지는 광학소자이다. 어떤 면은 볼록하고, 또 다른 것은 오목하고, 또 어떤 것은 평면 혹은 비구면을 가질 수 있다. 이 chapter에서는 렌즈의 두께를 이상적으로 아주 얇다고 가정하여 복잡한 ray tracing은 피하고, 결상에 대한 논의를 볼록렌즈와 오목렌즈의 경우로 한정하였다. 그리고 얇은 렌즈에서 언급했던 것을 일반화 하여 두꺼운 렌즈에 대한 개괄적인 이론은 chapter 4에서 알아보기로 한다.

여기서 다루는 빛은 주로 가시광선이므로 렌즈 및 물체들의 크기가 빛의 파장에 비해 대단히 크다. 이 경우 앞에서 언급한 바와 같이 빛의 파동성은 크게 드러나지 않고, 빛을 광선으로 취급할 수 있다. 이렇게 빛의 진행을 광선으로 취급하는 것을 기하광학이라고 한다. Chapter 3에서는 기하광학을 이용하여 거울이나 렌즈와 같은 광학소자들이 광선을 반사시키거나 굴절시켜서 상을 형성하는 결상의 원리를 알아보았다.

3.1 거울

거울은 사람이나 물체의 모습을 비추어 보는데 쓰이는 일상적인 물건이다. 거울은 발광체가 아니라서 외부 광원으로부터 전파되어 온 빛을 매끄러운 거울 표면에서 반사시켜 결상시킴으로써 사물을 볼 수 있게 해 준다. 거울이 아닌 일반적인 물체 역시 빛의 일부를 상을 반사시키는데 거울에서처럼 상을 볼 수 없는 이유는 표면에서 빛이 난반사하기 때문이다. 즉 일반적인 물체의 표면은 거울처럼 매끄럽지 못해 입사하는 빛을 임의의 방향으로 흩어 버리기 때문에 상을 맺지 못한다(그림 3-1 참조).

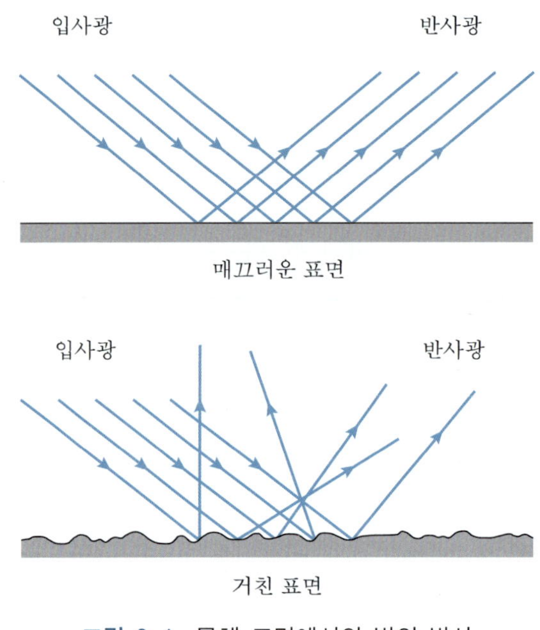

그림 3-1 물체 표면에서의 빛의 반사

고대의 거울(그림 3-2)은 청동이나 주석, 은 등을 볼록 원판으로 만들어 그 표면에 윤(광)을 낸 것이었다. 윤을 낸다는 것은 청동의 표면을 매끄럽게 연마하여 난반사를 줄인다는 것을 의미한다. 16세기에 이르면 베네치아에서 평평한 유리의 뒷면에 철이나 수은 등 얇은 금속 막을 coating한 거울이 사용되기 시작했다. 최초의 현대식 거울은 1835년 유스투스 폰 리비히(Justus von Liebig)가 유리 표면에 화학적으로 은을 coating함으로써 시작되었다.

거울의 성능은 거울 표면이 빛을 반사하는 정도에 의해 결정되는데, 빛의 반사를 극대화시키기 위해서는 거울 표면이 매끄러워야 한다. 캘리포니아의 팔로마 산에 설치된 200 inch 헤일 망원경에는 고도로 정밀하게 제작된 거울이 들어 있다. 무게가 14.5 t이나 되는 이 거울은 허용 오차가 1/400,000 cm 밖에 되지 않을 정도로 정밀하게 제작되었다.

그림 3-2 후기 청동기 시대(BC. 1550~1200)의 청동거울

광선들이 한 점에 모여 상을 맺을 때 실상이라고 하고, 광선들의 연장선들이 한 점에 모여 상을 맺을 때 허상이라고 한다. 따라서 평면거울이 맺는 상은 허상이고 물속의 조약돌도 이에 해당한다. 반면 사진기의 필름에 맺힌 상이나 빔 프로젝트에 의해 스크린에 맺힌 상은 실상에 속한다. 거울의 특성을 나타내기 위하여 사용하는 값들은 (+) 또는 (−) 부호를 붙인다. 이를 **부호규약**이라고 한다. (+)와 (−)를 정의하기 위하여 실제공간(real side)과 가상공간(virtual side)으로 구분한다. 거울의 경우 광선들이 진행하는 영역을 실제공간으로 정의하고 광선이 존재하지 않는 공간을 가상공간이라 한다. 실제공간에서 정의된 값들은 (+)를 붙인다. 예를 들어, 물체거리 o, 즉 거울 표면에서 물체까지의 거리는 실제공간에 존재하기 때문에 (+) 값을 갖는다. 반면에 상거리 i는 거울 표면에서 상까지의 거리로 (−) 값을 갖는다.

물체의 크기와 상의 크기를 비교할 수 있도록 정의된 값이 배율이다. 배율은 M으로 나타내고

$$M = -\frac{i}{o} \tag{3-1}$$

로 정의된다.

3.1.1 평면거울

표면이 매끄러운 금속은 빛을 잘 반사시킨다. 빛은 앞면의 유리와 뒷면에 coating된 금속 표면에서 두 번 반사를 한다. 유리는 투과율이 좋기 때문에 유리면에서의 반사는 매우 약하고 금속면에서는 대부분의 빛이 반사된다.

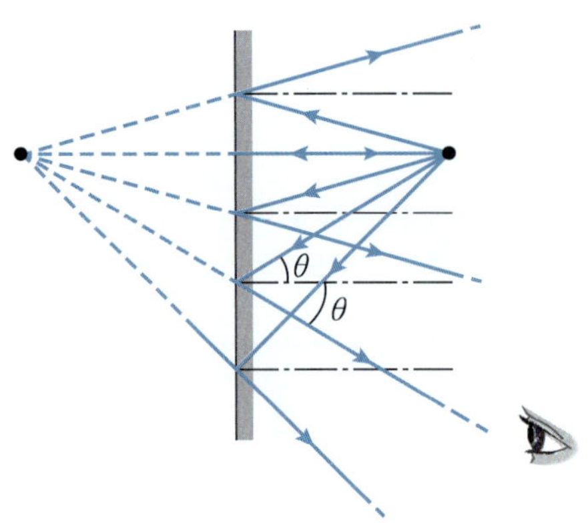

그림 3-3 평면거울에 의한 결상

빛이 거울에서 반사할 때 반사의 법칙에 따른다. 즉 거울 표면에서 빛의 입사각과 반사각이 같다. 광원에서 나온 광선들은 제각기 다른 경로로 진행하고, 이 광선들은 거울 표면에서 반사되어 역시 제각기 다른 경로로 진행한다. 따라서 광선들은 한 점에 모이지 않는다. 그림 3-3에서와 같이 반사된 거울 뒤쪽 면에서 광선들의 연장선들이 한 점에 모여 상을 맺는다.

빛을 반사시키는 면이 평면인 경우 평면거울이라 한다. 평면거울인 경우, 거울 표면에서 광원까지의 거리 o와 거울 표면에서 광선들의 연장선이 모이는 한 점, 즉 상까지의 거리 i는 정확히 같다. 따라서 물체의 크기와 상의 크기가 같고 배율은 1이다. 평면거울은 거울길이의 2배 크기 물체의 상을 맺을 수 있다. 그림 3-4에서와 같이 사람이 거울 앞에 서있을 때 전신의 1/2 크기의 거울이면 전신을 비출 수 있다. 이는 반사각과 입사각이 같기 때문이다.

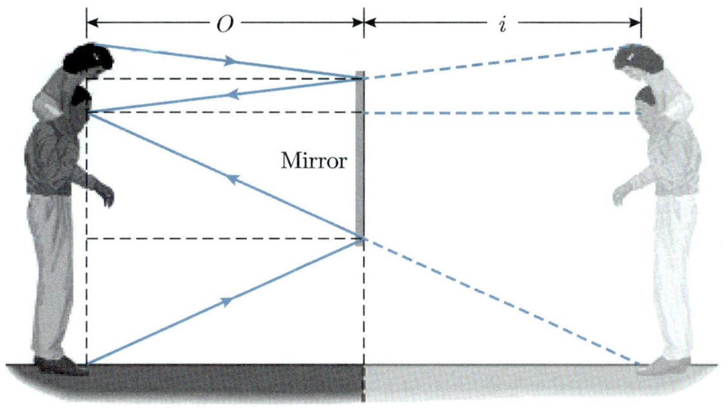

그림 3-4 평면거울에 비친 상

예제 3.1 평면거울에 의한 결상 (1)

그림과 같이 입사한 광선이 거울에 의해 반사된 다음 D점에서 만난다. 반사된 광선이 입사된 광선으로부터 편기된 각 γ가 2θ임을 증명하시오.

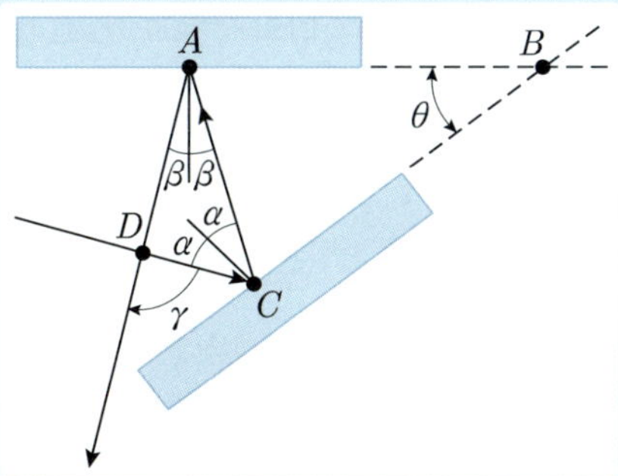

풀이 $\angle BAC + \angle BCA + \theta = 180°$이며 $\gamma = 2(\alpha + \beta)$이다. 그리고 각 θ는 다음과 같이 표현할 수 있다.

$$\theta = 180° - (90° - \alpha) - (90° - \beta) = \alpha + \beta$$

그러므로

$$\gamma = 2(\alpha + \beta) = 2\theta$$

이다.

예제 3.2 평면거울에 의한 결상 (2)

키가 180 cm인 사람이 그림과 같이 거울 앞에 서 있다. 사람의 전신을 전부 비출 수 있는 거울의 최소 크기를 구하시오. 단 사람의 눈은 머리끝으로부터 10 cm 아래에 있다고 가정한다.

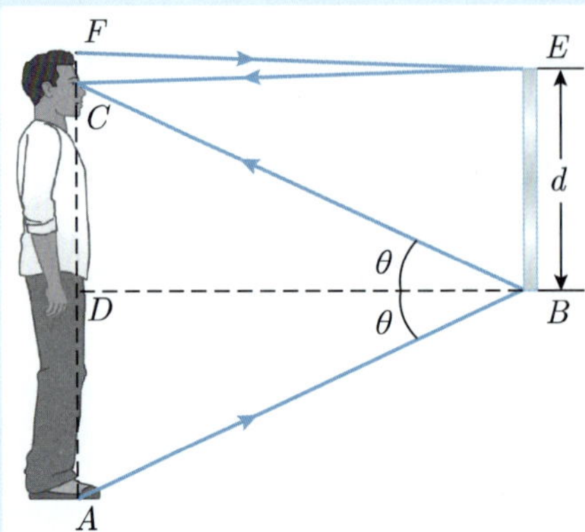

풀이 그림에서와 같이 머리끝과 발끝에서 나온 빛이 거울에서 반사되어 다시 사람의 눈으로 들어온다. 빛의 입사각과 반사각을 θ 라고 하자. $\triangle ABD$와 $\triangle DBC$는 직각삼각형으로서 입사각과 반사각 θ가 같기 때문에 합동이다. 따라서

$$AD = DC = \frac{1}{2}AC$$

$$= \frac{1}{2} \times (180 - 10) = 85 \text{ (cm)}$$

이며 $\frac{1}{2}CF = \frac{1}{2} \times 10 = 5$ cm 이므로 전신을 비출 수 있는 거울의 최소 크기 d는

$$d = FA - AD - \frac{1}{2}CF$$

$$= 180 - 85 - 5$$

$$= 90 \text{ (cm)}$$

이다.

3.1.2 구면거울

그림 3-5에서 보는 바와 같이 점광원 O에서 나오는 광선이 곡률반경이 R인 오목 구면거울에 도달한다. 여기서 오목거울 또는 볼록거울이라 함은 각각 입사광선 쪽에서 보았을 때 구면이 오목한가 볼록한가에 따라서 결정된다. 부호규약은 평면거울에서와 같으며 단지 곡률반경 R에 대한 부호규약은 다음과 같다.

(+)....구면의 중심 C가 정점 V의 오른쪽에 있을 때
(−)....구면의 중심 C가 정점 V의 왼쪽에 있을 때

O와 C를 연결한 직선을 광축이라고 하는데, O에서 나오는 광선이 광축과 각 α를 이루며 점 A로 입사하여 반사된 후 광축과 교차한 점을 I라고 하자. O를 떠나 광축 방향으로 진행한 광선은 정점 V에서 반사되어 다시 광축을 따라 되돌아와서 점 I를 지난다.

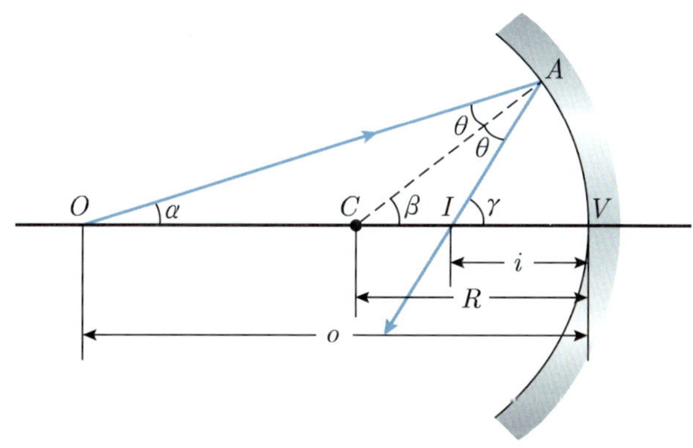

그림 3-5 오목거울에 의한 결상

따라서 점 I는 광원 O의 상이 되며 광선이 실제로 I를 지나 결상하게 되므로 실상이 된다. 지금부터 I의 위치를 계산해 보기로 하자. 그림 3-5의 삼각형 OAC와 CAI에서, 삼각형의 외각은 두 내각의 합과 같으므로 다음과 같은 관계식을 얻을 수 있다.

$$\beta = \alpha + \theta$$

$$\gamma = \beta + \theta$$

두 식에서 θ를 소거하면

$$\alpha+\gamma=2\beta \tag{3-2}$$

가 된다. α가 아주 작은 값(근축광선을 의미함)이라고 가정하고 호도법을 사용하면 α, β 및 γ는 다음과 같이 표현할 수 있다.

$$\alpha \simeq \frac{\overset{\frown}{AV}}{\overline{OV}}=\frac{\overset{\frown}{AV}}{o} \tag{3-3}$$

$$\beta=\frac{\overset{\frown}{AV}}{\overline{CV}}=\frac{\overset{\frown}{AV}}{R}$$

$$\gamma \simeq \frac{\overset{\frown}{AV}}{\overline{IV}}=\frac{\overset{\frown}{AV}}{i}$$

위의 α, β 및 γ의 표현 중에서 β에 대한 식만 정확한 값이고 α와 γ에 대한 표현은 근사값이다. 그러나 구면경에 입사되는 광선이 근축광선이라고 가정하면 α와 γ의 값이 충분히 작아지기 때문에 근사적으로 같다고 표현할 수 있다. 식 (3–3)을 식 (3–2)에 대입하고 호 $\overset{\frown}{AV}$를 소거하면

$$\frac{1}{o}+\frac{1}{i}=-\frac{2}{R} \tag{3-4}$$

를 얻는다. 여기서 o는 물체거리, i는 상거리, R은 거울의 곡률반경이다. 식 (3–4)를 **거울공식**이라고 한다. 오목거울의 경우, R 값이 음의 값을 가지므로 초점거리의 정의(뒤에 나오는 초점거리의 정의를 참조)에 따라 물체거리가 ∞일 때 상거리는 $R/2$이 되도록 식 (3–4)의 우변을 양의 값으로 만들기 위하여 (−) 부호를 붙였다.

오목거울

오목거울의 광축에 평행하게 들어온 빛이 반사된 뒤에 모이는 곳이 오목거울의 초점이다. 오목거울은 빛을 모으는 성질이 있기 때문에 오목거울 앞에 물체를 두면 물체의 한 점에서 나오는 빛은 반사된 뒤 다시 한 점에 모인다. 그 위치를 찾을 때 고려해야 할 것은, 축에 나란하게 들어온 빛은 반사된 뒤 초점을 지나고, 거울의 초점을 향해 들어온 빛은 축에 나란하게 반사된다는 것이다.

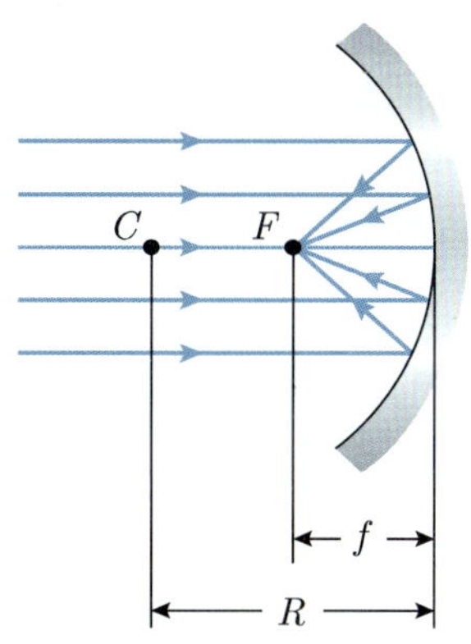

그림 3-6 오목거울의 초점

오목거울은 볼록거울과 달리 물체거리가 곡률반경보다 클 경우 도립 실상이 결상되기 때문에 자동차 백미러에 사용할 수 없다. 멀리서 달려오는 차가 거꾸로 뒤집어져(도립) 달려오다가 물체거리가 곡률반경보다 작아지면 뒤집어진 차가 엄청나게 커져(원래 차의 크기보다 더 커진다) 갑자기 차가 똑바로(정립) 선 모습이 되더니 휭 하니 옆을 지나가 버린다.

좀 더 상세히 설명하면, 물체가 거울에서 멀리 있을 때 축소된 도립 실상(거울 밖, 즉, 물체가 있는 쪽)이 생기다가 거울에 가까워지면 확대된 도립(뒤집힌 모양) 실상이 생긴다. 그러다가 거울에 너무 가까워지면 실물보다 큰 똑바로 선 허상(정립 허상)이 생긴다. 이 구분의 기준이 되는 것은 오목거울의 반지름과 초점이다. 반지름 밖에 있을 때는 축소된 도립 실상, 반지름 안으로 들어와서 초점까지는 확대된 도립 허상, 초점 안에서 거울에 부딪힐 때까지는 확대된 정립 허상이 생긴다.

초점과 초점거리를 정의해 보자. 물체거리가 ∞ 일 때 상이 맺혀지는 점을 **초점**이라고 정의하며 정점에서부터 초점까지의 거리를 **초점거리**라고 한다. 초점의 정의를 식 (3-4)에 적용하면 물체거리, 상거리, 그리고 초점거리에 대한 관계식은

$$\lim_{o \to \infty} i = f$$

$$\frac{1}{\infty} + \frac{1}{f} = -\frac{2}{R}$$

로 쓸 수 있으며 $f = -R/2$이다. 따라서 식 (3-4)는 다음과 같이 다시 쓸 수 있다.

$$\frac{1}{o}+\frac{1}{i}=\frac{1}{f}=-\frac{2}{R} \tag{3-5}$$

오목거울의 경우에는 거울의 곡률반경보다 멀리 물체가 있을 때는 축소된 도립 실상이 거울밖에 생기므로 o, i, 그리고 f 모두 (+) 값을 가진다. 그러나 물체가 초점거리 안에 있을 때는 확대된 정립 허상이 거울 안에 생기므로 o는 (+), i는 (−), f는 (+) 값을 갖는다.

볼록거울

볼록거울은 물체를 작게 보이게 한다. 물체가 작게 보이면 당연히 보이는 범위는 넓어진다. 또한 볼록거울은 항상 똑바로 선 모습을 보여준다. 상이 똑바로 선 모양을 정립이라 한다. 상을 작도해 보면 거울 속에 맺히므로 허상이다. 즉, 볼록거울의 경우 물체는 거울 밖에 있으니 o는 (+) 값을, 맺히는 상은 거울 속에 있는 허상이므로 i는 (−) 값을, 초점거리는 거울 속에 있으므로 f는 (−) 값을 가진다.

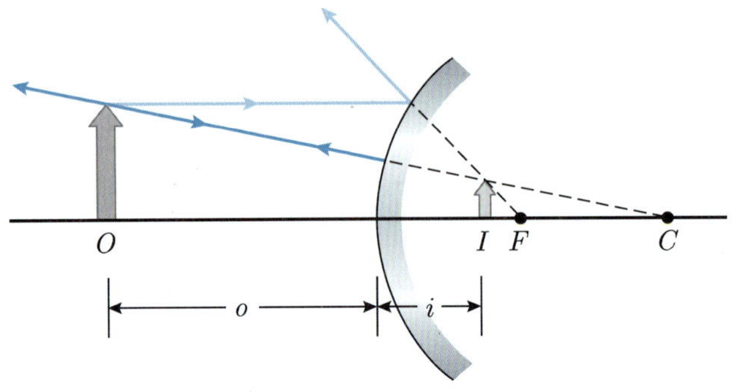

그림 3-7 볼록거울에 의한 결상

그림 3-7에서 보는 바와 같이 볼록거울에 의한 결상은 거울 뒤에 있는 점에서 나오는 것처럼 반사된 광선이 나오기 때문에 실상이 아니라 허상이다. 일반적으로 볼록거울에 의한 결상은 정립 허상이며 상의 크기는 물체보다 작다.

예제 3.3 볼록거울에 의한 결상 (1)

곡률반경이 20 cm인 볼록거울이 있다. 점광원이 거울의 정점으로부터 왼쪽 14 cm의 거리에 놓여져 있을 때 점광원의 상거리를 구하시오.

풀이 식 (3-4), 거울공식은

$$\frac{1}{o}+\frac{1}{i}=-\frac{2}{R}$$

이다. $o=14$ cm, $R=20$ cm이므로

$$\frac{1}{14}+\frac{1}{i}=-\frac{2}{20}$$

$$\therefore\ i=-5.8\ (\mathrm{cm})$$

이다. i의 부호가 음이므로 상은 거울의 정점으로부터 오른쪽에 있고 허상임을 알 수 있다.

예제 3.4 오목거울에 의한 결상 (1)

초점거리가 10 cm인 오목거울이 있다. 물체가 거울의 정점으로부터 왼쪽 5 cm의 거리에 놓여져 있을 때 물체의 상거리를 구하시오.

풀이 식 (3-5), 거울공식은

$$\frac{1}{o}+\frac{1}{i}=\frac{1}{f}$$

이다. $f=10$ cm, $o=5$ cm이므로

$$\frac{1}{5}+\frac{1}{i}=\frac{1}{10}$$

$$\therefore\ i=-10\ (\mathrm{cm})$$

이다. i의 부호가 음이므로 상은 거울의 정점으로부터 오른쪽에 있고 허상임을 알 수 있다.

예제 3.5 오목거울에 의한 결상 (2)

곡률반경이 15 cm인 오목거울의 정점으로부터 왼쪽 30 cm의 지점에 물체가 놓여져 있을 때 물체의 상은 어디에 결상되겠는가?

풀이 식 (3-4), 거울공식은

$$\frac{1}{o}+\frac{1}{i}=-\frac{2}{R}$$

이다. $o=30$ cm, $R=-15$ cm이므로

$$\frac{1}{30}+\frac{1}{i}=-\frac{2}{-15}$$

$$\therefore\ i=10\ (\mathrm{cm})$$

이다. i의 부호가 양이므로 상은 거울의 정점으로부터 왼쪽에 있고 도립 실상임을 알 수 있다.

예제 3.6 볼록거울에 의한 결상 (2)

곡률반경이 15 cm인 볼록거울이 있다. 물체가 거울의 정점으로부터 왼쪽 30 cm의 지점에 놓여 있을 때 물체의 상거리를 구하시오.

풀이 식 (3-4), 거울공식은

$$\frac{1}{o}+\frac{1}{i}=-\frac{2}{R}$$

이다. $o=30$ cm이므로

$$\frac{1}{30}+\frac{1}{i}=-\frac{2}{15}$$

$$\therefore\ i=-6\ (\mathrm{cm})$$

이다. i의 부호가 음이므로 상은 거울의 정점으로부터 오른쪽에 있고 정립 허상임을 알 수 있다.

거울에 의한 결상

임의의 크기를 가진 물체가 만드는 결상에 대하여 도식적으로 접근해 보기로 하자. 결상을 작도하는 것은 앞에서 제시한 거울 공식의 결과를 분석적인 방법으로 점검할 뿐 아니라 점광원에서 확장된 일반적인 물체에 대한 결상을 이해하는데 도움이 될 것이다.

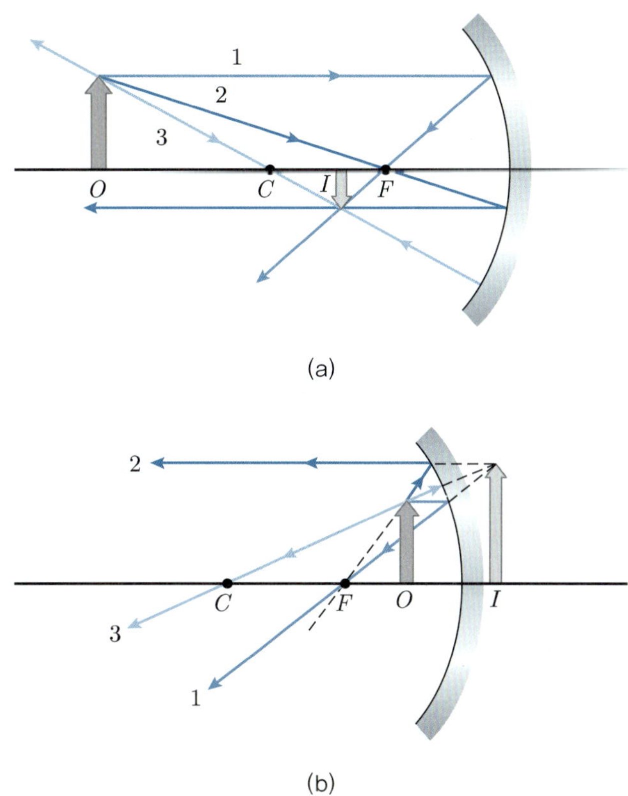

그림 3-8 임의의 크기를 가진 물체에 대한 오목거울에서의 결상

그림 3-8에서 오목거울 앞에 놓인 화살표 O를 생각하자. 먼저 그림 3-8 (a)는 화살표 O가 오목거울 중심의 밖에 있는 경우의 결상을 도해한 그림이다. 초점을 향해 입사한 광선이 오목거울에서 반사하면 광축에 평행하게 반사된다. 화살표 O의 위 끝에서 나온 광선이 초점을 향해 거울로 입사한 다음 반사되면 광축에 평행하게 진행하여 중심으로 입사한 광선이 그대로 반사되어 나온 광선과의 교점 I에 화살표의 상을 형성하게 된다. 따라서 물체가 오목거울 중심의 밖에 있는 경우의 결상은 물체보다 작은 도립 실상이 형성된다. 그림 3-8 (b)는 화살표 O가 오목거울 초점과 정점 사이에 있는 경우의 결상을

도해한 그림으로, 이 경우에는 그림에서 보는 바와 같이 결상은 물체보다 큰 정립 허상이 형성된다.

볼록거울에 대한 결상도 오목거울과 거의 같다. 그림 3-9에서 볼록거울 앞에 놓여진 화살표 O를 생각하자. 화살표 O의 양 끝을 지나는 광선이 광축에 평행하게 볼록거울로 입사한 후 반사된 광선은 초점 I에서 나온 것처럼 진행할 것이다. 또 화살표 O의 위 끝을 지나 초점을 향해 거울로 입사한 광선은 반사한 다음 평행광으로 광축을 따라 진행하게 된다. 이 평행광선을 오른쪽으로 점선과 같이 연장하면 화살표 O의 결상(정립 허상)을 얻을 수 있다.

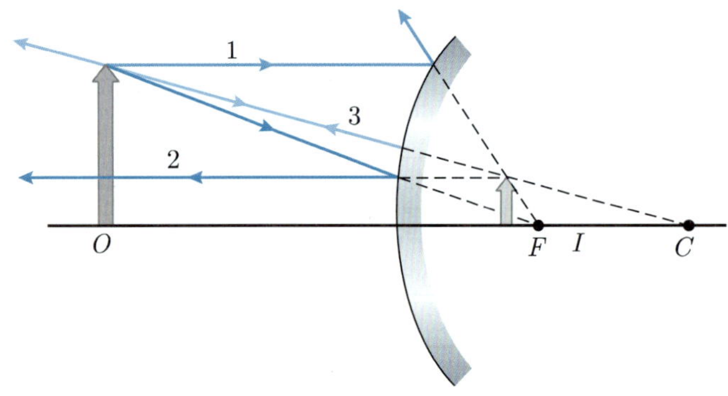

그림 3-9 임의의 크기를 가진 물체에 대한 볼록거울에서의 결상

예제 3.7 오목거울에 의한 결상 (3)

초점거리가 10 cm인 오목거울이 있다. 물체거리가 (1) 30 cm, (2) 10 cm, 그리고 (3) 5 cm일 때 상거리를 구하고 결상에 대해 간단히 설명하시오.

풀이 (1) 물체거리가 30 cm인 경우, 거울공식으로 상거리를 구하면

$$\frac{1}{o}+\frac{1}{i}=\frac{1}{f}$$

$$\frac{1}{30}+\frac{1}{i}=\frac{1}{10}$$

$$\therefore\ i=15\ (\mathrm{cm})$$

이며 배율은 $M=-\frac{i}{o}=-\frac{15}{30}=-\frac{1}{2}$이다. 따라서 상은 물체보다 작으며

배율이 음수이므로 상이 도립이고 i가 양수이므로 상은 거울 앞에 있으며 실상이다.

(2) 물체가 초점에 있으면 $i=\infty$이며 상이 아주 멀리 있으며 배율 역시 ∞이다.

(3) 물체거리가 5 cm인 경우는 물체가 초점 안에 있고 거울공식을 사용하면

$$\frac{1}{5}+\frac{1}{i}=\frac{1}{10}$$

$$i=-10\ (\text{cm})$$

이다. 상이 거울 뒤에 있으므로 허상이며 배율은 $M=-\left(\frac{-10}{5}\right)=2$이다. 상은 두 배로 확대되고 부호가 양수이므로 정립상이다.

예제 3.8 볼록거울에 의한 결상 (3)

크기가 3 cm인 물체가 초점거리 10 cm인 볼록거울 앞 30 cm 위치에 있다. (1) 상의 위치, (2) 배율, 그리고 (3) 상의 크기를 구하시오.

풀이 (1) 볼록거울이므로 초점거리는 음수이다. 물체거리가 30 cm인 경우, 거울공식으로 상거리를 구하면

$$\frac{1}{o}+\frac{1}{i}=\frac{1}{f}$$

$$\frac{1}{30}+\frac{1}{i}=\frac{1}{-10}$$

$$\therefore\ i=-7.5\ (\text{cm})$$

이다.

(2) 배율은 $M=-\frac{i}{o}=-\left(\frac{-7.5}{30}\right)=0.25$이다. 따라서 상은 물체보다 작으며 배율이 양수이므로 상은 정립이다.

(3) 상의 높이 $h'=Mh$이므로 상의 크기는 0.75 cm이다.

3.2 얇은 렌즈

렌즈의 두께를 무시할 수 있고 또한 렌즈의 중심축과 크게 벗어나지 않는 광선(근축광선)의 경우 그 광선이 렌즈에 의해 굴절되는 형태는 간단하게 작도해낼 수 있다. 이러한 조건의 렌즈를 **얇은 렌즈**(thin lens)라 하고, 이와는 반대로 렌즈의 두께를 무시할 수 없는 일반적인 렌즈를 **두꺼운 렌즈**(thick lens)라고 한다. 얇은 렌즈와 두꺼운 렌즈에 대해서 상이 맺혀지는 결상의 원리를 알아보고 렌즈를 조합하여 만드는 광학기구들의 구조를 알아본다.

3.2.1 구면에서의 굴절

광선이 굴절률이 다른 두 매질을 진행할 때, 광선은 두 매질의 경계면에서 굴절한다. 그림 3-10에서 보는 바와 같이 광선이 굴절률이 n_1인 매질에서 곡률반경이 R, 굴절률이 n_2인 매질로 입사할 때, 광선의 거동을 살펴보기로 하자.

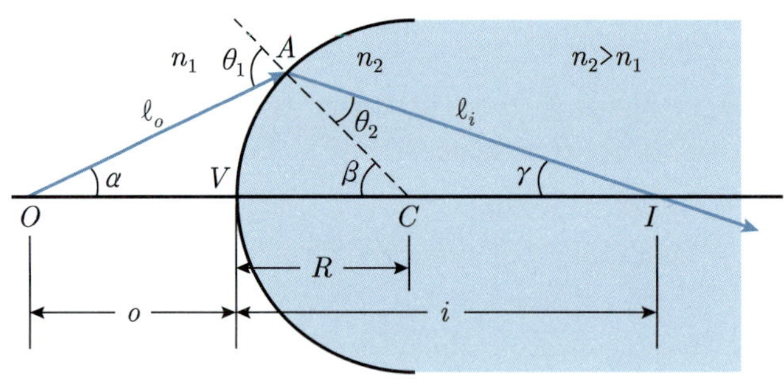

그림 3-10 구면에서의 굴절

OCI를 지나는 직선은 광축이 되며 광선이 이 축으로 입사할 경우, 정점 V에서의 입사각은 0°가 되기 때문에 굴절되지 않고 I점을 지나간다. O에서 출발한 광선이 경로 ℓ_o를 지나 굴절표면 A점에 도달하면 스넬의 법칙에 따라 굴절된다. 굴절된 광선은 경로 ℓ_i를 지나 광축과의 교점 I에서 만나게 된다. 이 때 광선이 지나간 경로 OAI도 페르마의 최소 작용의 원리를 만족하는 경로이다. 광선이 OAI를 통과한 광경로 OPL은 다음과

같이 표현할 수 있다.

$$\mathrm{OPL} = n_1 \ell_o + n_2 \ell_i \tag{3-6}$$

$$\ell_o = n_1 \sqrt{R^2 + (o+R)^2 - 2R(o+R)\cos\beta}$$

$$\ell_i = n_2 \sqrt{R^2 + (i-R)^2 - 2R(i-R)\cos(\pi-\beta)}$$

$$= n_2 \sqrt{R^2 + (i-R)^2 + 2R(i-R)\cos\beta}$$

최소 작용의 원리에 따라 광경로는 무수히 많은 여러 경로 중 최소의 시간이 걸리는 경로를 선택하여 진행하기 때문에 $\frac{d}{d\beta}(\mathrm{OPL}) = 0$을 만족한다. 따라서

$$\frac{d}{d\beta}(\mathrm{OPL}) = \left\{ n_1 \left(\frac{1}{2}\right) \frac{2R(o+R)\sin\beta}{\ell_o} - n_2 \left(\frac{1}{2}\right) \frac{2R(i-R)\sin\beta}{\ell_i} \right\} = 0$$

$$\frac{n_1(o+R)}{\ell_o} = \frac{n_2(i-R)}{\ell_i}$$

이며, 이것을 다시 순차적으로 정리하면 다음과 같다.

$$\frac{n_1 o}{\ell_o} + \frac{n_1 R}{\ell_o} = \frac{n_2 i}{\ell_i} - \frac{n_2 R}{\ell_i}$$

$$R\left(\frac{n_1}{\ell_o} + \frac{n_2}{\ell_i}\right) = \left(\frac{n_2 i}{\ell_i} - \frac{n_1 o}{\ell_o}\right)$$

$$\frac{n_1}{\ell_o} + \frac{n_2}{\ell_i} = \frac{1}{R}\left(\frac{n_2 i}{\ell_i} - \frac{n_1 o}{\ell_o}\right) \tag{3-7}$$

식 (3-7)은 구면의 경계면에서 굴절하여 A에서 I로 가는 모든 광선의 광경로에 대하여 만족되는 식이다. 만약 β가 매우 작다고 가정하면(A가 V에 접근하면) $\cos\beta \simeq 1$이 되고 $\ell_o \simeq o$, $\ell_i \simeq i$로 근사할 수 있으므로 식 (3-7)은 다음과 같이 쓸 수 있다.

$$\frac{n_1}{o} + \frac{n_2}{i} = \frac{(n_2 - n_1)}{R} \tag{3-8}$$

예제 3.9 구면에서의 굴절

그림 3-10과 같이 광선이 굴절률이 $n_1=1.0$인 매질에서 곡률반경이 $R=10$ cm, 굴절률이 $n_2=2.0$인 매질로 굴절률이 다른 두 매질을 진행하고 있다. 물체가 이 거울의 정점으로부터 왼쪽 20 cm의 거리에 놓여 있을 때 물체의 상거리를 구하시오.

풀이 식 (3-8)로부터

$$\frac{n_1}{o}+\frac{n_2}{i}=\frac{(n_2-n_1)}{R}$$

$$\frac{1}{20}+\frac{2.0}{i}=\frac{2.0-1.0}{10}$$

$$\therefore\ i=40\ (\mathrm{cm})$$

이다. i의 부호가 (+)이므로 상은 거울의 정점으로부터 오른쪽(상공간)에 있다는 것을 의미한다.

부호규약

렌즈와 같이 임의의 구면에서 굴절하는 광학계에서 정점의 왼쪽은 **물체공간**, 오른쪽은 **상공간**이라고 규정한다. 물체가 물체공간에 있으면 물체거리의 값이 (+)이며 상이 상공간에 있으면 상거리가 (+) 값을 갖는다. 반대로 상이 물체공간에 있으면 상거리의 값이 (−)가 된다.

곡률반경은 중심이 정점의 오른쪽(입사광선이 볼록한 면으로 입사)에 있으면 (+) 값을 가지며 중심이 정점의 왼쪽(입사광선이 오목한 면으로 입사)에 있으면 곡률반경의 값이 (−)가 된다. 따라서 초점거리의 부호는 수렴렌즈(오목렌즈)의 경우 (−)이며 발산렌즈(볼록렌즈)는 (+) 값을 갖는다.

예제 3.10 평면에서의 굴절

그림과 같이 굴절률이 n_1인 공간 속에 물체가 놓여 있다. 물체에 대한 상에 대해 논하시오. 단 $n_1 > n_2$이다.

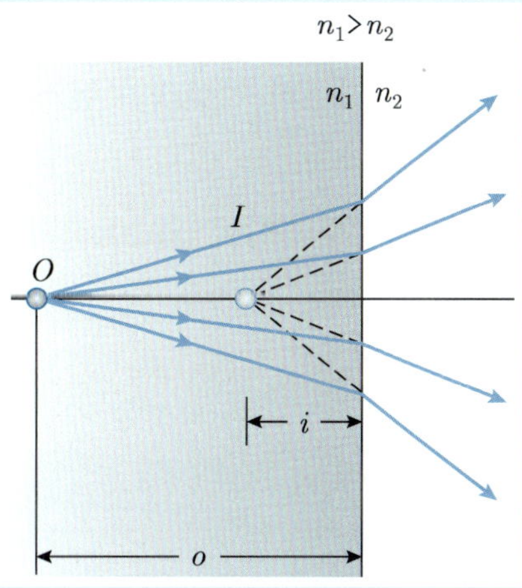

풀이 굴절면이 평면이므로 식 (3-8)에서 $R \to \infty$이다. 따라서

$$\frac{n_1}{o} + \frac{n_2}{i} = \frac{(n_2 - n_1)}{R}$$

$$i = -\frac{n_2}{n_1} o$$

이고 상은 허상이며 $n_1 > n_2$이므로 굴절된 광선은 퍼져 나간다.

3.2.2 얇은 렌즈

렌즈 제작자의 공식

일반적으로 **렌즈**는 투과된 파동(자외선, 가시광선, 적외선, 마이크로파, 음파 등)의 에너지를 재배치하는 기능을 가진 굴절소자로서 두 개 또는 그 이상의 굴절면으로 구성된 광학계이며 적어도 한 면 이상은 곡면으로 되어 있다.

렌즈는 기하학적 구조에 따라 크게 볼록렌즈와 오목렌즈로 분류할 수 있다. 가장자리보다 가운데 부분이 더 두꺼운 렌즈를 **볼록**(convex : 아치 모양이라는 뜻)**렌즈**라고 한다.

볼록렌즈는 입사광선을 광축 방향으로 모으는 역할을 하기 때문에 **수렴렌즈**(converging lens)라고 한다. 반면, 가장자리가 가운데 부분보다 더 두꺼운 렌즈는 **오목**(concave : 비어 있다는 뜻)**렌즈**라고 하며 입사광선을 광축으로부터 발산시키는 역할을 하기 때문에 **발산렌즈**(diverging lens)라고 한다.

얇은 렌즈는 입사한 광선을 굴절시키는 렌즈의 기본적인 기능은 가지고 있지만 기하학적인 렌즈의 두께 t를 0에 가깝다고 가정한 이상적인 렌즈를 말하는 것이다. 그림 3-11은 두께가 t, 표면의 곡률반경이 R_1과 R_2로 polishing된 두꺼운 렌즈(광학계)이다. 첫 번째 굴절면과 두 번째 굴절면에서의 광학적 parameter를 구별하기 위하여 아래 첨자(subscript)로 1과 2를 붙이기로 한다.

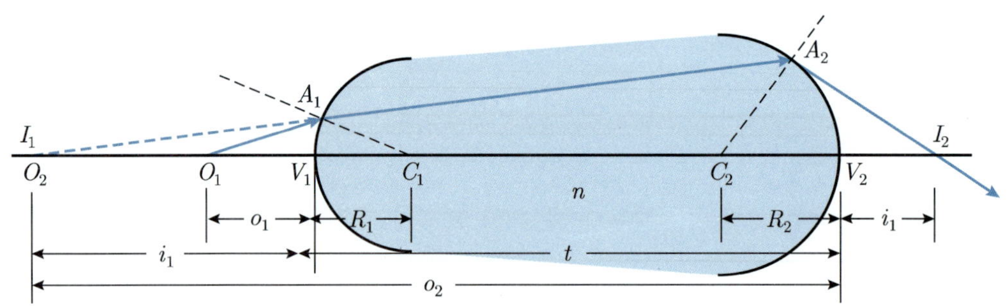

그림 3-11 두께가 t, 표면의 곡률반경이 R_1과 R_2인 두꺼운 렌즈에서의 결상

첫 번째 굴절면에 대한 점광원(물체) O_1은 렌즈의 왼쪽 정점 V_1의 왼쪽에 위치해 있다. 점광원 O_1에서 나온 광선 중에서 광축을 따라 진행하는 광선($O_1C_1C_2$를 지나는 광선)이 두 경계면(V_1과 V_2)을 지날 때, 입사각이 0°이기 때문에 굴절되지 않고 $O_1 - V_1 - C_1 - C_2 - V_2$ 경로를 통과한다. 이제 광축을 통과하는 광선을 제외하고 다른 경로를 진행하는 임의의 광선을 생각해 보자.

점광원 O_1에서 나온 광선이 첫 번째 경계면 위의 점 A_1에서 굴절된 다음, 다시 두 번째 경계면 위의 점 A_2에서 굴절하여 광축과 점 I_2에서 만나다. 여기서 첫 번째 굴절면에서 보면 I_1은 점광원 O_1에 대한 상이며 첫 번째 굴절면의 왼쪽(물체공간)에 있기 때문에 i_1의 값은 (−) 값을 가지며 허상이 된다.

I_1은 첫 번째 굴절면에 대한 O_1의 상일 뿐 아니라 두 번째 굴절면에 대해서는 물체(O_2)가 된다. 따라서 두 번째 굴절면에 대한 물체거리 o_2는 $o_2 = |i_1| + t$이며 두 번째 굴절면에

대하여 물체공간에 있기 때문에 양의 값을 갖게 된다. 첫 번째 굴절면에 대하여 $n_1 = 1$, $n_2 = n$, 그리고 식 (3-8)을 적용하면

$$\frac{1}{o_1} + \frac{n}{i_1} = \frac{n-1}{R_1} \tag{3-9}$$

이다.

i_1이 첫 번째 굴절면에 대한 상거리임을 고려하면 i_1은 음의 값을 갖는다. 즉, $i_1 < 0$이다. 따라서 두 번째 굴절면에 대해서는 $n_1 = n$, $n_2 = 1$, $o_2 = |i_1| + t$를 식 (3-8)에 적용하면

$$\frac{n}{-i_1 + t} + \frac{1}{i_2} = \frac{1-n}{R_2} \tag{3-10}$$

이 된다. 그림 3-11의 광학계를 얇은 렌즈로 가정하면 $t \simeq 0$이 되므로 식 (3-10)은 다음과 같이 쓸 수 있다.

$$\frac{n}{-i_1} + \frac{1}{i_2} = \frac{1-n}{R_2} \tag{3-11}$$

식 (3-9)와 (3-11)을 더한 다음 정리하면 다음과 같은 **렌즈 제작자의 공식**(lens maker's formula)을 얻을 수 있다.

$$\frac{1}{o} + \frac{1}{i} = (n-1)\left(\frac{1}{R_1} - \frac{1}{R_2}\right) \tag{3-12}$$

식 (3-12)에서 o는 o_1을, i는 i_2를 의미한다. 만약 물체가 ∞에 있다면 초점의 정의에 따라 상거리 i는 초점거리 f_i(상초점거리)가 되며 수학적인 표현으로

$$\lim_{o \to \infty} i = f_i$$

로 나타낼 수 있다. 그리고 같은 방법으로 물체초점거리 f_o는 다음과 같다.

$$\lim_{i \to \infty} o = f_o$$

식 (3-12)로부터 얇은 렌즈에 대하여 $f_i = f_o$가 되며 결과적으로 첨자를 모두 없앨 수 있다. 따라서 식 (3-12)는

$$\frac{1}{f} = (n-1)\left(\frac{1}{R_1} - \frac{1}{R_2}\right) \tag{3-13}$$

과

$$\frac{1}{o} + \frac{1}{i} = \frac{1}{f} \tag{3-14}$$

이 되며 이것을 **가우스 렌즈공식**(Gaussian lens formula)이라고 한다.

예제 3.11 얇은 렌즈의 상거리 (1)

굴절률이 1.5, 곡률반경 R_1, R_2가 40 cm인 양면이 볼록한 얇은 볼록렌즈가 있다. 이 렌즈의 왼쪽 정점으로부터 20 cm 지점에 놓여 있는 물체의 상거리를 구하시오.

풀이 볼록렌즈이므로 렌즈 제작자의 공식에서 $R_2 = -40$ cm가 된다. 식 (3-13)로부터

$$\frac{1}{f} = (n-1)\left(\frac{1}{R_1} - \frac{1}{R_2}\right)$$

$$\frac{1}{f} = (1.5-1.0)\left(\frac{1}{40} - \frac{1}{-40}\right)$$

$$\therefore\ f = 40\ (\text{cm})$$

이다. 가우스 렌즈공식인 식 (3-14)로부터

$$\frac{1}{o} + \frac{1}{i} = \frac{1}{f}$$

$$\frac{1}{20} + \frac{1}{i} = \frac{1}{40}$$

$$\therefore\ i = -40\ (\text{cm})$$

이며 상거리의 부호가 (−)인 것은 결상이 물체공간 즉, 렌즈의 정점 왼쪽에 생겼다는 것을 의미한다.

예제 3.12 얇은 렌즈의 초점거리 (1)

굴절률이 1.5, 곡률반경 R_1, R_2가 40 cm인 양면이 오목한 얇은 오목렌즈가 있다. 이 렌즈의 초점거리를 구하시오.

풀이 오목렌즈이므로 렌즈 제작자의 공식에서 $R_1 = -40$ cm가 된다. 식 (3-13)로부터

$$\frac{1}{f} = (n-1)\left(\frac{1}{R_1} - \frac{1}{R_2}\right)$$

$$\frac{1}{f} = (1.5-1.0)\left(\frac{1}{-40} - \frac{1}{40}\right)$$

$$\therefore\ f = -40\ (\text{cm})$$

이다. 이 렌즈는 양면이 오목하므로 R_1의 중심은 정점 V_1의 왼쪽에 있으므로 부호가 (−)이며 R_2의 중심은 정점 V_2의 오른쪽에 있으므로 부호가 (+)이다.

Newton 공식

그림 3-12와 같은 얇은 렌즈에서의 결상을 생각해 보자. 앞에서 언급한 얇은 렌즈계에 적용된 부호규약을 확장해서 광축 위에 있는 물체의 높이는 (+)이며 광축 아래에 있는 물체의 높이는 (−)로 약속한다. 따라서 그림 3-12에서 $y_o > 0$이고 $y_i < 0$이다. 이 경우에 상은 도립이다. 반면에 $y_o > 0$이고 $y_i > 0$인 경우 상은 정립이라고 한다. $\triangle ACF_i$와 $\triangle I_2 I_1 F_i$는 닮은꼴이므로

$$\frac{y_o}{|y_i|} = \frac{f}{(i-f)} \tag{3-15}$$

가 되며 $\triangle O_2 O_1 C$와 $\triangle I_2 I_1 C$도 닮은꼴이기 때문에 $\frac{y_o}{|y_i|} = \frac{o}{i}$이다. 여기서 y_i의 값이 (−)이기 때문에 y_i의 크기를 $|y_i|$로 표시했다. 마찬가지로 $\triangle O_2 O_1 F_o$와 $\triangle BCF_o$ 역시 닮은꼴이기 때문에

$$\frac{|y_i|}{y_o} = \frac{f}{(o-f)} \tag{3-16}$$

이다.

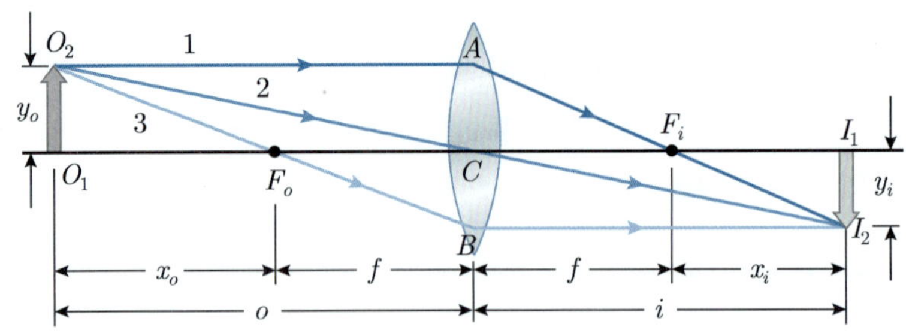

그림 3-12 얇은 렌즈에 대한 물체와 상의 위치

식 (3-15)와 식 (3-16)을 연립하여 o와 i 대신에 f, x_o, 그리고 x_i로 Gauss의 렌즈공식을 다시 나타내면

$$\frac{f}{(i-f)} = \frac{(o-f)}{f} \tag{3-17}$$

$$f^2 = (o-f)(i-f)$$

$$= x_o x_i$$

로 나타낼 수 있다. 식 (3-17)과 같은 이러한 렌즈공식을 **뉴턴**(Newton) **공식**이라고 한다. 새로운 변수 x_o와 x_i는 물체초점 F_o와 상초점 F_i로부터 물체와 상까지 측정한 거리를 의미한다. x_o와 x_i에 대한 부호규약은 x_o가 F_o의 왼쪽에 있을 때 (+)이며, 반면에 x_i는 F_i의 오른쪽에 있을 때 (+)의 부호를 가진다.

디옵터

초점으로 렌즈나 거울을 특정하여 세분화 하는 방법에는 두 가지가 있다. 하나는 물체거리가 ∞일 때 상이 맺혀지는 점을 초점이라고 정의하며 정점에서부터 초점까지 거리를 초점거리로 정의하는 것과 또 하나는 광학계의 **역률**(power) P로 특징을 세분화한다. 역률은 초점거리의 역수로 정의하며 초점거리의 단위는 반드시 미터(m)로 표시해야 한다. 그러므로 역률은 다음과 같이 쓸 수 있다.

$$P = \frac{1}{f} \tag{3-18}$$

역률의 단위는 m^{-1}로 표시되며 이것을 **디옵터**(diopters) D라고 정의한다. 따라서 초점거리가 25 cm(1/4 m)인 렌즈의 역률은 4 D가 된다.

예제 3.13 렌즈의 역률과 상거리 (1)

역률이 10 D인 렌즈의 왼쪽 정점으로부터 20 cm 지점에 물체가 놓여 있다. 이 렌즈의 초점거리와 물체의 상거리를 구하시오.

풀이 식 (3-18)로부터 역률, $P=1/f$이다.

$$f=\frac{1}{P}=\frac{1}{10}\,(\mathrm{m})$$

$$\therefore\ f=0.1\ (\mathrm{m})=10\ (\mathrm{cm})$$

이다. 가우스 렌즈공식인 식 (3-14)로부터

$$\frac{1}{o}+\frac{1}{i}=\frac{1}{f}$$

$$\frac{1}{20}+\frac{1}{i}=\frac{1}{10}$$

$$\therefore\ i=20\ (\mathrm{cm})$$

상거리의 부호가 (+)인 것은 결상이 상공간 즉, 정점의 오른쪽에 생겼다는 것을 의미한다. 특히 초점거리를 계산할 때 역률의 단위, D가 m^{-1}임을 잊어서는 안 된다. 문제에 주어진 물체거리가 cm 단위로 되어 있으므로 초점거리를 계산한 후 m를 cm로 환산해야 한다.

예제 3.14 렌즈의 역률과 상거리 (2)

초점거리가 −25 cm인 렌즈의 왼쪽 정점으로부터 25 cm 지점에 물체가 놓여 있다. 이 렌즈의 역률과 물체의 상거리를 구하시오.

풀이 식 (3-15)로부터 역률, $P=1/f$이다.

$$P=\frac{1}{f}=\frac{1}{-0.25}$$

$$\therefore\ P=-4\,(D)$$

이다. 가우스 렌즈공식인 식 (3-14)로부터 물체의 상거리는

$$\frac{1}{o}+\frac{1}{i}=\frac{1}{f}$$

$$\frac{1}{25}+\frac{1}{i}=\frac{1}{-25}$$

$$\therefore\ i=-12.5\ (\text{cm})$$

이다. 여기서 상거리의 부호가 (−)인 것은 결상이 물체공간 즉, 정점의 왼쪽에 생겼으며 허상임을 의미한다.

3.2.3 볼록렌즈에서의 결상

볼록렌즈는 양쪽이 볼록하거나 한쪽은 편평하고 다른 한쪽이 볼록한 경우도 있고, 안경처럼 한쪽은 볼록하고 다른 한쪽은 오목한데 오목한 면의 곡률반경이 볼록한 면의 곡률반경보다 더 큰 경우도 있다. 일반적으로 가운데가 가장자리보다 더 두꺼운 렌즈를 볼록렌즈라고 한다.

초점거리가 f 인 볼록렌즈에 광축상의 점광원에서 나오는 모든 광선은 렌즈를 통과하여 한 점에 모이게 된다. 식 (3-14)으로부터 다음과 같이 쉽게 작도할 수 있는 세 개의 광선을 도입할 수 있다.

1. 광축에 평행하게 진행하는 빛은 볼록렌즈를 통과한 후 오른편 초점(상 초점 f_i)을 향하여 직진한다. (이는 식 (3-14)의 o를 ∞로 해서 알 수 있다.)

2. 렌즈의 중심을 통과한 빛은 굴절하지 않고 그대로 통과한다.

3. 왼편 초점(물체초점 f_o)을 통과한 광선은 렌즈를 통과한 후 광축에 평행하게 나간다. (이는 1의 반대과정으로 생각할 수도 있고, 또한 식 (3-14)의 $o=f$를 대입하여 알 수 있다.)

세 광선 중에서 두 개의 광선으로도 빛이 한 점에 모여들어 상이 맺히는 위치를 알 수 있다. 물체의 한 점에서 나온 세 광선이 렌즈의 오른편에 모여들어 구체적인 상을 형성하는 경우도 있지만 경우에 따라 모여들지 않고 발산하는 경우가 있다. 발산하는 광선을 뒤로 추적해보면 물체가 있는 위치에서 벗어난 다른 한 지점으로 모여들어 마치 그 지점에서 빛이 발산해 나오는 것처럼 행동함을 알 수 있다.

실제로 광선이 한 점에 모여드는 경우를 실상, 발산하여 마치 렌즈 뒤의 한 지점에서 나온 것처럼 행동하는 경우 그 가상의 지점을 허상이라 한다. 실상이 생기는 경우는 물체가 초점거리 밖에 있을 때(그림 3-13 (a))이고, 허상은 물체가 초점거리 안에 있을 때(그림 3-13 (b))이다. 실상의 경우 그 방향이 물체와 반대로 놓여 도립 실상이라 하고, 허상의 경우 물체와 같은 방향으로 놓여 정립 허상이라고 한다.

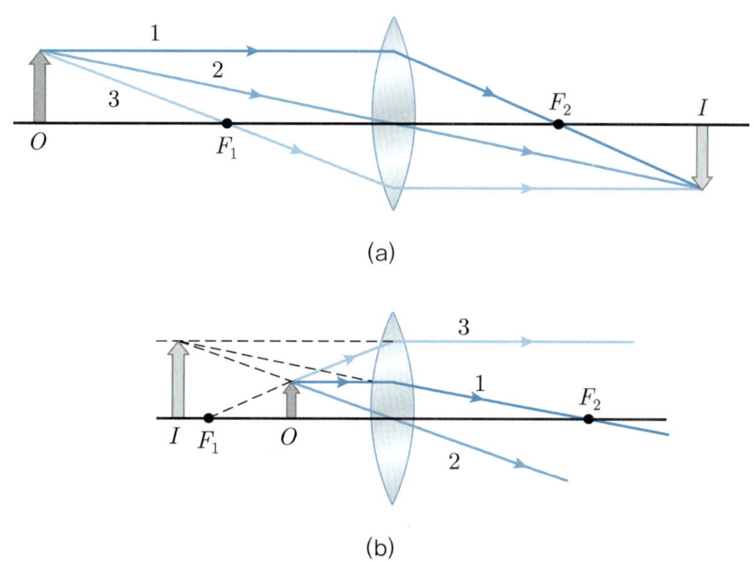

그림 3-13 볼록렌즈에 의한 결상 (a) 물체거리가 초점거리보다 클 때, (b) 물체거리가 초점거리보다 작을 때

허상이 생기는 경우, 허상의 크기는 물체의 크기보다 항상 커서 배율이 1보다 크지만 실상의 경우 물체의 위치에 따라 그 배율이 1보다 클 때도 있고, 작을 때도 있다. (원래 배율은 횡배율과 종배율이 있으나 여기서는 화살의 길이인 종배율로 생각한다.) 배율이 1보다 큰 경우는 물체의 위치가 f 로부터 $2f$ 사이에 있을 때이고, 물체가 $2f$ 보다 멀어지면 배율이 1보다 작다.

3.2.4 오목렌즈에서의 결상

오목렌즈는 가장자리가 가운데보다 더 두꺼운 렌즈를 말한다. 오목렌즈의 경우 초점거리 f는 앞의 볼록렌즈에서의 가우스 렌즈공식을 공통으로 쓸 수 있다. 즉, 오목렌즈의 경우에도 가우스의 렌즈공식이 성립한다. 단 이 때 f 값이 (−)가 된다. 식 (3−14)으로부터 볼록렌즈 때와 마찬가지로 다음과 같이 쉽게 작도할 수 있는 세 개의 광선을 도입할 수 있다.

1. 광축에 평행으로 진행하는 빛은 오목렌즈를 통과한 후, 마치 왼편의 초점(물체초점)에서 나가는 광선인 것처럼 진행한다.

2. 렌즈의 중심을 통과한 빛은 그대로 통과한다.

3. 오른편 초점(상 초점)을 향하는 광선은 렌즈를 통과한 후, 광축에 평행한 광선으로 나간다.

볼록 렌즈의 경우와 마찬가지로 세 광선 중에서 두 개로서 빛이 한 점에 모여들어도 결상되는 위치를 알 수 있다. 위에 언급된 세 가지 작도법으로 그림 3−14와 같이 작도하면 오목렌즈의 경우 정립 허상만 생기는 것을 알 수 있다. 물체가 초점거리 안에 있는 경우는 예제에서 다루기로 한다.

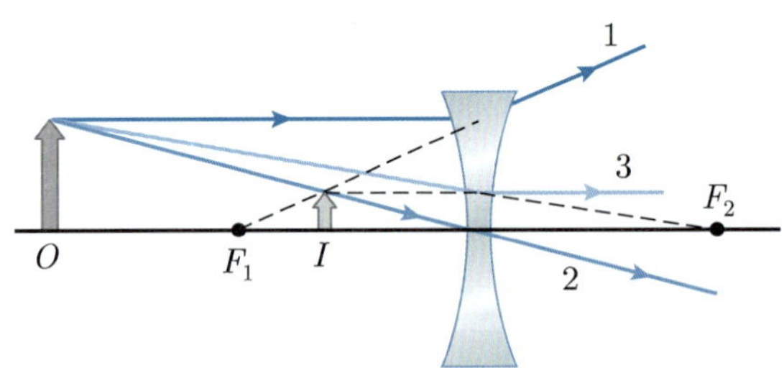

그림 3−14 오목렌즈에 의한 결상

예제 3.15 오목 렌즈의 결상

양면이 오목하고 초점거리가 15 cm인 오목렌즈의 왼쪽 정점으로부터 7.5 cm인 지점에 물체(화살표)가 놓여 있다. 물체의 상거리를 구하고 그 결과를 그림으로 도해하시오.

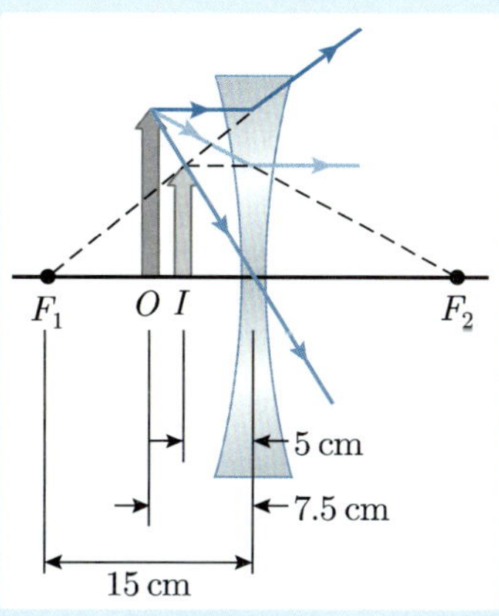

풀이 가우스 렌즈공식인 식 (3-14)로부터

$$\frac{1}{o}+\frac{1}{i}=\frac{1}{f}$$

$$\frac{1}{7.5}+\frac{1}{i}=\frac{1}{-15}$$

$$\therefore\ i=-5.0\ (\text{cm})$$

이다. 오목렌즈이므로 초점거리는 -15로 대입하였다. 상거리의 부호가 (−)인 것은 결상이 물체공간 즉, 정점의 왼쪽에 생겼다는 것을 의미한다.

배율

보통 배율이라 하면 광축에 대하여 가로로 서 있는 화살의 상의 길이가 원래의 길이에 비하여 얼마나 커 보이는가를 말한다. 만일에 배율이 2라면 상의 길이는 원래 물체의 길이의 두 배가 된다. 그러나 경우에 따라 상의 방향이 달라지는 도립의 경우도 있으므로 이를 같이 나타낼 수 있도록 이 경우 음의 값으로 나타내면 편리하다. 임의의 광학계에 의해 결상된 상의 크기와 물체의 크기 비를 **횡배율**(transverse magnification) M_{T}라고 정의하며

$$M_{\mathrm{T}} = \frac{y_i}{y_o} = -\frac{i}{o} \tag{3-19}$$

로 나타낼 수 있다. M_{T}의 값이 (+)이면 상이 정립이라는 것을 의미하고 M_{T}의 값이 (−)이면 상이 도립임을 뜻한다. 3차원 물체가 광학계를 통해 결상하면 상 역시 3차원의 상을 형성시킨다. 마찬가지로 광축 방향에 대한 물체의 크기와 상 크기의 비율을 **종배율** (longitudinal magnification) M_{L}로 정의하면

$$M_{\mathrm{L}} = \frac{dx_i}{dx_o}$$

로 표현할 수 있다. 따라서 초점거리에 대한 표현인 Newton의 공식인 식 (3−17)을 미분하고 식 (3−16)을 이용하면 종배율 M_{L}은

$$\begin{aligned} M_{\mathrm{L}} &= -\frac{f^2}{x_o^2} = -\left(\frac{f}{o-f}\right)^2 \\ &= -\left(\frac{y_i}{y_o}\right)^2 \\ &= -M_{\mathrm{T}}^2 \end{aligned} \tag{3-20}$$

이다. 종배율은 횡배율의 제곱의 (−) 값이다. 그 배율이 1이 아닌 한 횡배율과 종배율의 크기가 다르다. 따라서 폭을 가지지 않고 광축에 수직으로 서 있는 화살과 같은 경우를 제외하면 물체의 상은 가로 세로의 비가 달라져서 왜곡되어 나타난다. 우리가 볼록렌즈로 신문의 작은 글씨를 확대해 볼 때처럼 신문의 면과 렌즈의 면을 나란하게 하면 허상은 그대로 커져서 보이나 만일 깊이가 있는 물체를 보게 되면 심하게 왜곡되어 보이는 것을 알 수 있다.

3.2.5 얇은 렌즈의 조합

얇은 렌즈의 조합은 복잡한 렌즈 설계방법을 소개하는 것이 아니라 복합적인 렌즈계의 결상 원리를 알아봄으로써 상업화된 복잡한 광학계를 이해하고 그것에 대한 활용능력을 배양하는데 그 목적을 두고 있다.

실제로 엄밀한 의미에서 두께가 0인 얇은 렌즈는 없지만 직경에 비해서 두께가 얇은 단일 렌즈들은 근사적으로 얇은 렌즈처럼 취급되고 있다. 이제부터 얇은 렌즈들의 조합과 관련된 parameter들 사이에 성립하는 관계식을 유도하고 그것을 이해함으로써 여러 가지 렌즈들의 조합에 의한 결상을 이해하고자 한다. 그림 3-15는 렌즈 간의 간격이 d인 두 개의 얇은 볼록렌즈, lens 1과 lens 2의 조합에 의해 생성된 결상을 보여준다.

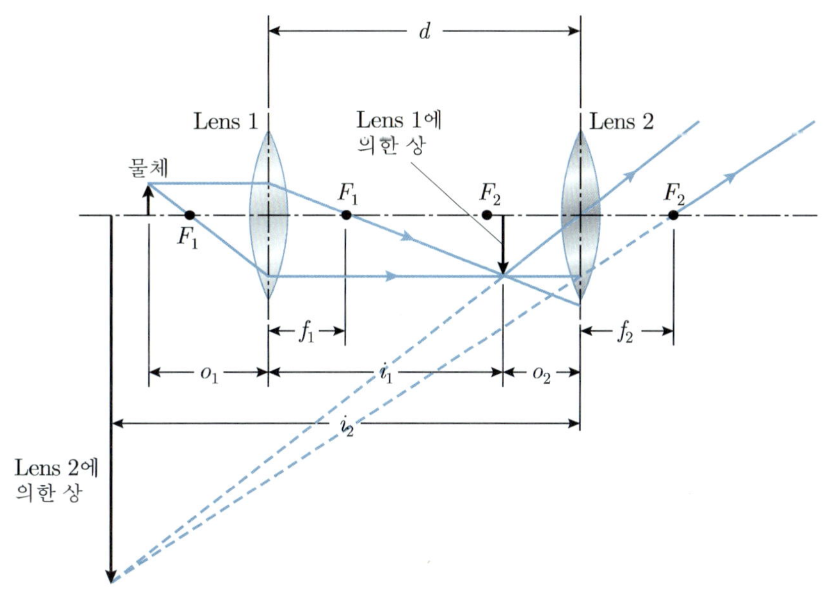

그림 3-15 두 개의 얇은 볼록렌즈, lens 1과 lens 2의 조합에 의한 결상

이 렌즈계의 결상과정은 다음과 같다. 먼저 lens 2는 없는 것으로 간주하고 lens 1에 대한 결상을 계산(작도)한다. Lens 1에 의해 결상된 상은 lens 2에 대해서는 물체가 되며 이것에 의해 결상되는 상이 전체 광학계의 상이 된다. 이것을 정리하면 다음과 같이 요약할 수 있다.

1. 먼저 lens 1에 대하여 결상을 계산(작도)한다.
2. Lens 1의 상은 lens 2의 물체이다.
3. Lens 1의 물체를 렌즈 조합 (lens 1 + lens 2)의 물체로, 그리고 lens 2의 상을 렌즈 조합 (lens 1 + lens 2)의 상으로 간주한다.

위에 언급된 세 가지 작도법을 바탕으로 얇은 렌즈들의 조합과 관련된 parameter들 사이에 성립하는 관계식을 유도해 보자. 먼저 첫 번째 렌즈 lens 1에 대하여 가우스 렌즈공식을 적용하면

$$\frac{1}{o_1}+\frac{1}{i_1}=\frac{1}{f_1} \tag{3-21}$$

$$\frac{1}{i_1}=\frac{1}{f_1}-\frac{1}{o_1}$$

$$\therefore\ i_1=\frac{o_1 f_1}{o_1-f_1}$$

이 성립한다. $o_1>f_1$과 $f_1>0$일 때 $i_1>0$이므로 중간상(intermediate image)은 첫 번째 렌즈 lens 1의 오른쪽에 있다. 중간상이 두 번째 렌즈 lens 2에 대하여 물체가 되므로 두 번째 렌즈 lens 2의 물체거리 o_2는 다음과 같이 쓸 수 있다.

$$o_2=d-i_1 \tag{3-22}$$

만약 $d>i_1$이면 두 번째 렌즈 lens 2에 대한 물체거리 o_2는 $o_2>0$이므로 실물체가 되고 $d<i_1$이면 두 번째 렌즈 lens 2에 대한 물체거리 o_2는 $o_2<0$이므로 허물체가 된다.

두 번째 렌즈 lens 2에 대하여 가우스 렌즈공식을 다시 적용하면

$$\frac{1}{o_2}+\frac{1}{i_2}=\frac{1}{f_2}$$

이며

$$i_2=\frac{o_2 f_2}{o_2-f_2} \tag{3-23}$$

$$=\frac{(d-i_1)f_2}{d-i_1-f_2}$$

$$=\frac{df_2-\dfrac{o_1 f_1 f_2}{o_1-f_1}}{d-f_2-\dfrac{o_1 f_1}{o_1-f_1}}$$

를 얻을 수 있다. i_2는 두 번째 렌즈 lens 2의 상거리임과 동시에 렌즈 조합 (lens 1 + lens 2)의 상거리이다.

예제 3.16 얇은 렌즈의 조합

초점거리가 30 cm인 얇은 볼록렌즈의 오른쪽에 초점거리가 50 cm인 얇은 볼록렌즈가 있다. 두 렌즈 사이의 거리는 20 cm이다. 초점거리가 30 cm인 렌즈의 왼쪽 정점으로부터 50 cm 지점에 물체가 놓여 있다면, 이 렌즈계에 의해 형성되는 물체의 상거리는 얼마인가?

풀이 먼저 왼쪽 렌즈에 대하여 식 (3-20)을 사용하면

$$\frac{1}{o_1}+\frac{1}{i_1}=\frac{1}{f_1} \rightarrow \frac{1}{50}+\frac{1}{i_1}=\frac{1}{30}$$

$$i_1 = 75\ (\mathrm{cm})$$

$$o_2 = d - i_1 = 20 - 75 = -55\ (\mathrm{cm})$$

이며, 오른쪽 렌즈에 대해서도 식 (3-20)을 사용하면

$$\frac{1}{o_2}+\frac{1}{i_2}=\frac{1}{f_2} \rightarrow \frac{1}{-55}+\frac{1}{i_2}=\frac{1}{50}$$

$$\therefore\ i_2 = 26.2\ (\mathrm{cm})$$

이다. 상거리의 부호가 (+)인 것은 결상이 상공간 즉, 오른쪽 렌즈의 정점 오른쪽에 생겼으며 실상임을 의미한다.

연습문제

거울

01 물체가 오목거울인지 볼록거울인지 모르는 거울 앞 40 cm 지점에 놓여 있다. 거울의 상이 물체 크기의 두 배일 때, 이 거울의 초점거리를 구하시오. 그리고 거울이 오목인지 볼록인지를 결정하시오.

02 공이 평면거울의 50 cm 앞에 놓여 있다. 공과 공에 대한 상과의 거리를 구하시오.

03 그림과 같이 오목 거울의 전방에 6으로 표시된 지점에 물체가 있다. 그 물체의 상이 역시 6으로 표시된 지점에 생겼다면 이 거울의 곡률반경과 초점거리는 각각 얼마인가?

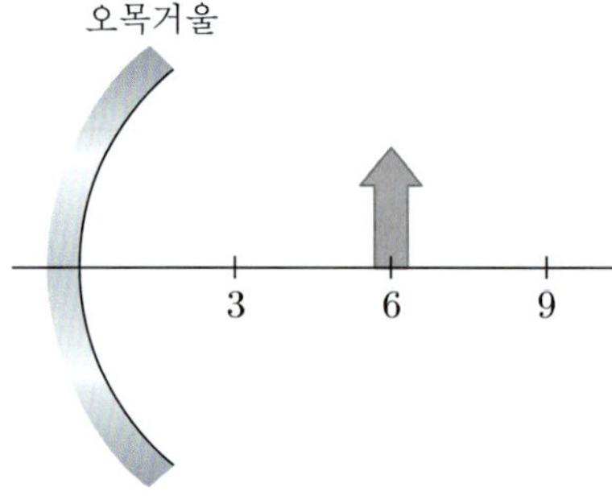

04 크기가 2 cm인 물체가 오목거울 앞 3 cm인 지점에 놓여 있다. 이 물체에 의한 상의 크기가 5 cm이고 허상일 때, 오목거울의 초점거리를 계산하시오.

05 구면 거울의 초점 거리는 곡률반경의 몇 배인가?

06 직경이 2.0 cm인 동전이 그림과 같이 투명한 유리구의 표면으로부터 20.0 cm 안쪽에 있다. 유리구의 반경이 30.0 cm이고 굴절률이 1.5라고 할 때, 동전의 상의 위치와 크기를 구하시오.

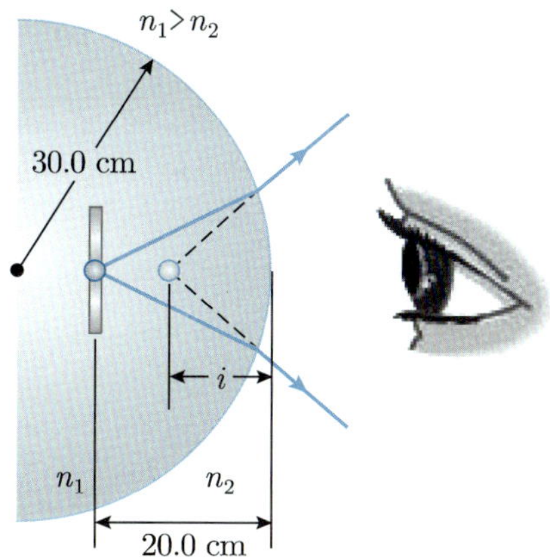

07 금붕어가 그림과 같이 수면 아래 깊이 d에서 헤엄을 치고 있다. 바로 위에서 보았을 때, 금붕어가 보이는 실제 깊이를 계산하시오.

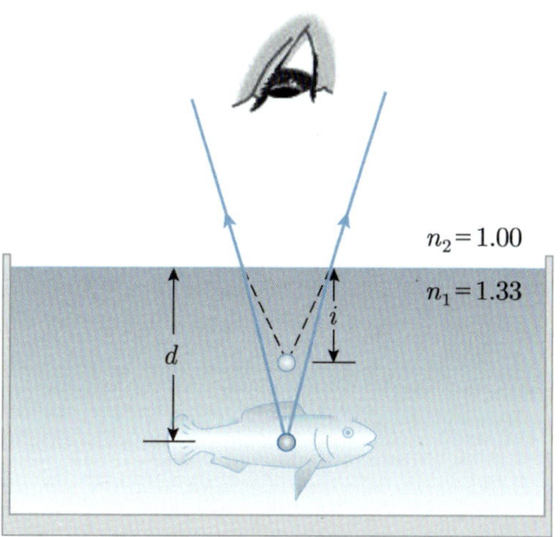

얇은 렌즈

08 초점거리가 10 cm인 얇은 수렴렌즈로부터 (1) 30 cm, (2) 10 cm, (3) 5 cm 떨어진 지점에 물체가 놓여 있다. 각 경우에 대하여 상거리와 배율을 구하고 상에 대해 설명하시오.

09 초점거리가 10 cm인 얇은 발산렌즈로부터 (1) 30 cm, (2) 10 cm, (3) 5 cm 떨어진 지점에 물체가 놓여 있다. 각 경우에 대하여 상거리와 배율을 구하고 상에 대해 설명하시오.

10 다음 그림에 있는 얇은 오목렌즈의 초점거리를 구하시오. 단 C는 렌즈의 곡률의 중심이다.

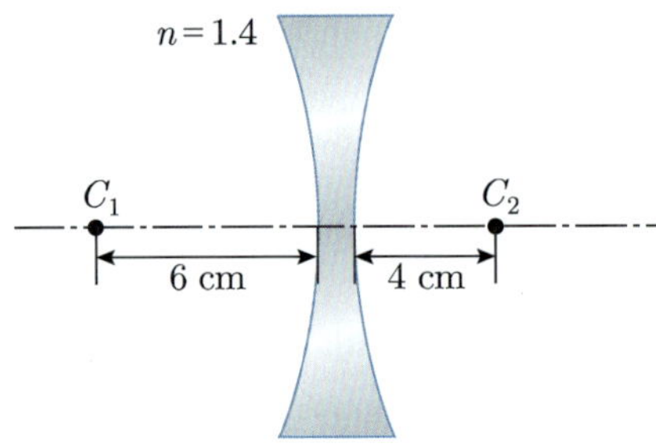

11 그림과 같이 조각상이 초점거리 5 cm인 얇은 볼록렌즈의 15 cm 앞에 위치해 있다. 렌즈 중심에서 상까지의 거리를 구하시오. 렌즈에 의하여 결상된 상은 물체보다 (크다 / 같다 / 작다), (실상 / 허상), (정립 / 도립)인지 맞는 곳에 체크하시오.

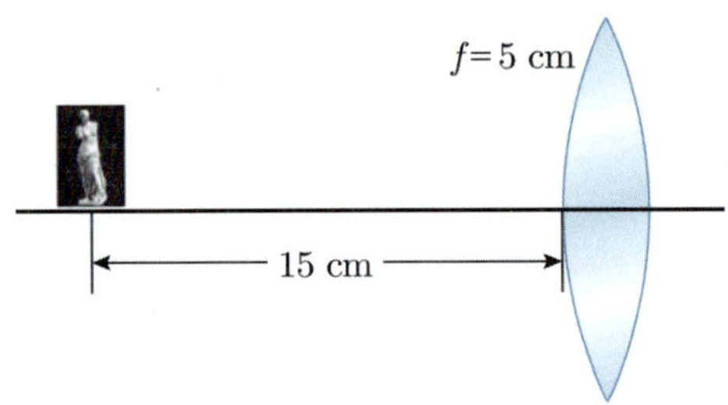

12 역률이 $-8.5\ D$, 굴절률이 1.5인 유리로 된 구면이 있다. 이 구면의 반경을 계산하고 구면이 오목인지 볼록인지를 판정하시오.

13 곡률반경이 12 cm이고 굴절률이 2인 얇은 볼록렌즈로 입사하는 평행광은 어느 점에 모이겠는가?

14 키가 180 cm인 사람이 초점거리가 7.5 cm인 카메라로부터 27 m 앞에서 사진을 찍는다면, 필름에 나타나는 사람의 키를 계산하시오.

15 굴절률이 1.5인 그림과 같이 양면이 오목한 얇은 렌즈가 있다. 렌즈의 곡률반경이 $R_1 = 3$ cm, $R_2 = 2$ cm일 때, 렌즈의 초점거리를 계산하시오.

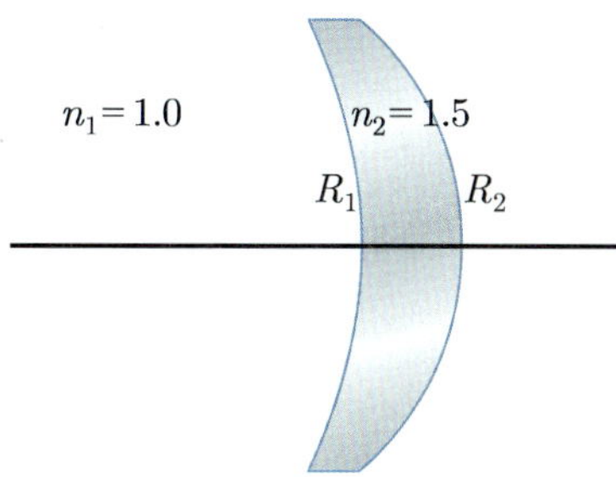

16 그림과 같이 굴절률이 1.5인 유리봉 한 쪽 끝이 반지름이 5 cm인 오목구면으로 되어 있다. 이 오목구면의 역률을 계산하시오.

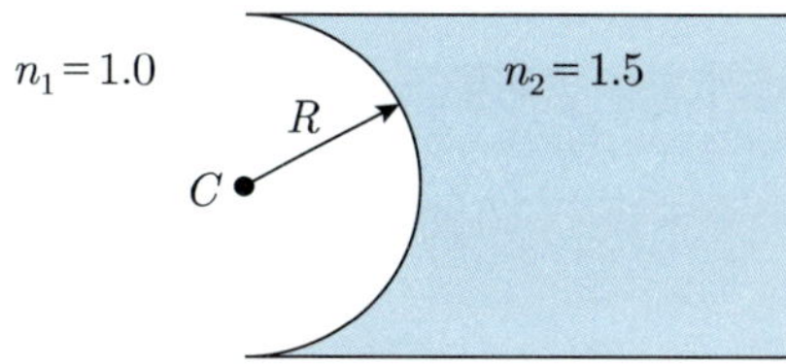

17 물체가 초점거리 +10 cm인 얇은 렌즈의 정점으로부터 20 cm 왼쪽에 놓여 있다. 초점거리가 +12.5 cm인 두 번째 렌즈가 첫 번째 렌즈로부터 30 cm 오른쪽에 있다. 물체와 최종 상까지 거리는 얼마인가?

18 그림과 같이 물체(화살표)가 얇은 볼록렌즈 앞에 서있다. 볼록렌즈에 의해 생기는 물체의 상을 ray tracing으로 작도하고, 상이 물체보다 (크다 / 같다 / 작다), (실상 / 허상), (정립 / 도립)인지 맞는 곳에 체크하시오.

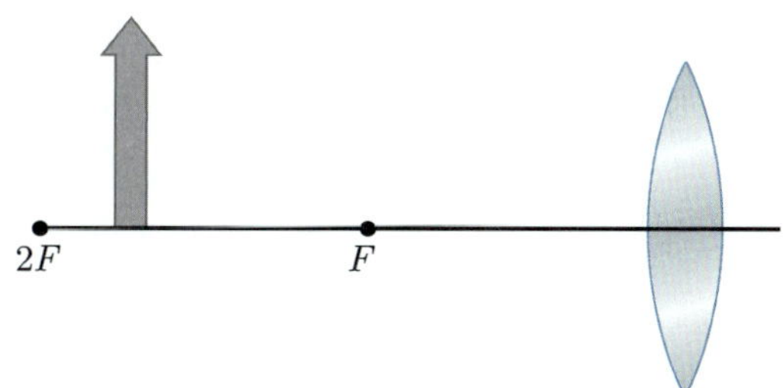

19 초점거리가 각각 f_1과 f_2인 두 얇은 렌즈가 붙어 있다면 이 렌즈계의 등가 초점거리는 얼마인가?

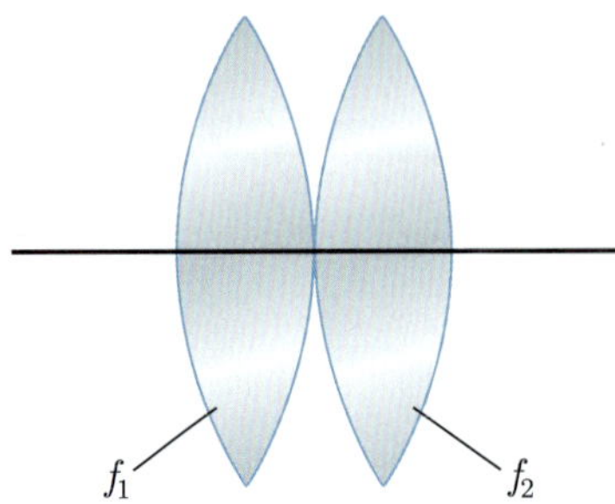

20 그림과 같이 렌즈 L_1의 초점거리는 15 cm이며 카메라 필름으로부터 12 cm 앞쪽에 고정되어 있다. 렌즈 L_2는 초점거리가 13 cm이고 필름까지의 거리는 d이다. 렌즈 L_2를 움직여서 필름까지의 거리 d를 5 cm에서 10 cm까지 변화시킬 수 있을 때, 사진을 찍을 수 있는 물체거리의 범위를 결정하시오.

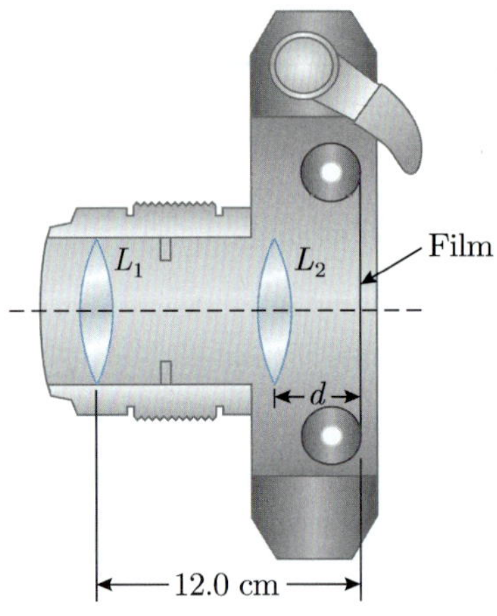

21 그림과 같이 두 렌즈 A와 B가 있고, 렌즈 A의 왼쪽으로부터 평행광이 입사하고 있다. 두 번째 렌즈를 점차 첫 번째 렌즈 쪽으로 천천히 움직이면 출력광은 시간에 따라 어떻게 변하겠는가?

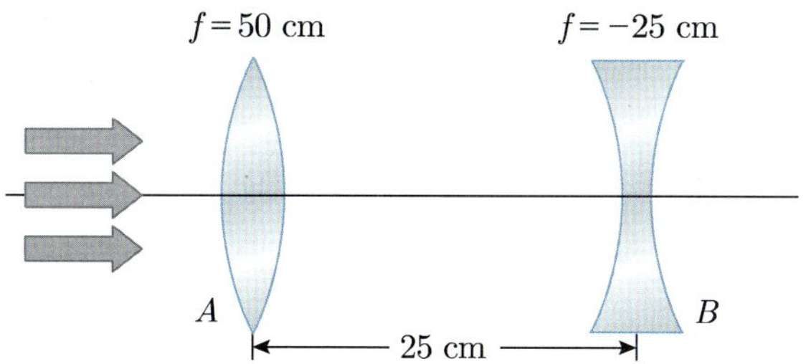

22 그림과 같이 두 개의 볼록렌즈가 있다. 상의 위치를 변화시키지 않고 세 번째 렌즈를 추가할 수 있다. 렌즈의 종류와 위치를 구하라.

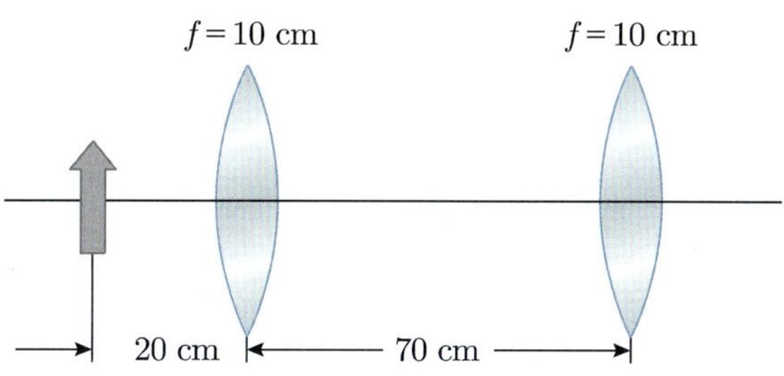

04 두꺼운 렌즈와 광학기기

Chapter 3에서는 빛의 입자적인 성질만을 고려하고 복잡한 계산과 ray tracing을 피하기 위하여 렌즈의 두께를 이상적으로 아주 얇다고 가정하여 렌즈의 결상에 대한 논의를 일상적으로 사용하고 있는 볼록렌즈와 오목렌즈의 경우로 한정하였다. Chapter 4에서는 얇은 렌즈에서 언급했던 것을 일반화하여 렌즈의 두께 t를 고려하는 두꺼운 렌즈에 대해서도 포괄적인 이론을 기술하였다. 또한, chapter 3에서 주로 근축광선만을 고려한 반면, 여기서는 광선의 높이가 광축에서 멀리 떨어진 경우에 결상이 어떻게 될 것인지도 살펴보았다.

실제로 한 개 혹은 여러 개의 렌즈로 구성된 광학계에서는 다양한 요인들로 인하여 물체의 원래 모습과는 다른 모양의 상이 맺히게 된다. 이를 수차라고 하는데, chapter 4에서 대표적인 수차들의 원인 및 특성에 대하여 알아보았다. 그리고 사람의 눈을 비롯하여 카메라, 현미경, 망원경 등 가장 대표적인 광학기기들의 특성과 작동원리 등도 공부해 보기로 하겠다.

4.1 두꺼운 렌즈

렌즈의 부피(두께 t)가 초점거리와 비교하여 작다고 생각할 수 없을 때 chapter 3에서 취급한 얇은 렌즈에 대한 공식들을 그대로 사용할 수가 없으며 렌즈의 두께 t를 무시할 수 없다. 그림 4-1은 두께를 무시할 수 없는 두께가 t인 두꺼운 렌즈에 대한 결상을 나타낸 것이다. 정점 V_1으로부터 제1초점(물체초점) F_o까지의 거리를 **전방초점거리**(front focal length : f.f.l $= f_1$), 그리고 V_2로부터 제2초점(상초점) F_i까지의 거리를 **후방초점거리**(back focal length : b.f.l $= f_2$)라고 한다.

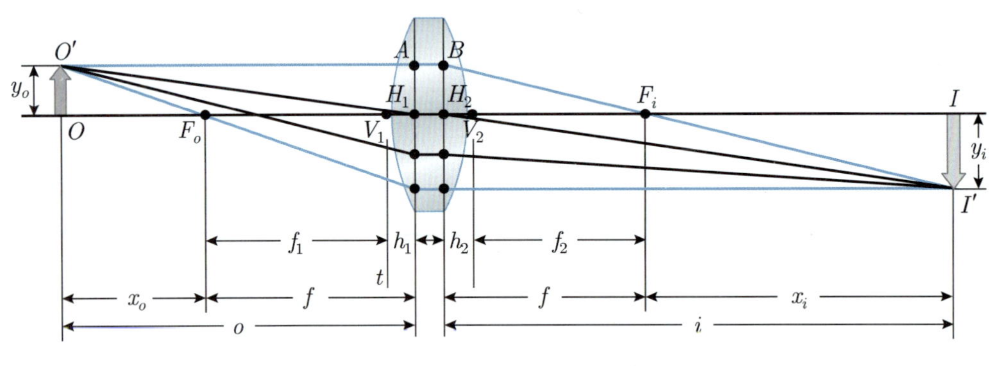

그림 4-1 두꺼운 렌즈에서의 결상

두꺼운 렌즈에서도 얇은 렌즈의 경우와 마찬가지로 렌즈의 초점을 정의해 보자. 임의의 한 점에서 나온 빛이 광축에 평행광선이 되는 물체초점과 광축에 평행한 광선으로 렌즈를 출사한 광선이 한 점에 모이는 상초점 개념을 도입할 수 있다. 그림 4-2에서 보는 바와 같이, 물체초점에서 나온 빛의 연장선과 광축에 평행하게 출사된 평행광선의 연장선을 그어 만나는 점 A와 광축을 수직으로 연결할 때 광축과 만나는 점 H_1을 물체공간의 **주요점** 혹은 **제1주요점**이라고 하며 점 A와 H_1을 연결한 선을 포함한 입사면에 수직한 면을 **제1주요면**이라고 한다. 같은 방법으로 렌즈의 광축에 평행하게 입사한 빛의 연장선과 상초점을 향해 진행하는 광선의 반대쪽 연장선을 그어 만나는 점 B와 광축을 수직으로 연결할 때 광축과 만나는 점 H_2를 상공간의 **주요점** 혹은 **제2주요점**이라고 하며 점 B와 H_2를 연결한 선을 포함한 입사면에 수직한 면을 **제2주요면**이라고 정의한다.

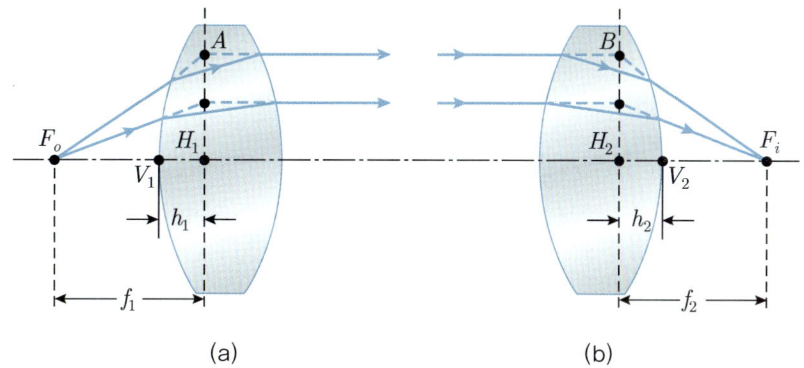

그림 4-2 두꺼운 렌즈에서의 주요점과 주요면 (a) 제1주요점 및 주요면, (b) 제2주요점 및 주요면

이제 두꺼운 렌즈에서의 결상을 생각해 보자. 첫 번째 굴절면과 두 번째 굴절면에서의 광학적 parameter를 구별하기 위하여 아래 첨자(subscript) 1과 2를 붙이기로 한다. 첫 번째 굴절면에 대해 물체 O는 렌즈의 왼쪽 정점 V_1의 왼쪽에 위치해 있다. 물체 O에서 나온 광선 중에서 광축을 따라 진행하는 광선은 굴절되지 않고 $O-V_1-H_1-H_2-V_2$ 경로를 통과한다. 광축을 통과하는 광선을 제외하고 다른 경로를 진행하는 임의의 광선을 생각해 보자.

두꺼운 렌즈에서의 결상을 설명하기 위하여 그림 3-11에서의 얇은 렌즈의 경우를 참조하면, 물체 O_1(그림 4-1에서 O)에서 나온 광선이 첫 번째 경계면 위의 점 $A_1(A)$에서 굴절된 다음, 다시 두 번째 경계면 위의 점 $A_2(B)$에서 굴절하여 광축과 점 $I_2(I)$에서 만난다. 여기서 첫 번째 굴절면에서 보면 I_1은 물체 O_1에 대한 상이며 두 번째 굴절면에 대해서는 물체 O_2가 된다. 따라서 두 번째 굴절면에 대한 물체거리 o_2는 $o_2=|i_1|+t$이며 두 번째 굴절면에 대하여 물체공간에 있기 때문에 양의 값을 갖게 된다. 두꺼운 렌즈의 첫 번째 굴절면에 대하여 $n_1=1$, $n_2=n$, 그리고 식 (3-9)를 적용하면

$$\frac{1}{o_1}+\frac{n}{i_1}=\frac{n-1}{R_1} \tag{4-1}$$

$$=\frac{1}{f_1}$$

이다. i_1이 첫 번째 굴절면에 대한 상거리임을 고려하면 i_1은 (−)의 값을 갖는다. 따라서 두꺼운 렌즈의 두 번째 굴절면에 대해서 $n_1=n$, $n_2=1$, $o_2=-i_1+t$를 식 (3-9)에

다시 적용하면

$$\frac{n}{-i_1+t}+\frac{1}{i_2}=\frac{1-n}{R_2} \tag{4-2}$$

$$=\frac{1}{f_2}$$

이 된다. 그림 4-1의 광학계는 두꺼운 렌즈이므로 $t \simeq 0$으로 가정할 수 없으며 렌즈의 두 정점 V_1과 V_2 사이의 두께가 t이다. 두꺼운 렌즈를 임의의 광학계로 가정하고 광학계의 결상을 식 (3-9)와 연결하여 생각해 보자. 이 광학계에서 물체거리는 o_1, 제1초점거리는 f_1, 상거리는 i_2, 제2초점거리는 f_2, 그리고 렌즈의 두께는 t이다. 따라서 두꺼운 렌즈의 결상을 표현하는데 있어서 첫 번째 면의 상거리, 즉 두 번째 면의 물체거리인 i_1은 렌즈 제작자 공식에서 나타나지 않는 항이므로 식 (4-1)과 식 (4-2)를 연립해서 i_1을 소거해 보자.

식 (4-1)은 $\frac{n}{i_1}=\frac{1}{f_1}-\frac{1}{o_1}$로 쓸 수 있으며 이것의 역수를 취하면

$$\frac{i_1}{n}=\frac{1}{\frac{1}{f_1}-\frac{1}{o_1}}$$

이다. 마찬가지로 식 (4-2)는 $\frac{n}{-i_1+t}=\frac{1}{f_2}-\frac{1}{i_2}$이며 이것의 역수를 취하여 다음과 같이 쓸 수 있다.

$$\frac{-i_1+t}{n}=\frac{1}{\frac{1}{f_2}-\frac{1}{i_2}}$$

$$-\frac{i_1}{n}+\frac{t}{n}=\frac{1}{\frac{1}{f_2}-\frac{1}{i_2}}$$

i_1을 소거하기 위하여 $-\frac{i_1}{n}$의 항을 f_1과 o_1의 항으로 바꾸면 렌즈의 두께에 대한 항인 $\frac{t}{n}$로 표현할 수 있다.

$$\frac{t}{n} = \frac{1}{\dfrac{1}{f_2} - \dfrac{1}{i_2}} + \frac{i_1}{n} = \frac{1}{\dfrac{1}{f_2} - \dfrac{1}{i_2}} + \frac{1}{\dfrac{1}{f_1} - \dfrac{1}{o_1}} \tag{4-3}$$

$$= \frac{1}{\dfrac{i_2 - f_2}{f_2 i_2}} + \frac{1}{\dfrac{o_1 - f_1}{f_1 o_1}}$$

$$= \frac{f_2 i_2 (o_1 - f_1) + f_1 o_1 (i_2 - f_2)}{(i_2 - f_2)(o_1 - f_1)}$$

식 (4-3)을 $o_1 i_2$, o_1, i_2, 그리고 t와 $f_1 f_2$ 항으로 정리하면

$$t(i_2 - f_2)(o_1 - f_1) = n\{f_2 i_2 (o_1 - f_1) + f_1 o_1 (i_2 - f_2)\}$$

$$\{n(f_1 + f_2) - t\} o_1 i_2 - f_2 (n f_1 - t) o_1 - f_1 (n f_2 - t) i_2 - t f_1 f_2 = 0$$

$$o_1 i_2 - \frac{f_2 (n f_1 - t)}{\{n(f_1 + f_2) - t\}} o_1 - \frac{f_1 (n f_2 - t)}{\{n(f_1 + f_2) - t\}} i_2 - \frac{t f_1 f_2}{\{n(f_1 + f_2) - t\}} = 0 \tag{4-4}$$

로 쓸 수 있다.

식 (4-4)에서 두 번째 면에 대한 물체거리인 i_1 항은 소거되었지만, 식 (4-4)에 내포되어 있는 물리적 의미를 생각해 보기에는 여전히 복잡하다. 식 (4-4)를 단순화시키기 위하여, 두께가 t인 두꺼운 렌즈(그림 4-1)를 임의의 광학계로 간주하고 렌즈 제작자의 공식을 적용하면

$$\frac{1}{o_1 + h_1} + \frac{1}{i_2 + h_2} = \frac{1}{f} \tag{4-5}$$

의 형태로 표현할 수 있다. 여기서 f는 두께가 t인 두꺼운 렌즈 광학계의 초점거리를 의미한다. 주요점과 정점 사이의 거리 h_1와 h_2에 대한 물리적 의미는 나중에 자세히 언급하기로 하자. 식 (4-5)를 두께가 t인 두꺼운 렌즈의 초점거리 f의 항으로 표현하면 다음과 같이 쓸 수 있다.

$$o_1 i_2 - (f - h_2) o_1 - (f - h_1) i_2 - f(h_1 + h_2) + h_1 h_2 = 0 \tag{4-6}$$

여기서 식 (4-4)와 (4-6)에서 $o_1 i_2$, o_1, i_2 항의 계수와 나머지 항을 비교하면

$$f-h_2=\frac{f_2(nf_1-t)}{n(f_1+f_2)-t} \tag{4-7}$$

$$f-h_1=\frac{f_1(nf_2-t)}{n(f_1+f_2)-t}$$

$$f(h_1+h_2)-h_1h_2=\frac{tf_1f_2}{n(f_1+f_2)-t}$$

임을 알 수 있다. 식 (4-7)을 이용하여 두께가 t인 두꺼운 렌즈 광학계의 초점거리 f를 계산해 보자.

$$\begin{aligned}(f-h_1)(f-h_2)&=f^2-h_1f-h_2f+h_1h_2\\&=f^2-\{f(h_1+h_2)-h_1h_2\}\end{aligned}$$

$$\begin{aligned}f^2&=(f-h_1)(f-h_2)+\{f(h_1+h_2)-h_1h_2\}\\&=\frac{f_1f_2(nf_1-t)(nf_2-t)}{\{n(f_1+f_2)-t\}^2}+\frac{tf_1f_2}{\{n(f_1+f_2)-t\}}\\&=\frac{f_1f_2(n^2f_1f_2-ntf_1-ntf_2+t^2)+tf_1f_2(nf_1+nf_2-t)}{\{n(f_1+f_1)-t\}^2}\\&=\frac{n^2f_1^2f_2^2}{\{n(f_1+f_1)-t\}^2}\end{aligned}$$

따라서 두께가 t인 두꺼운 렌즈 광학계의 초점거리 f는 다음과 같이 나타낼 수 있다.

$$\begin{aligned}f&=\pm\frac{nf_1f_2}{n(f_1+f_2)-t}\\&=\pm\frac{n}{n\left(\dfrac{f_1+f_2}{f_1f_2}\right)-\dfrac{t}{f_1f_2}}\\&=\pm\frac{1}{(n-1)\left\{\dfrac{1}{R_1}-\dfrac{1}{R_2}+\dfrac{t(n-1)}{nR_1R_2}\right\}}\end{aligned} \tag{4-8}$$

식 (4-8)에서 $t\to0$인 경우, 광학계는 얇은 렌즈의 광학계로 귀착되어 광학계의 초점거리 f는 $f=\dfrac{1}{(n-1)\left(\dfrac{1}{R_1}-\dfrac{1}{R_2}\right)}$가 되어야 하기 때문에 식 (4-8)의 f값 중에 (+) 부호가 물리적으로 합당하다. 따라서 두께가 t인 두꺼운 렌즈 광학계의 초점거리 f는

$$f=\frac{nf_1f_2}{n(f_1+f_2)-t} \tag{4-9}$$

$$=\frac{1}{(n-1)\left\{\dfrac{1}{R_1}-\dfrac{1}{R_2}+\dfrac{t(n-1)}{nR_1R_2}\right\}}$$

이다. 식 (4-7)로부터 h_1과 h_2는 다음과 같이 나타낼 수 있다.

$$h_1=f-\frac{f_1(nf_2-t)}{n(f_1+f_2)-t} \tag{4-10}$$

$$=\frac{nf_1f_2}{n(f_1+f_2)-t}-\frac{nf_1f_2-tf_1}{n(f_1+f_2)-t}$$

$$=\frac{tf_1}{n(f_1+f_2)-t}$$

$$=\frac{t}{nf_2}f=\frac{-(n-1)tf}{nR_2}$$

$$h_2=f-\frac{f_2(nf_1-t)}{n(f_1+f_2)-t} \tag{4-11}$$

$$=\frac{nf_1f_2}{n(f_1+f_2)-t}-\frac{nf_1f_2-tf_2}{n(f_1+f_2)-t}$$

$$=\frac{tf_2}{n(f_1+f_2)-t}$$

$$=\frac{t}{nf_1}f=\frac{(n-1)tf}{nR_1}$$

얇은 렌즈의 경우 물체까지의 거리인 물체거리(o)는 정점(V_1)에서 물체까지의 거리로 정의하며 상거리(i) 또한 정점(V_2)에서부터 상까지의 거리를 의미한다. 그러나 두꺼운 렌즈의 경우에 있어서 물체거리는 그림 4-1에서 보는 바와 같이 정점(V_1)에서부터 측정하

는 것이 아니라 주요점(H_1)으로부터 물체까지의 거리를 말하며 상거리 역시 다른 또 하나의 주요점(H_2)으로부터 상까지의 거리를 의미한다.

물체거리와 상거리 측정의 새로운 기준점인 H_1과 H_2를 두꺼운 렌즈의 주요점(Gauss 점이라고도 함)이라고 한다. 주요점과 정점 사이의 거리인 h_1과 h_2의 부호규약은 두꺼운 렌즈에 있어서 간과해서는 안 될 중요한 문제 중의 하나이다. f/R_2의 값이 (−)이면 H_1은 V_1의 오른쪽에 있으며 h_1의 값은 (+)가 된다. 반면에 f/R_2의 값이 (+)이면 H_1은 V_1의 왼쪽에 존재하게 되며 h_1의 값은 (−)가 된다. 이것은 식 (4−10)에서 보는 바와 같이 f/R_2에 (−) 값을 대입하면 h_1의 값은 (+)가 되고, f/R_2에 (+)를 대입하면 h_1의 값은 (−)가 됨을 알 수 있다. 마찬가지로 식 (4−11)에서 알 수 있듯이 f/R_1의 값이 (−) 혹은 (+)의 값을 가짐에 따라 h_2의 값 또한 (+) 또는 (−)의 값을 가지게 된다.

예제 4.1 두꺼운 렌즈의 초점거리 (1)

곡률반경이 R_1 =4.0 cm, R_2 =6.0 cm, 두께가 2.0 cm이고 굴절률이 1.5인 양면이 볼록한 두꺼운 볼록렌즈가 공기 중에 있다. 이 렌즈의 첫 번째 정점으로부터 왼쪽으로 8.0 cm 지점에 물체가 존재할 때 상거리를 구하시오.

풀이 식 (4−9)로부터

$$\frac{1}{f}=(n-1)\left(\frac{1}{R_1}-\frac{1}{R_2}+\frac{(n-1)t}{nR_1R_2}\right)$$

$$\frac{1}{f}=(1.5-1.0)\left(\frac{1}{4.0}-\frac{1}{-6.0}+\frac{(1.5-1.0)\times 2.0}{1.5\times 4.0\times(-6.0)}\right)$$

$$\therefore\ f=5.14\ (\text{cm})$$

이다. 이 렌즈는 양면이 볼록하므로 R_1의 중심은 정점 V_1의 오른쪽에 있으므로 부호가 (+)이며 R_2의 중심은 정점 V_2의 왼쪽에 있으므로 부호가 (−)이다. 식 (4−10)과 (4−11)로부터 주요점과 정점 사이의 거리 h_1과 h_2을 구하면 다음과 같다.

$$h_1=-\frac{ft(n-1)}{R_2 n}=-\frac{5.14\times 2.0\times(1.5-1.0)}{-6.0\times 1.5}$$

$$=0.571\ (\text{cm})$$

$$h_2 = -\frac{tf(n-1)}{R_1 n} = -\frac{2.0 \times 5.14 \times (1.5-1.0)}{4.0 \times 1.5}$$

$$= -0.857 \text{ (cm)}$$

h_2의 값이 (−)인 것은 H_2가 V_2의 왼쪽에 있다는 의미이다. 물체거리 o는 $o = o_1 + h_1$이므로

$$o = 8.0 + 0.571 = 8.571 \text{ (cm)}$$

이다. 렌즈 제작자 공식 $\frac{1}{o} + \frac{1}{i} = \frac{1}{f}$에 의해 렌즈의 상거리 i를 구하면

$$\frac{1}{i} = \frac{1}{f} - \frac{1}{o} = \frac{1}{5.14} - \frac{1}{8.57}$$

$$= \frac{3.43}{40.05}$$

$$\therefore\ i = 12.84 \text{ (cm)}$$

이다. $i = i_2 + |h_2|$이므로 정점 V_2로부터 상까지의 거리 i_2는 다음과 같다.

$$i_2 = i - |h_2|$$

$$= 12.84 - 0.86$$

$$= 11.98 \text{ (cm)}$$

예제 4.2 두꺼운 렌즈의 초점거리 (2)

렌즈의 두 주요점과 정점 사이의 거리 $h_1 = 0.2$ cm, $h_2 = -0.4$ cm인 두꺼운 렌즈에 태양광(평행광이라고 간주할 수 있음)이 입사하면 두꺼운 렌즈의 두 번째 정점 V_2로부터 29.6 cm 떨어진 지점에 초점을 맺는다. 이 렌즈의 앞 49.8 cm에 놓인 촛불의 상거리를 구하시오.

풀이 물체거리 o와 초점거리 f는

$$o = o_1 + h_1 = 49.8 + 0.2$$

$$= 50.0 \text{ (cm)}$$

$$f = 29.6 + 0.4 = 30.0 \text{ (cm)}$$

이다. 렌즈 제작자 공식 $\frac{1}{o} + \frac{1}{i} = \frac{1}{f}$ 으로부터

$$\frac{1}{i} = \frac{1}{f} - \frac{1}{o} = \frac{1}{30.0} - \frac{1}{50.0}$$

$$= \frac{2}{150}$$

$$\therefore\ i = 75.0 \text{ (cm)}$$

이다. 정점 V_2로부터 상까지의 거리 i_2는 다음과 같다.

$$i_2 = i + h_2$$

$$= 75.0 - 0.4$$

$$= 74.6 \text{ (cm)}$$

두꺼운 렌즈의 배율

그림 4-1에서 보는 바와 같이, $\triangle BC_2F_i$ 와 $\triangle I_2I_1F_i$, $\triangle O_1O_2C_1$과 $\triangle I_2I_1C_2$가 닮은꼴이므로 얇은 렌즈의 경우와 같이 렌즈방정식에 대한 Newton의 공식이 성립한다. Newton의 공식은 $f^2 = x_o x_i$이며 닮은꼴인 삼각형으로부터

$$M_{\rm T} = \frac{y_i}{y_o} = -\frac{x_i}{f} = -\frac{f}{x_o} \tag{4-12}$$

로 나타낼 수 있다.

그림 4-3과 같이 2개의 두꺼운 렌즈, L_1과 L_2가 이루는 복합렌즈계$(L_1 + L_2)$를 생각해 보자. o_1, i_1, f_1과 o_2, i_2, f_2는 두꺼운 렌즈 L_1과 L_2의 주요면으로부터 측정한 두 렌즈의 물체거리, 상거리, 그리고 초점거리이다. 복합렌즈계의 횡배율 $M_{\rm T}$는 렌즈 L_1과 렌즈 L_2가 갖는 배율 $M_{\rm T1}$과 $M_{\rm T2}$의 곱이므로

$$M_{\rm T} = M_{\rm T1} M_{\rm T2} = \left(-\frac{i_1}{o_1}\right)\left(-\frac{i_2}{o_2}\right) = -\frac{i}{o} \tag{4-13}$$

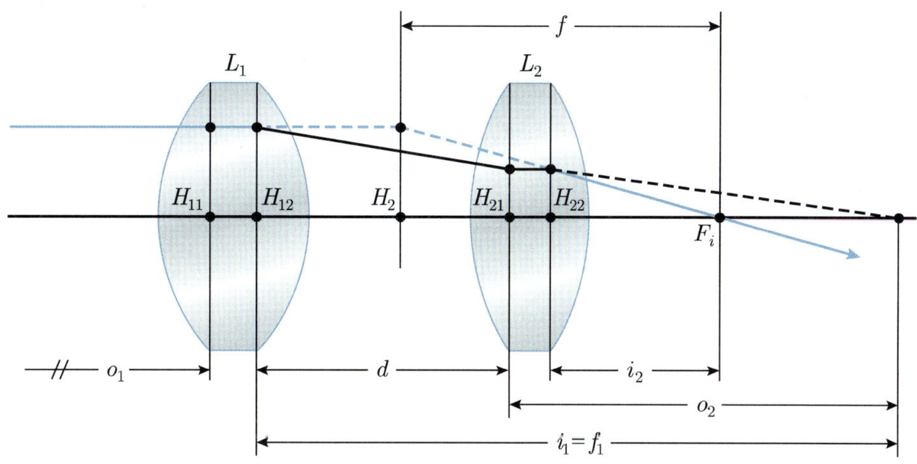

그림 4-3 두꺼운 렌즈 L_1과 L_2가 이루는 복합렌즈계

이다. 여기서 o와 i는 복합렌즈계, L_1+L_2에 대한 물체거리와 상거리를 나타낸다.

만약 복합렌즈계의 물체거리 o가 ∞일 경우, 첫 번째 렌즈에서 $o_1=\infty$이므로 렌즈 제작자의 공식을 적용하면 $i_1=f_1$이 된다. 이 때, 두 번째 렌즈의 물체거리 o_2는 $o_2=-i_1+d$, 그리고 복합렌즈계(L_1+L_2)의 상거리 i는 $i=f$가 성립한다. 복합렌즈계의 두 번째 렌즈 L_2에 대하여 물체거리 o_2가 ∞인 경우를 적용해 보자. 렌즈 제작자 공식 $\dfrac{1}{o_2}+\dfrac{1}{i_2}=\dfrac{1}{f_2}$에 $o_2\to\infty$를 대입하면

$$\frac{1}{i_2}=\frac{1}{f_2}-\frac{1}{o_2}=\frac{o_2-f_2}{f_2o_2} \tag{4-14}$$

가 되며 식 (4-13)에서 $i_1\to f_1$, $o_1\to o$, $i\to f$로 바꾸고 식 (4-14)를 이용하면

$$\begin{aligned} f &= -\frac{f_1 i_2}{o_2} \qquad (4\text{-}15) \\ &= -\frac{f_1}{o_2}\left(\frac{o_2 f_2}{o_2-f_2}\right) \\ &= \frac{f_1 f_2}{f_2+i_1-d} \end{aligned}$$

이 된다. 그러므로 두꺼운 렌즈 L_1과 L_2가 이루는 복합렌즈계(L_1+L_2)의 초점거리는

다음과 같이 나타낼 수 있다.

$$\frac{1}{f}=\frac{1}{f_1}+\frac{1}{f_2}-\frac{d}{f_1 f_2} \tag{4-16}$$

식 (4-16)은 2개의 두꺼운 렌즈로 이루어진 복합렌즈계(L_1+L_2)의 초점거리를 두꺼운 렌즈 각각의 유효초점거리로 표현한 식이다. 여기서 d는 첫 번째 렌즈의 두 번째 주요점과 두 번째 렌즈의 첫 번째 주요점 사이의 거리이다.

4.2 수차

일반적으로 구면렌즈를 통과하는 광선들은 한 점으로 정확히 수렴하지 않는다. 렌즈의 광축에서 벗어나 있는 지점으로 렌즈에 입사하는 광선은 이상적인 렌즈의 초점(가우스의 렌즈공식을 만족하는 렌즈의 초점)보다 더 가까이에 수렴하게 되어 한 점에 상이 결상되지 않는다. 이와 같이 광학계와 빛의 물리적인 성질에 의해서 상의 왜곡(distortion)이 발생하는 현상을 **수차**(aberration)라고 한다.

수차는 광학계를 제조하는 과정에서 발생하는 물리적인 결함이 없어도 발생하는 자연현상이다. 아래에 열거된 여러 가지 수차들 중에서 1-5까지는 단색광에서도 발생하기 때문에 **단색수차**(monochromatic aberration) 또는 **자이델**(Seidel) **수차**라고 한다. 반면에 입사한 광선의 파장이 최소한 두 가지 이상으로 구성되었을 때 발생하는 수차를 **색수차**(chromatic aberration)라고 한다. 수차의 종류는 다음과 같다.

1. 구면수차
2. 코마
3. 비점수차
4. 만곡수차
5. 왜곡수차
6. 색수차

구면을 통과하는 빛이 어떻게 굴절되는지를 규명하기 위하여 우리는 스넬의 법칙을 유도했다. 광학계로 입사하는 광선을 근축광선으로 한정할 경우, 입사각이 매우 작기 때문에 스넬의 법칙

$$n_1 \sin\theta_1 = n_2 \sin\theta_2$$

을 다음과 같이 표현할 수 있다.

$$n_1\theta_1 = n_2\theta_2 \tag{4-17}$$

이러한 근사는 입사하는 광선이 광축에 가까운 근축광선에 대해서만 성립한다. 그러나 입사각이 클 경우 $\sin\theta \neq \theta$이기 때문에 식 (4-17)은 성립하지 않는다. 따라서 입사광선이 근축광선이라고 가정하여 유도한 렌즈 제작자의 공식과 가우스 렌즈공식은 근축광선의 범위를 벗어나는 광선들과 광축에 평행하지 않은 비축광선의 경로를 정확하게 설명할 수 없다. 이 경우에는 결상이 이상적으로 형성되지 않고 상이 퍼지거나 왜곡되는 수차를 동반하게 된다.

위의 기술을 단순한 수학적인 방법을 도입해서 설명해 보자. 입사광선이 광축과 큰 각으로 입사할 경우 $\sin\theta$는 급수로 표현할 수 있다.

$$\sin\theta = \theta - \frac{1}{3!}\theta^3 + \frac{1}{5!}\theta^5 - \frac{1}{7!}\theta^7 + \cdots$$

만약에 첫 번째 항까지 근사($\sin\theta \simeq \theta$)를 할 경우 1차 광학(first-order optics) 또는 가우스 광학이라고 하며 두 번째 항까지 근사($\sin\theta \simeq \theta - \frac{1}{3!}\theta^3$)를 하면 3차 광학(third-order optics)이라고 한다. 이와 같이 몇 차 항까지 고려하느냐에 따라 나타나는 수차의 종류와 정도는 달라진다.

4.2.1 단색수차

구면수차

그림 4-4와 같이 곡률반경이 일정한 광학계로 광축에 평행한 광선이 입사할 때, 입사광선의 입사각이 광축으로부터 멀어지는 거리에 따라 달라져 근축광선에 의한 상점과 주변광선에 의한 상점이 하나의 상점을 이루지 못함으로써 발생하는 수차를 **구면수차**라고 한다.

구면수차는 렌즈의 크기가 클수록 커진다. 그림 4-4는 수렴렌즈를 지나는 평행광선에 의한 구면수차를 보여주는 그림이다. 가장자리 부분을 통과하는 주변광선이 결상하는 점(주변광선 초점)이 근축광선이 결상하는 점(근축광선 초점)보다 더 앞쪽에 있으므로 하나의 상점을 이루지 못해 수차가 발생한다. 대부분의 사진기는 조리개를 통하여 근축광선에서 벗어난 광선을 물리적으로 제거함으로써 구면수차를 줄일 수 있다. 그러나 조리개의 크기를 많이 줄일 경우 사진기로 들어오는 광량의 대부분을 차단하기 때문에 노출시간을 늘려야 하는 문제점이 동반된다.

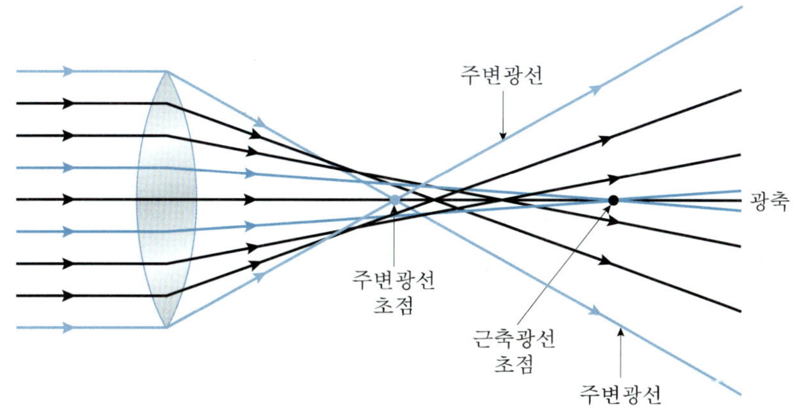

그림 4-4 수렴렌즈에 의한 구면수차

아주 멀리 있는 물체의 결상을 위하여 구면보다 포물경을 사용할 경우 구면수차를 최소화하거나 제거할 수 있다. 그러나 결상에 대한 광학적 특성이 개선되는 대신 포물경의 가공에 있어서 비용이 증가되는 문제점도 발생한다.

코마

점으로 된 물체가 광축에서 벗어나 있는 경우 광학계로 입사하는 평행광선이 광축에 나란하지 않고 비스듬히 입사한다. 중심부(주광선)와 주변부(주변광선)로 입사한 광선들 사이에 발생하는 굴절률 차이로 인하여 결상이 점으로 되지 못하고 그림 4-5에서 보는 바와 같이 혜성(comet) 꼬리 모양의 흐릿한 상을 만드는 수차를 **코마**(coma)라고 한다.

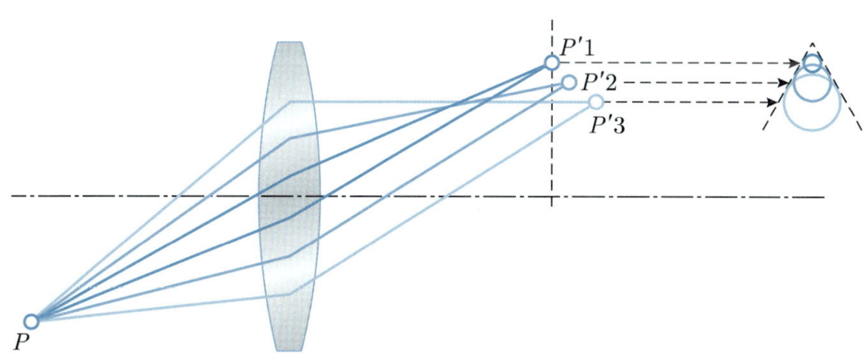

그림 4-5 코마수차

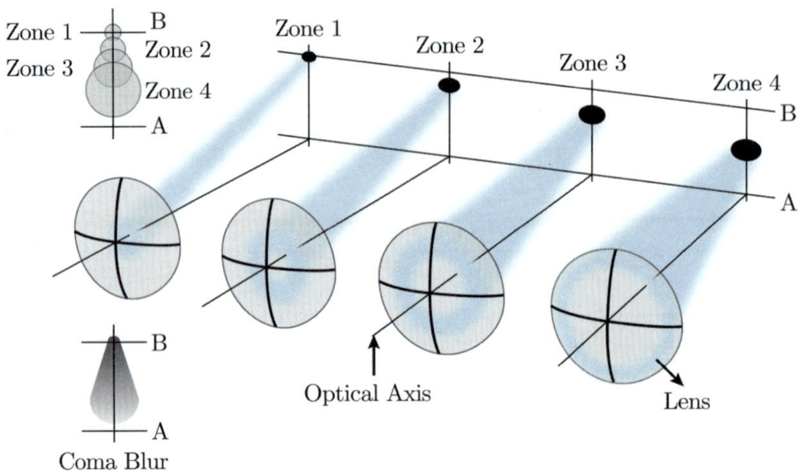

그림 4-6 렌즈면에 해당하는 코마원

구면수차는 물체가 광축 상에 있을 경우 광축으로 입사한 광선과 가장자리로 입사한 광선들 사이에서 발생하는 수차라면, 코마는 광축 상에서 벗어나 있는 물체의 결상에서 발생하는 수차이다. 그림 4-6은 광축 상에서 벗어나 있는 물체의 결상에서 발생하는 코마에 대해 정성적 설명을 하는 그림이다.

비점수차

자오면(tangential, meridional plane)은 광축과 물체점을 포함하는 평면이고 구결면(sagittal plane)은 렌즈면 위의 평면 중에서 자오면과 수직인 평면 중에서 물체점을 포함하는 평면이다. 그림 4-7에서 보는 바와 같이 자오면을 통과한 광선들의 결상점과 구결면을 통과한 광선들의 결상점들의 위치가 달라짐으로써 발생하는 상의 왜곡을 **비점수차**(astigmatism)라고 한다.

비점수차의 원리를 가장 잘 설명해 주는 것은 바퀴살 모양의 물체에 대한 결상을 자오초평면과 구결초평면에서 관찰하는 것이다. 그림 4-8은 바퀴살 모양의 물체에 대한 자오초평면과 구결초평면에서의 비점수차를 보여주는 그림이다.

구결면에 스크린을 놓으면 자오면을 통과한 빛이 완벽한 결상을 이루지 못하기 때문에 방사상으로 퍼진 상을 관찰할 수 있다. 반면 자오면 상에서는 자오면을 통과한 빛은 완벽한 결상이 이루어져 방사상으로는 수차가 없는 상이 결상되지만 구결면을 통과한 빛은 수차가 발생하여 그림에서 보는 바와 같이 회전방향으로는 퍼진 바퀴의 상이 결상된다.

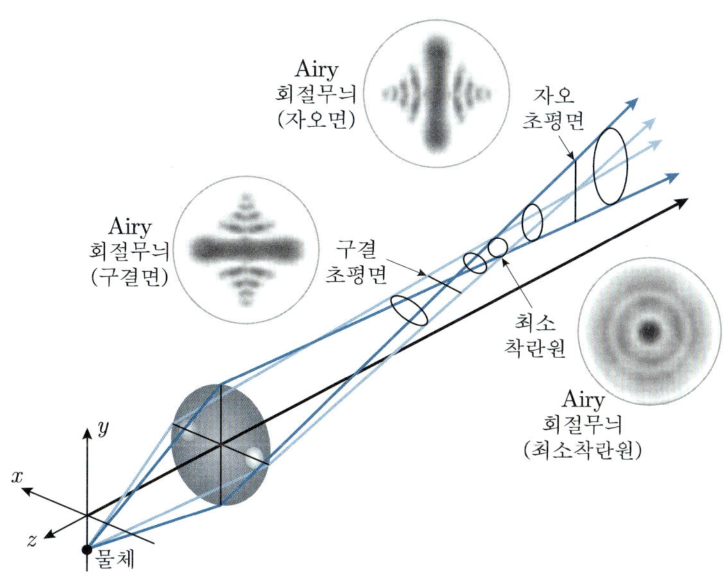

그림 4-7 점 물체에 대한 비점수차

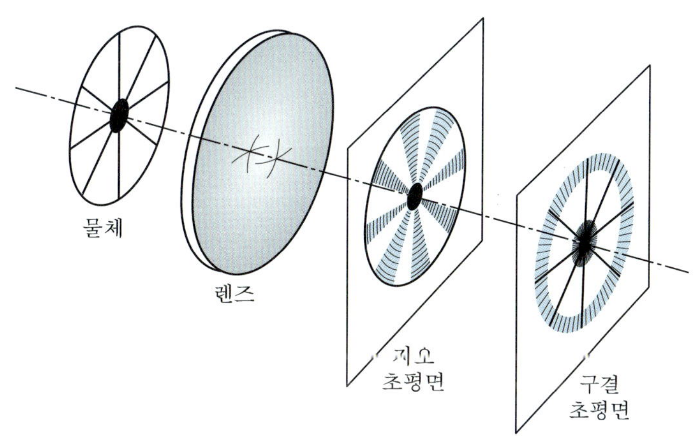

그림 4-8 바퀴살 모양의 물체에 대한 비점수차

만곡수차

광축에 수직인 평면물체는 근축영역에서만 평면상을 결상한다. 근축광선 영역을 벗어난 유한 구경의 광학계를 사용하여 발생하는 만곡수차 상면은 헝가리의 수학자인 페츠발의 이름을 빌어 **페츠발 만곡수차**(Petzval field curvature)라고 명명한다.

광학계에서 구면수차, 코마, 비점수차를 모두 제거하면 물체의 상은 거의 한 점으로 모을 수 있다. 그러나 스크린에서 상의 형태를 관찰해 보면 중앙은 선명하지만 주변에서는

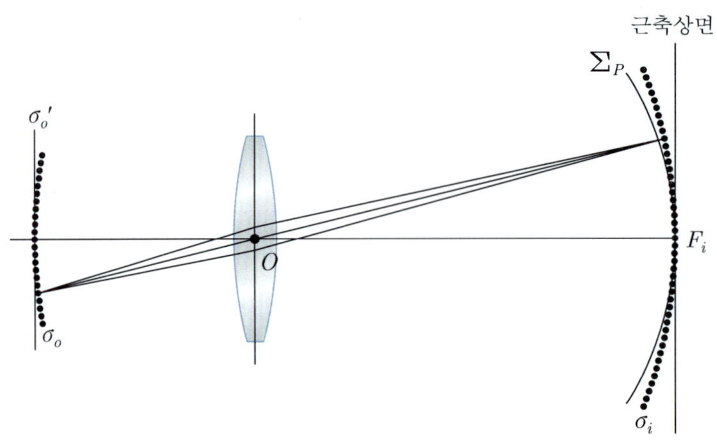

그림 4-9 만곡수차

수차가 동반된 흐릿한 상이 형성된다. 이러한 현상은 상이 결상되는 면이 광축에 수직한 평면이 아니라 휘어져 있기 때문이다. 평면으로 되어 있는 스크린과 휘어진 상면 사이의 차이에 의해 나타나는 수차를 만곡수차라고 한다. 사람 눈의 망막이 구면으로 휘어져 있는 것이나 영화관의 스크린이 휘어져 있는 것도 만곡수차를 줄이기 위함이다.

그림 4-9에서 구면물체의 호(segment) σ_o은 렌즈 광학계에 의해 구면 호 σ_i의 상을 결상한다. 만약 σ_o가 편평해져서 평면 σ_o'이 되면, 각 물체점에 상응하는 상점은 주광선을 따라 렌즈 쪽으로 움직여 포물 곡선의 페츠발면 Σ_P를 형성하여 결상된다. 볼록렌즈의 페츠발면은 물체평면을 향해 안쪽으로 곡면을 이루고 오목렌즈의 경우는 평면으로부터 멀어지는 쪽으로 곡면을 이룬다. 따라서 볼록렌즈와 오목렌즈를 적절히 결합하면 만곡수차를 제거할 수 있다.

왜곡수차

자이델 수차의 대부분을 제거하면 물체의 모든 점에서 출발한 빛은 광학계를 통과 후 상공간의 한 점에 결상이 되므로 선명한 상을 얻을 수 있다.

그러나 광축으로부터 물체의 높이에 따라 배율이 달라지기 때문에 상의 왜곡이 발생하게 된다. 그림 4-10에서 보는 바와 같이 높이에 따라 배율이 커지는 경우에는 술통형 왜곡이 발생하고, 높이에 따라 배율이 감소하는 경우에는 바늘 쌈지형 왜곡이 발생한다.

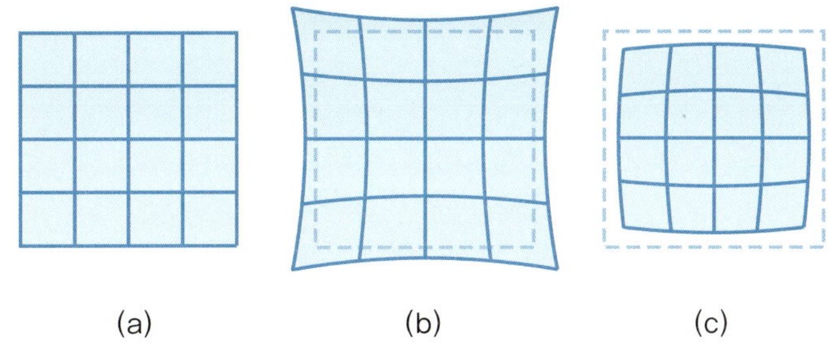

그림 4-10 왜곡수차 (a) 물체, (b) 바늘 쌈지형 왜곡, (c) 술통형 왜곡

4.2.2 색수차

파장이 400~700 nm인 파장영역의 빛을 가시광선이라고 한다. 광원이 넓은 분광 대역폭을 가질 경우 굴절률이 빛의 파장에 따라 다르기 때문에 광학계를 통과한 빛은 각각의 파장에 따라 굴절되는 정도가 달라지고, 그 결과 결상점이 한 곳에 모이지 않고 여러 곳에 형성되어 스크린에서 색이 번지는 형태로 보이게 된다.

그림 4-11에서 백색광이 렌즈를 통과한 후 보라색 광선은 빨간색 광선보다 더 많이 굴절된다. 렌즈의 정점으로부터 빨간색 빛에 대한 초점거리는 보라색 빛에 대한 초점거리보다 더 길다. 그림에 표시되지 않은 다른 파장들의 빛들은 빨간색과 보라색에 대한 초점들 사이에 초점들이 형성되고 상이 흐려지게 된다. 이와 같이 빛의 색분산에 의한 수차를 **색수차**라고 한다.

색수차 때문에 발산렌즈도 보라색에 대한 초점거리가 빨간색에 대한 초점거리보다 짧다. 그러나 발산렌즈이므로 초점은 렌즈의 앞면에 위치한다. 다른 종류의 유리로 만들어진 볼록렌즈와 오목렌즈를 조합하여 사용하면 색수차를 크게 줄일 수 있다.

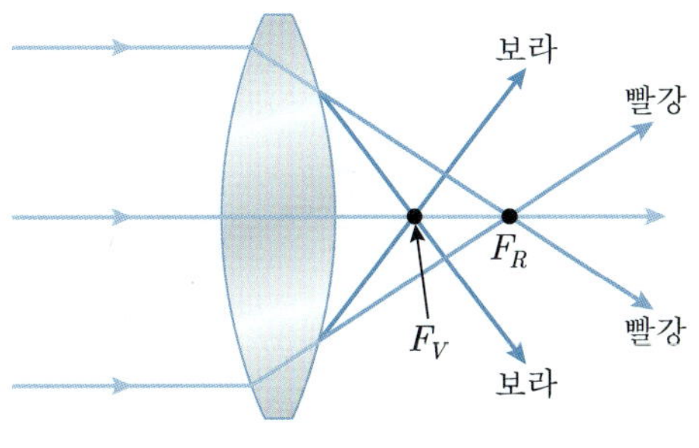

그림 4-11 색수차

4.3 광학기기

자연광에서 복사되는 빛의 특성인 반사, 굴절, 간섭, 회절 등을 이용하여 물체의 상을 형성시키거나 임의의 물체에서 방출되는 광선을 분석하여 물체의 형상이나 특성을 관찰할 수 있는 장치들을 광학기기라고 한다. 광학기기는 기능에 따라 눈의 시력을 개선하거나, 렌즈에 의한 상의 기록과 재현을 하거나, 광학적인 측정 및 상의 전송 등에 이용된다. 이 절에서는 앞에서 학습한 렌즈 이론을 적용하여 사진기, 사람의 눈, 확대경, 현미경, 그리고 망원경 등에 대한 결상 원리를 알아보기로 하자.

4.3.1 사진기

사진기는 빛이 차단되어 있는 어둠상자(암실), 실상을 만드는 수렴렌즈, 렌즈 뒤에 위치해서 상이 형성되는 빛을 감지하는 부품(필름 또는 CCD)으로 구성되어 있다. 그림 4-12는 사진기의 부품들과 물체의 결상을 도해한 그림이다.

사진기는 렌즈와 필름 사이의 거리를 조절하여 초점을 맞춘다. 선명한 상을 얻기 위하여 렌즈-필름 사이의 거리인 초점거리를 우선적으로 잘 맞추어야 하지만 다른 여러 가지 요소들도 적절하게 조절해야 좋은 상을 얻을 수 있다. 렌즈 뒤에 위치하고 있는 셔터는

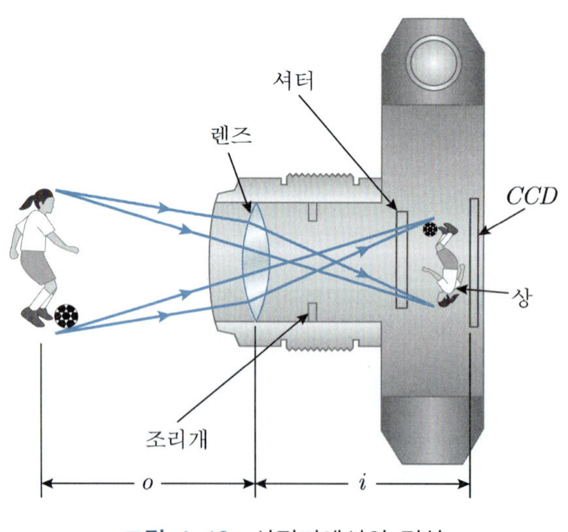

그림 4-12 사진기에서의 결상

선택된 시간간격, 즉 노출시간 동안만 열리는 기계적인 장치이다. 움직이는 물체의 사진은 노출시간을 짧게 하여 찍을 수 있으며 어두운 장면(광량이 적은)은 광량을 증가시켜야 찍을 수 있다. 예를 들어 빠르게 달리고 있는 자동차는 셔터가 열려 있는 짧은 시간에도 상당한 거리를 움직일 수 있기 때문에 상이 흐려진다. 이러한 경우 노출시간을 짧게 해서 상이 흐려지는 것을 방지할 수 있다. 보통 셔터속도(노출시간)는 (1/30)초, (1/60)초, (1/125)초, (1/250)초 등이 있으며 실제로 정지해 있는 물체는 촬영할 경우 중간속도인 (1/60)초나 (1/125)초 정도를 많이 사용한다.

근래에 와서 사진기는 대부분 디지털 사진기로 대체가 되었다. 아날로그 사진기는 물체의 상을 결상시키기 위하여 필름을 사용하는 반면에 디지털 사진기는 필름 대신에 CCD(charge-coupled device)를 통하여 상을 디지털화함으로써 이진법 코드로 메모리에 저장한다.

렌즈의 지름을 D라고 할 때, CCD나 필름에 도달하는 빛의 세기 I는 D^2에 비례한다. 사진기의 CCD나 필름에 물체의 상이 결상될 때, 물체거리 o는 $o \gg i$, f로 볼 수 있으며 상의 넓이는 i^2에 비례한다. $i \simeq f$이므로 결상되는 CCD나 필름에 있어서의 단위면적당 빛의 세기는 $1/f^2$에 비례하게 되고, 따라서 필름에 도달하는 빛의 세기는 $I \propto D^2/f^2$이다. 여기서 f/D를 렌즈의 f-number라고 한다. f-number는 사진기(렌즈)의 감광능력(속도)을 의미하는데 f-number가 작을수록 조리개의 지름이 크기 때문에 필름(CCD)이 빛에 노출되는 비율이 높다는 것을 뜻한다.

일반적으로 아날로그 사진기를 가지고 촬영을 할 경우, 초점거리와 조리개의 크기는 f-number가 $f/11$ 정도가 되도록 맞춘다. 이와 같이 f-number가 클 경우, 초점심도(depth of field)가 매우 깊어지는데 이것은 물체와 렌즈로부터의 거리가 조금 변해도 필름에서의 결상에 크게 영향을 주지 않는다는 뜻이다. 즉, 사진기의 초점을 정확히 맞추지 않아도 좋은 상을 얻을 수 있다는 의미이다.

예제 4.3 사진기 렌즈의 지름과 적정 노출시간

초점거리가 120 mm이고 f-number가 $f/4$으로 했을 때 적절한 노출시간이 $1/50$초인 사진기가 있다.

(a) 이 사진기의 렌즈 지름을 구하시오.

(b) f-number를 $f/8$으로 변경했을 때 적절한 노출시간을 구하시오.

풀이 (a) f-number$=f/D$이므로 $f/4$와 $f/8$인 사진기의 렌즈 지름 D_1, D_2는 다음과 같다.

$$D_1 = \frac{120}{4} = 30\ \text{(mm)}$$

$$D_2 = \frac{120}{8} = 30/2\ \text{(mm)}$$

(b) 필름에 도달하는 빛의 전체 에너지는 빛의 세기와 노출시간의 곱에 비례하므로 두 경우 모두 광 에너지가 같아지려면 $I_1 \Delta t_1 = I_2 \Delta t_2$가 성립해야 한다. 따라서 $I \propto D^2/f^2$이기 때문에

$$I_1 \Delta t_1 = I_2 \Delta t_2$$

$$\left(\frac{D_1}{f}\right)^2 \Delta t_1 = \left(\frac{D_2}{f}\right)^2 \Delta t_2$$

$$\Delta t_2 = \left(\frac{D_1}{D_2}\right)^2 \Delta t_1 = \left(\frac{30}{30/2}\right)^2 \frac{1}{50}$$

$$= 0.08\ \text{(s)}$$

이다.

4.3.2 인간의 눈

정상적인 인간의 눈은 사진기와 마찬가지로 빛을 집속하여 선명한 상을 망막에 결상시킨다. 눈에 입사되는 빛의 양을 조절하고 선명한 상을 결상시키는 눈의 작동원리는 정밀한 사진기보다 훨씬 더 복잡하고 효율적이다. 그림 4-13은 인간의 눈을 도해한 그림이다. 빛은 각막을 통하여 눈으로 들어오며 굴절의 대부분이 각막에서 일어난다. 수정체에서도 빛의 굴절이 일어나지만 수정체가 잠겨 있는 수양액의 굴절률과 수정체의 굴절률이 비슷하여 굴절의 정도가 작다. 홍채는 동공의 크기를 조절하는 근육으로 이루어진 막인데 어두운 곳에서는 동공의 크기를 늘리고 밝은 곳에서는 동공을 줄임으로써 눈으로 들어오는 빛의 양을 조절한다. 각막과 수정체는 빛을 수백만 개의 민감한 시세포로 이루어진 눈의 망막에 집속시켜서 빛에 의해서 자극을 받은 시세포들을 통하여 뇌에 상을 인지시키게 된다.

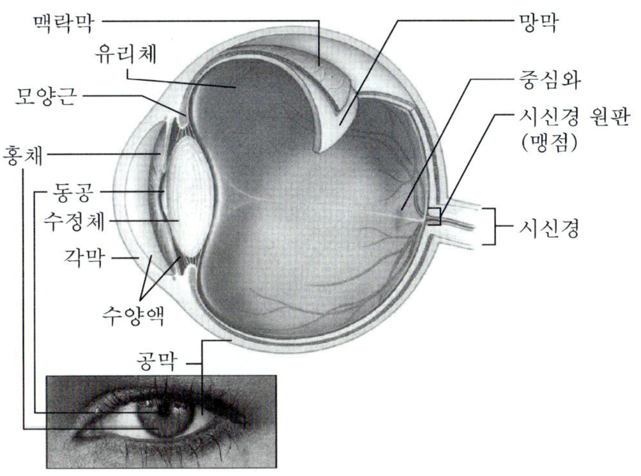

그림 4-13 인간의 눈

너무 가까운 거리에서 책을 보면 글씨가 흐려지는데 이는 수정체가 책에 초점을 맞추도록 충분히 조절할 수 없기 때문이다. 물체가 눈에 가까이 다가갈 때, 망막에 선명한 상이 결상되는 가장 가까운 물체거리를 눈의 **근점**(near point)이라고 한다. 근점은 나이가 들어감에 따라 증가하며 평균값은 ~25 cm이다. 반대로, 이완된 상태의 수정체가 망막에 상을 맺을 수 있는 가장 먼 물체거리를 **원점**(far point)이라고 한다. 정상시력인 사람은 행성이나 별과 같이 아주 멀리 있는 물체도 볼 수 있기 때문에 원점은 근사적으로 무한대이다.

원시와 근시

그림 4-14와 같이 광선들이 수렴하여 상을 만들기 전에 망막에 도달하는 눈의 상태를 **원시**라고 한다. 원시인 사람은 멀리 있는 물체는 또렷하게 볼 수 있지만 근점보다 가까운 물체에 대해 상점이 망막보다 뒤에 결상되기 때문에 상이 흐리게 된다. 정상인의 근점은 25 cm인데 비하여 원시안의 근점은 이보다 훨씬 길기 때문에 각막과 수정체의 굴절능력이 물체에서 오는 빛을 망막에 집속시킬 만큼 충분히 크지 않은 것이다. 원시는 그림 4-14(b)와 같이 눈 앞에 수렴렌즈를 두어 굴절능력을 크게 함으로써 교정할 수 있다.

사람은 나이가 들어감에 따라 모양근이 약해지고 수정체가 굳어지면서 눈의 적응능력이 떨어지게 된다. 집속능력과 눈의 상거리가 맞지 생기는 원시안과 달리 노안은 적응능력의 감퇴로 인해 생기지만 원시와 증상이 같으며 수렴렌즈로 교정할 수 있다.

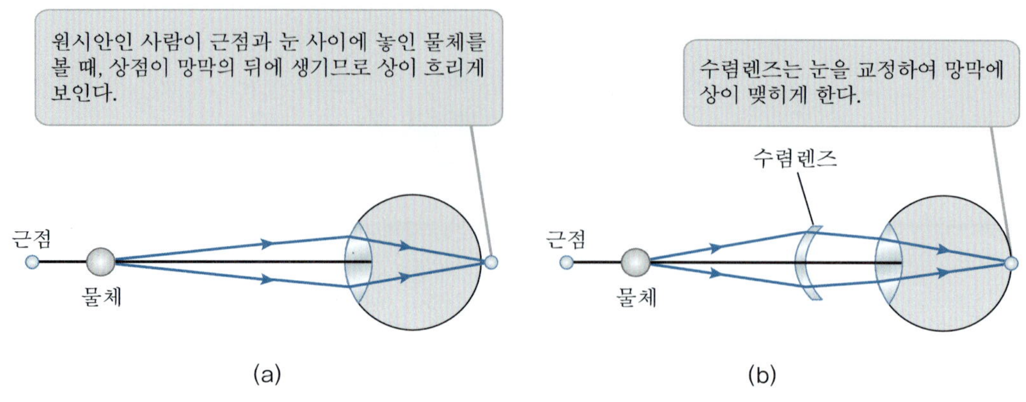

그림 4-14 (a) 원시안과 (b) 원시안의 교정

그림 4-15에서 보는 바와 같이 멀리 있는 물체로부터 오는 광선들이 망막에 도달하기 전에 집속된 다음 이 점을 지나서 발산된 상태로 망막에 도달하는 눈의 상태를 **근시**라고 한다. 근시는 가까이 있는 물체에 대해서는 망막에 선명한 결상을 시키지만 원점보다 멀리 있는 물체에 대해 상점이 망막보다 앞에 결상되기 때문에 상이 흐리게 된다. 근시는 그림 4-15 (b)와 같이 눈 앞에 발산렌즈를 두어 입사광선들이 눈에 들어가기 전에 광선들을 광축으로부터 발산시켜줌으로써 교정할 수 있다.

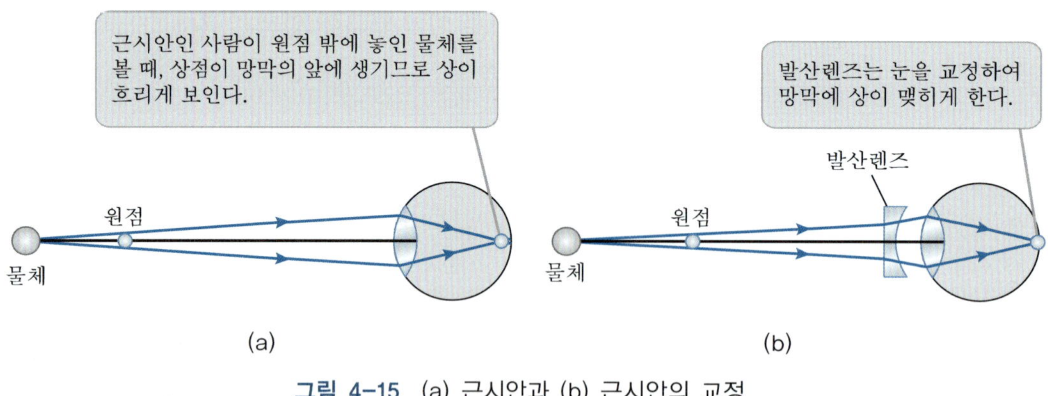

그림 4-15 (a) 근시안과 (b) 근시안의 교정

4.3.3 확대경

확대경은 하나의 수렴렌즈로 이루어져 있으며 물체를 실제보다 더 커보이게 한다. 그림 4-16에서 보는 바와 같이 거리 o만큼 떨어진 곳의 물체를 볼 경우 망막에 결상되는 상의

크기는 물체가 눈에 대하여 이루는 각도 θ에 따라 달라진다.

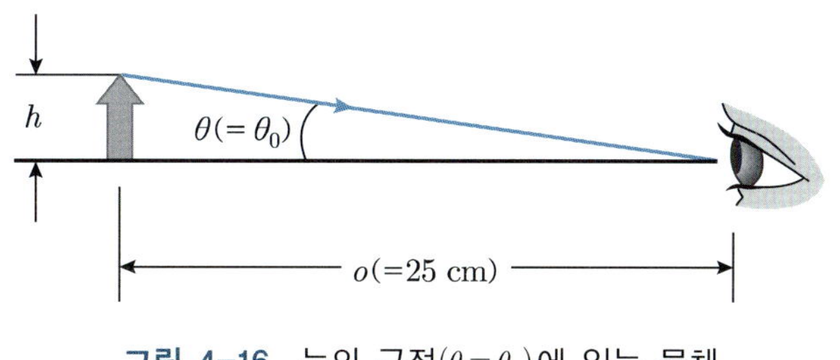

그림 4-16 눈의 근점($\theta=\theta_0$)에 있는 물체

예제 4.4 원시안의 교정

근점이 50 cm인 원시안을 가진 사람이 있다. (a) 25 cm 떨어져 있는 물체를 선명하게 보기 위한 교정렌즈의 초점거리를 계산하시오. (b) 이 교정렌즈의 power를 계산하시오. (c) 교정렌즈가 눈 앞 2.0 cm인 지점에 있을 때, 렌즈의 초점거리를 계산하시오.

풀이 (a) 물체의 상을 눈이 선명하게 볼 수 있는 가장 가까운 점인 근점에 결상되도록 하면 된다. 근점은 수렴렌즈의 정점으로부터 왼쪽에 있으므로 상거리 i는 -50 cm가 된다. 렌즈 제작자의 공식으로부터

$$\frac{1}{o}+\frac{1}{i}=\frac{1}{25}+\frac{1}{-50}=\frac{1}{f}$$

$$f=50\ (\mathrm{cm})$$

이다.

(b) 교정렌즈의 power는 초점거리를 m 단위로 표시해야 한다.

$$P=\frac{1}{f}=\frac{1}{0.5}$$

$$=2.0\ (D)$$

(c) 교정렌즈가 눈 앞 2.0 cm인 지점에 있으므로 물체거리 $o=23$ cm이고, 상거리 $i=-48$ cm이며 교정렌즈의 초점거리는 다음과 같다.

$$\frac{1}{o}+\frac{1}{i}=\frac{1}{23}+\frac{1}{-48}=\frac{1}{f}$$

$$f=44.2\ (\mathrm{cm})$$

물체가 눈에 가까워짐에 따라 각폭 θ는 커지며 물체에 대한 상도 커지게 된다. 그러나 정상적인 인간의 눈은 근점(~ 25 cm)보다 더 가까이에 있는 물체에 대해서는 초점을 맞출 수 없기 때문에 각폭 θ는 물체가 눈의 근점($\theta = \theta_0$)에 있을 때 가장 크다. 확대경은 그림 4-17과 같이 수렴렌즈(확대경)의 초점 바로 안쪽의 점 O에 물체가 놓이도록 함으로써 물체의 겉보기 각폭을 크게 하여 확대된 정립 허상을 볼 수 있게 한다.

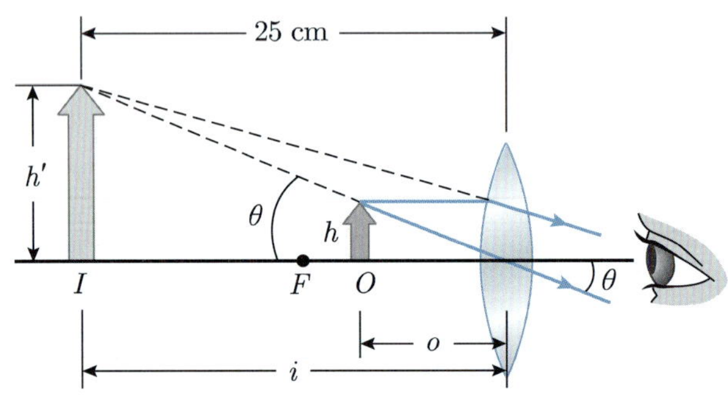

그림 4-17 수렴렌즈의 초점 가까이에 있는 물체의 확대된 상

각배율 m은 수렴렌즈를 사용할 때 물체의 각폭(그림 4-17의 θ)과 수렴렌즈 없이 물체가 근점에 있는 경우의 각폭(그림 4-16의 θ_0)의 비로 정의된다.

$$m = \frac{\theta}{\theta_0} \tag{4-18}$$

각배율은 상이 눈의 근점에 있을 때, 즉 $i = -25$ cm일 때 최대가 된다. 상이 눈의 근점에 있을 경우에 대한 물체거리를 렌즈 제작자 공식으로 계산하면

$$\frac{1}{o} + \frac{1}{-25} = \frac{1}{f} \rightarrow o = \frac{25f}{25+f}$$

이며 여기서 f는 수렴렌즈의 초점거리이다. 확대경에 있어서 θ_0와 θ는 작은 값이기 때문에 다음과 같이 근사를 해도 무리가 없다.

$$\tan\theta_0 \simeq \theta_0 \simeq \frac{h}{25}, \quad \tan\theta \simeq \theta \simeq \frac{h}{o} \tag{4-19}$$

따라서 식 (4-19)를 사용하여 식 (4-18)을 다시 쓰면

$$m_{\max} = \frac{\theta}{\theta_0} = \frac{25}{o} \tag{4-20}$$

$$= \frac{25}{25f/(25+f)}$$

$$= 1 + \frac{25\ \text{cm}}{f}$$

로 나타낼 수 있다. 확대경에 의해 결상된 상은 근점과 무한 원점 사이의 어느 곳에 결상되더라도 눈은 상에 대하여 초점을 맞출 수 있지만 상이 무한히 먼 곳에 결상되는 경우가 눈에 가장 편하다. 이 경우는 물체가 확대경 렌즈의 초점에 있는 경우이며 식 (4-19)는 다음과 같이 표현되며

$$\tan\theta_0 \simeq \theta_0 \simeq \frac{h}{25}, \quad \tan\theta \simeq \theta \simeq \frac{h}{f}$$

각배율은 다음과 같다.

$$m_{\min} = \frac{\theta}{\theta_0} = \frac{25\ \text{cm}}{f} \tag{4-21}$$

렌즈 하나를 이용하여 수차가 거의 없는 이상적인 확대경을 만들 경우 4배 정도의 각배율을 얻을 수 있지만 여러 개의 렌즈를 사용할 경우 약 20배까지 확대도 가능하다.

예제 4.5 확대경의 배율

초점거리가 12.5 cm인 수렴렌즈를 사용한 확대경이 있다. (a) 이 확대경의 최대 배율을 계산하시오. (b) 눈이 편안한 상태로 볼 수 있는 확대경의 배율을 계산하시오.

풀이 (a) 확대경의 최대 배율은 상이 근점에 결상되었을 때 최대가 된다. 식 (4-20)으로부터 확대경의 최대 배율은

$$m_{\max} = 1 + \frac{25\ \text{cm}}{f} = 1 + \frac{25}{12.5}$$

$$= 3.0$$

이다.

(b) 눈이 편안한 상태는 상이 무한히 먼 곳에 결상되는 경우이며 식 (4-21)을 이용하면 눈이 편안한 상태로 볼 수 있는 확대경의 배율은

$$m_{\min} = \frac{25\ \text{cm}}{f} = \frac{25}{12.5}$$
$$= 2.0$$

이다.

4.3.4 현미경

물체의 미세한 구조나 형상을 관찰하는데 있어서 확대경의 배율은 제한적이다. 렌즈 두 개를 조합하여 그림 4-18과 같은 현미경을 만들면 배율을 훨씬 더 높일 수 있다. 두 개의 렌즈 중에 물체에 가까이 위치하는 렌즈를 대물렌즈(초점거리 $f_o < 1$ cm)라고 하고 관찰자의 눈에 가까이 위치하는 렌즈를 대안렌즈(초점거리 $f_e \simeq$ 수 cm)라고 하며 대물렌즈와 대안렌즈 사이의 거리 d는 f_o나 f_e보다 훨씬 크다. 물체는 대물렌즈의 초점 바로 밖에 위치하도록 대물렌즈와 물체의 거리를 조절하면 대물렌즈에 의한 도립 실상 I_1을 결상시킨다. 도립 실상 I_1은 대안렌즈의 초점 F_e와 대안렌즈 사이에 위치하게 된다. 대안렌즈는 확대경 역할을 하며 도립 실상 I_1(대안렌즈의 물체)의 확대된 정립 허상을 I_2에 만든다.

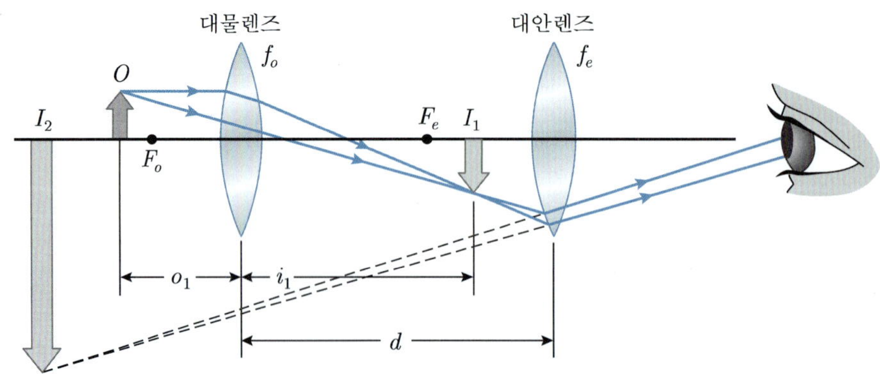

그림 4-18 현미경의 개략도

대물렌즈에 의한 상의 배율 m_o는 $-i_1/o_1$이며, 그림 4-18에서 보는 바와 같이 i_1이 d와 근사적으로 같고 물체거리 $o_1 \simeq f_o$가 되도록 현미경을 설계한다. 따라서 대물렌즈의 배율 m_o는

$$m_o = -\frac{i_1}{o_1} \simeq -\frac{d}{f_o}$$

이며 대안렌즈의 초점 근처에 있는 물체(I_1에 형성되는 대물렌즈의 상)에 대한 대안렌즈의 각배율은 식 (4-21)로부터 다음과 같이 나타낼 수 있다.

$$m_e = \frac{25\ \text{cm}}{f_e}$$

현미경에 의한 상의 전체 배율 M은 대물렌즈와 대안렌즈 배율의 곱으로 정의되며 다음과 같다.

$$M = m_o m_e = -\frac{d}{f_o}\left(\frac{25\ \text{cm}}{f_e}\right) \tag{4-22}$$

여기서 (−) 부호는 도립상을 의미한다. 현미경의 발명으로 인간이 볼 수 없었던 아주 작은 물체와 미세한 형상을 관찰할 수 있게 되었으며 현미경의 성능은 정밀 렌즈의 제작기술과 함께 꾸준히 향상되어 왔다.

예제 4.6 현미경의 배율

초점거리가 2.0 cm인 대물렌즈와 초점거리가 5.0 cm인 대안렌즈를 사용한 현미경의 배율을 계산하시오. 이 현미경의 길이 d는 18 cm이다.

풀이 식 (4-22)로부터 현미경의 배율은

$$M = -\frac{d}{f_o}\left(\frac{25\ \text{cm}}{f_e}\right) = -\frac{18}{2.0}\left(\frac{25}{5.0}\right)$$
$$= -45$$

이다.

4.3.5 망원경

망원경은 크게 두 가지 종류로 대별되는데, 하나는 여러 개의 렌즈를 조합하여 상을 결상시키는 굴절망원경과 또 다른 하나는 곡면거울과 렌즈를 사용하여 결상시키는 반사망원경이다. 우리는 굴절망원경을 통하여 먼 곳의 작은 물체를 관측하는 망원경의 결상 원리를 알아볼 것이다.

그림 4-19와 같이 굴절망원경에는 현미경처럼 대물렌즈와 대안렌즈가 있으며, 먼 곳에 있는 물체의 상이 대물렌즈에 의하여 도립 실상(I_1)의 형태로 대안렌즈의 초점에 매우 가까운 위치에 결상되도록 설계되어 있다. 물체는 실질적으로 대물렌즈로부터 무한대의 거리에 있기 때문에 상 I_1이 결상되는 위치는 대물렌즈의 초점이 되며 대안렌즈는 대물렌즈에 의해 결상된 I_1의 정립상을 I_2에 결상시킨다.

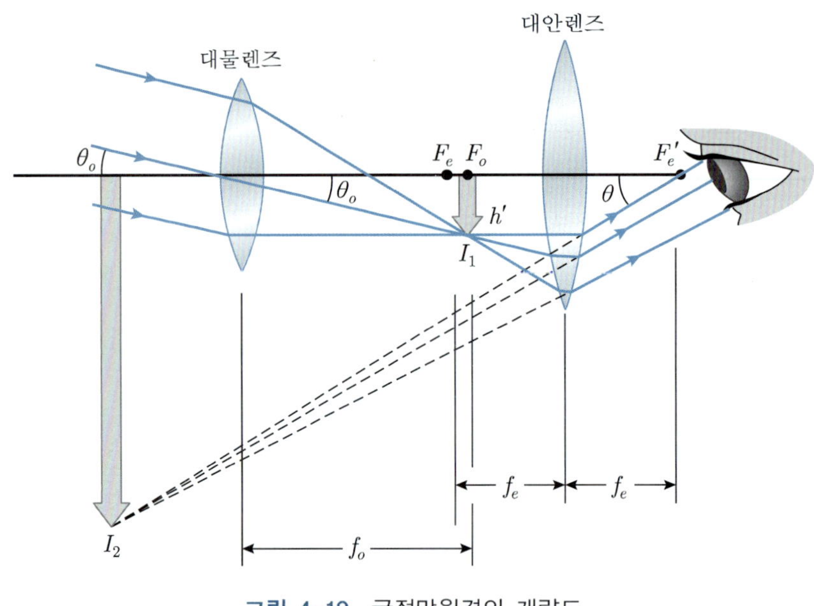

그림 4-19 굴절망원경의 개략도

망원경의 각배율은 θ/θ_o로 정의한다. 여기서 θ_o는 대물렌즈에서 물체의 상단까지의 각이고, θ는 최종 상(I_2)이 관측자의 눈에 대하여 이루는 각도이다. 물체가 대물렌즈에 대해 이루는 각도 θ_o는 대물렌즈에 의한 상이 대물렌즈에 대하여 이루는 각도와 동일하다. 그러므로

$$\tan\theta_o \simeq \theta_o \simeq -\frac{h'}{f_o} \tag{4-23}$$

가 된다. 여기서 (−) 부호는 도립상을 의미한다. 최종 상(I_2)이 관측자의 눈에 대하여 이루는 각도 θ는 상 I_1의 끝에서 나와 광축과 평행하게 진행하던 광선이 대안렌즈를 지난 후 광축과 이루는 각도와 같다. 그러므로

$$\tan\theta \simeq \theta \simeq \frac{h'}{f_e} \tag{4-24}$$

이 된다. 식 (4−24)에서는 (−) 부호를 쓰지 않았는데, 이것은 최종 상(I_2)이 상 I_1에 대해 뒤집히지 않았기 때문이다. 식 (4−23)과 (4−24)를 이용하여 망원경의 각배율을 다음과 같이 나타낼 수 있다.

$$m_t = \frac{\theta}{\theta_o} = \frac{h'/f_e}{-h'/f_o} \tag{4-25}$$

$$= -\frac{f_o}{f_e}$$

식 (4−25)는 망원경의 각배율이 대안렌즈의 초점거리에 대한 대물렌즈의 초점거리의 비와 같음을 보여준다. 여기서 (−) 부호는 최종 상 I_2가 물체에 대해 도립상이라는 것을 의미한다.

연 습 문 제

두꺼운 렌즈

01 굴절률이 1.5이고 양면이 볼록한, 두께가 2 cm인 두꺼운 렌즈가 있다. 제1면의 곡률반경 R_1은 5 cm이고 제2면의 곡률반경 R_2는 20 cm이다. 만약 물체가 렌즈의 제1정점 V_1으로부터 16 cm되는 곳에 놓여 있다고 할 때, 렌즈의 초점거리와 물체에 대한 상거리를 구하시오.

02 식 (3-17)로 주어지는 Newton의 렌즈공식을 두꺼운 렌즈에서도 성립함을 보이시오.

$$f^2 = (o-f)(i-f) = x_o x_i \tag{3-17}$$

03 두꺼운 렌즈의 초점거리는 식 (4-9)로 주어진다. 유리로 된 두꺼운 렌즈가 공기 중에 있을 때, 렌즈의 두께와 무관하게 초점거리가 일정한 값을 가지는 조건을 구하시오.

$$f = \frac{1}{(n-1)\left\{\dfrac{1}{R_1} - \dfrac{1}{R_2} + \dfrac{t(n-1)}{nR_1R_2}\right\}} \tag{4-9}$$

04 초승달 모양으로 생긴 렌즈를 메니스커스(meniscus) 렌즈라고 한다. 물체가 두꺼운 메니스커스 렌즈의 제1주요면에 위치하고 있을 때, 상거리와 배율을 계산하시오.

05 반경이 R, 굴절률이 n인 크리스탈(crystal) 볼이 있다. 다음 물음에 답하시오.

(1) 크리스탈 볼의 초점거리를 R과 n으로 표현하시오.

(2) 크리스탈 볼의 주요점을 계산하시오.

(3) 크리스탈 볼의 반경이 10 cm, 굴절률이 1.5일 때, 태양의 상이 맺히는 거리를 계산하시오.

06 반경이 10 cm이고 굴절률이 1.5인 유리구가 있다. 물체가 유리구의 중심으로부터 3 m 지점에 있을 때, 상거리와 유리구의 배율을 계산하시오.

07 태양광이 $H_1 = 0.2$ cm, $H_2 = -0.4$ cm에 주요점을 가지는 두꺼운 렌즈의 뒷면으로부터 29.6 cm 떨어진 위치에 점으로 결상이 된다. 이 렌즈의 앞 49.8 cm에 놓여 있는 물체의 상거리를 구하시오.

08 그림과 같이 첫 번째 렌즈의 초점거리가 −30 cm, 두 번째 렌즈의 초점거리가 20 cm인 렌즈가 10 cm 떨어져 있다. 이 복합 렌즈계의 초점거리를 구하고 제1주요점과 제2주요점의 위치를 결정하시오.

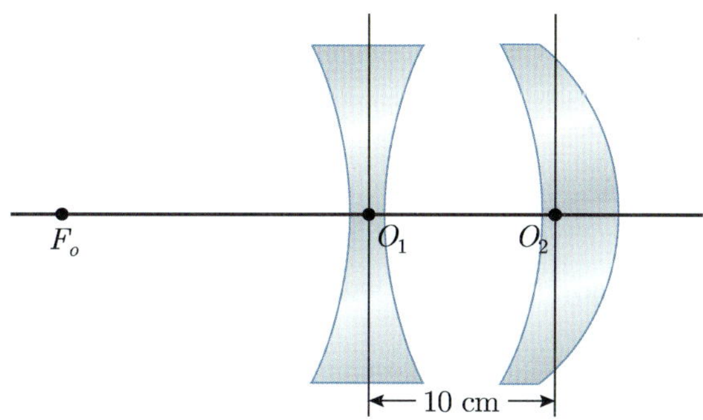

수차

09 그림과 같이 광축에 평행하게 입사하는 두 광선이 굴절률이 1.60인 평면-볼록렌즈에 입사한다. 렌즈의 곡률반경은 $R = 20.0$ cm이고 광선은 광축으로부터 $h_1 = 0.50$ cm, $h_2 = 12.0$ cm 떨어져 있다. 두 광선이 렌즈를 통과하여 광축과 만나는 두 지점의 차이 Δx를 계산하시오.

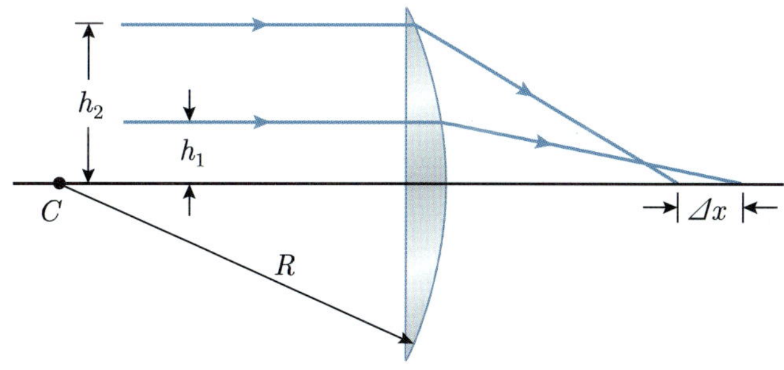

10 양면이 오목한 오목렌즈의 곡률반경이 32.5 cm와 42.5 cm이다. 유리의 굴절률은 자외선에 대하여 1.53이고 빨간색 빛에 대하여 1.51이다. 물체가 매우 먼 거리에 있을 때, (1) 자외선이 만드는 상과 (2) 빨간색 빛이 만드는 상의 위치를 구하시오.

광학기기

11 근시안인 사람의 원점이 2.0 m이다. 원점보다 훨씬 멀리 있는 물체는 선명하게 볼 수 없다. 이 사람이 멀리 떨어져 있는 물체를 선명하게 보기 위한 안경의 power를 계산하시오.

12 눈이 원시인 사람이 $+1.5\,D$의 안경을 쓰고 있다. 이 사람의 눈의 근점을 계산하시오.

13 사진기의 노출시간을 1/50초, f−number를 $f/4$으로 했을 때 필름의 결상이 적절하게 되었다는 것을 알았다. 이 사진기로 날아가는 새를 촬영하기 위하여 노출시간을 1/200초로 줄였더니 사진이 흐려지지 않고 또렷이 촬영되었다. 이 때, 사진기의 조리개 구경을 계산하시오.

14 어떤 복합현미경의 대안렌즈와 대물렌즈 사이의 거리가 23.0 cm이다. 대안렌즈의 초점거리는 2.5 cm이고 대물렌즈의 초점거리는 0.4 cm이다. 이 현미경의 전체 배율을 계산하시오.

15 초점거리가 5.0 cm인 렌즈로 되어 있는 어떤 확대경이 있다. (1) 정상적인 눈으로 상을 선명하게 최대 배율로 보기 위한 물체거리를 계산하시오. (2) 최대 배율을 계산하시오.

16 천체 망원경으로 달을 관찰하고자 한다. 달은 지구 표면에서 대략 0.5°의 각 크기를 갖고 있다. 망원경의 대물렌즈 초점거리는 0.75 m, 대안렌즈의 초점거리는 0.1 m이다. 다음 물음에 답하시오.

(1) 각배율을 계산하시오.

(2) 망원경으로 달을 관찰할 때, 달의 각 크기를 계산하시오.

17 대물렌즈의 초점거리가 900 mm이고 대안렌즈의 초점거리가 10 mm인 굴절망원경이 있다. (1) 이 망원경의 각배율과 (2) 망원경의 대략적인 길이를 구하시오.

05

빛의 간섭

잔잔한 호수에 돌을 던지면 원형 물결이 생긴다. 원형 물결은 동심원을 그리며 연속적으로 발생되고 순차적으로 퍼져나간다. 호수 위의 한 점을 관찰하면 물 표면이 주기적으로 오르내리는 것을 볼 수 있다. 이와 같이 일반적으로 파동은 압력, 변위 등과 같은 물리량이 주기적으로 변하면서 공간을 따라 전파되어 나가는 것을 말한다.

파동에는 음파, 수면파, 전자기파, 지진파, 줄의 진동 등이 있다. 보통 파동을 형성하는 물리량은 연속적으로 변해야 하기 때문에 공간상의 각 점에서 서로 영향을 주고받을 수 있도록 유기적으로 연결되어 있어야 하고 또한 평형 상태로 되돌아가려고 하는 탄성이 있어야 한다. 자연현상에서는 이러한 조건을 충족시키는 여러 가지 종류의 파동이 있고, 그 전파 모양이나 진동 모양이 각기 다르다. 그러나 대부분의 경우 파동을 전달하는 매질 자체가 전파되어 나가는 것이 아니라, 그 매질의 성질이 전파되어 나가는 것이다.

한 파원에서 나온 파동이 서로 다른 경로를 거쳐 임의의 지점에 도달하면서 합성 파동은 보강되거나 상쇄되어 공간적으로 파동의 강·약에 따른 무늬가 생긴다. 이러한 현상이 파동의 간섭이며, 이 무늬를 간섭무늬라 한다. 일반적으로 두 개 이상의 파동이 서로 중첩되는 경우 매질의 움직임에 관한 수학적 표현은 각각의 파동함수에 대한 수학적 표현, 즉 각각의 파동함수를 단순히 더한 것과 같다. 이것을 파동의 중첩원리라고 하며 파동광학의 기초가 된다. Chapter 5에서는 파동에 대한 수학적 표현과 중첩원리를 알아보고, 이를 이용하여 빛의 간섭과 관련된 다양한 현상들을 규명해 보기로 한다.

5.1 파동운동의 수학적 표현과 종류

빛은 전자기파의 일종이기 때문에 빛과 물질과의 상호작용(interaction)을 전자기파와 물질과의 상호작용으로 간주해도 크게 무리가 없다. 존재하는 모든 전자기파는 맥스웰(Maxwell)의 미분방정식을 만족하는 파동함수로 표현할 수 있으며 맥스웰 방정식은 다음과 같다.

$$\vec{\nabla} \times \vec{E} = -\mu_0 \frac{\partial \vec{H}}{\partial t} \tag{5-1}$$

$$\vec{\nabla} \times \vec{H} = \epsilon_0 \frac{\partial \vec{E}}{\partial t}$$

$$\vec{\nabla} \cdot \vec{E} = 0$$

$$\vec{\nabla} \cdot \vec{H} = 0$$

여기서 $\vec{E}$는 전기장 벡터, $\vec{H}$는 자기장 벡터, ϵ_0는 자유공간에서의 유전상수, μ_0는 자유공간에서의 투자율이다.

임의의 벡터 $\vec{A}$에 대한 관계식 $\vec{\nabla} \times (\vec{\nabla} \times \vec{A}) = \vec{\nabla}(\vec{\nabla} \cdot \vec{A}) - \nabla^2 \vec{A}$으로부터

$$\vec{\nabla} \times (\vec{\nabla} \times \vec{E}) = \vec{\nabla}(\vec{\nabla} \cdot \vec{E}) - \nabla^2 \vec{E}$$

로 쓸 수 있으며 식 (5-1)의 $\vec{\nabla} \cdot \vec{E} = 0$과 $\vec{\nabla} \times \vec{E} = -\mu_0 \frac{\partial \vec{H}}{\partial t}$를 이용하면

$$\begin{aligned} -\nabla^2 \vec{E} &= \vec{\nabla} \times \left(-\mu_0 \frac{\partial \vec{H}}{\partial t}\right) \\ &= -\mu_0 \frac{\partial}{\partial t}(\vec{\nabla} \times \vec{H}) \\ &= -\epsilon_0 \mu_0 \frac{\partial^2 \vec{E}}{\partial t^2} \end{aligned}$$

이 되며

$$\nabla^2 \vec{E} = \epsilon_0 \mu_0 \frac{\partial^2 \vec{E}}{\partial t^2} \tag{5-2}$$

인 2차 미분 파동방정식을 얻을 수 있다. 같은 방법으로 자기장에 대해 계산하면 자기장에 대한 3차원 2차 미분 파동방정식

$$\nabla^2 \vec{H} = \epsilon_0 \mu_0 \frac{\partial^2 \vec{H}}{\partial t^2} \tag{5-3}$$

도 쉽게 얻을 수 있다. 식 (5-3)에 대한 계산은 연습문제로 남겨두기로 한다. 파동함수에 대한 계산을 단순하게 하기 위하여 우선 1차원의 경우로 한정하자. 일정한 속력 v로 $+x$ 방향으로 진행하는 어떤 파동함수 Ψ는

$$\Psi(x, t) = f(x - vt) \tag{5-4}$$

이다. 파동함수는 $\Psi(x, t)$의 형태가 특정한 어떤 형태를 가짐에 따라 조화파, 평면파, Gaussian, Lorentzian 등으로 명명된다.

5.1.1 조화파

파동은 여러 가지 다양한 형태, 보다 정확하게 말하면 임의의 모양을 형성할 수 있다. 예를 들어 줄의 한쪽을 손으로 진동시켜서 파동을 발생시키는 경우를 생각해 보자. 이때 손으로 흔드는 폭을 시간에 따라서 임의로 변화시킬 수 있고, 이 경우 줄을 따라 전파되어 가는 파동이 공간에 펼쳐진 모습도 임의의 함수 모양이 된다. 파동의 형태가 sine이나 cosine 곡선으로 주어지는 가장 단순한 파동을 삼각함수파, 단순 조화파, 또는 **조화파**(harmonic wave)라고 한다. 모든 파동은 이러한 조화파들의 중첩으로 표현할 수 있기 때문에 특별한 중요성을 갖는다. 조화파의 파동함수는 파장, 주기, 진동수, 진폭 등과 같은 인자들로 아래 식과 같이 표현할 수 있다.

$$\Psi(x, t) = A \sin k(x - vt) = f(x - vt) \tag{5-5}$$

여기서 양의 상수인 k는 **파수**(wave number), 또는 **전파상수**(propagation number)이고 kx의 단위는 radian이다. Sine 곡선은 ± 1 사이에서 변하기 때문에 $\Psi(x, t)$의 최대값은 $|A|$인데 이것을 파동의 **진폭**(amplitude)이라고 한다.

식 (5-5)의 파동함수는 시간 t와 공간 x에 대해 주기적이다. **공간주기**(spatial period)를 **파장**(wavelength), 즉 한 주기 동안 빛이 진행한 거리로 정의하며 λ로 표시한다(그림

5-1 참조). 공간에 대해 주기적이라 함은 $\Psi(x,t)=\Psi(x\pm\lambda,t)$를 만족한다는 의미이다. 즉,

$$\begin{aligned}\sin k(x-vt) &= \sin\{k(x\pm\lambda)-kvt\} \\ &= \sin(kx\pm k\lambda-kvt)\end{aligned}$$

이다. 조화파인 경우에는 sine 함수가 $\pm 2\pi$ 변한 것과 동등하다.

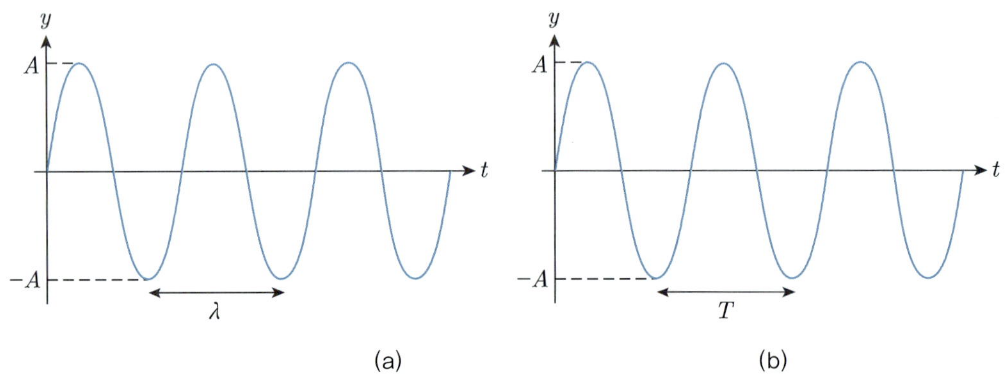

그림 5-1 (a) 위치 x와 (b) 시간 t에 대한 sine 함수

따라서

$$|k\lambda| = 2\pi$$

이고 k와 λ가 모두 양수이므로 다음과 같다.

$$k = \frac{2\pi}{\lambda} \tag{5-6}$$

동일한 방법으로 **시간주기**(temporal period) T를 유도할 수 있다. 시간에 대해 주기적이라 함은 $\Psi(x,t)=\Psi(x,\,t\pm T)$를 만족한다는 것이다. 즉,

$$\begin{aligned}\sin k(x-vt) &= \sin k\{x-v(t\pm T)\} \\ &= \sin(kx\pm kvT-kvt)\end{aligned}$$

이다. 따라서 $|kvT|=2\pi$을 만족해야 하며 k, v, 그리고 T가 모두 양수이므로

$$kvT = 2\pi$$

$$\frac{2\pi}{\lambda} vT = 2\pi$$

이며 시간적 주기 T는

$$T = \frac{\lambda}{v} \tag{5-7}$$

이다. 진동수 f는 시간주기의 역수로서 파동이 1초당 진동하는 회수로 정의하며 각진동수 ω는 $\omega = 2\pi f$ 이다. 파장, 주기, 주파수(진동수), 각진동수, 그리고 파수(전파상수) 등은 모든 공간과 시간에서 파동의 반복적인 성질을 나타낸다. 따라서 이것들은 조화파뿐 아니라 주기적으로 반복하는 파동을 표현하는데 사용할 수 있다.

x축의 ($\mp$) 방향으로 진행하는 조화파를 다음과 같이 표현할 수 있다.

$$\begin{aligned} \Psi(x,t) &= A \sin k(x \pm vt) \\ &= A \sin 2\pi\left(\frac{x}{\lambda} \pm \frac{t}{T}\right) \\ &= A \sin(kx \pm \omega t) \\ &= A \sin 2\pi f\left(\frac{x}{v} \pm t\right) \end{aligned} \tag{5-8}$$

식 (5-8) 중에 첫 번째와 세 번째 식이 가장 많이 사용된다.

예제 5.1 조화파의 파동함수 (1)

다음과 같이 표현되는 조화파의 파동함수가 있다. 이 파동함수의 진폭, 파장, 진동수, 그리고 파동의 속도를 구하시오.

$$\Psi(x,t) = 10 \sin(1.2566 \times 10^7 x - 3.770 \times 10^{15} t)$$

풀이 조화파인 파동함수의 일반적인 표현은 다음과 같이 쓸 수 있다.

$$\begin{aligned} \Psi(x,t) &= A \sin(kx - \omega t) \\ &= A \sin 2\pi\left(\frac{x}{\lambda} - ft\right) \end{aligned}$$

따라서 진폭 10

파장 $\lambda = \dfrac{2\pi}{k} = \dfrac{2\pi}{1.2566 \times 10^{7}}$

$= 5 \times 10^{-7}$ (m)

$= 500$ (nm)

진동수 $f = \dfrac{\omega}{2\pi} = \dfrac{3.770 \times 10^{15}}{2\pi}$

$= 6 \times 10^{14}$ (Hz)

속도 $v = \lambda f = 5 \times 10^{-7} \times 6 \times 10^{14}$

$= 3.0 \times 10^{8}$ (m/s)

이다.

예제 5.2 조화파의 파동함수 (2)

진폭이 3 cm, 파장이 5 cm, 진동수가 30 Hz인 파동함수를 나타내고 이 파동함수의 각진동수와 주기를 계산하시오.

풀이 조화파인 파동함수의 일반적인 표현은 다음과 같이 쓸 수 있다.

$$\Psi(x,t) = A\sin(kx - \omega t)$$

$$= A\sin 2\pi\left(\frac{x}{\lambda} - ft\right)$$

문제에서 주어진 조건의 파동함수는 $\Psi(x,t) = 3\sin 2\pi\left(\dfrac{x}{5} - 30t\right)$로 나타낼 수 있다. 단, 길이의 단위는 cm이다. 그리고 각진동수 $\omega = 2\pi f$이므로 $\omega = 2\pi \times 30 = 188.5$ rad/s이며 주기 T는

$$T = 1/f = 1/30$$

$$= 0.033 \text{ (s)}$$

이다.

5.1.2 횡파와 종파

파동은 파동의 진동방향과 진행방향에 따라 횡파(transverse wave)와 종파(longitudinal wave)로 구분할 수 있다. 매질을 따라 전파해 가는 파동은 매질의 진동방향과 파동이 퍼져나가는 방향을 비교한다. 그러나 빛과 같이 매질 없이 진동하는 파동은 파동 자체의 진동방향과 파동이 퍼져나가는 방향을 비교한다. 이 때 빛의 진동은 전기장과 자기장의 진동을 말한다.

일반적으로 빛과 중력파를 제외한 대부분의 파동은 매질을 통해 전파된다. **횡파**는 파동의 진동방향과 파동이 진행해나가는 방향이 서로 수직인 파를 말한다. 횡파의 파동은 주기적으로 상하 왕복운동을 한다. 이러한 주기적인 운동을 통해 파동은 계속해서 옆으로 이동하면서 퍼져 나가며 이와 함께 에너지도 주변으로 퍼져나간다. 횡파의 예로 대표적인 것이 전자기파이다. 전자기파에는 감마선, X-선, 적외선, 가시광선, 자외선, 전파 등이 모두 포함되어 있기 때문에 방송에 사용하는 전파나 빛 모두 같은 전자기파이다. 지진파의 S파도 횡파에 해당한다.

종파는 매질의 진동방향과 파동이 진행해 나가는 방향이 나란한 파를 말한다. 지진파의 P파, 음파가 종파의 대표적인 예이다. 사람이 목소리를 낼 때, 목청이 떨리는 것을 알 수 있다. 목청이 떨림이 주변의 공기 분자들에게 전달되어 공기 분자들의 밀도가 주기적으로 변하면서 사방으로 퍼져 나간다.

마찬가지로 소리굽쇠를 두드리면 소리굽쇠의 진동이 그 주위에 있는 공기를 주기적으로 밀었다가 당겼다 하여 공기의 밀도가 변하게 되고 그 결과로 인한 공기의 진동이 종파의 형태로 전달된다. 공기 분자는 단지 앞뒤로 진동만 할 뿐 직접 이동하지 않고, 단지 그

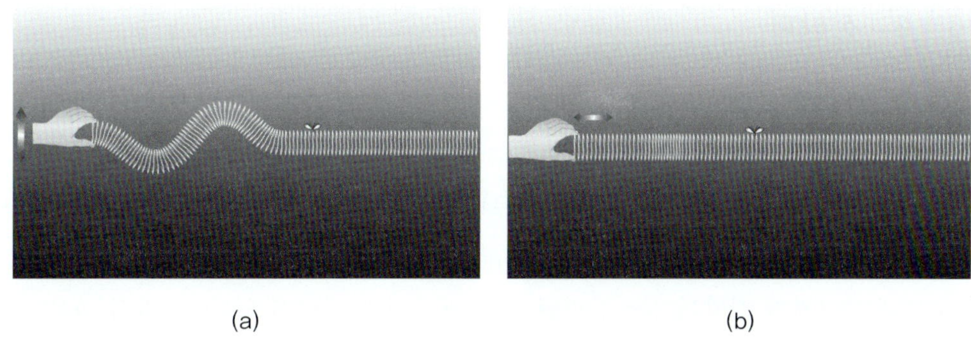

(a) (b)

그림 5-2 (a) 횡파와 (b) 종파

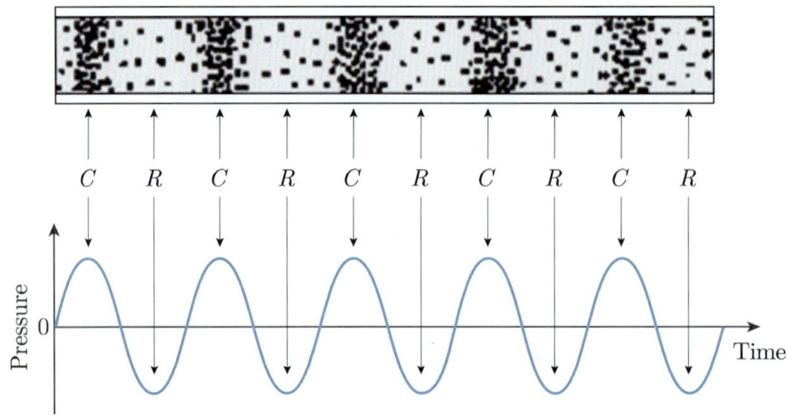

그림 5-3 음파가 공기 중에 퍼져나갈 때 공기 분자의 밀도분포

진동상태가 진동방향과 같은 방향으로 전달되는 것이 종파이다.

소리는 공기의 밀도 변화가 전달된다고 생각할 수 있다. 따라서 공기가 밀한 곳은 압력이 높고 공기가 소한 곳은 압력이 낮다. 그림 5-3은 소리굽쇠의 진동에 의해 관속 공기의 밀도 변화를 나타낸 것으로 C는 공기가 압축되어 압력이 높은 밀한 곳이며, R은 공기가 팽창되어 압력이 낮은 소한 곳을 나타내고 있다. 흔히 물결파를 횡파의 대표적인 예로 들고 있는데, 물결파는 횡파가 아니다. 앞에서 언급한 바와 같이 횡파는 매질이 상하로 진동하는 파를 일컫는데, 물결파의 매질은 상하와 앞뒤 방향으로 진동한다. 따라서 횡파적 성질과 종파적 성질을 모두 가지고 있는 것이다. 물결이 치고 있는 바다 위에 떠 있는 부표는 상하 진동이 아닌 원운동(상하좌우 진동)을 한다. 그리고 얕은 바다의 속(바닥쪽)에서는 좌우 진동만 일어난다. 즉 얕은 바닥의 속에서는 종파 진동이 발생한다.

5.1.3 정상파

넓은 호수에 종이배를 띄어 놓고 계속해서 물결파를 발생시키면 종이배는 점점 멀어져 간다. 반면에 좁은 풀장에 종이배를 띄어 놓고 물결파를 만들면 종이배는 짧은 시간 동안 멀어져 가지만 그 후로는 제자리에서 오르내린다. 물결파에 있어서 전자는 진행파이고 후자는 정상파(standing wave 또는 stationary wave)이다. 진행파인 경우 파동에 의하여 먼 곳으로 에너지가 전달되고 정상파인 경우 에너지의 전달이 없다. 따라서 좁은 풀장에 떠있는 종이배는 멀어져 가지 않고 제자리에서 상하 진동만 할 뿐이다. 일반적으로 물리에

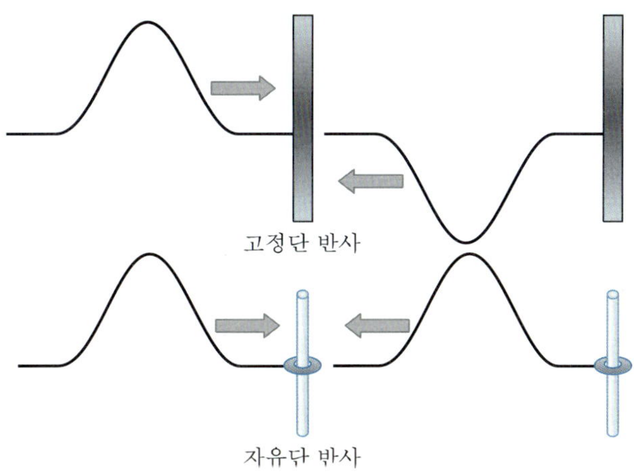

그림 5-4 고정단과 자유단

서는 **정상**이란 용어는 시간에 따른 물리량의 변화가 없는 경우를 일컫는데, 이 경우 에너지 전달이 없다는 뜻으로 받아들여질 수 있다.

정상파를 설명할 때, 그림 5-4의 고정단과 자유단을 도입하곤 한다. 줄의 끝이 단단하게 묶여 있어 움직이지 않는 상태를 고정단(고정된 끝)이라 한다. 벽 끝에 줄을 묶은 경우나 가는 줄(가벼운 줄) 다음에 굵은 줄(무거운 줄)이 연결된 경우를 고정단이라 할 수 있다. 벽 끝에 줄을 묶고 흔드는 경우는 줄을 따라 펄스파가 가다가 고정단(벽)에 부딪히면 펄스의 모양이 뒤집혀 벽으로부터 튕겨(반사) 나온다. 이 경우 반사파만이 생긴다.

반면에 줄을 2개 연결한 고정단에서도 같은 반사가 일어나지만 이 경우는 투과하는 펄스파도 생긴다. 반사파는 입사파와 뒤집혀 진행하지만 투과파는 입사파와 같은 모양으로 그대로 진행한다. 물론 에너지가 반사파와 투과파로 나누어지므로 진폭이 입사파의 경우보다 작아진다. 또한 투과파는 입사파보다 속도가 느려진다. 가벼운 줄을 매질로 삼아 진행하다가 무거운 줄을 매질로 삼아 진행하려니까 속력이 느려지는 것이다.

자유단은 줄의 끝이 자유롭게 움직일 수 있도록 된 경우나 굵은 줄(무거운 줄) 다음에 가는 줄(가벼운 줄)이 연결되어 있는 경우가 이에 해당한다. 펄스파가 줄을 따라 가다가 자유단 끝에서 반사가 일어나면 반사파는 뒤집어짐 없이 그대로 다시 튕겨 나온다. 반면에 굵은 줄에서 가는 줄로 펄스파가 들어가는 순간 반사파는 그대로 튕겨 나오고 투과파도 그대로 계속 진행하게 된다. 물론 두 파의 진폭은 처음보다 작아진다. 또한 무거운 부분(굵은 줄)을 달리던 입사파는 가벼운 지역(가는 줄)에 들어가는 순간 투과파는 입사파보다 속도가 빨라진다.

파장과 진폭이 같은 두 개의 파동이 서로 반대 방향에서 와서 겹치면 파동이 정지한 것처럼 보이는 현상이 일어난다. 이러한 파동을 **정상파**라고 한다. 마루와 골이 같은 장소에서 교대하므로 마치 정지한 것처럼 보이는 것이다. 이 때 잘록한 부분을 마디, 불룩 나온 부분을 배라고 한다. 항상 마디와 마디 사이의 거리는 파장의 반이고 마디와 배 사이는 파장의 1/4이다.

그림 5-5에서와 같이 sine 파로 진행파와 정상파를 설명해 보자. 한 쪽이 고정되어 있는 현에 sine 파가 전파되어 고정단에 도달하면 진폭 반사율 -1로 반사된다. 즉 반사파와 입사파의 진폭은 같고, 위상차는 π rad(180°)이다. 이런 경우 두 개의 파동이 중첩하여 정상파가 생긴다. 입사파가 왼쪽에서 오른쪽으로 진행한다고 하자. 이 때 입사파의 방정식은

$$\Psi_1(x,t) = A\sin(kx - \omega t) \tag{5-9}$$

이고 반사파는 오른쪽에서 왼쪽으로 진행하므로 $-\omega t$는 $+\omega t$로 대체된다. 따라서 반사파의 방정식은

$$\Psi_2(x,t) = A\sin(kx + \omega t) \tag{5-10}$$

와 같이 기술된다. 정상파는 파장과 진폭이 거의 비슷한 두 개의 파동이 서로 반대방향으로 진행하여 중첩되어 나타나므로, 식 (5-9)와 식 (5-10)을 중첩의 원리를 이용하여 전개하면

$$\begin{aligned}\Psi(x,t) &= A\{\sin(kx - \omega t) + \sin(kx + \omega t)\} \\ &= 2A\sin kx \cos\omega t\end{aligned}$$

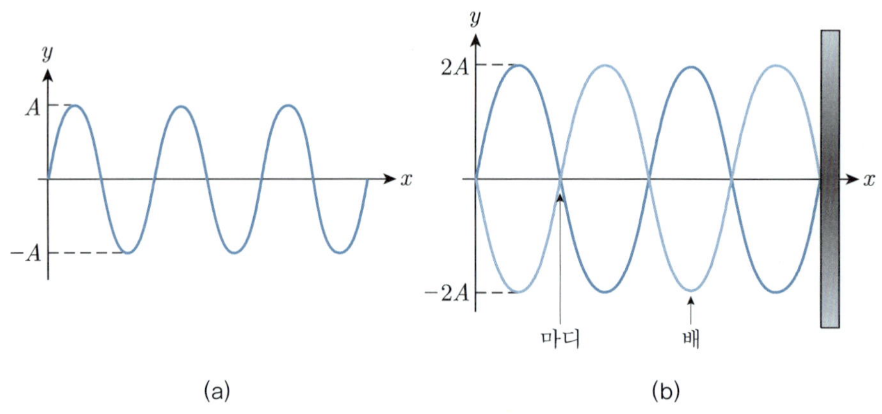

그림 5-5 (a) $\Psi_1(x,t) = A\sin(kx - \omega t)$인 입사파, (b) 정상파의 배와 마디

이 된다. 정상파에서는 현의 각 점이 입사 sine 파의 진동수로 진동한다. 고정단에서부터 거리가 반파장의 정수배가 되는 위치에 마디(node), 즉 진동 진폭이 항상 0이 되는 장소가 생긴다. 마디가 생기는 조건은 $\sin kx = 0$을 만족하는 점들로 $kx = n\pi\,(n = 0, 1, 2, 3 \cdots)$이다. 여기에서 이웃하는 마디와 마디 중간에 배(anti-node), 즉 진폭이 최대가 되는 곳이 생긴다. 배가 생기는 조건은 $\sin kx = \pm 1$을 만족하는 점들이다. 정상파의 마디와 배에서는 에너지 흐름이 항상 0이고, 가장 근접한 마디와 배 사이에 있는 현 위에서 파동의 에너지 흐름이 왕복한다.

마디가 고정된 줄의 정상파

정상파의 진동은 진동수는 동일하지만 임의의 점에 있어서 진폭은 항상 변한다. 마디는 정지해 있으며 그림 5-6에서 N으로 표시된 것과 같이 줄이 고정된 부분도 마디가 된다. 양쪽 끝이 고정되어 있는 줄(길이 L)이 만드는 정상파를 생각해 보자.

그림 5-6과 같이 길이가 L인 양쪽 끝이 고정되고 팽팽한 줄을 생각해 보자. 줄의 양쪽 끝이 고정되어 있으므로 마디이다. 줄의 중간 지점을 당겼다가 놓으면 그림 5-6 (b)와 같은 정상파를 만들 수 있다. 이 정상파에 대해 줄의 길이와 진동수의 관계를 알아보면

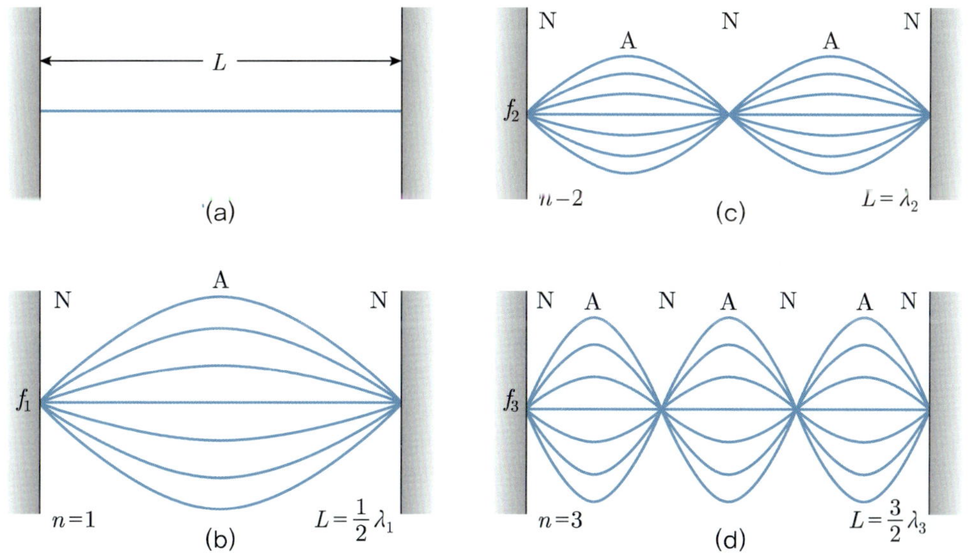

그림 5-6 양쪽 끝이 고정되고 길이가 L인 팽팽한 줄이 만드는 정상파

$$L = \frac{\lambda_1}{2}, \quad \lambda_1 = 2L$$

이며 진동수에 대한 표현으로 바꾸면 다음과 같이 나타낼 수 있다.

$$f_1 = \frac{v}{\lambda_1} = \frac{v}{2L}$$

줄이 만드는 파의 속력은 $v = \sqrt{T/\rho}$ 이다. 여기서 T는 줄의 장력, ρ는 단위길이당 줄의 질량을 나타낸다. 따라서

$$f_1 = \frac{v}{2L} = \frac{1}{2L}\sqrt{\frac{T}{\rho}} \tag{5-11}$$

이다. 정상파에 있어서 최저 진동수인 f_1을 **기본진동수**(fundamental frequency)라고 한다. 정상파의 다음 진동수는 줄의 길이가 λ_2와 같을 때, 즉 $L = \lambda_2$일 때 생긴다(그림 5-6 (c)의 경우).

$$f_2 = \frac{v}{\lambda_2} = 2f_1$$

f_2는 기본진동수의 2배이며 마찬가지로 $f_3 = 3f_1$이 된다. 따라서 제n배 진동의 진동수 f_n은 다음과 같이 쓸 수 있다.

$$f_n = nf_1 = \frac{n}{2L}\sqrt{\frac{T}{\rho}}$$

여기서 $n = 1, 2, 3, \cdots$이며 진동수 f_n은 기본진동수 f_1의 정수배가 되며 진동수 $f_1, f_2, f_3, \cdots f_n, \cdots$은 등차수열을 이룬다.

공기 기둥 내의 정상파

종파의 정상파는 반대방향으로 진행하는 파동 사이의 중첩의 결과로 생긴다. 입사파와 반사파 사이의 관계는 관의 끝이 열려 있는지 아니면 닫혀 있는지에 의존한다. 만약 반사하는 관의 끝이 닫혀 있다면, 닫힌 끝은 마디가 존재하며 관의 양끝이 열린 경우에는 배가 될 것이다. 그림 5-7 (a)는 양 끝이 열린 관에서의 1차 조화진동, 2차 조화진동, 그리고 3차 조화진동 모드를 보여주고 있다. 이 때 형성된 정상파가 가지는 기본진동수의 파장은

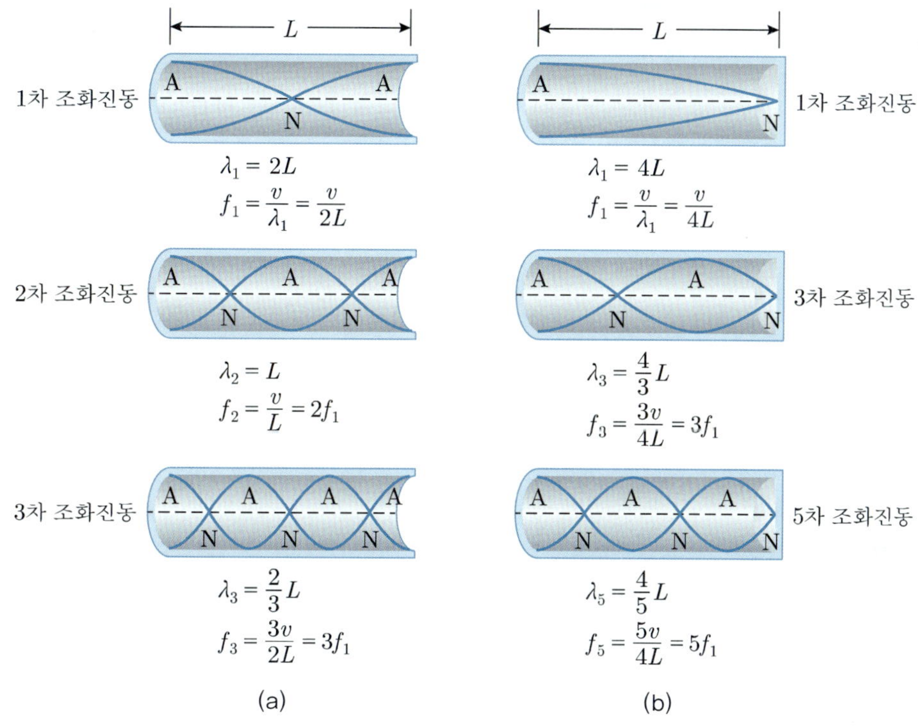

그림 5-7 (a) 양쪽 끝이 열려 있는 관에서 종파의 정상파, (b) 한쪽 끝이 닫혀 있는 관에서 종파의 정상파

$\lambda_1 = 2L$이 되고 기본진동수는 $f_1 = v/2L$이며 제2배 진동과 제3배 진동 또한 $2f_1$, $3f_1$이 됨을 알 수 있다. 따라서 제n배 진동의 진동수 f_n은 다음과 같이 쓸 수 있다.

$$f_n = nf_1 = n\frac{v}{2L} \tag{5-12}$$

여기서 $n = 1,\ 2,\ 3, \cdots$이며 v는 공기 중에서 파동의 속력이다.

만약 관의 한쪽 끝이 닫혀 있고 다른 끝은 열려 있다면 그림 5-7 (b)에서 보는 바와 같이 닫힌 쪽 끝은 마디가 된다. 이 경우 기본진동수가 가지는 파장은 관의 길이의 4배가 된다. 그러므로 $f_1 = v/4L$이고 제3배 진동과 제5배 진동에 대한 진동수는 $3f_1$, $5f_1$이 된다. 따라서 한쪽 끝이 닫혀 있고 다른 한쪽 끝이 열려 있는 관에서의 제n배 진동의 진동수 f_n은 다음과 같이 쓸 수 있다.

$$f_n = nf_1 = n\frac{v}{2L} \tag{5-13}$$

여기서 $n = 1,\ 3,\ 5, \cdots$이다.

예제 5.3 정상파 (1)

길이가 2.5 m인 관이 있다. 관의 양쪽 끝이 열려 있을 때, 처음 3개의 배 진동의 진동수를 계산하시오. 공기 중에서의 음속은 340 m/s로 한다.

풀이 기본진동수 f_1은 식 (5-12)로부터 다음과 같다.

$$f_1 = \frac{v}{2L} = \frac{340}{2 \times 2.5} = 68 \text{ (Hz)}$$

따라서 제2배 진동의 진동수는 $f_2 = 136$ Hz이고 제3배 진동의 진동수는 $f_3 = 204$ Hz이다.

예제 5.4 정상파 (2)

양쪽 끝이 고정된 줄의 선밀도가 1.0×10^{-3} kg/m이고 장력이 40.0 N일 때

(1) 길이 1.0 m인 줄의 처음 4개의 진동수를 계산하시오.

(2) 만약 줄의 기본진동수가 120 Hz로 증가했다면, 이 때 줄에 걸리는 장력의 변화를 계산하시오.

풀이 (1) 줄의 속력 v는 다음과 같다.

$$v = \sqrt{\frac{T}{\rho}} = \sqrt{\frac{40.0}{1.0 \times 10^{-3}}} = 200.0 \text{ (m/s)}$$

기본진동수 f_1은 식 (5-11)으로부터 다음과 같이 계산할 수 있다.

$$f_1 = \frac{v}{2L} = \frac{200}{2 \times 1} = 100 \text{ (Hz)}$$

같은 방법으로 계산하면 $f_2 = 200$ Hz, $f_3 = 300$ Hz, $f_4 = 400$ Hz이다.

(2) 기본진동수가 120 Hz로 증가하면 $f_1 = \frac{v}{2L} = 120$ Hz로부터 파동의 속력 v는 240 m/s가 된다. 따라서 줄의 장력은

$$T = \rho v^2 = 1.0 \times 10^{-3} \times 240^2$$
$$= 57.6 \text{ (N)}$$

이다.

5.1.4 맥놀이

정상파는 같은 진동수를 갖고 서로 반대방향으로 진행하는 파의 중첩으로 발생한다. 만약 진동수가 거의 비슷한 두 파가 같은 방향으로 진행하면서 중첩될 때 어떤 현상이 일어나겠는가? 그림 5-8은 이와 같은 현상을 설명하기 위한 그림이다. 파의 중첩은 임의의 어떤 시간(t_c)에서는 주기적으로 위상이 같은 상태(constructive)가 되고 또 다른 임의의 어떤 시간(t_d)에서는 주기적으로 위상이 정반대인 상태(destructive)가 되어 보강간섭과 소멸간섭이 번갈아 일어난다. 그림 5-8 (a)는 진동수가 거의 비슷한 두 파가 같은 방향으로 진행하는 상태를 나타낸 것이고 그림 5-8 (b)는 이 두 파가 중첩되어 진동하는 것을 보여주고 있다. 임의의 어떤 시간 t_c에서 두 파는 위상이 같은 상태로 중첩되어 보강간섭이 일어난다. 반면에 일정 시간 후, 즉 시간 t_d에서는 두 파의 위상이 정반대인 상태로 중첩되어 소멸간섭이 일어난다. 이와 같은 중첩현상이 주기적으로 반복되는 현상을 **맥놀이**(beats)라고 한다.

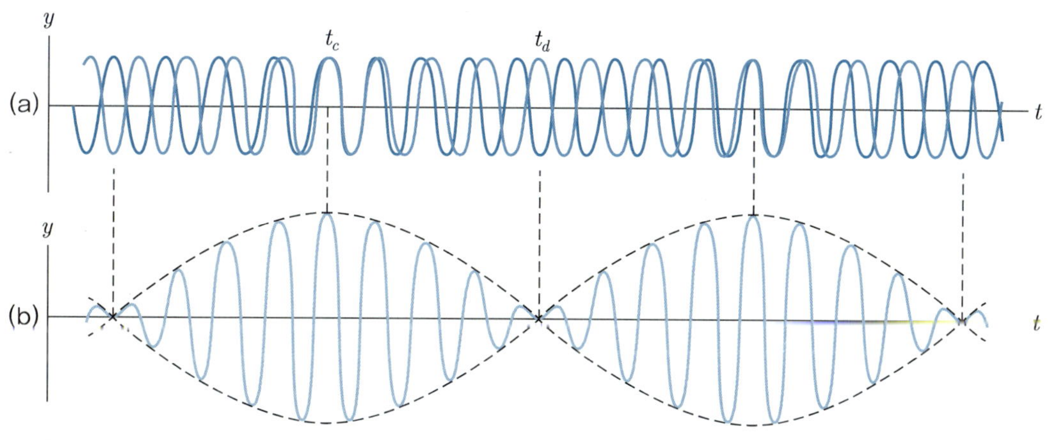

그림 5-8 (a) 같은 방향으로 진행하는 진동수가 거의 비슷한 두 파의 거동과
(b) 시간에 따라 주기적으로 진동하는 중첩된 파의 거동과 진폭(점선)

맥놀이 파의 진동수(단위시간당 그림 5-8 (b)에서 점선으로 표시된 파의 수)는 두 음원 사이의 진동수 차이와 같기 때문에, 알고 있는 진동수의 음을 악기의 음과 같이 울려서 맥놀이가 들리지 않을 때까지 조정함으로써 악기를 원하는 진동수로 조율할 수 있다.

5.1.5 평면파와 구면파

3차원 공간을 전파하는 파동에서 파동의 위상이 일정한 값이 되는 표면을 **파면**이라고 하며 **파면**이 평면이면 평면파이며, 파면이 한 점을 중심으로 하는 구면이면 파동은 구면파이다.

평면파

평면파는 3차원 파동의 가장 간단한 예이다. 평면파는 주어진 시간에 대하여 위상이 일정한 값이 되는 면이 파동의 진행방향과 직각을 이루고 있다. 대부분의 광학계를 설계하는데 있어서 복잡함을 피하기 위하여 아주 정밀한 고가의 광학계가 아니면 입사 광파를 평면파로 취급하여 설계하는 경우가 많다.

그림 5-9에서 주어진 파 벡터 $\vec{k}$와 수직이고 임의의 점 $(x_0,\ y_0,\ z_0)$와 $(x,\ y,\ z)$를 포함하는 평면에 대한 수학적 표현은 다음과 같다.

$$(\vec{r}-\vec{r_0})\cdot\vec{k}=0 \tag{5-14}$$

식 (5-14)는 $k_x(x-x_0)+k_y(y-y_0)+k_z(z-z_0)=0$이며 다음과 같이 쓸 수 있다.

$$k_x x+k_y y+k_z z=a$$

여기서 a는 $a=k_x x_0+k_y y_0+k_z z_0=$ 상수이다. 따라서 파 벡터 $\vec{k}$와 수직을 이루는 평면에 대한 표현은

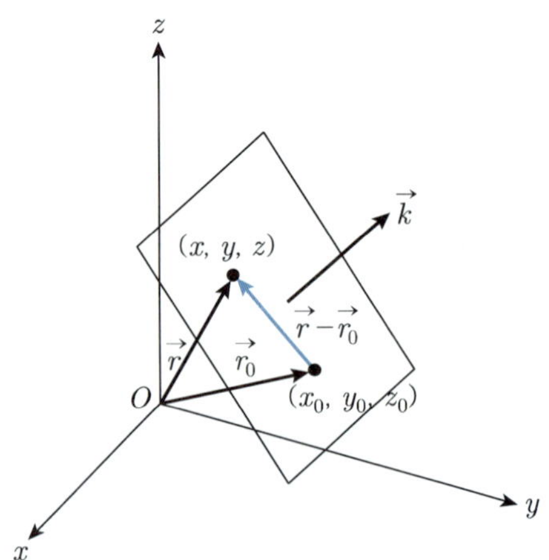

그림 5-9 $\vec{k}$ 방향으로 진행하는 평면파

$$\vec{k} \cdot \vec{r} = \text{상수} = a \tag{5-15}$$

로 쓸 수 있으며 식 (5-15)를 만족하는 평면은 $\vec{k}$ 방향으로 같은 투영을 갖는 위치벡터들의 집합이다.

따라서 공간상에서 삼각함수 꼴로 변하는 조화 평면파의 파동함수는 다음과 같이 나타낼 수 있다.

$$\Psi(\vec{r}) = A\sin(\vec{k} \cdot \vec{r})$$

$$\Psi(\vec{r}) = A\, e^{i\vec{k} \cdot \vec{r}}$$

구면파

이상적인 점광원에서 나온 광파는 모든 방향으로 고르게 등방적으로 퍼져 나간다. 이와 같이 등방성이 있는 광원에서 나온 파면들은 주위의 공간으로 퍼져나감에 따라 그림 5-10에서 보는 바와 같이 반경이 증가하는 동심구들로 되어 있다. 구면파의 파면들이 갖고 있는 대칭성 때문에 파동함수의 표현은 구좌표계를 사용하는 것이 편리하다. 구면파는 구대칭(θ와 ϕ에 의존하지 않는다)이므로 다음과 같이 나타낼 수 있다.

$$\Psi(\vec{r}) = \Psi(r,\ \theta,\ \phi) = \Psi(r) \tag{5-16}$$

따라서 파동함수 $\Psi(r)$의 라플라시안(Laplacian)은 다음과 같이 간단히 쓸 수 있다.

$$\nabla^2\Psi(r) = \frac{1}{r^2}\frac{\partial}{\partial r}\left(r^2\frac{\partial\Psi}{\partial r}\right) \tag{5-17}$$

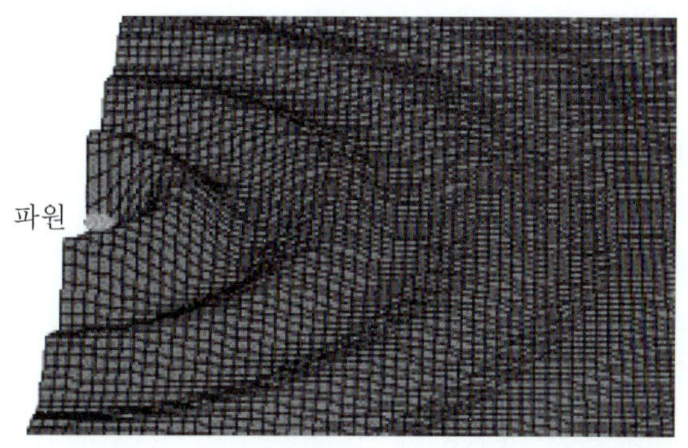

그림 5-10 파원으로부터 퍼져 나가는 구면파

약간의 수학적 계산(연습문제로 남겨 둔다)을 하면 식 (5-17)은 다음과 같이 표현할 수도 있다.

$$\nabla^2\Psi(r) = \frac{1}{r^2}\frac{\partial}{\partial r}\left(r^2\frac{\partial\Psi}{\partial r}\right) \tag{5-18}$$

$$= \frac{\partial^2\Psi}{\partial r^2} + \frac{2}{r}\frac{\partial\Psi}{\partial r}$$

$$= \frac{1}{r}\frac{\partial^2}{\partial r^2}(r\Psi)$$

2차 미분 파동방정식 식 (5-2)에 식 (5-18)을 적용시키면

$$\frac{1}{r}\frac{\partial^2}{\partial r^2}(r\Psi) = \frac{1}{v^2}\frac{\partial^2\Psi}{\partial t^2}$$

로 쓸 수 있으며 양변에 r을 곱하여 정리하면 다음과 같다.

$$\frac{\partial^2}{\partial r^2}(r\Psi) = \frac{1}{v^2}\frac{\partial^2}{\partial t^2}(r\Psi) \tag{5-19}$$

식 (5-19)는 공간변수가 r이고 파동함수가 $r\Psi$인 경우에 대한 2차 미분 파동방정식 식 (5-2)와 같음을 알 수 있다. 식 (5-19)의 해는

$$r\Psi(r, t) = f(r \mp vt) \tag{5-20}$$

$$\Psi(r, t) = \frac{f(r \mp vt)}{r}$$

이다. 식 (5-20)은 임의의 함수형태 f를 가지며 일정한 속력 v로 원점으로부터 방사상으로 퍼져 나가는(−), 또는 원점으로 수렴하는(+) 구면파를 나타낸다. 식 (5-20)의 특별한 경우인 조화 구면파(harmonic spherical wave)는

$$\Psi(r, t) = \frac{A}{r}\sin k(r \mp vt), \quad \Psi(r, t) = \frac{A}{r}e^{ik(r \mp vt)} \tag{5-21}$$

로 표현된다. 구면파의 진폭은 구면의 반지름에 반비례해서 감소하므로 구면파의 세기는 반지름의 제곱에 반비례해서 감소한다. 반지름 r인 구면의 표면적은 r^2에 비례하므로, 구면을 통하여 흐르는 에너지 총량의 시간평균은 구면의 반지름과 관계없이 일정하다.

5.2 빛의 간섭

5.2.1 빛의 중첩이론

간섭은 가간섭적(coherent)인 여러 빛이 임의의 관측점에서 중첩되었을 때, 밝고 어두운 무늬가 반복적으로 나타나는 현상을 말한다. 빛의 간섭 이론은 전자기파의 선형 중첩 원리에 기초를 두고 있다. 각각의 파원에서 방출된 빛의 파동함수 $\vec{E}_{(1)}$, $\vec{E}_{(2)}$, $\vec{E}_{(3)}, \cdots$는 다음과 같이 표현할 수 있다.

$$\vec{E}_{(1)} = \vec{E}_1 e^{i(\vec{k}_1 \cdot \vec{r} - \omega t + \phi_1)} \tag{5-22}$$

$$\vec{E}_{(2)} = \vec{E}_2 e^{i(\vec{k}_2 \cdot \vec{r} - \omega t + \phi_2)}$$

$$\vec{E}_{(3)} = \vec{E}_3 e^{i(\vec{k}_3 \cdot \vec{r} - \omega t + \phi_3)}$$

$$\cdots\cdots\cdots\cdots\cdots\cdots$$

여기서 $\vec{E}_1$, $\vec{E}_2$, $\vec{E}_3 \cdots \phi_1$, ϕ_2, $\phi_3 \cdots$는 각 파동함수의 진폭벡터와 초기 위상을 나타낸다. 이 때, 각 파동의 강도(intensity)는 그 파동을 나타내는 복소수 전기장의 크기(modulus)의 제곱이 된다. 예를 들어, 첫 번째 파동의 강도 I_1은 $\vec{E}_{(1)} \cdot \vec{E}^*_{(1)}$가 된다.

임의의 관측점에서의 합성 파동함수 $\vec{E}$는

$$\vec{E} = \vec{E}_{(1)} + \vec{E}_{(2)} + \vec{E}_{(3)} + \cdots \tag{5-23}$$

와 같다. 각각의 파원들이 맥스웰 방정식의 해라는 사실을 단순히 적용하여 그들의 합도 해가 된다는 것을 수학적으로 표현한 것이다. 이것을 파동의 중첩원리라고 한다. 제일 간단한 경우로, 진동수가 동일한 경우에 대해서 논의해 보기로 한다. 진동수가 동일한 두 파동을 중첩시키면 중첩된 파동 $\vec{E}$는 $\vec{E} = \vec{E}_{(1)} + \vec{E}_{(2)}$가 된다. 계산의 간편함을 위하여 비례상수는 1로 두고 초기 위상이 다르고 진동수가 동일하며 전기장의 진동방향이 일치하는(편광상태가 같은) 두 광파의 중첩을 생각해 보기로 하자.

식 (5-22)에서 두 광파 $\vec{E}_{(1)}$, $\vec{E}_{(2)}$의 초기 위상 ϕ_1과 ϕ_2가 시간이 경과함에 따라 항상

일정하다면, 중첩된 파동의 강도 I는

$$
\begin{aligned}
I &= \vec{E} \cdot \vec{E}^{*} \\
&= \left(\vec{E}_{(1)} + \vec{E}_{(2)}\right) \cdot \left(\vec{E}_{(1)} + \vec{E}_{(2)}\right)^{*} \\
&= \vec{E}_{(1)} \cdot \vec{E}^{*}_{(1)} + \vec{E}_{(2)} \cdot \vec{E}^{*}_{(2)} + \vec{E}_{(1)} \cdot \vec{E}^{*}_{(2)} + \vec{E}_{(2)} \cdot \vec{E}^{*}_{(1)}
\end{aligned}
$$

와 같다.

그리고 $I_1 = \vec{E}_{(1)} \cdot \vec{E}^{*}_{(1)}$, $I_2 = \vec{E}_{(2)} \cdot \vec{E}^{*}_{(2)}$ 이며 $\vec{E}_{(1)} \cdot \vec{E}^{*}_{(2)}$, $\vec{E}_{(2)} \cdot \vec{E}^{*}_{(1)}$는 다음과 같이 나타낼 수 있다.

$$
\begin{aligned}
\vec{E}_{(1)} \cdot \vec{E}^{*}_{(2)} &= \vec{E}_1 \cdot \vec{E}_2 \, e^{i(\vec{k}_1 \cdot \vec{r} - \omega t + \phi_1) - i(\vec{k}_2 \cdot \vec{r} - \omega t + \phi_2)} \\
&= \vec{E}_1 \cdot \vec{E}_2 \, e^{i(\vec{k}_1 \cdot \vec{r} - \vec{k}_2 \cdot \vec{r} + \phi_1 - \phi_2)}
\end{aligned}
$$

$$
\begin{aligned}
\vec{E}^{*}_{(1)} \cdot \vec{E}_{(2)} &= \vec{E}_1 \cdot \vec{E}_2 \, e^{-i(\vec{k}_1 \cdot \vec{r} - \omega t + \phi_1) + i(\vec{k}_2 \cdot \vec{r} - \omega t + \phi_2)} \\
&= \vec{E}_1 \cdot \vec{E}_2 \, e^{-i(\vec{k}_1 \cdot \vec{r} - \vec{k}_2 \cdot \vec{r} + \phi_1 - \phi_2)}
\end{aligned}
$$

따라서 중첩된 파동의 강도 I는

$$
\begin{aligned}
I &= I_1 + I_2 + \vec{E}_{(1)} \cdot \vec{E}^{*}_{(2)} + \vec{E}_{(2)} \cdot \vec{E}^{*}_{(1)} \qquad (5\text{–}24) \\
&= I_1 + I_2 + \vec{E}_1 \cdot \vec{E}_2 \left\{ e^{i(\vec{k}_1 \cdot \vec{r} - \vec{k}_2 \cdot \vec{r} + \phi_1 - \phi_2)} + e^{-i(\vec{k}_1 \cdot \vec{r} - \vec{k}_2 \cdot \vec{r} + \phi_1 - \phi_2)} \right\} \\
&= I_1 + I_2 + 2\vec{E}_1 \cdot \vec{E}_2 \cos\theta \\
&= I_1 + I_2 + 2\sqrt{I_1 I_2}\cos\theta
\end{aligned}
$$

이다. 여기서 θ는 $(\vec{k}_1 \cdot \vec{r} - \vec{k}_2 \cdot \vec{r} + \phi_1 - \phi_2)$이며 식 (5–24)의 $2\sqrt{I_1 I_2}\cos\theta$ 항을 **간섭항**(interference term)이라고 한다. 간섭항은 θ의 값에 따라 I가 $I_1 + I_2$보다 클 수도 있고 작을 수도 있다. 간섭항의 최대값은 $\cos\theta = 1$일 때 일어난다. 따라서 중첩된 파동의 최대 강도 I_{max}는

$$
I_{max} = I_1 + I_2 + 2\sqrt{I_1 I_2}
$$

이다. 이 때 θ는 $\theta = 0, \pm 2\pi, \pm 4\pi, \cdots$이고 중첩된 두 파의 위상차는 2π의 정수배이다. 이것을 **완전보강간섭**(total constructive interference)이라고 한다. $\cos\theta$의 값이 $0 < \cos\theta < 1$일 때 광파의 위상은 같지 않고 $I_1 + I_2 < I < I_{max}$이며 이것을 **보강간섭**(constructive interference)이라고 한다.

반대로 $\cos\theta = -1$이면 간섭항은 최소값을 갖는다. 따라서 중첩된 파동의 최소 강도 I_{min}은

$$I_{min} = I_1 + I_2 - 2\sqrt{I_1 I_2}$$

이다. 이 때 θ는 $\theta = \pm\pi, \pm 3\pi, \pm 5\pi, \cdots$이며 **완전소멸간섭**(total destructive interference)이라고 한다. 광파의 위상차가 90°의 경우 $\theta = \pi/2$, $\cos\theta = 0$이므로 $I = I_1 + I_2$이 되고 $\cos\theta$의 값이 $-1 < \cos\theta < 0$일 때 파동의 강도는 $I_{min} < I < I_1 + I_2$이며 이것을 **소멸간섭**(destructive interference)이라고 한다.

식 (5-24)에서 $(\phi_1 - \phi_2)$가 시간에 따라 변하지 않는 상수일 경우, 두 광파 $\vec{E}_{(1)}$과 $\vec{E}_{(2)}$는 서로 가간섭적(coherent)이라고 한다. 만약 광파 $\vec{E}_{(1)}$과 $\vec{E}_{(2)}$가 가간섭적이면, θ가 $\vec{r}$의 함수이므로 간섭무늬의 강도(중첩된 파동의 강도 I)는 공간의 주기적인 변화로 나타난다. 그러나 두 광파들이 비가간섭적(incoherent)이면 두 광파들의 초기 위상의 차 $(\phi_1 - \phi_2)$가 제멋대로 변하기 때문에 $\cos\theta$의 시간 평균값이 0이 되어 간섭무늬가 나타나지 않는다. 서로 다른 두 광원을 가지고 간섭실험을 할 경우 간섭무늬를 관찰할 수 없는 이유가 바로 이것이다. 태양광선, 백열등, 형광등 등과 같은 광원으로부터 나온 빛으로는 보상간섭과 소멸간섭을 관찰하기가 매우 어렵다. 원자 준위에서 볼 때, 이와 같은 광원에서 나오는 빛은 수많은 독립적인 광원에 의해 방사된 것과 동등한 것이다. 수많은 독립적인 광원에서 나오는 파동은 그들 사이의 위상차가 매우 빠르게 변하므로 간섭현상을 관찰하려면 영(Young)의 실험과 같은 특별한 간섭조건을 만들어 주어야 한다.

또 두 광파들이 편광되었을 경우, 간섭항은 광파의 편광에 의존성을 갖는다. 특히 두 광파의 편광이 서로 직교한다면 $\vec{E}_1 \cdot \vec{E}_2 = 0$이 되어 이 경우 역시 간섭무늬를 관찰할 수 없다. 이 조건은 선편광된 광파뿐만 아니라 원편광이나 타원편광의 경우에도 마찬가지로 적용된다. 그림 5-11은 식 (5-24)의 빛의 강도를 x축을 따라가면서 도해한 것이다. 이 때 기본 강도 $I_1 + I_2$를 중심으로 빛의 세기가 cosine 함수 모양으로 변하는 것을 볼 수 있는데 이것이 간섭무늬이다.

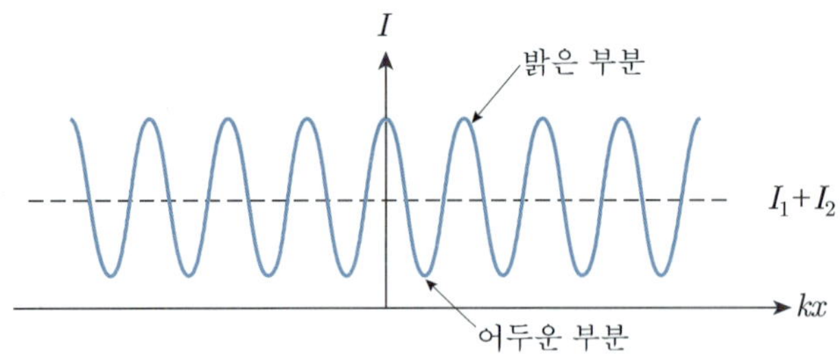

그림 5-11 가간섭성이 있는 두 광파가 만드는 간섭무늬

5.2.2 영의 이중 슬릿에 의한 간섭실험

토마스 영(Thomas Young)은 단일 광원으로부터 두 개의 가간섭적인 광원을 만드는 기법(이중 슬릿)을 사용하여 간섭실험을 최초로 수행하였다. 그림 5-12는 영의 이중 슬릿에 의한 간섭실험을 설명하기 위한 도해이다. 그림 5-12에서 슬릿(스크린) S_0를 통과한

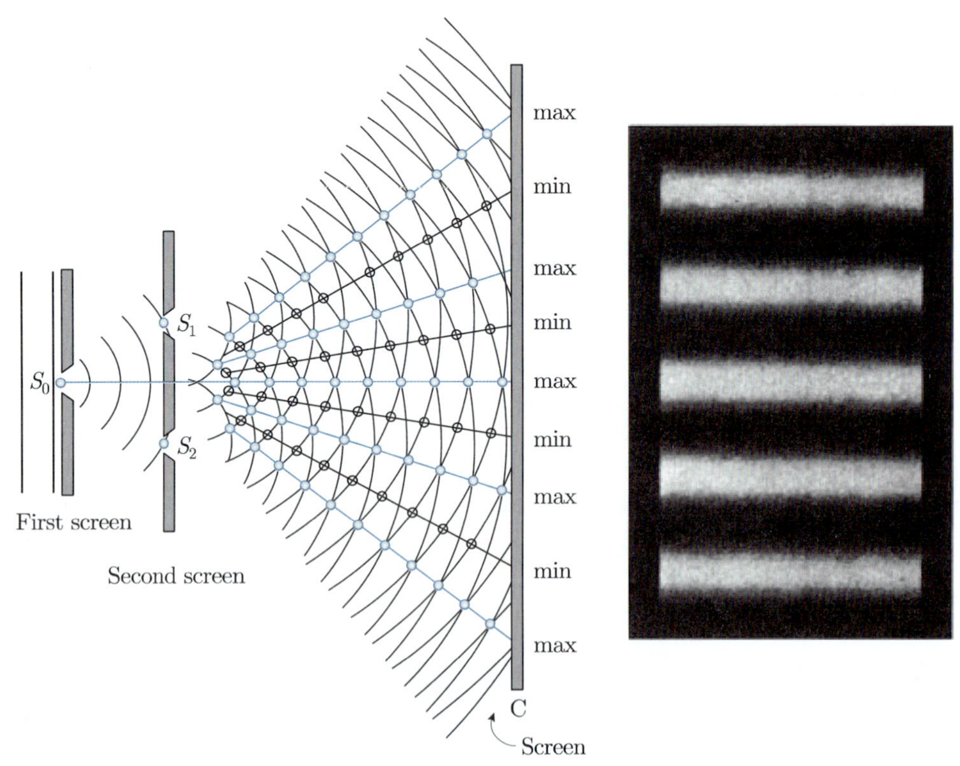

그림 5-12 영의 이중슬릿에 의한 간섭실험의 도해와 간섭무늬

광파가 평행하고 좁은 이중 슬릿(double slit) S_1과 S_2가 있는 두 번째 스크린에 도달한다. S_1과 S_2를 통과한 두 광파는 같은 파면에서 출발하여 동일한 위상을 가지고 있으므로 한 쌍의 가간섭적인 광원이 된다. 여기서 S_0는 첫 번째 스크린의 슬릿, 그리고 S_1과 S_2는 두 번째 스크린에 있는 두 개의 슬릿을 의미하며 스크린(C)에는 S_1과 S_2에서 나온 두 광파가 서로 간섭하여 형성된 간섭무늬가 나타나게 된다.

그림 5-13을 이용하여 영의 실험을 정량적으로 설명할 수 있다. 스크린 상에 있는 임의의 관측점 P에서의 간섭(가간섭적인 두 광파의 중첩)을 생각하자. 그림에서 슬릿간격(S_1과 S_2 사이의 거리)은 d이고, 그 중간의 지점이 원점 Q이다. 슬릿과 스크린 사이의 거리는 L인데, 이것은 슬릿간격 d에 비해 대단히 큰 값이라고 가정할 수 있다. 즉, 다음의 조건을 만족한다.

$$L \gg d$$

영의 실험에서 생기는 간섭무늬를 정밀하게 구하기 위해서는 S_1과 S_2를 통과한 광파의 파동함수(전기장 벡터) $\vec{E}_{(1)}$과 $\vec{E}_{(2)}$를 각각 정의하고, 임의의 관측점 P에서의 중첩 $(E_{(1)} + E_{(2)})$을 계산함으로써 광파의 강도가 공간적으로 어떻게 되는지 알아내야 한다.

그림 5-13에서 보듯이 S_1과 S_2를 통과한 광파를 구면파로 가정하면 광파는 슬릿을 중심으로 등방적으로 동일하게 퍼져 나간다. 따라서 광파의 파동함수는 슬릿으로부터의 거리 r에 따른 sine이나 cosine 함수 형태로 표현할 수 있다. 이것을 복소수 형태로 나타내면 다음과 같다.

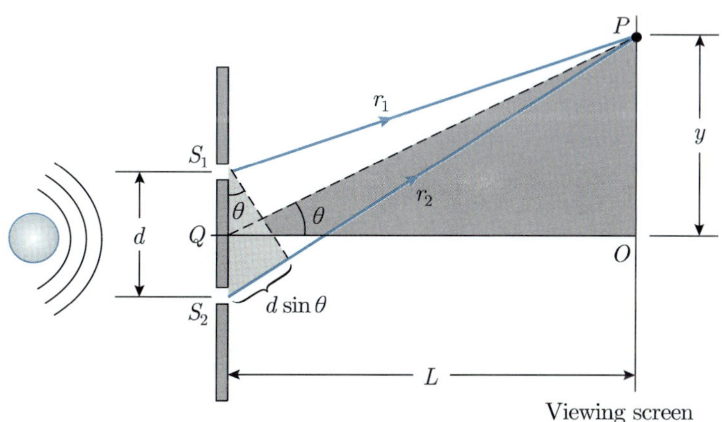

그림 5-13 영의 이중슬릿에 의한 간섭

$$E(r,t)=\frac{E_0}{r}e^{i(kr-\omega t)} \tag{5-25}$$

또한 광파에 대한 파동함수의 표현에서 벡터 표현을 사용하지 않은 것은, 어차피 간섭을 일으키는 두 빛의 편광은 서로 같은 성분끼리가 되기 때문이다. 물론 이것이 원래 편광까지 모두 고려해야 하는 복잡한 현상을 너무 단순화한 것이라고 할 수도 있겠으나 실제로 간섭무늬의 모양을 정확히 설명할 수 있고 간섭현상만을 보다 더 집중해서 이해하기 쉬우므로 이 방법을 택하기로 한다.

이러한 몇 가지 전제를 하면, 간섭무늬가 생기는 스크린의 중심에서부터 높이 y 지점인 점 P에서 슬릿 S_1을 통과한 빛의 전기장 E_1과 슬릿 S_2를 통과한 빛의 전기장 E_2는 다음과 같이 표현할 수 있다.

$$E_1(r_1,t)=\frac{E_0}{r_1}e^{i(kr_1-\omega t)} \tag{5-26}$$

$$E_2(r_2,t)=\frac{E_0}{r_2}e^{i(kr_2-\omega t)}$$

식 (5-26)에서 r_1과 r_2는 각 슬릿에서 P점까지의 거리로 다음과 같다.

$$r_1=\sqrt{L^2+(y-\frac{d}{2})^2}$$

$$r_2=\sqrt{L^2+(y+\frac{d}{2})^2}$$

여기서 $L \gg d$ 및 $\left(\frac{y-d/2}{L}\right)^2 \ll 1$ 이라는 조건을 적용하고, Taylor 전개를 이용하면

$$\begin{aligned} r_1 &= \sqrt{L^2+(y-\frac{d}{2})^2} \\ &\simeq L\left\{1+\frac{1}{2}\left(\frac{y-d/2}{L}\right)^2\right\} \\ &\simeq L+\frac{L}{2}\left(\frac{y^2}{L^2}-\frac{yd}{L^2}\right) \end{aligned} \tag{5-27}$$

$$r_2 = \sqrt{L^2 + (y + \frac{d}{2})^2} \tag{5-28}$$

$$\simeq L\left\{1 + \frac{1}{2}\left(\frac{y + d/2}{L}\right)^2\right\}$$

$$\simeq L + \frac{L}{2}\left(\frac{y^2}{L^2} + \frac{yd}{L^2}\right)$$

가 된다. 실제로 그림 5-13에서 보듯이 슬릿간격 d가 아주 작으므로 r_1과 r_2는 거의 비슷한 값이 된다. 식 (5-26)에서 한 번 더 근사를 하여 다음과 같이 쓸 수 있다.

$$\frac{E_0}{r_1} \simeq \frac{E_0}{L + \frac{L}{2}\left(\frac{y^2}{L^2} - \frac{yd}{L^2}\right)} \simeq \frac{E_0}{L + \frac{y^2}{2L}} \tag{5-29}$$

$$\frac{E_0}{r_2} \simeq \frac{E_0}{L + \frac{L}{2}\left(\frac{y^2}{L^2} + \frac{yd}{L^2}\right)} \simeq \frac{E_0}{L + \frac{y^2}{2L}}$$

식 (5-29)로부터 다음과 같이 E_0'를 정의하자.

$$E_0' = \frac{E_0}{L + \frac{y^2}{2L}} \simeq \frac{E_0}{r_1} \simeq \frac{E_0}{r_2}$$

관측점 P에서의 중첩된 광파의 파동함수 E는 E_1과 E_2의 합으로 나타낼 수 있으므로

$$E = E_1 + E_2 \tag{5-30}$$

$$= E_0' e^{-i\omega t}\left(e^{ikr_1} + e^{ikr_2}\right)$$

$$= E_0' e^{i(kr_1 - \omega t)}\left\{1 + e^{ik(r_2 - r_1)}\right\}$$

이다. 빛의 강도는 파동함수 크기의 제곱이므로 관측점 P에서의 빛의 강도 I는

$$I = |E|^2 = EE^* \tag{5-31}$$
$$= E_0'^2\{1 + e^{ik(r_2 - r_1)}\}\{1 + e^{-ik(r_2 - r_1)}\}$$
$$= E_0'^2\{2 + e^{ik(r_2 - r_1)} + e^{-ik(r_2 - r_1)}\}$$
$$= 2E_0'^2[1 + \cos\{k(r_2 - r_1)\}]$$
$$= 2E_0'^2[1 + \cos\{2\pi(r_2 - r_1)/\lambda\}]$$

로 나타낼 수 있다. 우리가 앞의 가정에서 비록 r_1과 r_2는 거의 비슷한 값이라고 했지만, λ가 매우 작은 값이기 때문에 $(r_2 - r_1)/\lambda$가 큰 값이 되어 무시할 수 없게 된다. 따라서 식 (5-31)에 있는 두 광파의 경로차 $(r_2 - r_1)$에 대한 근사값을 식 (5-27)과 (5-28)을 이용하여 계산해 보기로 하자.

$$r_2 - r_1 \simeq \left\{L + \frac{L}{2}\left(\frac{y^2}{L^2} + \frac{yd}{L^2}\right)\right\} - \left\{L + \frac{L}{2}\left(\frac{y^2}{L^2} - \frac{yd}{L^2}\right)\right\} \tag{5-32}$$
$$= \frac{yd}{L}$$

식 (5-32)에서 두 광파의 경로차 $(r_2 - r_1)$에 대해 다음 조건을 만족하는 경우를 생각해 보자.

$$r_2 - r_1 = \frac{yd}{L} = m\lambda \tag{5-33}$$

또는

$$\frac{yd}{\lambda L} = m$$

여기서 m은 정수이다. 즉, 두 광파의 경로차 $(r_2 - r_1)$이 광파의 파장의 정수 배가 될 때 관측점 P에서의 빛의 강도(간섭한 두 빛의 강도)는 최대값을 갖는다. 이러한 경우를 두 빛이 보강간섭을 일으켰다고 말한다. 따라서 원점(Q)을 통과하는 중앙의 축(O)으로부터 m 번째 밝은 무늬가 만들어지는 관측점 P까지의 거리 y_m은 다음과 같다.

$$y_m = m\frac{L\lambda}{d} \tag{5-34}$$

반대로 두 광파의 경로차 $(r_2 - r_1)$가

$$r_2 - r_1 = \frac{yd}{L} = \left(m + \frac{1}{2}\right)\lambda \tag{5-35}$$

또는

$$\frac{yd}{\lambda L} = m + \frac{1}{2}$$

를 만족할 때, 두 광파의 경로차 $(r_2 - r_1)$이 광파의 파장의 정수 배보다 반 파장만큼 더 될 경우 관측점 P에서의 빛의 강도는 최소, 즉 0이 된다. 이러한 경우를 두 빛이 소멸간섭을 일으켰다고 말한다. 마찬가지로 원점(Q)을 통과하는 중앙의 축으로부터 m 번째 어두운 무늬가 만들어지는 관측점 P까지의 거리 y_m은 다음과 같다.

$$y_m = \left(m + \frac{1}{2}\right)\frac{L\lambda}{d} \tag{5-36}$$

스크린 O점에서의 간섭무늬는 어떻게 될까? S_1으로부터 O점까지의 광경로 $\overline{S_1O}$와 S_2로부터 O점까지의 광경로 $\overline{S_2O}$가 같기 때문에 두 광파의 경로차 $(r_2 - r_1)$은 0이다. 따라서 스크린 중앙의 점 O에는 밝은 간섭무늬가 형성되며 이것을 0차(0-th order) 밝은 무늬라고 한다. "0차"의 의미는 두 광파의 경로차가 없다는 의미이다.

경로차에 대한 식 (5-32)를 (5-31)에 적용하면,

$$\begin{aligned} I &= 2E_0^{'2}\left[1 + \cos\{2\pi(r_2 - r_1)/\lambda\}\right] \\ &= 2E_0^{'2}\left[1 + \cos(2\pi yd/\lambda L)\right] \end{aligned} \tag{5-37}$$

를 얻을 수 있다. 식 (5-37)에서 관측점 P에서의 빛의 강도는 cosine 함수 값이 1이 될 때, 최대값을 갖게 된다. 그림 5-14는 이러한 것을 종합적으로 나타내는 것으로, 식 (5-37)로부터 $yd/\lambda L$ 값에 대한 간섭무늬의 강도 변화를 그린 것이다. 식 (5-33)과 (5-35)는 정확한 계산을 하지 않더라도 예상할 수 있는 결과인데, 두 파동의 위상이 일치하여 서로 산과 산이 겹칠 때 파동이 강해지고 두 파동의 위상이 서로 180° 어긋나서 산과 마루가 서로 겹치면 파동이 소멸되어 약해짐을 알 수 있다.

그림 5-15는 이와 같은 상황을 직관적으로 보여주는 그림이다. 여기서는 보다 일반적으

로 진폭이 서로 다른 두 파동이 서로 보강 혹은 소멸 간섭을 일으키는 경우를 보여주고 있다. 그림 5-15에서 보여주는 직관적 개념을 식 (5-33)에 적용해 보자. 관측점 P에서의 빛의 강도가 최대값을 갖는 조건은 두 광파의 경로차 $(r_2 - r_1)$이 광파의 파장의 정수배가 되는 것으로 다음과 같다.

$$r_2 - r_1 = m\lambda$$

두 광파의 경로차 $(r_2 - r_1)$은 그림 5-13으로부터 $r_2 - r_1 \simeq d\sin\theta$로 근사할 수 있으며 d가 L에 비해 매우 작기 때문에 $\theta \ll 1$이다.

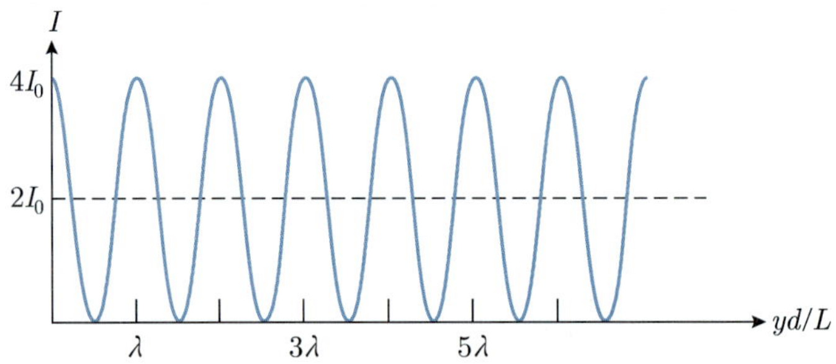

그림 5-14 위치(yd/L의 함수)에 따른 간섭무늬의 강도 변화

그리고 $\theta \ll 1$일 경우 $\tan\theta \simeq \dfrac{y}{L}$이고 $\lim\limits_{\theta \to 0} \sin\theta \simeq \theta \simeq \tan\theta$이므로 $r_2 - r_1 \simeq d\sin\theta$의 $\sin\theta$ 대신에 $\tan\theta \simeq \dfrac{y}{L}$를 대입하면 관측점 P에서의 빛의 강도가 최대값이 될 조건은 다음과 같이 나타낼 수 있다.

$$r_2 - r_1 = d\sin\theta = m\lambda$$

$$= d\frac{y}{L} = m\lambda$$

중앙의 축(O)으로부터 m 번째 밝은 무늬가 만들어지는 관측점 P까지의 거리 y_m은

$$y_m = m\frac{L\lambda}{d}$$

이 되고 이 결과는 식 (5-34)와 동일함을 알 수 있다.

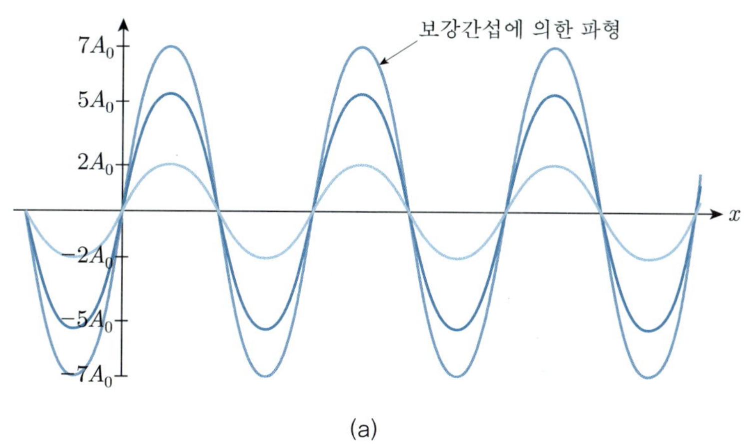

(a)

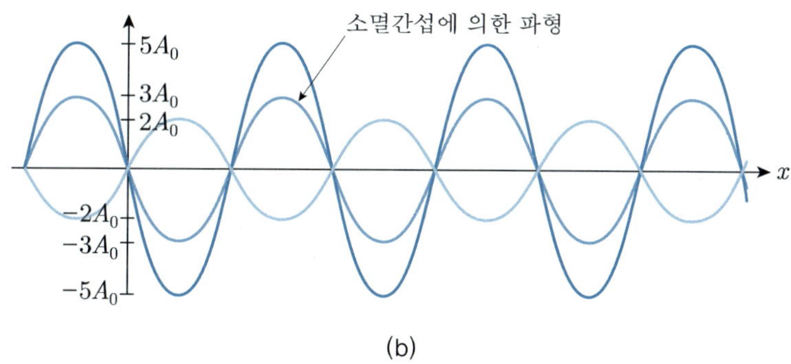

(b)

그림 5-15 (a) 보강간섭에 의해 생성된 파형, (b) 소멸간섭에 의해 생성된 파형

예제 5.5 영의 실험 (1)

파장이 550 nm인 초록색 광원을 사용하여 영의 실험을 했다. 슬릿과 스크린 사이의 거리는 1 m이고 두 슬릿 사이의 간격이 15 μm일 때 3차 밝은 무늬는 중심선으로부터 얼마나 떨어져 있겠는가?

풀이 간섭무늬의 밝은 무늬 조건은 식 (5-34)로 주어진다.

$$y_{\mathrm{m}} = m\frac{\lambda L}{d}$$

$$= \frac{3\times 550\times 10^{-9}\times 1}{15\times 10^{-6}}$$

$$= 0.11\ (\mathrm{m}) = 11\ (\mathrm{cm})$$

예제 5.6 영의 실험 (2)

영의 간섭실험을 통하여 그림 5-14와 같은 간섭무늬를 얻었다. 무늬간격(밝은 무늬 사이의 간격 or 어두운 무늬 사이의 간격) Δy를 계산하시오.

풀이 영의 간섭실험에서 m 번째 밝은 무늬는 스크린의 중심선으로부터 y_{m}만큼 떨어져 있으며 $y_{\mathrm{m}} = m\dfrac{\lambda L}{d}$으로 주어진다. 그리고 $(m+1)$ 번째 밝은 무늬는 스크린의 중심선으로부터 $y_{\mathrm{m}+1}$만큼 떨어져 있으며 $y_{\mathrm{m}+1} = (m+1)\dfrac{\lambda L}{d}$으로 쓸 수 있다.

따라서 무늬간격 Δy는 $\Delta y = y_{\mathrm{m}+1} - y_{\mathrm{m}}$이므로

$$\begin{aligned}\Delta y &= (m+1)\frac{\lambda L}{d} - m\frac{\lambda L}{d} \\ &= (m+1-m)\frac{\lambda L}{d} \\ &= \frac{\lambda L}{d}\end{aligned}$$

이다.

예제 5.7 영의 실험 (3)

영의 간섭실험은 식 (5-24) $I = I_1 + I_2 + 2\sqrt{I_1 I_2}\cos\theta$에서 $I_1 = I_2 \equiv I_0$인 경우에 해당된다. 식 (5-24)가 $4I_0\cos^2\dfrac{\theta}{2}$임을 증명하시오.

풀이 $I_1 = I_2 \equiv I_0$이므로

$$\begin{aligned}I &= I_1 + I_2 + 2\sqrt{I_1 I_2}\cos\theta = 2I_0(1+\cos\theta) \\ &= 2I_0\left\{1 + \left(\cos^2\frac{\theta}{2} - \sin^2\frac{\theta}{2}\right)\right\} \\ &= 2I_0\left(2\cos^2\frac{\theta}{2}\right) = 4I_0\cos^2\frac{\theta}{2}\end{aligned}$$

이다.

5.3 여러 가지 간섭계

빛의 간섭현상을 이용하여 물질에 대한 정보를 얻거나 물체의 운동을 분석하거나 또는 온도, 압력, 스트레인(strain), 전압, 전류, 회전 속도 등 각종 물리량을 측정하는 장치를 **간섭계**(interferometer)라고 한다. 간섭계는 빛의 위상차이를 검출할 수 있는 장치이므로 파장의 수십 분의 1 정도 되는 작은 변화까지도 감지하기 때문에 매우 정밀한 측정에 이용이 가능하다. 실제 간섭계가 응용되는 곳은 너무 많아 일일이 열거하기가 어려울 정도이며 용도에 따라 사용되는 간섭계의 구조도 무척 다양하다.

레이저를 광원으로 사용한 간섭계(레이저 간섭계)는 레이저의 간섭현상을 이용하여 미세한 변위나 정밀한 운동을 측정하는 시스템으로써 표준기의 길이측정 및 측정기기의 오차보정을 위해 사용될 뿐 아니라 정밀기기에서는 내부에 장착되어 calibration point를 검출하는 위치 검출기로 사용되고 있다. 레이저 간섭계를 이용하는 광학적인 측정방법은 시스템이 비교적 간단하고 장비의 가격이 저렴할 뿐 아니라 $\sim 10^{-8}$ m까지의 길이변형이나 형상오차를 실시간으로 측정할 수 있는 장점이 있다. 특히 레이저 간섭계는 고도의 정밀도가 요구되는 반도체 소자 제조에 있어서 집적화된 회로 패턴을 탑재한 웨이퍼와 마스크의 위치 결정을 위한 변위측정 제어 시스템으로 아주 적합하다.

영의 간섭실험에서 본 바와 같이 간섭의 기본적인 원리를 이해한다면 간섭계의 종류나 적용분야가 달라지더라도 새로운 간섭계에 대해 쉽게 접근할 수 있다. 그러므로 우선 간섭계의 원리를 이해하기 위해 가장 널리 사용되고 있는 마이켈슨(Michelson) 간섭계의 원리에 대해 알아보고, 광섬유로 구성된 마하-젠더(Mach-Zehnder) 간섭계에 관해서도 살펴본다. 다른 간섭계에 대해서도 간단히 구조 및 용도를 제시하도록 하겠다.

5.3.1 마이켈슨 간섭계

마이켈슨 간섭계(Michelson interferometer)는 가장 널리 알려진 간섭계로서, 광학의 기본적인 지식을 배울 때 이 간섭계를 인용하는 것이 일반적이다.

그림 5-16은 마이켈슨 간섭계의 구조이다. 광원에서 출발한 빛은 중앙의 **광분할기** S(beam splitter)에서 일부(50%)가 한쪽 팔(arm)로 반사되어 거울 M_2로 가고, 일부(50%)

는 S를 그대로 통과(투과)하여 거울 M_1으로 진행한다. 각 거울에서 빛은 다시 반사되어 이번에는 S를 향해 반대로 진행한다. 이 때 앞서 설명한 바와 마찬가지로 M_1에서 반사된 빛의 일부(50% 중의 1/2, 25%)가 S에서 광검출기(detector)로 반사되고, M_2에서 반사된 빛의 일부(25%)는 S를 통과하여 광검출기로 진행한다. 광검출기 앞에는 거울에서 반사되어 오는 빛들을 모아줄 수 있는 수렴렌즈를 놓아둔다. M_1에서 반사되는 빛은 S 내부를 한 번만 거치게 되지만, M_2에서 반사되는 빛은 S 내부를 세 번 거치게 된다. 이것은 두 빛의 경로 상에 동일성을 훼손하므로 이를 막기 위해 M_1과 S의 중간에 반사판이 없이 S와 같은 두께의 유리판을 놓아둔다. 이 유리판을 **보정판**(CP : Compensating Plate)이라고 부르며, M_1과 M_2에서 반사된 빛의 광학적 길이를 같게 하는 역할을 한다.

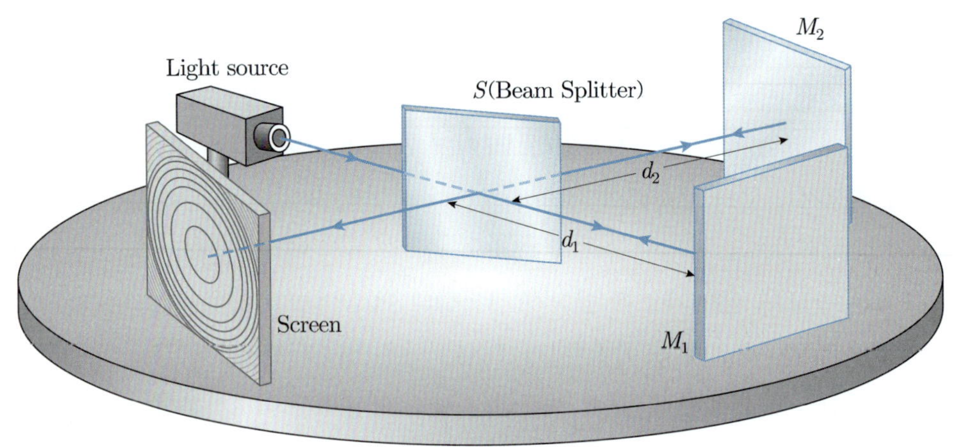

그림 5-16 마이켈슨 간섭계의 구조도

이 보정판으로 인해 S에서 M_1과 M_2까지의 거리가 똑같은 경우, 반사된 두 빛의 위상은 180°(π)만큼의 차이만 나게 된다. 거울 M_2로 가는 빛은 S에서 반사될 때 S 내부를 거친 후 반사면에서 반사되고, 거울 M_1에서 반사된 빛은 S의 내부를 거치지 않고 바로 S 표면에서 반사되기 때문에 180°의 위상차이가 생긴다.

레이저와 같이 빛이 나오는 면적이 매우 작은 것도 광원으로 사용이 가능하지만, 수은램프와 같이 발광 면적이 어느 정도 큰 것도 사용이 가능하다. 어떤 광원을 사용하든지, 간섭계가 광섬유 간섭계가 아니기 때문에 한 점에 아닌 공간상의 일정한 영역에서 서로 다른 두 경로를 거친 빛이 간섭을 일으키게 된다. 즉, 광검출기 영역에 스크린을 설치하면 스크린에 영의 간섭실험에서와 마찬가지로 어떤 패턴을 가지는 간섭무늬(그림 5-17 참조)가 생기게 될 것이다.

지금부터는 되먹임 회로(feed-back circuit)로 제어되는 마이켈슨 레이저 간섭계에 의한 미세변위를 측정하는 방법을 구체적으로 설명하고자 한다. 그림 5-17 (a)는 되먹임 회로의 제어 시스템을 이용하여 nano-scale의 미세변위를 측정하기 위한 마이켈슨 레이저 간섭계의 계략도이다.

일반적으로 마이켈슨 레이저 간섭계의 광원으로는 편광이 되고, 파장이 632.8 nm인 He-Ne 레이저를 사용한다. 특히, 측정의 정밀도와 검출기를 통하여 획득한 간섭신호의 signal to noise(S/N) ratio를 높이기 위하여 주파수가 안정화된 레이저를 사용하는 것이 좋다. 그리고 빔 확대기(beam expander)로 레이저를 평행광으로 만들어 레이저 빔의 발산(divergence)을 줄일 경우 검출기(혹은 스크린)에서 균일한 상과 안정적인 신호를 얻을 수 있다.

광분할기는 파장이 632.8 nm, 편광이 s-polarization, 입사각이 45°인 레이저 빔의 강도가 50:50으로 나누어지도록 설계·제작되었으며 분할된 레이저 빔을 간섭계 양쪽 팔의 반사경 M_1, M_2쪽으로 분할시키는 역할을 한다. 반사경 M_1과 M_2는 파장이 632.8 nm인 광파에 대하여 높은 반사율을 가지는 거울로써 반사경 M_1은 측정하고자 하는 시료(혹은 시료 자체가 반사율이 높은 경우 시료를 반사경으로 사용함)에 부착하며 반사경 M_2는 되먹임 회로와 연결된 piezoelectric transducer(PZT)의 끝에 부착시킨다. 그러므로 마이켈슨 레이저 간섭계는 동일한 위상과 파장을 갖는 광원으로부터 방출된 레이저 빔을 광분할기를 이용하여 두 개의 빔으로 분리한 다음 하나의 빔(기준 빔)은 광분할기로부터 일정한 거리에 고정되어 있는 고정거울(M_2)에서 반사시키고 다른 하나의 빔(측정 빔)은 측정물(시료)에 부착된 거울(M_1)에서 반사시켜 관측점에서 다시 합성된다. 이 때 합성된 빔에서 기준 빔은 항상 일정한 위상을 갖는 반면 측정 빔은 측정물의 길이변화에 따라 위상이 변하게 된다. 반사경 M_1과 M_2에서 반사된 레이저 빔은 광분할기를 거쳐 검출기(스크린)에서 관찰할 수 있다. 그림 5-17 (b)는 검출기의 위치에 스크린을 놓아 관찰한 간섭무늬의 사진이다.

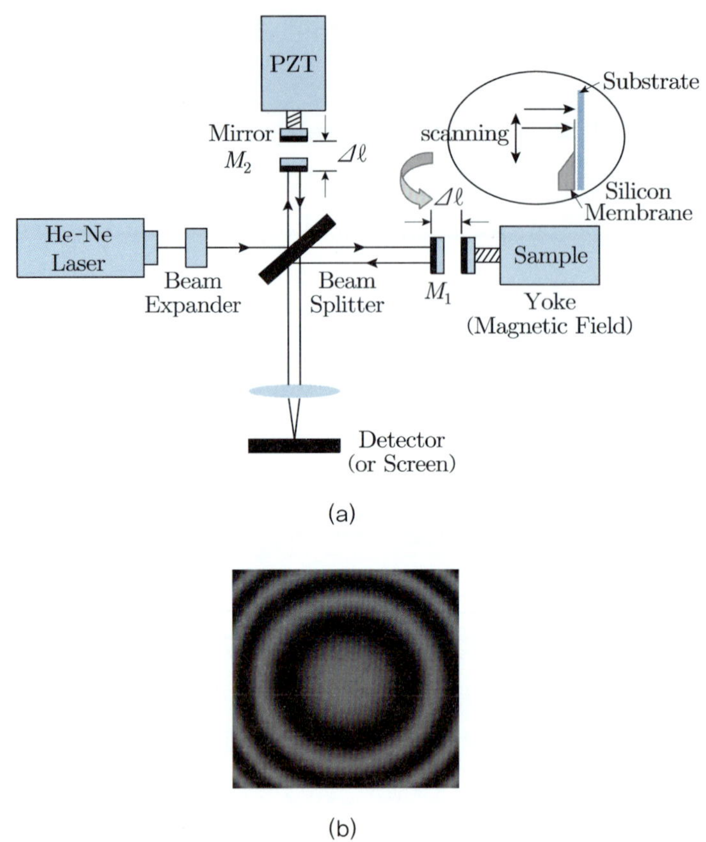

그림 5-17 (a) 되먹임 회로의 제어 시스템을 이용한 nano-scale의 미세변위 측정용 마이켈슨 레이저 간섭계의 계략도와 (b) 스크린에서 관찰한 간섭무늬

스크린의 임의의 한 점에서 관찰된 간섭무늬의 빔 강도 I는 He-Ne 레이저에서 나온 빔이 간섭계의 서로 다른 팔을 왕복하면서 스크린에서 다시 서로 만나 일으키는 간섭현상에 의해 결정되며 식 (5-24)를 적용하면 다음과 같이 표현할 수 있다.

$$I = I_1 + I_2 + 2\sqrt{I_1 I_2}\cos\left(\frac{2\pi \cdot \Delta\ell}{\lambda}\right) = I_1 + I_2 + 2\sqrt{I_1 I_2}\cos(\delta_L) \qquad (5\text{-}38)$$

여기서 I_1, I_2는 간섭계의 각 팔에서 진행하는 레이저 빔의 강도이고, $\Delta\ell$은 각 팔을 거쳐 온 레이저 빔들의 이동거리 차이(OPD : Optical Path Difference)이다. 그리고 δ_L은 OPD에 해당하는 두 광의 위상차로서 다음과 같이 정의된다.

$$\delta_L = \frac{2\pi \cdot \Delta\ell}{\lambda} \qquad (5\text{-}39)$$

만일 M_1이 앞뒤로 움직이게 되면 $\Delta\ell$이 변하므로, 식 (5-38)에 의해 스크린에 나타나는 레이저 빔의 강도가 변하게 된다. 간섭무늬의 전체적인 움직임으로 보면, $\Delta\ell$의 변화에 따라 간섭무늬가 안쪽 또는 바깥쪽으로 이동하는 현상이 나타난다. 그러므로 스크린의 어떤 한 점에서 간섭무늬가 이동한 수를 세면 $\Delta\ell$이 얼마나 변했는지 알 수 있다.

그림 5-17에서 외부의 영향에 의한 시료의 길이(박막의 경우는 두께)변화를 d라고 하면, $\Delta\ell$은 그 두 배인 $2d$가 된다. 그 이유는 레이저 빔이 M_1으로 향하는 경로를 왕복하기 때문이다. 그런데 간섭무늬가 한 개 이동하려면 $\Delta\ell$이 광원의 파장만큼 증가 또는 감소해야 한다. 그러므로 시료의 길이(두께)변화가 광원 파장의 반인 $\lambda/2$를 넘을 때마다 간섭무늬의 이동 숫자가 하나씩 증가하게 된다. 따라서 이동한 간섭무늬의 수 m과 시료의 길이(두께) 변화 d는 다음과 같은 관계가 성립한다.

$$d = m\frac{\lambda}{2} \tag{5-40}$$

이러한 관계를 이용하여, 이동한 간섭무늬의 수 m을 측정하면, 외부의 영향에 의한 시료의 길이(두께)변화의 크기를 측정할 수 있다. 식 (5-40) 대신에 식 (5-38)을 활용하여 레이저 빔의 강도 변화로부터 직접 δ_L의 변화를 알아내고, 다시 식 (5-39)를 활용하여 d를 알아낼 수 있다.

예제 5.8 마이켈슨 간섭계 (1)

그림 5-16에서 보는 것처럼 마이켈슨 간섭계의 두 거울 M_1과 M_2 중에서 M_1은 고정시켜 놓고 M_2를 31.64 μm 움직였더니 100개의 밝은 무늬가 지나갔다. 간섭계의 광원으로 사용한 레이저의 파장을 구하시오.

풀이 식 (5-40)을 이용하면 간섭계에 사용된 레이저의 파장은 $\lambda = \frac{2d}{m}$이므로

$$\lambda = \frac{2d}{m} = \frac{2\times 31.64\times 10^{-6}}{100}$$
$$= 632.8\ (\text{nm})$$

이다.

예제 5.9 마이켈슨 간섭계 (2)

그림 5-16과 같은 마이켈슨 간섭계에서 두 거울 M_1과 M_2 중에서 M_1은 고정시켜 놓고 M_2를 0.5 cm 이동시킬 때, 몇 개의 밝은 간섭무늬가 지나갔겠는가? 간섭계의 광원으로 사용한 레이저의 파장은 500 nm이다.

풀이 식 (5-40)에서 두 거울 M_1과 M_2 중 하나를 $\lambda/2$만큼 이동하면 밝은 무늬가 하나 지나간다.

$$
\begin{aligned}
m &= \frac{2d}{\lambda} \\
&= \frac{2 \times 0.5 \times 10^{-2}}{500 \times 10^{-9}} \\
&= 2.0 \times 10^{4} \ (\text{개})
\end{aligned}
$$

합성된 빔은 기준 빔과 측정 빔의 위상차에 의하여 간섭이 일어나며 간섭무늬의 강도는 식 (5-38)과 같이 표현할 수 있다. 식 (5-40)에서 알 수 있듯이 간섭무늬의 수를 세는 방식으로 길이변화를 측정하는 방법은 길이 d에 $\lambda/2$ 이상의 변화가 있을 때마다 그 변화를 검출할 수 있게 된다. 그러므로 이 방법을 사용하게 되면, 그 분해능은 평균적으로 $\lambda/4$ 정도로 제한이 생기게 되고, 최악의 경우는 $\lambda/2$까지도 측정 오차가 있을 수 있다. 그림 5-17과 같이 He-Ne 레이저를 사용하는 경우, 광원의 파장은 632.8 nm이므로, 두께 측정의 분해능은 평균적으로 150 nm 정도가 될 것이다.

실제로 레이저 간섭계에 여러 가지 부가적인 장치들을 추가하고 적절한 신호처리 방법을 병행하면 간섭계의 분해능을 파장의 수십 분의 일까지 개선시킬 수 있다. 물론 이론적으로는 식 (5-38)에서 나타난 바와 같이 레이저 빔의 강도변화를 아주 정확하게 측정한다면, 분해능을 무한히 향상시킬 수 있다. 그러나 식 (5-38)에서 나타나는 cosine 함수의 선형성, 전자회로의 교란신호, 전압신호의 A/D 변환 시 분해능 등을 고려할 때, 분해능을 30 nm보다 더 좋게 만들기는 어렵다.

또한, 레이저 빔의 강도 변화를 길이변화의 크기로 환산해야 하는 과정도 거쳐야 하는데, 이 때도 오차가 크게 발생할 수 있다. 예를 들어, 그림 5-18에서 보는 바와 같이 cosine 함수 내부의 δ_L이 $n\pi$의 값 근방에 있을 경우 (n은 정수), cosine 함수의 변화율은 0에 가깝게 된다.

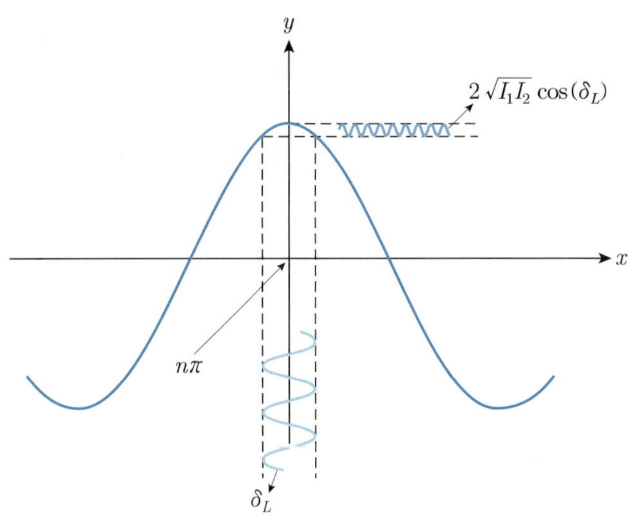

그림 5-18 δ_L이 $n\pi$의 근처에서 변할 때 레이저 간섭계의 출력 변화

그림에서 x축은 길이변화에 따른 위상의 변화 δ_L이고, y축은 식 (5-38)에서 광의 세기 변화를 나타내는 $2\sqrt{I_1 I_2}\cos(\delta_L)$이다. δ_L의 값이 π의 정수 배가 될 때 $\cos(\delta_L)$은 1 또는 -1의 값을 가지는데, 이 때 그 지점에서 cosine 함수의 변화율은 0이다. 따라서 δ_L이 이 근방에서 그림 5-18과 같이 변하고 있다면, 레이저 빔의 강도 변화 $2\sqrt{I_1 I_2}\cos(\delta_L)$은 그림에서 표시된 것과 같이 매우 작은 변화로서 나타나게 될 것이다.

이 근방에서는 시료의 길이변형이 많이 일어나더라도, 레이저 빔의 강도 변화가 별로 없기 때문에 그것을 감지하기 어렵다는 것이다. 이것을 다시 생각하면, 레이저 빔의 강도 변화를 시료의 길이변형으로 환산하는 것 역시 쉽지 않으며 오차가 발생할 가능성이 크다는 뜻이 된다.

최첨단 장치들의 도움을 받을 경우에는 위에서 설명한 이러한 단점들을 극복하고 1 nm 정도의 분해능을 가진 간섭계도 만들 수 있다. 또한 레이저 간섭계가 아닌 백색광 간섭계를 사용해도 1 nm 정도의 변위측정이 가능하다. 그러나 이러한 장치들은 대부분 매우 복잡한 구조 및 신호처리 알고리즘을 필요로 하거나, 측정범위가 매우 작은 문제들을 가지고 있어서 시료의 미세한 길이변형을 측정하기에 불편함을 가지고 있다.

미세변위를 nano-scale의 정밀도로 측정하기 위하여, 단순한 마이켈슨 간섭계와는 달리 간섭계의 한쪽 반사경(M_2)을 되먹임 회로와 연결된 PZT의 끝에 부착시키면 측정의 정밀도를 개선할 수 있다. 이 때 전반사 거울 M_2가 부착된 PZT는 검출기에서 수신된 간섭신호를 되먹임 신호로 받아서 레이저 간섭계의 두 팔 사이의 광경로를 일정하게 유지시킨다. 즉 시료가 외부에서 인가되는 조건에 따라 시료의 길이가 늘어나거나 수축하여 미세한 변형이 일어나면, PZT drive를 통하여 PZT에 전압을 공급함으로써 시료의 변형된 길이를 보상해 광경로가 일정하게 유지되도록 한다.

따라서 되먹임 신호에 의하여 PZT에 인가된 되먹임 회로의 전압을 측정하여 이동된 간섭무늬의 개수를 알 수 있으며 이것으로부터 시료의 변형된 길이를 산출할 수 있다. 만일 PZT의 특성이 잘 알려져 있는 것이라면, PZT에 가해진 전압의 크기를 알면 PZT의 길이변형을 알 수 있으므로, 시료의 미세변형도 알 수 있게 된다.

이 방법은 구성이 비교적 간단할 뿐 아니라 시스템에서의 두 광경로 차이가 항상 일정하게 유지되기 때문에, 초기에 두 광의 위상차 δ_L을 $\pi/2$의 홀수 배에 위치하도록 간섭계를 조절해 놓으면 $\delta_L = (n+1/2)\pi$가 측정과정 동안 그대로 유지된다.

그림 5-19의 경우는 그림 5-18과 달리 cosine 함수의 변화율의 크기가 0이 아니라 1이 되는 지점의 근처에서 δ_L이 변화하게 되므로, 그림과 같이 레이저 빔의 강도 변화도 상당히 크게 나타나게 된다. 그러므로 간섭계는 시료의 작은 길이변형에도 민감하게 반응을 할 수 있으므로 감도(sensitivity)가 높아지게 된다. 보통 감도가 높아지면 측정 가능한 범위(dynamic range)가 줄어드는 것이 일반적인 센서의 특징인데, 이 경우에는 PZT에 의해 전체 시스템의 측정 가능한 범위가 결정되므로 특성이 좋은 PZT를 시스템에 사용할 경우, 이러한 문제점은 해결할 수 있다.

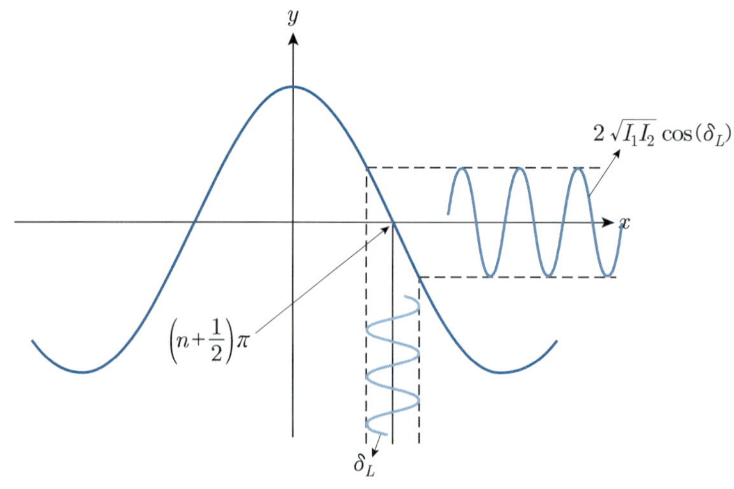

그림 5-19 δ_L이 $(n+1/2)\pi$ 근처에서 변할 때 레이저 간섭계의 출력 변화

또한 $\delta_L = (n+1/2)\pi$ 근처에서 cosine 함수의 선형성(linearity) 역시 $\delta_L = n\pi$ 영역에 비해 월등히 우수하므로 전체적으로 되먹임 회로의 동작에도 좋은 영향을 주게 된다. 그리고 PZT에 인가된 전압으로부터 바로 시료의 길이변형을 알 수 있으므로, 신호처리 측면에서도 일반적인 광학 간섭계들에 비해 매우 간편해진다.

그림 5-20은 간섭계의 한쪽 팔에 있는 PZT에 삼각파의 인가전압을 인가하여 PZT의 길이변화에 따른 간섭무늬의 이동을 관찰한 것으로 ~11.0 V의 인가전압에 대하여 ~5.5개의 간섭무늬가 이동한 것을 알 수 있다. 이와 같이 PZT에 여러 가지 전압을 인가하여 반복적인 실험을 수행하게 되면 인가전압에 따른 PZT의 길이변화의 특성을 관찰할 수 있다. 이렇게 인가전압에 따른 PZT의 길이변화의 특성을 인지하고 있으면 PZT에 가해진 전압의 크기를 읽음으로써 시료의 미세변형을 간접적으로 알 수 있게 된다.

그림 5-21은 여러 가지 전압을 PZT에 인가하여 인가전압에 따른 PZT의 길이변화 특성으로 시스템에 사용한 PZT의 길이변화 상수가 0.162 μm/V임을 알 수 있다. 만일 PZT 입력전압(feedback voltage)을 0.1 V씩 제어할 수 있다면, 이 마이켈슨 레이저 간섭계는

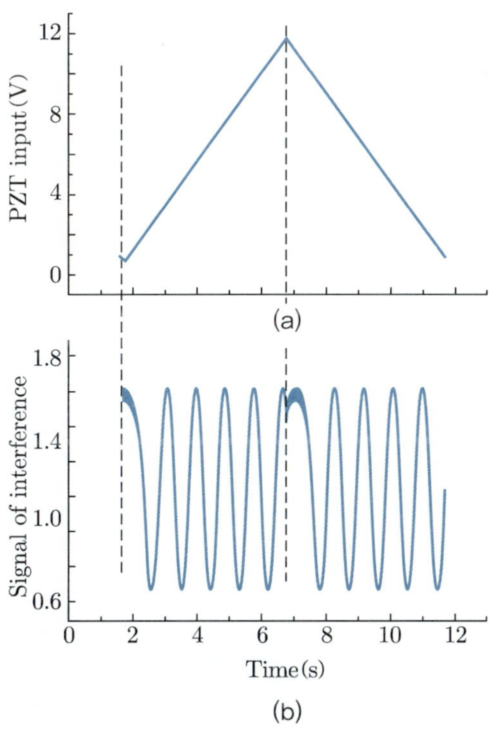

그림 5-20 PZT의 인가전압(~11.0 V)에 따른 간섭무늬의 이동

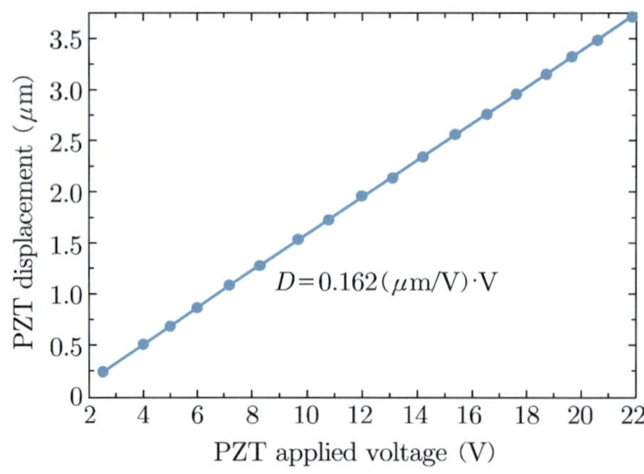

그림 5-21 여러 가지의 PZT 인가전압에 따른 PZT의 길이변화 특성

16.2 nm의 분해능으로 측정할 수 있다. 현재 일반적으로 사용되고 있는 고 감도의 PZT는 5~10 mV까지 정밀하게 제어되기 때문에 이러한 고 감도의 PZT를 사용할 경우 간섭계의 측정 분해능을 ~1 nm까지 개선할 수 있을 것으로 판단된다.

5.3.2 마하-젠더 간섭계

광섬유 마하-젠더(Mach-Zender) 간섭계의 동작을 알기 위해서는 우선적으로 방향성 결합기(DC : Directional Coupler)에 관한 기본적인 이해가 필요하다. 방향성 결합기는 일반적인 광학소자인 광분할기와 동일한 역할을 하는 광섬유 소자이다. 즉, 그림 5-22에서 보는 바와 같이 방향성 결합기는 왼쪽의 광섬유 중 하나에 들어온 빛(입력신호)을 두 광섬유가 만나는 접합 부분에서 분할하여 오른쪽의 두 광섬유에 전송하는 광학소자이다.

이 때, 접합부분에서 원래 광섬유를 따라 그대로 진행하는 빛과 비교하여 반대편 광섬유로 넘어가는 빛은 위상이 90° 더해지게 된다. 이러한 위상차이가 생기는 것은 에너지 보존법칙과 시스템의 대칭성을 이용하면 증명할 수 있지만 여기서는 생략하도록 하겠다.

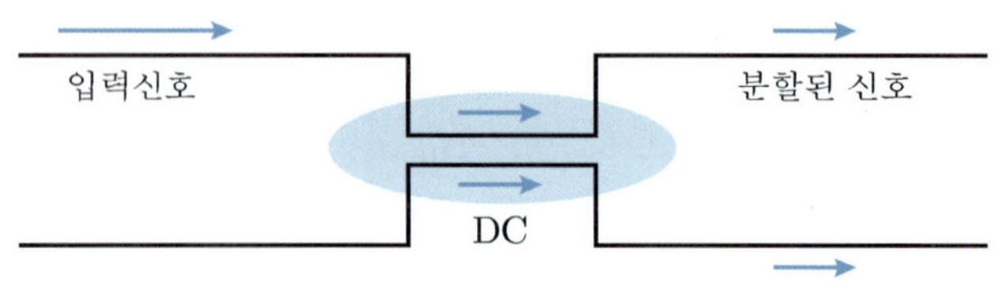

그림 5-22 방향성 결합기

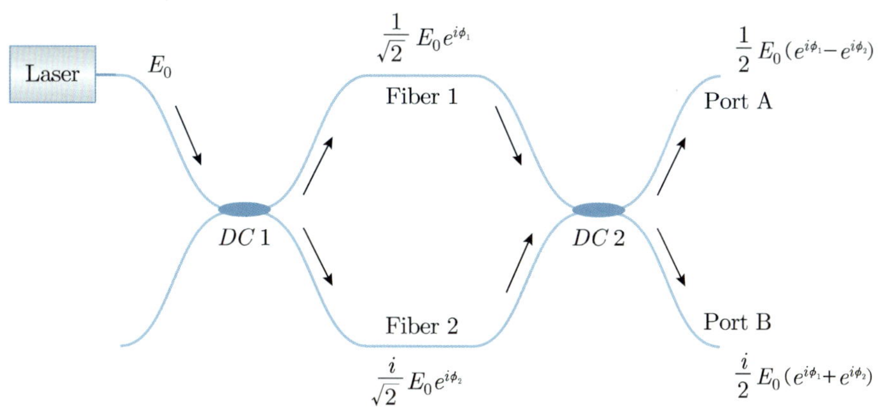

그림 5-23 광섬유 마하-젠더 간섭계

그림 5-23은 광섬유로 구성된 마하-젠더 간섭계를 보여주고 있다. 가는 선으로 나타낸 것이 광섬유이다. 왼쪽의 레이저 광원에서 광섬유로 들어온 빛은 첫 번째 방향성 결합기(DC 1)에서 강도의 1/2이 반대편 광섬유로 넘어감으로써 두 갈래로 나뉘어 각각 다른 광섬유로 진행하게 된다. 이렇게 각각 다른 길을 진행한 두 빛은 다시 두 번째 방향성 결합기(DC 2)에서 만나게 된다.

이 때, DC 2에서 일어나는 현상은 다음과 같다. DC 1에서 다른 광섬유로 넘어가지 않고 그대로 진행한 빛, 즉 그림에서 윗부분의 광섬유(Fiber 1)를 따라서 진행한 빛은 DC 2에서 1/2이 반대편 광섬유로 넘어간다. 마찬가지로 DC 1에서 다른 광섬유로 넘어간 빛, 즉 그림에서 아랫부분의 광섬유(Fiber 2)를 따라서 진행한 빛은 DC 2에서 1/2이 반대편 광섬유로 넘어간다.

따라서 그림의 Port A로 나오는 빛의 반은 Fiber 1을 따라서 진행한 빛이고, 나머지 반은 Fiber 2를 따라서 진행한 빛으로 구성된다. 이것은 Port B의 빛도 마찬가지이다. 이제 이러한 현상을 정리하여 빛의 전기장(파동함수)이 어떻게 수학적으로 변화하게 되는 것인지 살펴보도록 하자. 이 때 빛의 편광은 일정하다고 가정하여 전기장을 벡터 대신에 스칼라로 표현하기로 한다. 그리고 $e^{-i\omega t}$ 항도 모든 빛에 공통이므로 생략한다.

우선 레이저에서 나와서 DC 1으로 들어가기 직전의 빛을 E_0라고 하자. DC 1에서 Fiber 1으로 그대로 가는 빛은 빛의 강도가 1/2로 줄어들게 되므로 전기장이 $E_0/\sqrt{2}$가 된다. 반면, DC 1에서 Fiber 2로 넘어가는 빛은 세기가 1/2이 되면서 동시에 위상이 90°(= $\pi/2$) 만큼 더해지므로 전기장이 $E_0 e^{i\pi/2}/\sqrt{2} = iE_0/\sqrt{2}$가 된다. 이 상태에서 각각 Fiber 1과

Fiber 2를 따라서 진행한 두 빛은 각자 진행한 길이에 따라 각각의 위상 ϕ_1, ϕ_2를 얻게 된다(위상항은 e^{ikz} 임을 생각하라).

$$\phi_1 = kL_1 = 2\pi L_1/\lambda = 2\pi nL_1/\lambda_0 \tag{5-41}$$

$$\phi_2 = kL_2 = 2\pi L_2/\lambda = 2\pi nL_2/\lambda_0$$

식 (5-41)에서 n은 광섬유의 굴절률이고 L_1, L_2는 각각 Fiber 1과 Fiber 2의 길이이다. 또한, λ는 광섬유에서의 빛의 파장이고, λ_0는 진공 중에서의 빛의 파장이다. 그러므로 Fiber 1과 Fiber 2의 길이와 정확히 똑같지 않다면 위상 ϕ_1, ϕ_2는 서로 다른 값을 가지게 된다. 또한, 광섬유에 걸리는 온도, 압력, 스트레인 등이 달라지면 광섬유의 굴절률 n이 변하게 되어 위상도 또한 변하게 된다.

참고로 굴절률 n인 매질 내에서 빛이 일정한 거리 L을 진행했다면, 빛이 느끼게 되는 진행한 길이는 nL이 된다. 이것을 우리는 광학적 길이(optical distance)라고 부르고, 두 빛이 서로 다른 경로를 진행하여 생긴 광학적 길이의 차이를 광경로차라고 부른다.

$$\mathrm{OPD} = n_2L_2 - n_1L_1$$

그러므로 빛이 어떤 두 매질 내에서 같은 길이만큼 진행했다고 하더라도, 매질의 굴절률이 다르면 광경로차가 생기고, 또한 얻게 되는 위상 값도 서로 다르게 된다.

다시 간섭계로 돌아와서, Fiber 1과 Fiber 2에서 빛이 얻은 위상을 각각 ϕ_1, ϕ_2라고 하였으므로, 빛이 DC 2에 들어가기 직전에 Fiber 1과 Fiber 2를 거친 빛의 전기장 E_1과 E_2는 각각 다음과 같다.

$$E_1 = \frac{E_0}{\sqrt{2}}e^{i\phi_1}$$

$$E_2 = \frac{iE_0}{\sqrt{2}}e^{i\phi_2}$$

이제 DC 2에서 Port A로 나가는 빛 E_A는 Fiber 1에서 그대로 진행하는 빛 1/2과 Fiber 2에서 반대편으로 넘어오는 빛 1/2의 합이므로 다음과 같다.

$$E_A = \frac{E_1}{\sqrt{2}} + \frac{iE_2}{\sqrt{2}} = \frac{E_0}{2}\left(e^{i\phi_1} - e^{i\phi_2}\right) \tag{5-42}$$

마찬가지로, DC 2에서 Port B로 나가는 빛 E_B는 Fiber 2에서 그대로 진행하는 빛 1/2과 Fiber 1에서 반대편으로 넘어오는 빛 1/2의 합이므로 다음과 같이 된다.

$$E_B = \frac{iE_1}{\sqrt{2}} + \frac{E_2}{\sqrt{2}} = \frac{iE_0}{2}\left(e^{i\phi_1} + e^{i\phi_2}\right) \tag{5-43}$$

Port A로 나오는 빛의 세기를 I_A라고 하면,

$$\begin{aligned} I_A = E_A \cdot E_A^* &= \frac{E_0^2}{4}\left(e^{i\phi_1} - e^{i\phi_2}\right)\left(e^{-i\phi_1} - e^{-i\phi_2}\right) \qquad (5\text{-}44) \\ &= \frac{E_0^2}{4}\left\{2 - e^{i(\phi_1 - \phi_2)} - e^{-i(\phi_1 - \phi_2)}\right\} \\ &= \frac{E_0^2}{2}\left\{1 - \cos(\phi_1 - \phi_2)\right\} \\ &= E_0^2 \sin^2\left\{\frac{(\phi_1 - \phi_2)}{2}\right\} \end{aligned}$$

이다. 마찬가지로 Port B로 나오는 빛의 세기를 I_B라고 하면,

$$\begin{aligned} I_B = E_B \cdot E_B^* &= \frac{E_0^2}{4}\left(e^{i\phi_1} + e^{i\phi_2}\right)\left(e^{-i\phi_1} + e^{-i\phi_2}\right) \qquad (5\text{-}45) \\ &= \frac{E_0^2}{4}\left\{2 + e^{i(\phi_1 - \phi_2)} + e^{-i(\phi_1 - \phi_2)}\right\} \\ &= \frac{E_0^2}{2}\left\{1 + \cos(\phi_1 - \phi_2)\right\} \\ &= E_0^2 \cos^2\left\{\frac{(\phi_1 - \phi_2)}{2}\right\} \end{aligned}$$

가 된다. I_A와 I_B를 보면 식 (5-37)의 영의 간섭실험과 비슷한 모양을 하고 있음을 볼 수 있는데, 이것은 우연의 일치가 아니다. 영의 실험과 마하-젠더 간섭계 모두가 서로 위상차이가 나는 두 빛의 간섭에 의해 빛의 세기가 결정되는데, 영의 실험에서는 두 슬릿에서 나온 빛이 서로 간섭할 때 그 위상차이가 스크린에서의 위치 y에 따라 달라진다. 그러므로 영의 실험에서는 위상차이 $(\phi_1 - \phi_2)$가 $(2\pi yd/\lambda L)$의 형태로 나타나는 것이다.

우리가 여기서 또 하나 눈여겨볼 것은 식 (5-44)와 (5-45)가 에너지 보존법칙을 만족하고 있다는 것이다. 간섭계의 양팔에서 나오는 빛의 세기 I_A와 I_B를 더하면 간섭계에서 나오는 총 빛의 세기 I_{out}을 다음과 같이 얻을 수 있다.

$$I_{\text{out}} = I_A + I_B = E_0^2\left[\sin^2\left\{\frac{(\phi_1 - \phi_2)}{2}\right\} + \cos^2\left\{\frac{(\phi_1 - \phi_2)}{2}\right\}\right] = E_0^2$$

그런데 E_0^2은 바로 간섭계로 들어가는 빛의 강도이다. 따라서 간섭계에 들어가는 빛과 나오는 빛의 강도가 동일함을 알 수 있고, 이것은 빛 에너지가 보존되고 있음을 보여주는 것이다. 마하-젠더 간섭계 내부의 어느 부분에서도 편광기와 같이 빛을 흡수하거나 빛을 방출하는 소자가 없으므로 빛 에너지는 보존되어야 옳다. 그러므로 이러한 사실로부터 우리는 식 (5-44)와 (5-45)가 틀리지 않다는 것을 어느 정도 추론할 수 있다(물론 실제로는 방향성 결합기나 광섬유에서 약간의 빛의 손실이 생긴다. 그러나 여기서는 그런 손실을 없다고 가정한 이상적인 간섭계에 관해서 기술하고 있다).

다시, 식 (5-44)와 (5-45)로 돌아가면 각 Port로 나오는 빛의 세기가 Fiber 1 및 Fiber 2에서 얻은 위상의 차이 $(\phi_1 - \phi_2)$의 함수가 됨을 알 수 있다. 즉, 서로 다른 경로를 지난 두 빛의 위상차이가 곧 빛의 강도로 나타나게 된다. 이러한 성질을 이용하면 우리는 측정하고자 하는 어떤 물리량을 알아낼 수 있다.

예를 들어 그림 5-24와 같이 Fiber 1을 온도나 기타 외부 조건의 변화가 거의 없는 안정된 환경에 놓고, Fiber 2는 전압이 걸린 PZT에 감아서 놓는다고 하자. PZT는 자신에게 인가된 전압에 따라 그 크기가 변하는 성질을 가지고 있는 물질로서, 광섬유를 원통형으로 생긴 PZT에 감게 되면 PZT의 부피 변화에 따라 광섬유도 역시 늘어나거나 줄어들게 된다.

그러면 Fiber 1을 거쳐서 나온 빛의 위상은 항상 ϕ_1으로 일정하겠지만, Fiber 2를 거쳐 나온 빛의 위상 ϕ_2는 PZT에 걸리는 전압이 변하면 따라서 변화하게 된다. 식 (5-43) 또는 (5-44)에 의해 마하-젠더 간섭계의 출력 부분의 광섬유에 나오는 빛의 세기가 변화하게 되고, 이것을 광검출기를 통해 측정함으로써 역으로 PZT에 걸린 전압의 크기를 알 수 있게 된다.

이 때, Fiber 1을 통과하는 빛은 변하지 않는 안정된 위상을 가지게 되므로 이를 기준광(reference light)이라 하고, 그러한 광경로 Fiber 1을 기준 팔(reference arm)이라고

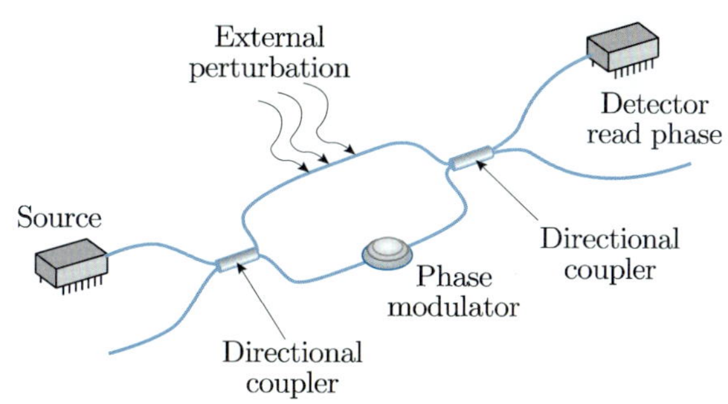

그림 5-24 마하-젠더 간섭계의 응용

한다. 한편 Fiber 2에서는 빛이 상대적인 위상의 변화를 겪어 무언가를 감지하는데 이용되므로, Fiber 2를 감지 팔(sensing arm)이라고 한다.

이와 같이 많은 간섭계들은 마하-젠더 간섭계와 마찬가지로, 빛을 두 경로로 나누어 하나는 기준 팔을 통과시켜 위상의 변화가 없도록 하고, 다른 하나는 감지 팔을 통과시켜 기준 팔과는 다른 위상 변화를 유도한 후 두 빛의 위상차를 검출함으로써 원하는 물리량을 측정하고 있다.

지금까지는 광섬유 마하-젠더 간섭계에 대하여 설명했다. 이제 광섬유 대신 일반 광학계로 구성된 마하-젠더 간섭계를 소개해 보자. 마하-젠더 간섭계는 투명한 매질의 물리적 성질과 광학적 특성을 평가하기 위하여 사용되는 간섭계 중의 하나이다.

그림 5-25에서 보는 바와 같이 입사광이 첫 번째 광분할기 BS-1로 입사하여 둘로 나누어진 다음 거울 M_1과 M_2에서 반사된다. 반사된 광선들은 두 번째 광분할기 BS-2를 통과한 다음 중첩되어 간섭을 일으킨다. 여기서 광분할기 BS-1과 BS-2는 45°의 입사광에 대하여 50:50으로 분할하는 역할을 하며 거울 M_1과 M_2는 45°의 입사광에 대하여 전반사하는 거울이다. 이러한 광학부품들은 당연히 사용하는 특정 파장에 국한되어 설계되어 있다.

이 간섭계는 그림 5-25에서와 같이 한 쪽 팔에 측정하고자 하는 투명한 매질을 놓으면 매질이 없을 때와 비교하여 광경로가 달라지기 때문에 이동된 간섭무늬로부터 이 매질의 두께 또는 굴절률을 분석해 낼 수 있다.

굴절률이 n, 길이가 d인 매질을 빛이 진행할 경우, 빛이 진행한 광경로는 nd로 정의된다. 즉, 광경로란 임의의 매질을 통과하는데 걸린 시간 동안 진공 중에서 빛이 진행한 거리로 환산한 값을 의미한다.

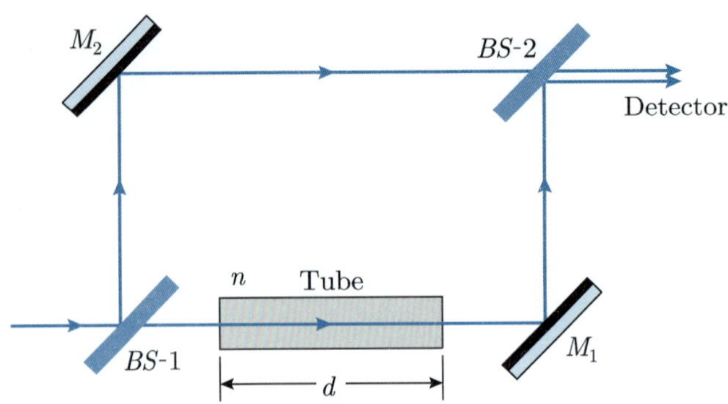

그림 5-25 마하-젠더 간섭계를 이용한 물질의 굴절률 측정

측정하고자 하는 매질이 한 쪽 팔에 있을 때와 없을 때의 광경로차 Δ는 다음과 같이 나타낼 수 있다.

$$\Delta = (n-1)d \tag{5-46}$$

따라서 광경로차 Δ와 측정하고자 하는 매질이 한 쪽 팔에 있을 때와 없을 때 발생하는 간섭무늬의 이동을 관찰하면 매질의 두께 또는 굴절률을 측정할 수 있다.

예제 5.10 마하-젠더 간섭계

그림 5-25의 마하-젠더 간섭계의 한 쪽 팔에 길이가 10.15 cm인 빈 tube가 있다. 이 tube에 가스를 서서히 채워 넣었더니 243개의 간섭무늬가 이동하였다. 파장이 632.8 nm인 He-Ne 레이저를 광원으로 사용했다면 tube에 담긴 가스의 굴절률은 얼마인가? 단 온도와 압력에 대한 의존성은 무시하기로 한다.

풀이 마하-젠더 간섭계에 의한 광경로차 Δ는 $\Delta = (n-1)d$이다.

$$n-1 = \frac{m\lambda_0}{d}$$

$$= \frac{243 \times 632.8 \times 10^{-9}}{10.15 \times 10^{-2}}$$

$$= 0.00151$$

따라서 tube에 담긴 가스의 굴절률은 1.00151이다.

5.3.3 트와이만-그린 간섭계

그림 5-26에서 보는 바와 같이 트와이만-그린(Twyman-Green) 간섭계는 마이켈슨 간섭계와 같은 구조를 가지고 있다. 단, 트와이만-그린 간섭계에서는 그림과 같이 간섭계에 들어가는 빛을 평행광으로 사용한다는 것이 다른 점이다. 평행광을 얻기 위해 그림에서는 점광원을 렌즈의 초점거리에 놓아서 점광원으로부터 나오는 빛이 렌즈를 거쳐 평행광이 되도록 하고 있다.

트와이만-그린 간섭계에서는 많은 경우 두 거울 중 하나를 일부러 약간 기울여서 사용한다. 이렇게 하면 그림 5-26과 같이 스크린에 줄무늬 형태의 간섭무늬를 얻게 된다. 트와이만-그린 간섭계에서 BS와 두 거울 중 하나의 경로에 투명한 테스트 할 광학소자를 놓아두거나, 그림 5-27과 같이 거울 하나를 테스트할 광학소자로 바꾸면 테스트할 광학소자의 면이 평탄하지 않은 정도에 따라 그림과 같이 간섭무늬의 형태가 일그러지게 된다. 그리고 이 일그러진 간섭무늬를 분석하면 광학소자의 형태를 정량적으로 측정이 가능하기 때문에, 트와이만-그린 간섭계는 주로 광학소자들의 품질을 평가하는데 많이 이용되고 있다.

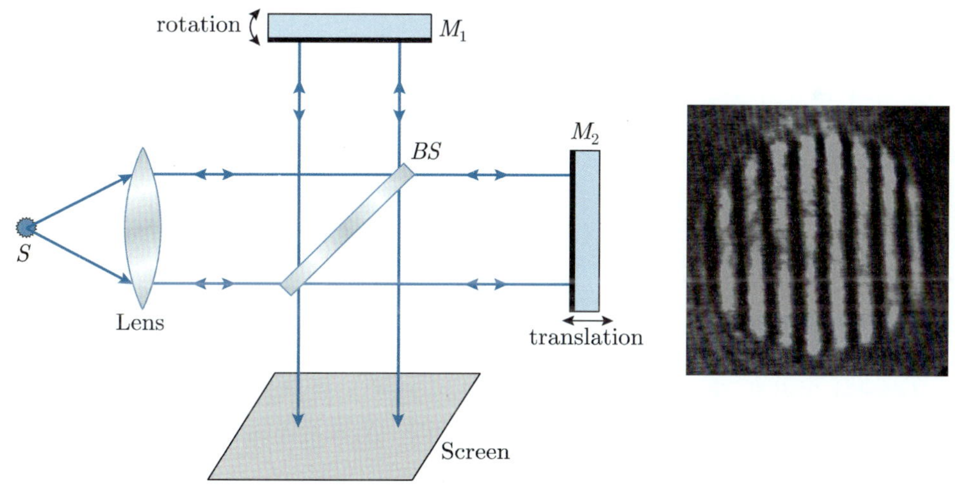

그림 5-26 트와이만-그린 간섭계

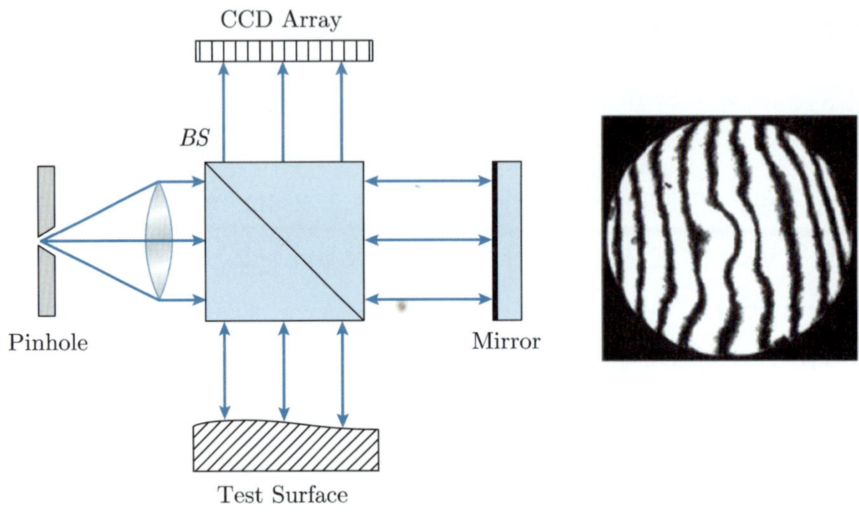

그림 5-27 트와이만-그린 간섭계에서의 변형된 간섭무늬

또한 트와이만-그린 간섭계는 그림 5-28과 같이 박막의 두께를 측정하는데 응용할 수도 있다. 그림 5-28 (a)와 같이 기판에 박막을 코팅하고 이것을 간섭계의 빛의 한 경로에 걸쳐 놓았을 때, 5-28 (b)와 같은 간섭무늬를 얻을 수 있다. 그림 5-28 (b)를 보면 간섭무늬가 서로 약간 어긋나 있음을 볼 수 있는데, 이는 빛이 M_2에서 반사된 것과 박막의 표면에서 반사된 것의 위상이 서로 차이가 나기 때문이다. 박막의 두께를 h라고 할 때, M_2에서 반사된 빛은 박막에서 반사된 것보다 $2h$만큼 더 긴 광경로를 가지게 된다. 그러므로 두 빛의 위상차이 $\Delta\phi$는 다음과 같다.

$$\Delta\phi = k \cdot 2h = \frac{2\pi}{\lambda} \cdot 2h \tag{5-47}$$

그림에서 인접한 간섭무늬 사이의 위상차는 2π이므로, 인접한 간섭무늬 사이의 간격을 ζ라고 하고, 간섭무늬가 어긋난 정도를 $\Delta\zeta$라고 하면 다음과 같은 관계식이 성립한다.

$$\frac{\Delta\phi}{2\pi} = \frac{\Delta\zeta}{\zeta} \tag{5-48}$$

식 (5-47)과 (5-48)로부터 우리는 박막의 두께 h를 구할 수 있다.

$$h = \frac{\lambda}{2} \cdot \frac{\Delta\zeta}{\zeta} \tag{5-49}$$

식 (5-49)는 간섭무늬를 관찰함으로써 박막의 두께를 측정할 수 있음을 보여준다.

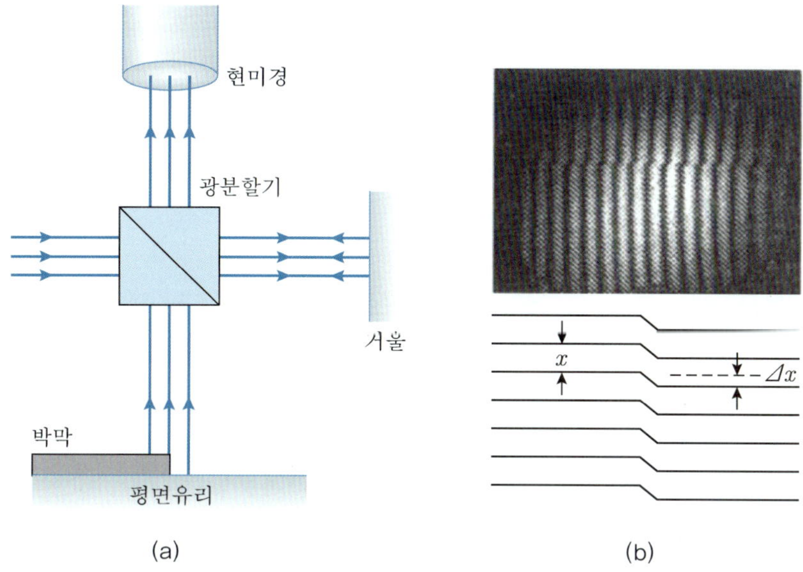

그림 5-28 (a) 박막 두께 측정용 실험장치 및 (b) 박막으로 인한 간섭무늬

연습문제

파동운동의 수학적 표현과 종류

01 맥스웰 방정식 식 (5-1)을 이용하여 자기장에 대한 3차원 2차 미분방정식 식 (5-3)을 유도하시오.

02 자유공간에서 He-Ne 레이저의 파장은 632.8 nm이다. 물($n = 1.33$)속에서 k 값을 구하시오.

03 다음의 파동들에 대한 파장을 계산하시오.

(1) 710 kHz AM 라디오 파 (2) 89.9 MHz FM 라디오 파

(3) 10.1 GHz 경찰 radar (4) 5×10^{14} Hz의 광파

(5) 1.5×10^{18} Hz의 X-선

04 아래와 같이 표현되는 붉은색의 He-Ne 레이저 빔이 공간 속을 진행하고 있다. 다음 parameter를 구하시오.

$$\Psi(x,t) = 5\sin(9.93 \times 10^{6} x - 29.78 \times 10^{14} t)$$

(1) 파장 (2) 진동수 (3) 속도

(4) 주기 (5) 진폭 (6) 레이저 빔의 진행방향

05 Sodium에서 방출되는 광파에 대한 파동함수가 아래와 같은 파동함수로 표현된다. 다음 parameter를 구하시오.

$$\Psi(x,t) = 10^{3}\sin\left(1.06675 \times 10^{7} x - 3.20 \times 10^{15} t + \frac{\pi}{6}\right)$$

(1) 파장 (2) 진동수 (3) 속도 (4) 주기

(5) 진폭 (6) 광의 진행방향 (7) 위상

06 길이가 2.5 m인 관이 있다. 관의 한쪽 끝은 닫혀 있고 다른 한쪽이 열려 있을 때, 나타날 수 있는 가장 낮은 3개의 진동수를 계산하시오. 공기 중에서의 음속은 340 m/s로 한다.

07 어떤 정상파가

$$E(x, t) = 100\sin\frac{2}{3}\pi x\cos 5\pi t$$

로 주어진다. 이러한 정상파를 만들기 위해 중첩되는 두 파동을 구하시오.

08 440 Hz와 비슷한 진동수로 진동하는 피아노의 현이 있다. 피아노 현의 진동수를 측정하기 위하여, 피아노 건반을 치는 순간 440 Hz의 진동수를 가진 소리굽쇠로 동시에 소리를 냈을 때 초당 4개의 맥놀이 진동수가 들렸다. 피아노 현이 진동하고 있는 진동수를 구하시오.

09 두 기차의 기적이 180 Hz의 동일한 진동수를 가진다. 한 기차가 기적을 울리면서 정거장에 정지해 있을 때, 2 Hz의 맥놀이 진동수가 움직이는 기차에서 들렸다. 움직이는 기차가 정지해 있는 기차로 다가오고 있다면 그 속력은 얼마인가? 또, 만일 움직이는 기차가 정지해 있는 기차로부터 멀어지고 있다면 그 속력은 얼마인가?

10 그림 (a)와 같이 양쪽 끝이 열린 긴 관이 물이 담긴 비커에 일부분이 잠겨 있으며 진동수를 모르는 소리굽쇠가 관의 위쪽 끝에 놓여 있다. 공기 기둥의 길이 L은 관을 상하로 움직여 조절이 가능하다. 음의 세기가 극대가 되는 L의 가장 작은 값은 10.0 cm이다. 소리굽쇠의 진동수와 그림 (b)에서의 제2공명과 제3공명을 만들 수 있는 공기 기둥의 길이를 구하시오. 단, 공기 중에서의 음속은 340 m/s로 계산하시오.

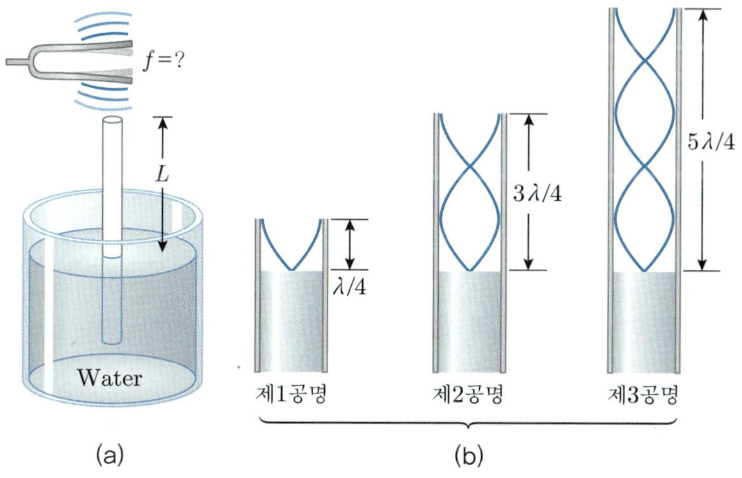

(a) (b)

11 $\vec{\nabla}$ 연산자를 조화파의 파동함수 $f(\vec{r}, t) = e^{i(\vec{k} \cdot \vec{r})}$에 적용하면 그 결과가 다음과 같음을 증명하시오.

$$\vec{\nabla} f = i\vec{k} f$$

12 파동함수 Ψ_1, Ψ_2가 다음과 같이 주어질 때, 합성 파동함수 $\Psi = \Psi_1 + \Psi_2$를 구하시오.

$$\Psi_1 = E_0 \cos(kx + \omega t)$$

$$\Psi_2 = -E_0 \cos(kx - \omega t)$$

13 파동함수 $\Psi(r)$의 Laplacian은 다음과 같이 간단히 쓸 수 있다.

$$\nabla^2 \Psi(r) = \frac{1}{r^2} \frac{\partial}{\partial r}\left(r^2 \frac{\partial \Psi}{\partial r}\right) \tag{5-17}$$

식 (5-17)로부터 $\nabla^2 \Psi(r) = \frac{\partial^2 \Psi}{\partial r^2} + \frac{2}{r}\frac{\partial \Psi}{\partial r} = \frac{1}{r}\frac{\partial^2}{\partial r^2}(r\Psi)$ 임을 보이시오.

빛의 간섭

14 영의 이중슬릿에 의한 간섭실험에서 슬릿에서 스크린까지의 거리는 2 m이고 사용한 광원의 파장은 600 nm이다. 1 mm의 무늬간격을 가진 간섭무늬를 얻기 위한 슬릿 간격을 계산하시오.

15 문제 14의 실험에서 두께가 0.05 mm인 얇은 유리판($n = 1.5$)을 두 슬릿 중, 한 슬릿 위에 놓았다. 이로 인하여 발생한 간섭무늬의 이동을 계산하시오.

16 단색광이 이중슬릿을 통과하여 간섭을 일으킨다. 슬릿의 간격은 1.2 mm, 슬릿과 스크린 사이의 거리는 5 m, 간섭무늬들 사이의 간격이 2 mm일 때 광원의 파장을 구하시오.

17 영의 실험을 이용하여 간섭무늬를 관찰하고자 한다. 파장이 550 nm인 초록색 광원을 사용하였으며 스크린은 슬릿으로부터 1 m 떨어져 있다. 슬릿 사이의 거리가 15 μm일 때, 중심에서 3 번째 밝은 무늬까지의 거리를 구하시오. 또, 중심에서 무늬가 밝은지 어두운지를 결정하고 그 이유를 설명하시오.

18 영의 실험을 이용하여 간섭무늬를 관찰하고자 한다. 파장이 550 nm인 초록색 광원을 사용하였으며 스크린은 슬릿으로부터 1 m 떨어져 있다. 다음 물음에 답하시오.

(1) 1 mm 간격의 간섭무늬를 얻기 위한 슬릿 사이의 거리를 구하시오.

(2) 만약 두께가 0.05 mm의 얇은 유리판을 두 슬릿 중 하나의 슬릿 위에 놓았다면 스크린에서의 간섭무늬가 어떻게 변할 것인지를 논하시오.

(3) (2)의 경우, 중심에서 무늬가 밝은지 어두운지를 결정하고 그 이유를 설명하시오.

19 Mirror의 표면으로부터 광원까지의 높이가 $d/2$인 Lloyd mirror가 있다(그림 참조). 광원으로부터 screen까지의 거리가 L일 때 다음 물음에 답하시오.

(1) Screen의 center(P')에서 m 번째 밝은 무늬까지의 거리를 구하시오.

(2) Screen의 center에서 무늬가 밝은지 어두운지를 정하고 그 이유를 설명하시오.

(3) m 번째 밝은 무늬와 $(m+1)$ 번째 밝은 무늬 사이의 간격을 계산하시오.

(4) Screen에서 m 번째 밝은 무늬를 어두운 무늬로 바꾸려고 한다. 간단한 방법을 이론적으로 설명하시오.

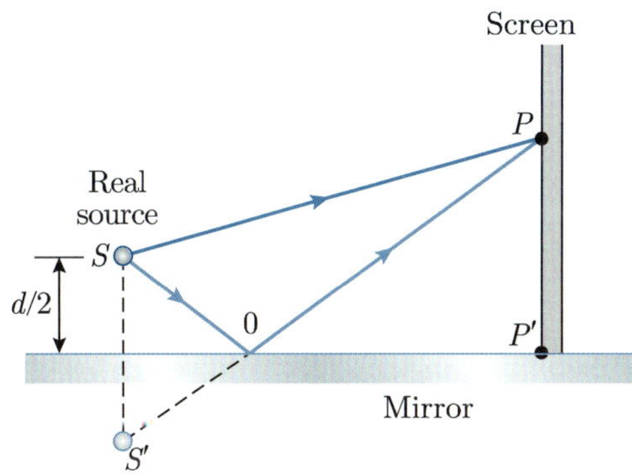

20 그림과 같이 바닷가 절벽에 있는 안테나가 아주 먼 곳으로부터 거의 수평면을 따라 전파되어 오는 무선신호를 감지한다고 가정하자. 안테나가 첫 번째 최대 신호를 수신할 때, 직접경로로 전파되어 온 신호와 수면에서 반사된 신호 사이의 위상차 $\delta(r_2-r_1)$와 무선신호의 입사각 θ에 대한 표현식이

$$\theta=\sin^{-1}\left(\frac{\lambda}{4d}\right)$$

로 됨을 증명하시오.

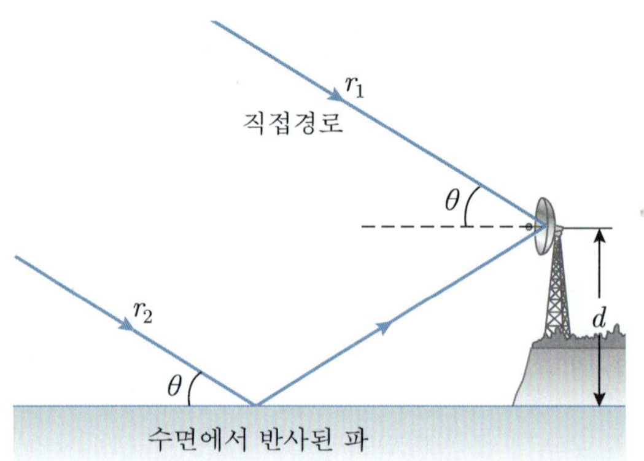

여러 가지 간섭계

21 굴절률이 1.434인 CaF_2의 얇은 평판을 입사하는 광선에 수직하게 마이켈슨 간섭계의 한 쪽 팔에 삽입하였더니 35개의 밝은 무늬가 지나갔다. CaF_2 평판의 두께를 구하시오. 마이켈슨 간섭계에 사용한 광원의 파장은 $\lambda_0 = 589$ nm이다.

22 마이켈슨 간섭계를 사용하여 임의의 기체의 굴절률 n을 측정할 수 있다. 기체는 간섭계의 한 쪽 팔에 놓여 있는 길이가 d인 tube 안으로 흐를 수 있도록 되어 있다. 기체가 tube 안으로 서서히 흘러들어갈 때, 이동한 간섭무늬의 개수를 헤아려 기체의 굴절률을 측정할 수 있다. 밝은 간섭무늬가 이동한 개수를 N이라고 하면 $N = 2d(n-1)/\lambda$임을 증명하시오.

23 굴절률이 1.65인 얇은 유리판을 마이켈슨 간섭계의 한 쪽 경로에 삽입하였더니 350개의 밝은 무늬가 지나갔다. 이 유리판의 두께를 구하시오. 단 마이켈슨 간섭계에 사용된 광원의 파장은 633 nm이다.

24 광원의 파장이 λ인 마이켈슨 간섭계가 있다. 다음 물음에 답하시오.

(1) 간섭계의 한 쪽 거울을 미세하게 움직였더니 밝은 무늬와 어두운 무늬가 각각 200개씩 지나갔다. Mirror가 움직인 거리를 계산하시오.

(2) 간섭계의 다른 한 쪽 팔에 두께가 d, 굴절률이 n인 투명한 평행판을 삽입하였다. 평행판을 삽입함으로써 발생한 광경로차를 구하시오.

(3) (2)의 경우 몇 개의 무늬가 움직이겠는가?

(4) (1)에서와 같이 한 쪽거울을 움직인 다음 (2)에 투명한 평행판을 삽입하여 양쪽 팔의 광경로가 같아졌다면 평행판의 두께를 구하시오.

06 편광과 반사

편광(polarization)은 전자기파가 진행할 때 파를 구성하는 전기장이나 자기장이 공간상에서 규칙적인 방향성을 가지고 진동하는 현상을 가리킨다. 태양광이나 백열등의 빛과 같이 대부분의 광은 임의의 모든 방향으로 진동하는 빛이 혼합된 상태이지만, 특정한 광물질이나 광학필터를 사용하여 편광된 상태의 빛을 얻을 수 있다. 일반적으로 벡터를 이용해 편광상태를 설명하는데, 전자기파를 이루는 전기장과 자기장의 벡터는 서로 수직하기 때문에, 전기장의 벡터만을 설명해도 충분하다.

파동의 진행방향을 z축으로 가정할 때, 전기장은 x축과 y축의 두 수직한 성분으로 구성된 임의의 벡터로 생각할 수 있다. 전기장 벡터의 크기는 조화파(sine 혹은 cosine) 곡선의 형태로 변한다. 다가오는 전자기파를 마주 보았을 때, 전기장 벡터의 방향 및 크기가 시간에 따라 규칙적인 패턴을 보여주며 변하는 것을 전자기파가 "**편광되었다**"라고 한다. 빛의 경우 전기장의 변화 형태에 따라 선편광, 원편광 및 가장 일반적인 편광의 형태인 타원편광으로 구분하게 된다.

빛의 편광은 액정 디스플레이 장치를 비롯하여 여러 가지 광학적 장치 및 소자에 널리 활용됨은 물론 우리의 일상생활에도 깊숙이 영향을 미치고 있다. Chapter 6에서는 이러한 빛의 편광과 반사에 대해 기초적인 이론과 원리, 그리고 수학적인 기술방법과 그 응용에 대해 학습하고자 한다.

6.1 편광의 종류

6.1.1 선편광

선편광(linear polarization)은 선형 편광이라고도 하며, 가장 간단한 편광의 형태라고 할 수 있다. 다음의 그림 6-1은 z 축 방향으로 진행하는 빛의 전기장과 자기장의 진동 양식을 보여주고 있다. 그림에서 보는 바와 같이 전기장의 진동 방향을 보면 빛의 어느 부분에서나 x 축 방향으로 진동하고 있음을 알 수 있다. 이러한 전기장(광파)의 진동 양식을 "**x 축 방향으로 선편광되었다**" 또는 간단히 "**x 축 방향으로 편광된 빛**"이라고 말한다.

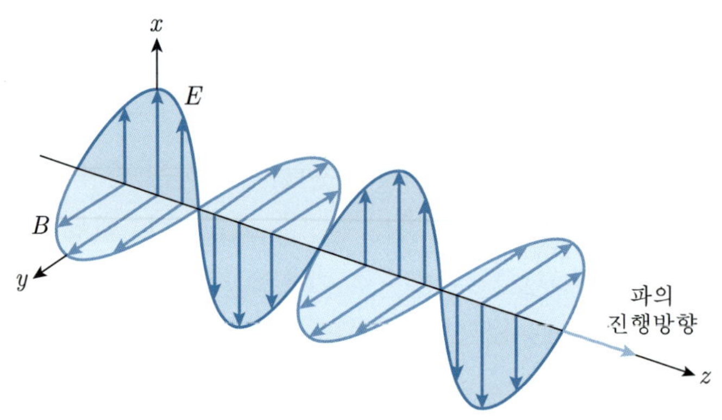

그림 6-1 z 축 방향으로 진행하는 전자기파

예를 들어 z 축 방향으로 진행하면서 그림 6-2와 같이 진동하는 횡파(진동하는 줄)를 생각해 보자. 진동하는 횡파의 변위(진폭)는 $\pm x$ 축 방향이 될 수 있으며(그림 6-2 (a)의 경우), $\pm y$ 축 방향이 될 수도 있다(그림 6-2 (b)의 경우). 또는 xy 평면 내에서 임의의 방향이 될 수도 있다. 그림 6-2 (c)의 경우와 같이 평형 위치로부터 줄 위의 임의의 점의 변위는 x 축과 θ 의 각을 이루는 직선과 평행하다. 위에서 언급했듯이 이러한 전기장(광파)의 진동 양식을 임의의 축 방향(x 축, y 축, x 축에 θ 만큼 기울어진 면)으로 선편광되었다고 한다. 특히 그림 6-2 (a)의 파동인 경우, 파동은 x 축 방향(또는 $\pm x$ 축 방향)으로 선편광되었다고 한다.

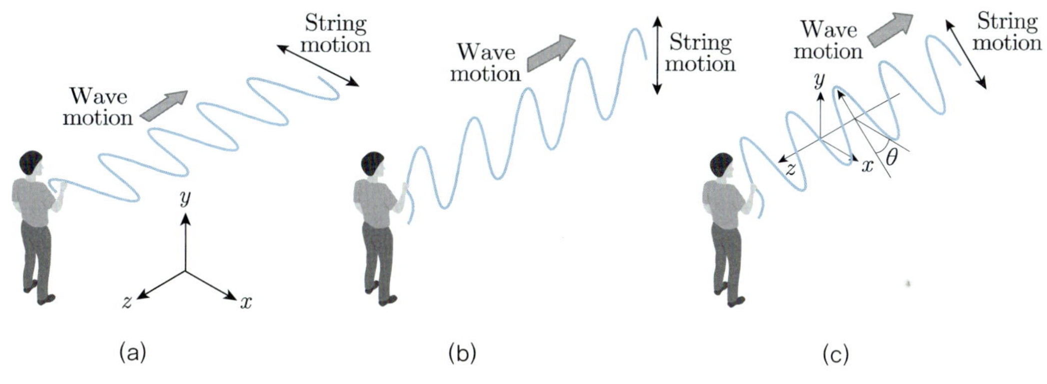

그림 6-2 세 방향으로 편광된 횡파

만일 z 축 상에서 다가오는 빛을 바라본다면, 그림 6-3과 같이 전기장과 자기장의 진동을 볼 수 있을 것이다. 이 때, 전기장의 진동방향은 x, 자기장의 진동방향은 y 로 고정되어 있음을 알 수 있다.

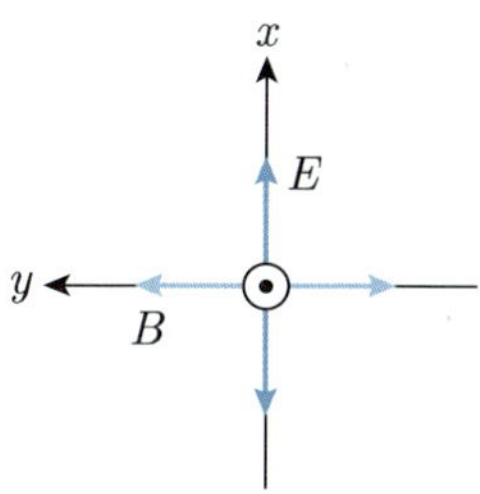

그림 6-3 z 축 방향으로 진행하는 전자기파의 전기장과 자기장의 진동방향

이렇게 x 축 방향으로 선편광되어 있는 평면파인 빛을 수학적으로 표현할 때는 다음과 같이 전기장 벡터 $\vec{E}$ 로 나타낼 수 있다.

$$\vec{E}(z,t) = \vec{E}_0 \cos(kz - \omega t) = E_0 \, \hat{i} \cos(kz - \omega t) \tag{6-1}$$

식 (6-1)에서 E_0는 전기장의 진폭, k는 파수(wave number)로서 $2\pi/\lambda$ 이고, ω 는 빛의 각진동수(angular frequency)로서 $2\pi f$ 이며 $\hat{i}$ 는 x 축 방향의 단위벡터(unit vector)이다. 공간상의 어느 지점에서나 전기장의 진동방향은 x축 방향임을 수식에서 알 수 있다.

이와 비슷하게 그림 6-4는 전기장이 x 축 방향으로 진동하면서 $-z$ 축 방향으로 전파되는 모습을 보여주고 있다. 이 경우에도 앞에서와 마찬가지로 전파되어 나가는 빛을 바라본

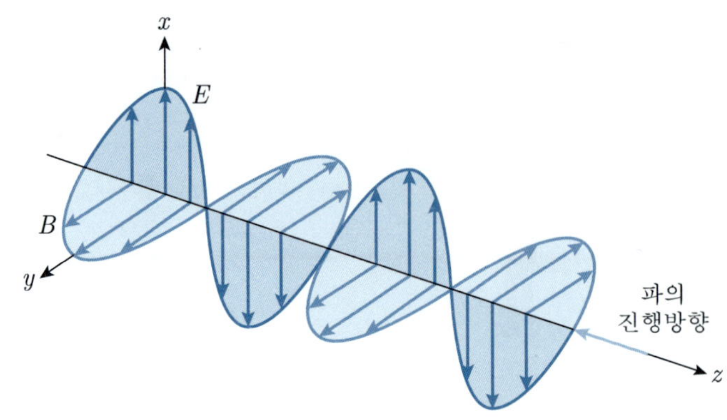

그림 6-4 $-z$축 방향으로 진행하는 전자기파

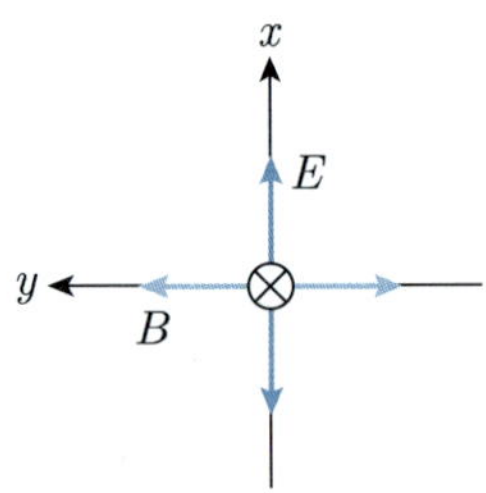

그림 6-5 $-z$축 방향으로 진행하는 전자기파의 전기장과 자기장의 진동방향

다면 그림 6-5와 같을 것이다. 만일 x축으로 편광된 빛을 수학적으로 나타낸다면 다음과 같다.

$$\vec{E}(z,t) = \vec{E}_0 \cos(kz+\omega t) = E_0\,\hat{i}\cos(kz+\omega t) \tag{6-2}$$

식 (6-2)에서 전기장의 진폭을 나타내는 벡터 $\vec{E}_0$의 진동방향은 x축 방향임을 유의하라.

6.1.2 원편광

2차 미분 파동방정식인 맥스웰 방정식을 만족하는 해 Ψ_1, Ψ_2가 존재한다면 맥스웰 방정식의 선형성에 의해 그들의 합인 $\Psi = \Psi_1 + \Psi_2$ 역시 미분 파동방정식의 해가 된다. 이것의 증명은 연습문제로 남겨둔다.

먼저 서로 수직하는 편광면을 가지고, 같은 진폭을 가진 선편광된 두 광파를 생각해 보자. 두 광파들이 x축 방향과 y축 방향으로 선편광되었다고 가정하면 두 광파의 전기장 벡터는 다음과 같이 표현할 수 있다.

$$\vec{E}_x(z,t) = \hat{i}E_0\cos(kz-\omega t) \qquad (6\text{-}3)$$

$$\vec{E}_y(z,t) = \hat{j}E_0\cos(kz-\omega t)$$

식 (6-3)에서 y 축 방향에 대한 전기장의 위상을 x 축 방향에 대한 전기장의 위상에 비해 90°만큼 작게, 즉 $\frac{\pi}{2}$만큼 작게 하여 더하면 다음과 같다.

$$\begin{aligned}\vec{E}(z,t) &= \vec{E}_x(z,t) + \vec{E}_y(z,t) \qquad (6\text{-}4)\\ &= E_0\left\{\hat{i}\cos(kz-\omega t) + \hat{j}\cos\left(kz-\omega t-\frac{\pi}{2}\right)\right\}\\ &= E_0\{\hat{i}\cos(kz-\omega t) + \hat{j}\sin(kz-\omega t)\}\end{aligned}$$

식 (6-3)으로 표현되는 전기장 벡터 $\vec{E}_x$, $\vec{E}_y$는 2차 미분 파동방정식인 맥스웰 방정식을 만족하는 해이며 식 (6-4)의 전기장 벡터 $\vec{E}(z,t)$도 역시 맥스웰 방정식의 해가 된다.

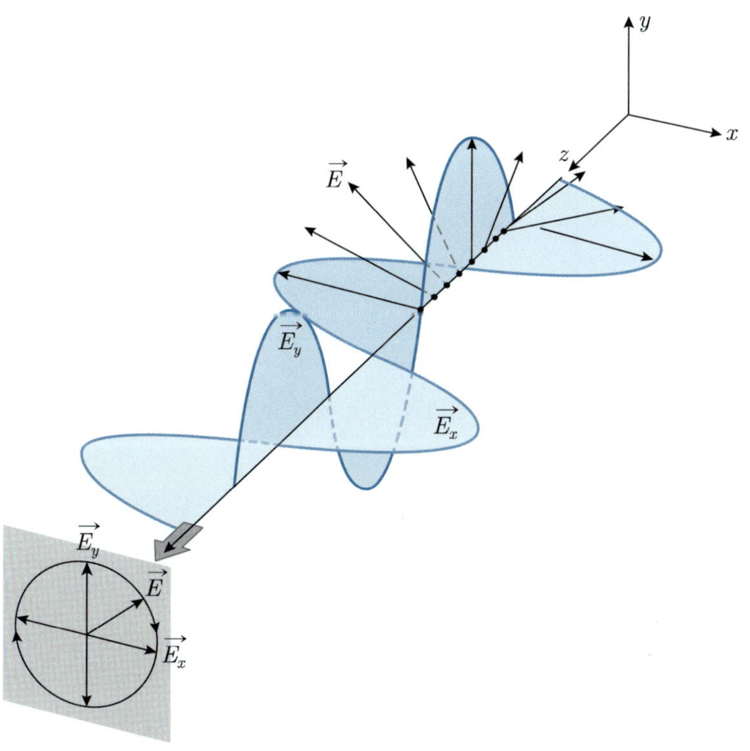

그림 6-6 우원편광(RCP)

만일 식 (6-4)로 주어진 광파를, z를 고정시킨 $x-y$ 평면에서 그림 6-3과 같이 광파가 오는 쪽에서 바라본다면 시간에 따른 전기장 벡터의 움직임은 어떻게 될까? 식 (6-4)에서 z를 고정시키고 t를 변화시키면 그림 6-6과 같이 전기장 벡터의 편광방향이 시계방향으로 원을 그리면서 돌게 됨을 알 수 있다. 이와 같이 전기장 벡터 $\vec{E}$의 편광방향이 원을 그리면서 돌게 되는 편광을 **원편광**(circular polarization)이라고 부른다. 식 (6-4)와 같이 그 회전 방향이 시계방향이라면 우원편광(RCP : Right Circularly Polarized)이라고 한다.

이것을 좀 더 자세히 살펴보면 다음과 같다. 그림 6-7은 광파가 진행하는 축상의 임의의 점 z_0에서 전기장 벡터 $\vec{E}$의 시간에 따른 상태를 도해한 그림이다.

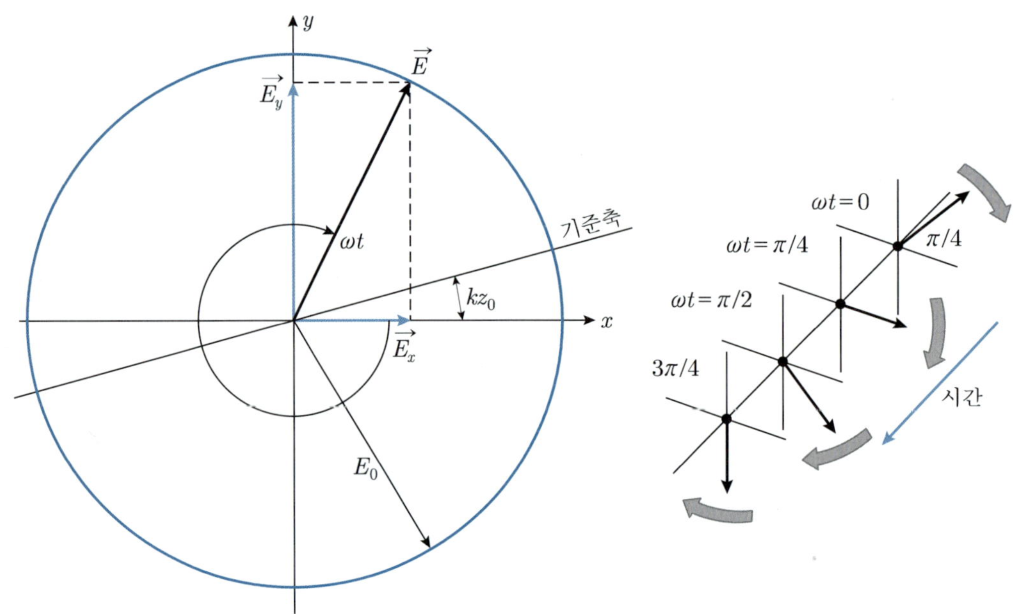

그림 6-7 광파의 진행 축상의 임의의 점 z_0에서 전기장 벡터 $\vec{E}$의 시간에 따른 상태

시간 $t=0$에서 전기장 벡터 $\vec{E}$의 방향이 그림 6-7의 기준 축에 있다고 가정하면 전기장 벡터의 각각의 성분은 다음과 같다.

$$\vec{E}_x = \hat{i}E_0 \cos kz_0$$

$$\vec{E}_y = \hat{j}E_0 \sin kz_0$$

시간 t가 $t=kz_0/\omega$만큼 지난 후에는 $\vec{E}_x = \hat{i}E_0$, $\vec{E}_y = 0$이 되어 전기장 벡터 $\vec{E}$는

x 축에 있게 되며 시간이 경과됨에 따라 전기장 벡터 $\vec{E}$ 는 관찰자가 광원을 향해 볼 때 ω 의 각속도로 시계방향으로 회전하고 있다는 것을 알 수 있다.

마찬가지로 식 (6-3)에서 y 축 방향에 대한 전기장의 위상을 x 축 방향에 대한 전기장의 위상에 비해 90°만큼 크게, 즉 $\frac{\pi}{2}$ 만큼 크게 하여 더하면 다음과 같다.

$$\begin{aligned}\vec{E}(z,t) &= \vec{E}_x(z,t) + \vec{E}_y(z,t) \qquad (6-5)\\ &= E_0\left\{\hat{i}\cos(kz-\omega t) + \hat{j}\cos\left(kz-\omega t+\frac{\pi}{2}\right)\right\}\\ &= E_0\{\hat{i}\cos(kz-\omega t) - \hat{j}\sin(kz-\omega t)\}\end{aligned}$$

우원편광의 경우와 같은 방법으로, 식 (6-5)에서 z 를 고정시키고 t 를 변화시키면 전기장 벡터의 편광방향이 반시계방향으로 원을 그리면서 돌게 됨을 알 수 있다(그림 6-6의 방향과 반대방향). 이와 같이 전기장 벡터 $\vec{E}$ 의 편광방향이 반시계방향으로 회전하는 원편광의 빛을 좌원편광(LCP : Left Circularly Polarized) 되었다고 한다.

예제 6.1 광파의 전기장 벡터에 대한 표현

광파의 전기장 벡터에 대한 일반적인 복소수 표현식은 다음과 같이 나타낼 수 있다.

$$\vec{E}(z,t) = E_0(\hat{i} + \hat{j}\,a e^{i\phi})\,e^{i(kz-\omega t)}$$

이 식이 광파의 전기장 벡터에 대한 실수 표현식

$$\vec{E}(z,t) = E_0\{\hat{i}\cos(kz-\omega t) + \hat{j}\,a\cos(kz-\omega t+\phi)\}$$

와 같다는 것을 보이시오.

풀이

$$\begin{aligned}\vec{E}(z,t) &= E_0(\hat{i} + \hat{j}\,a e^{i\phi})\,e^{i(kz-\omega t)}\\ &= E_0\{\hat{i}\,e^{i(kz-\omega t)} + \hat{j}\,a\,e^{i(kz-\omega t+\phi)}\}\end{aligned}$$

$e^{i\theta} = \cos\theta + i\sin\theta$ 이므로 위 식에서 실수부를 취하면 다음과 같이 나타낼 수 있다.

$$\vec{E}(z,t) = E_0\{\hat{i}\cos(kz-\omega t) + \hat{j}\,a\cos(kz-\omega t+\phi)\}$$

6.1.3 타원편광

원편광은 같은 진폭을 가지고 위상이 서로 90°만큼 차이 나는 선편광된 두 광파를 벡터적으로 합하거나 빼서 만든다. 식 (6-3)에서 좀 더 일반적인 경우로 확장하여 전기장 벡터의 진폭 E_0가 서로 다른 값을 가지며 임의의 위상차 ε을 가지는 경우를 생각해 보자.

서로 수직하는 편광면을 가지고 x축 방향과 y축 방향으로 선편광된 두 광파의 진폭을 E_{0x}, E_{0y}라고 가정하면 두 광파의 전기장은 다음과 같이 표현할 수 있다.

$$E_x(z,\ t) = E_{0x}\cos(kz-\omega t) \tag{6-6}$$

$$E_y(z,\ t) = E_{0y}\cos(kz-\omega t+\varepsilon)$$

식 (6-6)에서 위치와 시간의 의존성을 배제시키고 진폭과 위상에 대한 관계식을 얻기 위하여 $(kz-\omega t)$의 항을 제거해 보자. 식 (6-6)으로부터

$$E_x/E_{0x} = \cos(kz-\omega t) \tag{6-7}$$

$$\begin{aligned} E_y/E_{0y} &= \cos(kz-\omega t+\varepsilon) \\ &= \cos(kz-\omega t)\cos\varepsilon - \sin(kz-\omega t)\sin\varepsilon \end{aligned}$$

로 나타낼 수 있다. 식 (6-7)의 첫 번째 식을 두 번째 식에 대입하여 정리하면

$$\frac{E_y}{E_{0y}} - \frac{E_x}{E_{0x}}\cos\varepsilon = -\sin(kz-\omega t)\sin\varepsilon \tag{6-8}$$

가 된다.

식 (6-7)의 첫 번째 식과 $\sin^2\theta+\cos^2\theta=1$을 이용하면

$\sin(kz-\omega t)=\sqrt{1-\left(\frac{E_x}{E_{0x}}\right)^2}$ 이 되며 식 (6-8)은 다음과 같이 나타낼 수 있다.

$$\left(\frac{E_y}{E_{0y}} - \frac{E_x}{E_{0x}}\cos\varepsilon\right)^2 = \left\{1-\left(\frac{E_x}{E_{0x}}\right)^2\right\}\sin^2\varepsilon$$

이 식을 정리하면

$$\left(\frac{E_x}{E_{0x}}\right)^2 + \left(\frac{E_y}{E_{0y}}\right)^2 - 2\left(\frac{E_x}{E_{0x}}\right)\left(\frac{E_y}{E_{0y}}\right)\cos\varepsilon = \sin^2\varepsilon \tag{6-9}$$

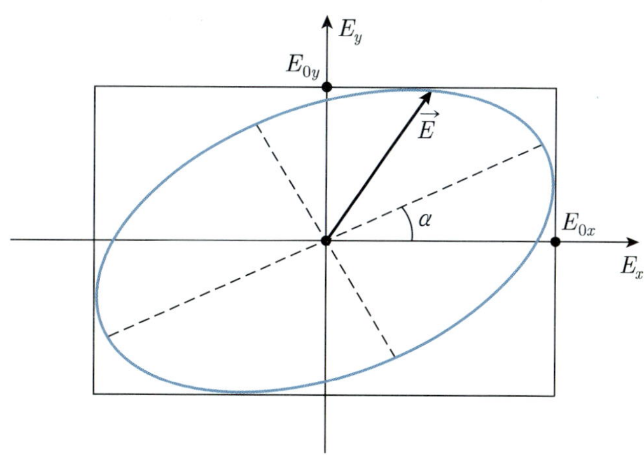

그림 6-8 전기장 벡터 $\vec{E}$에 의한 타원편광의 궤적

이 된다. 식 (6-9)는 그림 6-8에서 보는 바와 같이 $(E_x,\ E_y)$ 좌표계에서 주축의 각도가 α 인 타원방정식이며 α 는 다음과 같다.

$$\tan\alpha = \frac{2E_{0x}E_{0y}\cos\varepsilon}{E_{0x}^2 - E_{0y}^2} \tag{6-10}$$

식 (6-9)에서 타원의 주축이 좌표축이 될 경우($\alpha = 0$이거나 $\varepsilon = \pm\pi/2,\ \pm 3\pi/2,\ \pm 5\pi/2,\ \cdots$) 식 (6-9)는 다음과 같이 표현된다.

$$\frac{E_x^2}{E_{0x}^2} + \frac{E_y^2}{E_{0y}^2} = 1 \tag{6-11}$$

여기서 $E_{0x} = E_{0y} = E_0$가 되면 식 (6-11)은

$$E_x^2 + E_y^2 = E_0^2 \tag{6-12}$$

이 된다. 식 (6-12)는 전기장 벡터 $\vec{E}$의 궤적이 반경이 E_0인 원을 나타내는 원편광으로 귀착됨을 알 수 있다. 그리고 두 광파의 위상차 ε이 π의 정수배일 경우 식 (6-9)는

$$E_y = \pm\frac{E_{0y}}{E_{0x}}E_x \tag{6-13}$$

가 되며 식 (6-13)은 기울기가 $\pm\dfrac{E_{0y}}{E_{0x}}$인 직선의 방정식으로 선편광을 나타내는 방정식임을 알 수 있다. 그림 6-9는 여러 가지 위상차 ε에 따른 전기장 벡터의 타원궤적을 나타내는 그림으로서 $\varepsilon=0,\ \pm\pi,\ \pm 2\pi,\ \pm 3\pi \cdots$ 일 경우에 선편광이 되며 $E_{0x}=E_{0y}$이고 $\varepsilon=\pm\pi/2,\ \pm 3\pi/2,\ \pm 5\pi/2 \cdots$ 일 때는 원편광이 된다. 그러므로 선편광과 원편광은 **타원편광**(elliptical polarization)의 특별한 경우에 해당함을 알 수 있다.

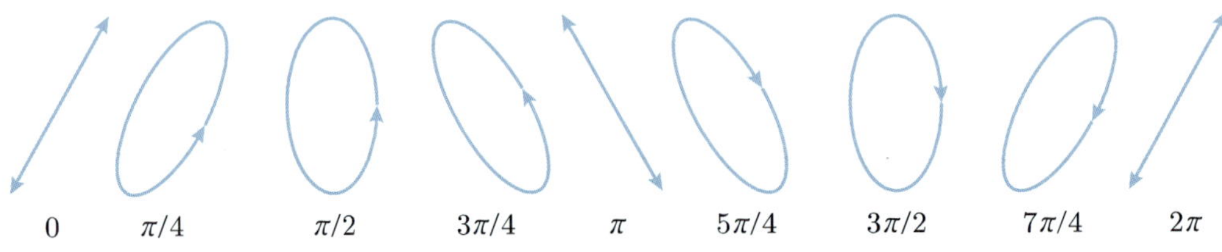

(a) E_x가 E_y보다 0, $\pi/4$, $\pi/2$ ⋯ 만큼 앞선 경우의 타원편광

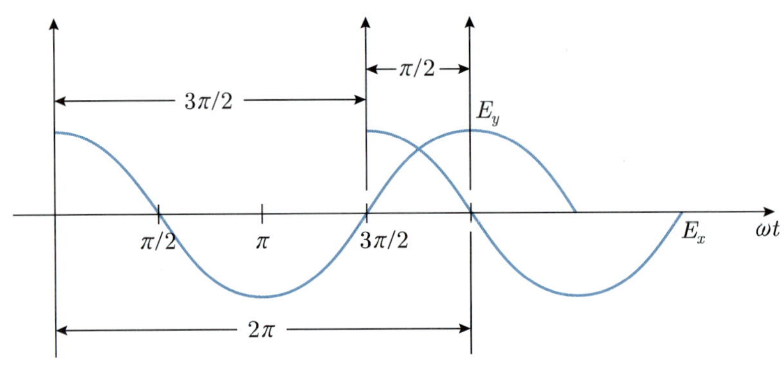

(b) E_x가 E_y보다 $\pi/2$만큼 위상이 빠르다

그림 6-9 여러 가지 위상차 ε에 따른 전기장 벡터의 타원궤적

6.1.4 여러 가지 편광 특성

편광자

광학소자 중에서는 입사하는 광파의 편광 상태와 관계없이 특정한 편광의 광파만을 통과시키는 특성을 가진 것이 있는데 그러한 소자들을 **편광자**(polarizer)라고 한다. 그림 6-10은 줄에서 발생한 횡파에 대한 편광자의 성질을 설명한 것이다. 그림 6-10 (a)와

같이 수직방향으로 홈이 나 있는 슬릿은 수직방향으로 진동하는 광파를 마찰 없이(에너지의 손실이 없이) 통과시키지만 수평으로 진동하는 광파(그림 6-10 (b))는 슬릿을 통과하지 못하고 광파가 가지고 있는 에너지를 편광자가 모두 흡수하거나 반사시키게 된다. 반대로 수평으로 진동하는 광파는 에너지 손실 없이 모두 통과하게 된다.

따라서 편광자가 슬릿 방향으로 편광된 광파를 에너지 손실 없이 통과시키므로 슬릿 방향을 편광자의 투과축이라고 한다. 그림 6-10 (c)에서와 같이 입사파가 투과축에 대하여 θ의 방향으로 선편광된 빛의 경우에 대하여 생각해 보자.

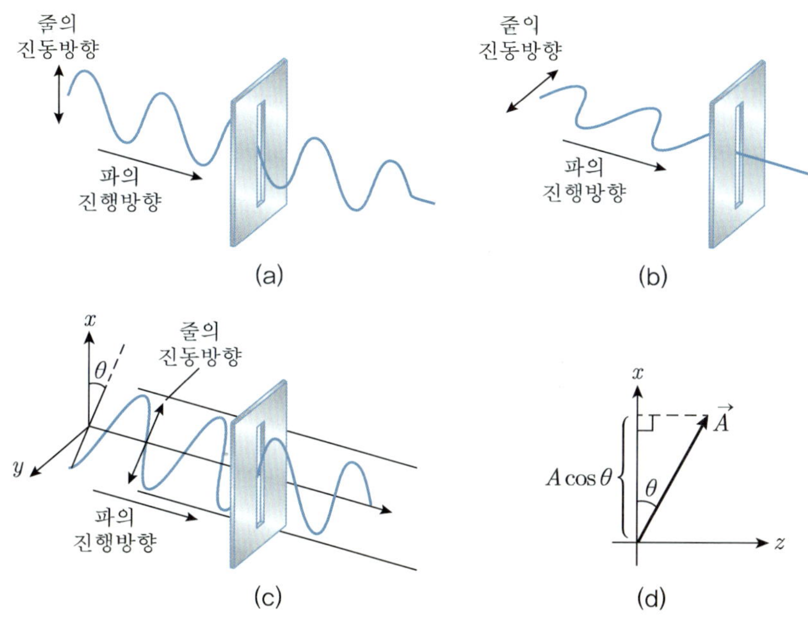

그림 6-10 여러 가지 방향으로 편광된 빛에 대한 편광자의 성질

입사파는 투과축과 평행한 성분과 수직한 성분으로 분해될 수 있으며 평행한 성분은 그대로 슬릿을 통과한다. 입사파의 진폭이 A라면 투과파의 진폭은 $A\cos\theta$이다(그림 6-10 (d)).

그림 6-11과 같이 편광되지 않은 빛이 편광자에 입사하면 투과된 광파의 강도는 편광자의 투과축 방향에 관계없이 식 (6-14)에서 보는 바와 같이 입사강도의 절반이 된다(이것은 광파의 파동함수를 시간평균하면 쉽게 계산할 수 있는데 보다 상세한 것은 6.3절의 식 (6-38)을 참고하기 바란다).

$$I = \frac{1}{2} I_0 \text{ (편광되지 않은 입사파의 강도)} \tag{6-14}$$

반면에 입사파가 선편광되었다면 투과축과 평행한 $\vec{E}_0$의 성분이 편광자를 통과하게 된다.

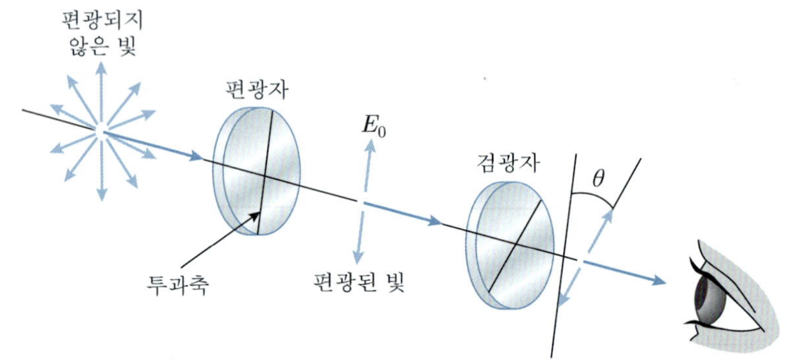

그림 6-11 투과축이 서로 θ의 각도를 이룬 두 개의 편광자

그림 6-11에서 편광자의 투과축과 검광자의 투과축 사이의 각을 θ라고 하면 투과된 광파의 파동함수는

$$E = E_0 \cos\theta$$

이며 투과된 광파의 강도는 파동함수의 제곱에 비례하므로 다음과 같이 표현된다.

$$I = I_0 \cos^2\theta \tag{6-15}$$

이것을 **말러스**(Malus) **법칙**이라고 한다.

예제 6.2 말러스의 법칙

입사파의 강도가 I_0인 편광되지 않은 빛이 그림과 같이 두 개의 판 편광자에 입사한다. 첫 번째 편광자의 투과축은 수직이며 두 번째 편광자의 투과축은 수직축에 대하여 30° 기울어져 있다. 두 편광자를 통과한 빛의 편광 상태와 강도를 구하시오.

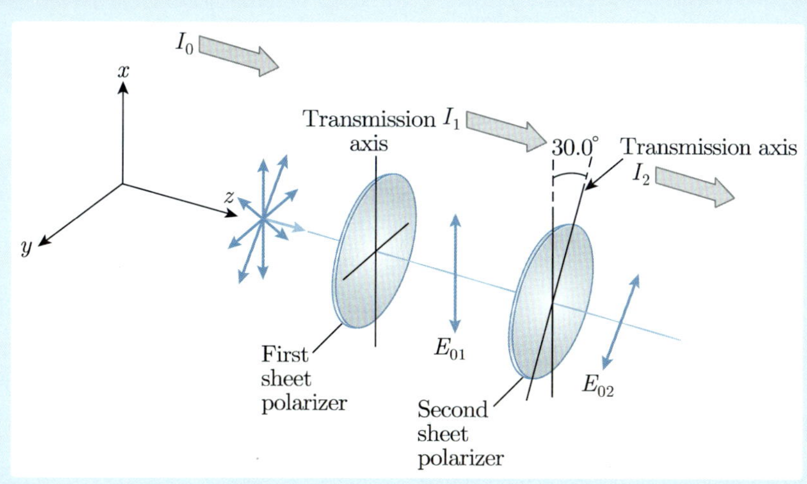

풀이 편광되지 않은 빛이 편광자에 입사하면 투과된 광파의 강도는 $I = I_0/2$이므로 첫 번째 편광자를 통과한 빛의 강도 I_1은 $I_1 = I_0/2$이다. 말러스 법칙에 의하여 두 번째 편광자를 통과한 빛의 강도 I_2는

$$I_2 = I_1 \cos^2\theta$$

$$= \left(\frac{1}{2} I_0\right) \cos^2 30°$$

$$= 0.375\, I_0$$

이며 편광 상태는 선편광이며 그 방향은 두 번째 편광자의 투과축과 나란한 방향이다.

폴라로이드 필름

편광자로 사용될 수 있는 것들은 여러 가지가 있으나, 여기서는 그 중에서 폴라로이드(polaroid) 필름을 예로 들어 보겠다. 그림 6-12는 편광자의 일종인 폴라로이드 필름이다. 그림에서 보는 바와 같이 필름은 편광축(polarization axis)을 가지는데, 그 축의 방향은 y축 방향이다. 만일 이러한 편광자에 z축으로 편광된 빛이 들어온다면 그 빛은 이 편광자를 통과하지 못하고 모두 흡수되거나 반사된다.

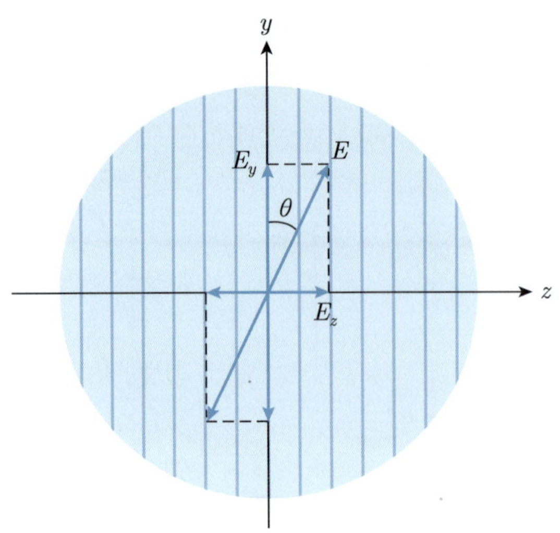

그림 6-12 폴라로이드 필름의 편광축

이와는 반대로 편광자의 편광축과 나란한 y축으로 편광된 빛이 편광자에 들어온다면, 빛은 편광자의 영향을 받지 않고 모두 통과하여 나갈 수 있다. 이러한 현상은 폴라로이드 필름(편광자)이 편광축과 수직인 전기장 성분을 선택적으로 흡수하기 때문이다. 따라서 편광자는 임의의 편광을 가진 빛을 편광축에 나란한 선편광 빛으로 변환시킨다고도 할 수 있다.

그렇다면 만일 그림 6-12와 같이 편광자에 선편광된 빛이 편광자의 편광축에 대하여 θ의 입사각으로 입사한 경우를 생각해 보자. 먼저 그림과 같이 전기장 $\vec{E}$를 편광축과 평행한 $\vec{E}_y$ 성분과 편광축과 수직인 $\vec{E}_z$ 성분으로 분리해서 생각해 보자. 여기서 $\vec{E}_y$ 성분은 편광축과 평행하므로 모두 편광자를 통과하게 되고, $\vec{E}_z$ 성분은 편광축과 수직이므로 모두 편광자에서 흡수되어 소멸된다.

이것을 수식을 사용하여 표현해 보면 다음과 같다. 편광자에 입사하는 빛을 $\vec{E}_{\rm in}$, 편광자를 거쳐 나오는 빛을 $\vec{E}_{\rm out}$이라고 하면, $\vec{E}_{\rm in}$과 $\vec{E}_{\rm out}$을

$$\begin{aligned}\vec{E}_{\rm in} &= \hat{j}E_y + \hat{k}E_z \\ &= E_{\rm in}(\hat{j}\cos\theta + \hat{k}\sin\theta)\end{aligned} \tag{6-16}$$

$$\vec{E}_{\rm out} = E_y\hat{j} = E_{\rm in}\cos\theta\,\hat{j} \tag{6-17}$$

로 나타낼 수 있다.

같은 방법으로 식 (6-16)과 (6-17)을 이용하면 편광자를 거치기 전후의 빛의 강도를 비교해 볼 수 있다. 편광자를 향해 들어가는 빛의 강도를 I_{in}, 편광자에서 나오는 빛의 강도를 I_{out}이라고 하면 I_{in}과 I_{out}을

$$I_{\text{in}} = |E_{\text{in}}|^2 \tag{6-18}$$

$$\begin{aligned} I_{\text{out}} &= |E_{\text{out}}|^2 \\ &= |E_{\text{in}}|^2 \cos^2\theta \\ &= I_{\text{in}} \cos^2\theta \end{aligned} \tag{6-19}$$

로 표현할 수 있다.

폴라로이드 필름(편광자) 역시 식 (6-19)에서 보는 바와 같이 편광자를 거치기 전후의 빛의 강도는 $\cos^2\theta$에 비례하는 말러스의 법칙을 만족함을 알 수 있다. 그림 6-13에서 보는 바와 같이 두 폴라로이드 필름의 투과축의 각도가 $\theta = 0°$라면 그림 6-13 (a)와 같이 투과된 빛의 강도인 I_{out}은 최대가 된다. 반면에 두 폴라로이드 필름의 투과축의 각도가 $\theta = 90°$일 경우는 그림 6-13 (c)와 같이 투과된 빛의 강도 I_{out}은 0이 되어 빛이 편광자에서 모두 소멸됨을 알 수 있다.

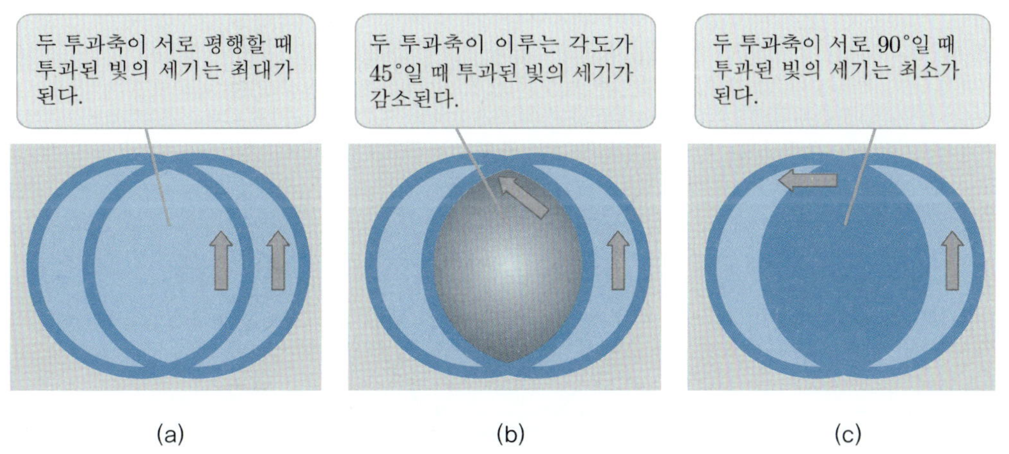

그림 6-13 편광자의 투과축이 이루는 각에 따른 투과된 빛의 강도

복굴절

염화나트륨(NaCl)과 같이 물질을 구성하고 있는 원자들이 일정하게 규칙적인 배열을 하고 있는 것을 결정이라고 하고 원자의 배열이 규칙성을 갖지 못하면 비정질이라고 한다. 빛이 유리와 같은 비정질 물질을 진행할 경우 빛의 속도는 모든 방향에 대해 같은 속도로 진행한다. 이것은 유리가 단일 굴절률을 갖는 물질이라는 의미이기도 하다. 그러나 많은 결정 물질들은 광학적으로 비등방적 특성을 가지고 있다. 석영이나 방해석 등과 같은 결정 물질은 결정축에 따라 굴절률의 값이 다르기 때문에 결정축의 방향에 따라 빛의 속도가 다르다. 이러한 특성을 갖는 물질을 **복굴절**(birefringent) 물질이라고 한다.

코펜하겐대학교의 수학자인 바르톨리누스는 방해석에 편광되지 않은 빛을 방해석에 수직하게 입사(입사각 $\theta = 0°$)시켜서 복굴절 현상을 관찰하였다. 그림 6-14에서 보는 바와 같이 편광되지 않은 빛이 복굴절 물질로 입사되면 빛의 편광에 따라 굴절률이 달라져

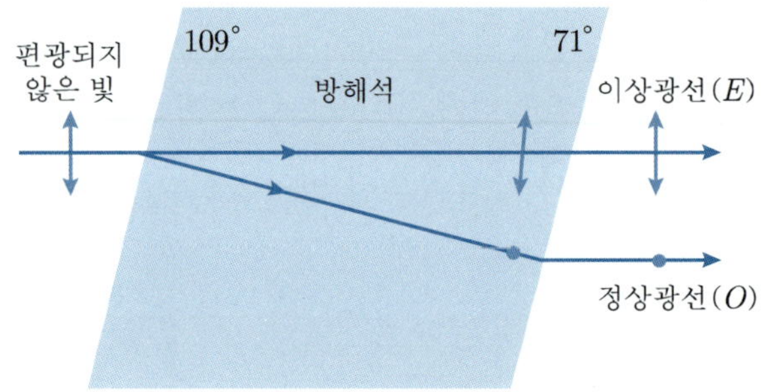

그림 6-14 방해석에 의한 복굴절

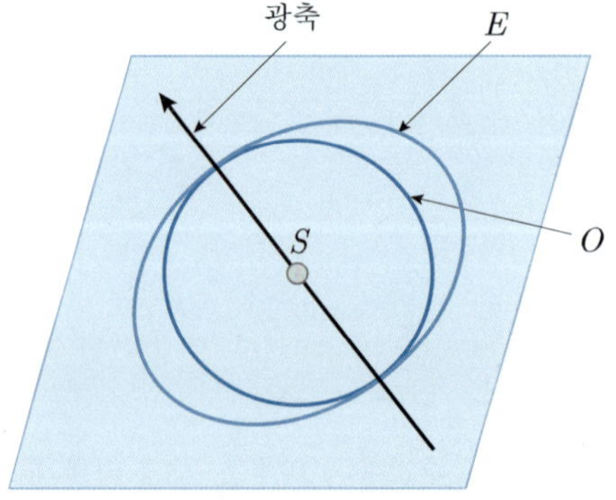

그림 6-15 점광원이 결정 내에 있을 경우 정상광선과 이상광선의 파면

복굴절 물질에서의 빛의 속도 또한 달라진다. 따라서 편광방향에 따라 정상광선(O : ordinary ray)과 이상광선(E : extraordinary ray)으로 나뉘어져 진행하게 된다. 이들 두 광선의 편광은 서로 수직이며 정상광선에 대한 굴절률을 n_O, 이상광선에 대한 굴절률을 n_E로 나타낸다.

정상광선과 이상광선이 서로 같은 속력으로 진행되는 방향이 한 개 존재하는데 그 방향을 광축이라고 한다. 정상광선의 굴절률 n_O는 모든 방향에 대해 동일한 값을 가지기 때문에 그림 6-15와 같이 점광원을 결정 내에 놓을 경우 정상광선은 광원으로부터 구 모양으로 퍼져 나간다. 그러나 이상광선의 굴절률 n_E는 광선의 진행방향에 따라 변하므로 점광원에서 나온 광선은 단면이 타원인 파면을 이루면서 퍼져 나간다. 정상광선과 이상광선의 속력 차이는 광축에 수직일 때 최대가 된다.

예제 6.3 복굴절 물질에서의 빛의 속도

파장이 589.3 nm인 광원을 사용할 때 방해석의 n_O는 1.658이고 n_E는 1.468까지 변한다. 이 파장에 대한 방해석에 있어서 이상광선과 정상광선 사이의 최대 속도차이를 구하시오.

풀이 굴절률의 정의는 $n=c/v$이다. 따라서 방해석에 있어서 정상광선의 속도는 다음과 같이 나타낼 수 있다.

$$v_O=\frac{c}{n_O}=\frac{3.0\times10^8}{1.658}$$
$$=1.81\times10^8\ (\mathrm{m/s})$$

이상광선의 최대 속도를 v_E라고 하면

$$v_E=\frac{c}{n_E}=\frac{3.0\times10^8}{1.468}$$
$$=2.05\times10^8\ (\mathrm{m/s})$$

이다. 따라서 $\Delta v=v_E-v_O=2.4\times10^7$ m/s이다.

1/4 파장판

1/4 파장판(quarter-wave plate)은 정상광선과 이상광선 사이의 상대위상차 $\Delta\phi$가 $\Delta\phi = \pi/2$가 되도록 만드는 광학소자로서 이를 이용하면 그림 6-16과 같이 선편광된 빛을 원편광된 빛으로 바꿀 수 있다. 앞에서 학습했듯이 원편광은 같은 진폭을 가진 서로 직교하는 선편광된 빛 사이에 $\pi/2$의 위상차를 도입함으로써 만들 수 있다. 그림 6-16에서 보는 바와 같이 편광되지 않은 빛이 45° 투과축의 선편광자에 입사하면 45°의 선편광된 빛을 얻을 수 있다. 45°의 선편광된 빛은 1/4 파장판의 빠른 광축과 느린 광축에 동일한 진폭으로 입사하게 되고 1/4 파장판을 통과한 후 정상광선과 이상광선 사이에는 상대위상차 $\Delta\phi = \pi/2$이 발생함으로써 1/4 파장판을 통과한 광파는 원편광이 된다.

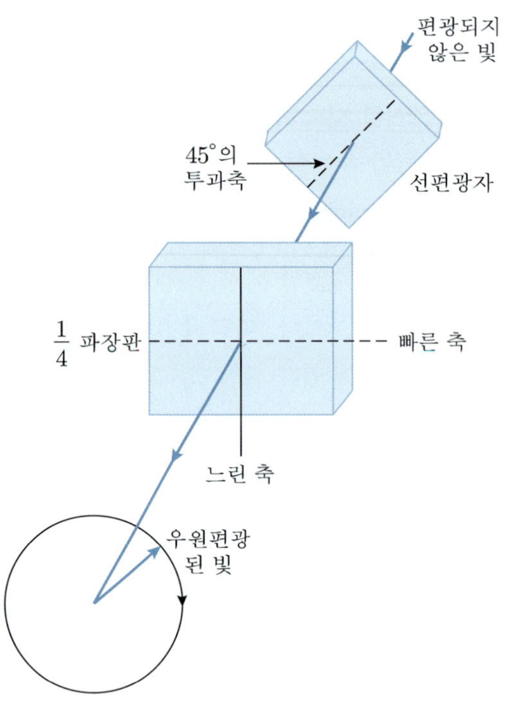

그림 6-16 1/4 파장판을 이용한 원편광의 생성

1/4 파장판의 두께를 d라고 하면 느린 축 방향의 선편광된 빛은 $n_O d$의 광경로를 진행하며 빠른 축 방향의 선편광된 빛은 $n_E d$의 광경로를 진행한다. 1/4 파장판의 두께 d는 $|n_E d - n_O d|$의 값이 $\frac{1}{4}\lambda_0$가 되도록 선택되어야 한다. 따라서 1/4 파장판의 두께 d는

$$d = \frac{\lambda_0}{4|n_E - n_O|}$$

로 주어진다. 여기서 λ_0는 진공 중에서 광원의 파장이다.

6.1.5 존스 벡터

지금까지 여러 가지 편광에 대해 전기장 벡터의 움직임을 중심으로 알아보았는데, 이러한 편광을 수학적으로 보다 간단히 표현하는 방법으로 존스 벡터(Jones vector)가 있다. 존스 벡터를 이용하여 편광을 표현하려면, 우선 전기장 벡터의 표현을 복소수를 사용하여 나타내는 방법을 알아야 한다. 이를 위해 x축으로 편광된 빛을 나타내는 식 (6–3)을 다시 살펴보도록 하자.

$$\vec{E}_x(z,t) = \vec{E}_0 \cos(kz - \omega t) = \hat{i}\, E_0 \cos(kz - \omega t)$$

전기장은 물리적인 실체이므로 허수를 포함하는 복소수와는 원래 아무런 관련이 없다. 그러나 전자기학에서는 계산상의 편의를 위해 종종 전기장이나 자기장을 복소수를 사용해서 표현한다. 즉, 실제로는 복소수의 실수 부분만이 전기장에 해당하고, 허수 부분은 계산의 편의를 위해 일부러 붙여두는 것이다. 식 (6–3)을 복소수를 사용한 표현으로 만들면 다음과 같다.

$$\begin{aligned}\vec{E}_x(z,t) &= E_0\, \hat{i}\, \{\cos(kz - \omega t) + i \sin(kz - \omega t)\} \\ &= E_0\, e^{i(kz - \omega t)}\, \hat{i}\end{aligned} \tag{6–20}$$

마찬가지로 y축으로 편광된 광파의 표현, 식 (6–3)을 복소수로 표현하면 다음과 같이 쓸 수 있다.

$$\begin{aligned}\vec{E}_y(z,t) &= E_0\, \hat{j}\, \{\cos(kz - \omega t) + i \sin(kz - \omega t)\} \\ &= E_0\, e^{i(kz - \omega t)}\, \hat{j}\end{aligned} \tag{6–21}$$

식 (6–4)의 우원편광(RCP)을 복소수를 사용하여 나타내면

$$\vec{E}(z,t) = E_0\{\cos(kz-\omega t) + i\sin(kz-\omega t)\}\hat{i} \qquad (6\text{-}22)$$

$$+ E_0\left\{\cos(kz-\omega t-\frac{\pi}{2}) + i\sin(kz-\omega t-\frac{\pi}{2})\right\}\hat{j}$$

$$= E_0 e^{i(kz-\omega t)}\hat{i} + E_0 e^{i(kz-\omega t-\frac{\pi}{2})}\hat{j}$$

$$= E_0 e^{i(kz-\omega t)}\left(\hat{i} + e^{-i\frac{\pi}{2}}\hat{j}\right)$$

$$= E_0 e^{i(kz-\omega t)}(\hat{i} - i\hat{j})$$

이고, 같은 방법으로 좌원편광(LCP)에 대하여

$$\vec{E}(z,t) = E_0\{\cos(kz-\omega t) + i\sin(kz-\omega t)\}\hat{i} \qquad (6\text{-}23)$$

$$+ E_0\left\{\cos(kz-\omega t+\frac{\pi}{2}) + i\sin(kz-\omega t+\frac{\pi}{2})\right\}\hat{j}$$

$$= E_0 e^{i(kz-\omega t)}\hat{i} + E_0 e^{i(kz-\omega t+\frac{\pi}{2})}\hat{j}$$

$$= E_0 e^{i(kz-\omega t)}\left(\hat{i} + e^{i\frac{\pi}{2}}\hat{j}\right)$$

$$= E_0 e^{i(kz-\omega t)}(\hat{i} + i\hat{j})$$

로 나타낼 수 있다. 주축이 x축 또는 y축인 타원편광의 복소수 전기장 벡터는 다음과 같이 표현할 수 있다.

$$\vec{E}(z,t) = E_{0x}\{\cos(kz-\omega t) + i\sin(kz-\omega t)\}\hat{i} \qquad (6\text{-}24)$$

$$+ E_{0y}\left\{\cos(kz-\omega t-\frac{\pi}{2}) + i\sin(kz-\omega t-\frac{\pi}{2})\right\}\hat{j}$$

$$= E_{0x} e^{i(kx-\omega t)}\hat{i} + E_{0y} e^{i(kx-\omega t-\frac{\pi}{2})}\hat{j}$$

$$= e^{i(kz-\omega t)}(E_{0x}\hat{i} - iE_{0y}\hat{j})$$

모든 수식에서 E_0, E_{0x}, E_{0y}는 원래 전기장 벡터에서 진폭의 크기를 나타내는 것으로 복소수가 아닌 실수임을 기억하자. 식 (6-20)부터 (6-24)를 기초로 편광의 존스 벡터 표현을 만드는 방법은 다음과 같다. 수식에서 $\hat{i}$ 벡터와 $\hat{j}$ 벡터를 각각 다음과 같이 나타낸다.

$$\hat{i} = \begin{pmatrix} 1 \\ 0 \end{pmatrix}, \quad \hat{j} = \begin{pmatrix} 0 \\ 1 \end{pmatrix} \tag{6-25}$$

식 (6-25)를 각 편광의 복소수 표현에 적용하여 공통인 부분을 제외하면 벡터 부분이 바로 존스 벡터가 되는데, 그것을 정리하면 표 6-1과 같이 된다. 표 6-1의 타원편광에 관련된 부분에서 만일 $E_{0x} = 0$이라면 존스 벡터는

$$\begin{pmatrix} 0 \\ -iE_{0y} \end{pmatrix} = -iE_{0y}\begin{pmatrix} 0 \\ 1 \end{pmatrix}$$

이 되는데, 광파의 편광 상태는 벡터 부분만 고려하면 되므로 이는 다름 아닌 y축 방향으로 선편광된 상태를 의미하는 것이다.

마찬가지로 $E_{0y} = 0$이면 x축 방향으로 선편광된 것이고, $E_{0x} = E_{0y}$이면 RCP, $E_{0x} = -E_{0y}$이면 LCP를 나타내게 된다. 이것은 우리가 앞에서 이미 살펴본 바와 같이 타원편광이 편광의 가장 일반적인 형태이기 때문에 존스 벡터에서도 이를 확인할 수 있다.

표 6-1 각 편광의 존스 벡터 표현

편광		Jones vector
선편광	x 방향	$\begin{pmatrix} 1 \\ 0 \end{pmatrix}$
	y 방향	$\begin{pmatrix} 0 \\ 1 \end{pmatrix}$
원편광	RCP	$\begin{pmatrix} 1 \\ -i \end{pmatrix}$
	LCP	$\begin{pmatrix} 1 \\ i \end{pmatrix}$
타원편광		$\begin{pmatrix} E_{0x} \\ -iE_{0y} \end{pmatrix}$

6.2 편광의 응용

6.2.1 복굴절과 파장판

빛이 임의의 물질 속을 진행할 때의 속력(v)은 보통 진공 중에서의 속력($c = 3.0\times 10^8$ m/s)과 다르다. 앞의 2.1절에서 기술한 바와 같이 진공 중에서의 빛의 속력 c에 대한 임의의 물질에서의 속력 비, 즉 $n = c/v$를 물질의 굴절률(n)이라고 부른다. 또한, 같은 물질이라고 하더라도 빛의 파장(또는 주파수)에 따라 물질 내에서의 속력이 달라지는 것이 일반적이므로 굴절률도 역시 파장(또는 주파수)의 함수가 된다.

$$n = n(\lambda),\ \text{또는}\ n = n(f) \qquad (6\text{-}26)$$

스넬의 법칙에 의하면 굴절률이 n_1인 물질에서 굴절률이 n_2인 다른 물질로 빛이 진행할 때, 그 입사각과 굴절각의 관계는 $n_1\sin\theta_1 = n_2\sin\theta_2$로 주어진다. 즉, 굴절률에 따라서 빛이 굴절되는 각도가 달라지는 것이다. 햇빛을 프리즘에 통과시키면 나타나는 무지개 빛깔은 프리즘을 구성하는 유리의 굴절률이 햇빛의 여러 파장에 대해 다르기 때문에 나타나는 현상이다.

그런데 앞 절에서 살펴본 바와 같이 어떤 물질들은 동일한 파장에 대해서도 빛의 편광상태에 따라 굴절률이 달라지는 특성을 가지고 있다. 이러한 물질 대부분은 결정구조를 가지고 있으며, 그 중에서도 특히 어떤 것들은 서로 수직한 두 개의 선편광에 대해 다른 굴절률을 가지며 이러한 물질들을 **선복굴절**(linear birefringence)이 있다고 말한다.

또한 어떤 물질들은 RCP와 LCP에 대해 서로 다른 굴절률을 가지는데 이러한 물질들을 **원복굴절**(circular birefringence), 또는 **광학활성**(optical activity)을 가진다고 말한다. 선복굴절을 가진 대표적인 물질로서 방해석을 들 수 있다. 방해석은 그림 6-17과 같이 고속 축(fast axis)과 저속 축(slow axis)를 가지고 있어서 그러한 축에 평행한 전기장에 대해 각각 다른 굴절률을 가지고 있다. 즉, 그림에서 고속 축과 평행한 x축으로 편광된 빛에 대해서는 굴절률이 n_f이고, 저속 축과 평행한 y축으로 편광된 빛에 대해서는 굴절률이 n_s가 된다.

고속 축과 저속 축이라는 이름이 붙은 이유는 n_s가 n_f에 비해 더 큰 값을 가지기 때문이

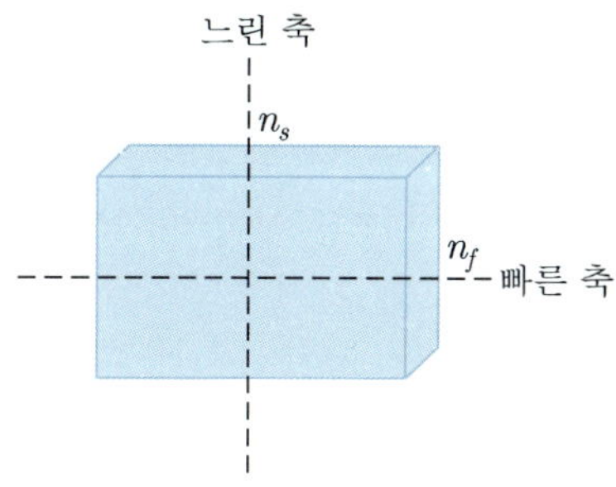

그림 6-17 선복굴절을 가진 물질의 고속(빠른) 축과 저속(느린) 축

다. 즉, $n_f < n_s$이므로 각 편광의 속력을 보면 아래와 같이 x축으로 편광된 빛이 y축으로 편광된 빛에 비해 방해석 내부에서 더 빨리 진행한다.

$$v_x (= c/n_f) > v_y (= c/n_s) \tag{6-27}$$

그런데 그림 6-18과 같이 편광축이 고속 축에 대하여 θ의 각으로 선편광된 빛이 선복굴절을 가지는, 길이가 ℓ인 물질을 통과했다고 하면 빛의 편광은 어떻게 될 것인가? 이것을 분석하려면, 우선 그림과 같이 빛의 전기장 벡터 $\vec{E}$를 고속 축에 해당하는 x축 성분 $\vec{E}_x$와 저속 축에 해당하는 y축 성분 $\vec{E}_y$로 분해하는 것이 좋다.

$$\begin{aligned} \vec{E}(z,t) &= \vec{E}_0\, e^{i(kz-\omega t)} \\ &= \vec{E}_x(z,t) + \vec{E}_y(z,t) \\ &= \left(E_{0x}\,\hat{i} + E_{0y}\,\hat{j}\right) e^{i(kz-\omega t)} \\ &= \left(E_0 \cos\theta\,\hat{i} + E_0 \sin\theta\,\hat{j}\right) e^{i(kz-\omega t)} \end{aligned} \tag{6-28}$$

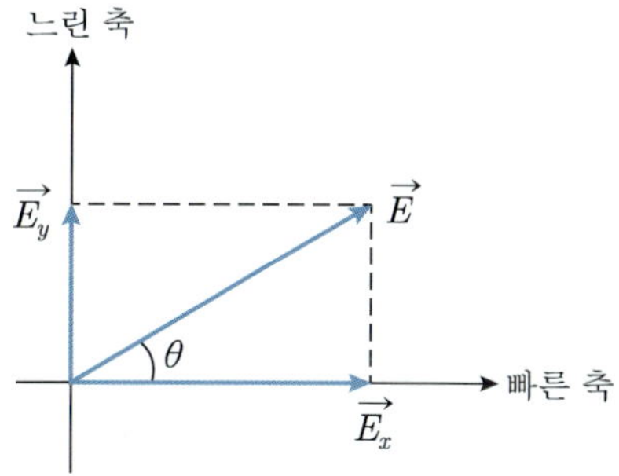

그림 6-18 물질 내의 편광변화를 알기 위한 편광의 분해

식 (6-28)은 빛이 복굴절 물질로 들어가기 전의 전기장 벡터 $\vec{E}$를 분해한 것이다. 빛이 물질로 들어가게 되면 $\vec{E}_x$와 $\vec{E}_y$는 각각 다른 굴절률을 겪게 된다. 물질 내에서도 빛의 주파수는 변함이 없으므로 $\omega = 2\pi f$는 변함이 없지만, 파수 벡터 k는 다음과 같이 굴절률에 따라 각각 그 값이 달라진다.

$$k = \frac{2\pi}{\lambda} = \frac{2\pi n}{\lambda_0} \tag{6-29}$$

식 (6-29)에서 λ_0는 진공 중에서의 빛의 파장이다. 물질 내부에서는 x축으로 편광된 빛의 파수 벡터 $k_f = 2\pi n_f/\lambda_0$를 경험하게 되고, y축으로 편광된 빛은 파수 벡터 $k_s = 2\pi n_s/\lambda_0$를 경험하게 된다. 따라서 물질의 시작점을 $z=0$으로 하면 물질에 들어가기 직전의 빛은 다음과 같이 표현된다.

$$\vec{E}(0,t) = \left(E_0 \cos\theta\,\hat{i} + E_0 \sin\theta\,\hat{j}\right)e^{-i\omega t} \tag{6-30}$$

이 빛의 편광상태를 존스 벡터를 이용하여 표현하면 $\begin{pmatrix}\cos\theta\\ \sin\theta\end{pmatrix}$가 된다. 즉, x축과 θ의 각을 이루는 선편광이다. 한편, 물질 속에 들어가서 이제 물질을 막 빠져나오는 빛의 전기장 벡터는 다음과 같다.

$$\vec{E}(\ell,\, t) = \left(E_0 \cos\theta\, e^{ik_f\ell}\,\hat{i} + E_0 \sin\theta\, e^{ik_s\ell}\,\hat{j}\right)e^{-i\omega t} \tag{6-31}$$

이 때의 편광상태는 다음과 같다.

$$\begin{pmatrix}\cos\theta\, e^{ik_f\ell}\\ \sin\theta\, e^{ik_s\ell}\end{pmatrix} = e^{ik_f\ell}\begin{pmatrix}\cos\theta\\ \sin\theta\, e^{i(k_s-k_f)\ell}\end{pmatrix} = e^{ik_f\ell}\begin{pmatrix}\cos\theta\\ \sin\theta\, e^{2\pi i(n_s-n_f)\ell/\lambda_0}\end{pmatrix} \tag{6-32}$$

식 (6-32)에서 $e^{ik_f\ell}$은 공통 성분이므로 실제 물질을 빠져 나온 빛의 편광상태는 다음과 같이 쓸 수 있다.

$$\begin{pmatrix}\cos\theta\\ \sin\theta\, e^{2\pi i(n_s-n_f)\ell/\lambda_0}\end{pmatrix} \tag{6-33}$$

식 (6-33)을 원래 물질에 들어가기 전의 존스 벡터 $\begin{pmatrix}\cos\theta\\ \sin\theta\end{pmatrix}$와 비교해 보면, y축 성분의 위상이 x축 성분에 비해 $2\pi(n_s - n_f)\ell/\lambda_0$만큼 더해진 것을 볼 수 있다. 이렇게 고속 축과

저속 축을 가진 물질을 **위상 지연판**(phase retarder)라고도 부른다. 앞서 살펴본 $\lambda/4$ 파장판 역시 위상 지연판의 일종이다. 식 (6-33)의 존스 벡터는 θ 및 $(n_s - n_f)\ell/\lambda_0$의 값에 따라 표 6-2와 같이 다양한 편광상태가 될 수 있다.

우선 $\theta = 0$ 또는 $\theta = \pi/2$인 경우에는 입사하는 빛의 편광이 고속 축 또는 저속 축과 평행한 경우이므로, 위상 지연판의 길이 ℓ과 관계없이 출력 편광의 형태가 변하지 않게 된다. 또한 ℓ이 $\lambda_0/(n_s - n_f)$의 정수배가 되는 경우에는 $e^{2\pi i(n_s - n_f)\ell/\lambda_0} = 1$이 되므로, θ와 관계없이 입력 편광과 출력 편광이 모두 $\begin{pmatrix} \cos\theta \\ \sin\theta \end{pmatrix}$로 동일하게 됨을 알 수 있다.

표 6-2 파장판에서의 입력 및 출력 편광

θ	입력 편광	ℓ	출력 편광
0	$\begin{pmatrix} 1 \\ 0 \end{pmatrix}$	any value	$\begin{pmatrix} 1 \\ 0 \end{pmatrix}$
$\pi/2$	$\begin{pmatrix} 0 \\ 1 \end{pmatrix}$	any value	$\begin{pmatrix} 0 \\ e^{2\pi i(n_s - n_f)\ell/\lambda_o} \end{pmatrix} = e^{2\pi i(n_s - n_f)\ell/\lambda_o}\begin{pmatrix} 0 \\ 1 \end{pmatrix}$
$\pi/4$	$\begin{pmatrix} 1 \\ 1 \end{pmatrix}$	$m\lambda_o/(n_s - n_f)$ $(m = 0,1,2,3,\cdots)$	$\begin{pmatrix} 1 \\ 1 \end{pmatrix}$
		$(4m+1)\lambda_o/4(n_s - n_f)$ $(m = 0,1,2,3,\cdots)$	$\begin{pmatrix} 1 \\ e^{i\pi/2} \end{pmatrix} = \begin{pmatrix} 1 \\ i \end{pmatrix}$
		$(2m+1)\lambda_o/2(n_s - n_f)$ $(m = 0,1,2,3,\cdots)$	$\begin{pmatrix} 1 \\ e^{i\pi} \end{pmatrix} = \begin{pmatrix} 1 \\ -1 \end{pmatrix}$
		$(4m+3)\lambda_o/4(n_s - n_f)$ $(m = 0,1,2,3,\cdots)$	$\begin{pmatrix} 1 \\ e^{i3\pi/2} \end{pmatrix} = \begin{pmatrix} 1 \\ -i \end{pmatrix}$
		$\ell \neq m\lambda_o/4(n_s - n_f)$ $(m = 0,1,2,3,\cdots)$	$\begin{pmatrix} 1 \\ e^{2\pi i(n_s - n_f)\ell/\lambda_o} \end{pmatrix}$
$\theta \neq 0$ $\theta \neq \pi/2$ $\theta \neq \pi/4$	$\begin{pmatrix} \cos\theta \\ \sin\theta \end{pmatrix}$	$m\lambda_o/(n_s - n_f)$ $(m = 0,1,2,3,\cdots)$	$\begin{pmatrix} \cos\theta \\ \sin\theta \end{pmatrix}$
		$\ell \neq m\lambda_o/(n_s - n_f)$ $(m = 0,1,2,3,\cdots)$	$\begin{pmatrix} \cos\theta \\ \sin\theta\, e^{2\pi i(n_s - n_f)\ell/\lambda_0} \end{pmatrix}$

특별히 $\theta = \pi/4$인 경우, 즉 입력 편광의 x축 성분과 y축 성분의 크기가 동일할 때에는 흥미로운 현상을 발견할 수 있다. 위상 지연판의 길이가 $\lambda_0/4(n_s - n_f)$의 정수배가 될 때마다 출력 편광은 LCP, 선편광(입력 존스 벡터와 방향이 정반대), RCP, 선편광(입력

존스 벡터와 방향이 동일함)을 반복하게 되고, 그 사이에서는 선편광과 원편광을 제외한 타원편광이 된다.

위상 지연판의 길이가 $\lambda_0/4(n_s - n_f)$가 되는 경우가 6.1절에서 살펴본 1/4 파장판(quarter-wave plate)이다. 특히 $\lambda_0/2(n_s - n_f)$이 되는 경우를 1/2 파장판(half-wave plate)이라고 부른다. 표 6-2로부터 선편광을 원편광으로 변환하고자 할 때에는 1/4 파장판의 고속 축 혹은 저속 축과 45° 방향으로 선편광을 만들어 주면 된다.

예제 6.4 복굴절을 이용한 1/4 파장판 만들기

석영으로 546.0 nm인 파장에서 사용할 1/4 파장판을 만들고자 한다. 석영의 두께를 계산하시오. 단, 상온에서 석영의 n_s는 1.55535, n_f는 1.54617이다.

풀이 파장판을 통과한 후의 광경로차는 $\Delta = d(n_s - n_f)$이다. 따라서 석영의 두께 d는 다음과 같이 계산할 수 있다.

$$
\begin{aligned}
d &= \frac{\Delta}{(n_s - n_f)} \\
&= \frac{\frac{1}{4} \times 546.0 \times 10^{-9}}{1.55535 - 1.54617} \\
&= 14.87 \times 10^{-6} \ (\text{m}) \\
&= 14.87 \ (\mu\text{m})
\end{aligned}
$$

6.2.2 패러데이 효과

1845년 패러데이(Michael Faraday)는 자기장 안에 있는 유리(Faraday element)에 입사한 빛의 선편광 방향이 회전하는 것을 발견하였다. 그림 6-19에서 보는 바와 같이 선편광된 빛의 회전각은 특히 빛의 진행방향과 자기장의 방향이 일치할 때 크게 나타났는데, 이를 **패러데이 효과**(Faraday effect)라고 한다. 패러데이 효과에서 선편광된 빛의 편광축이 회전한 각도 β는 다음과 같음이 실험적으로 알려져 있다.

$$\beta = B \ell V \tag{6-34}$$

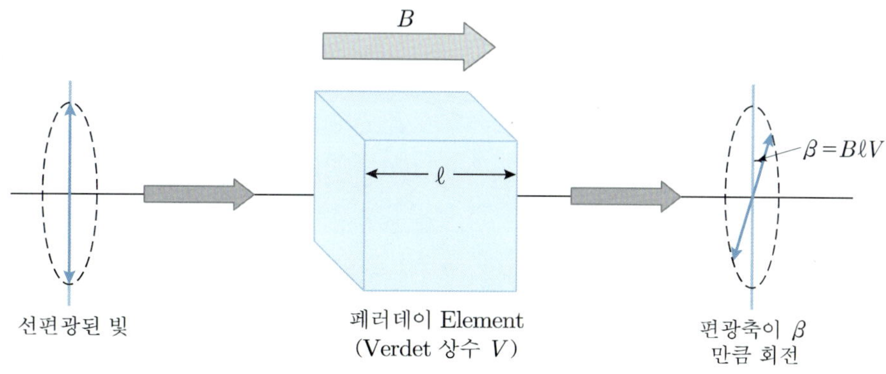

그림 6-19 패러데이 효과

식 (6-34)에서 B는 자기장의 세기 또는 정자속밀도(static magnetic flux density), ℓ은 빛이 패러데이 element 내에서 진행한 길이, 그리고 V는 비례상수인 **베르데 상수**(Verdet constant)이다. 베르데 상수는 물질의 종류, 빛의 파장이나 온도 등에 따라 달라진다.

선편광의 방향이 회전한다는 점에서 패러데이 효과는 광학활성과 같지만 실제로 두 현상은 다른 것이며 다음과 같은 중요한 차이가 있다. 광학활성의 물질을 거치면서 편광의 방향이 임의의 어떤 방향으로 회전했다면, 반대방향으로 빛을 다시 보내게 되고 편광이 원래의 자리로 되돌아가게 된다. 즉, 광학활성 물질에서는 좌선성이나 우선성이 물질의 종류에 따라 정해지는 것이며 빛의 진행방향과는 관계가 없다.

반면 패러데이 효과의 경우에는 빛이 자기장과 나란하게 진행할 때에 좌선성을 나타냈다면 같은 물질에서 자기장과 반대방향으로 빛이 진행하게 되면 우선성을 나타내게 된다. 따라서 거울 등의 반사체를 사용하여 물질을 왕복시키게 되면 패러데이 효과에서는 편광의 회전각이 두 배가 된다.

그림 6-20은 패러데이 효과에서 빛이 반대로 진행할 때 선편광의 방향이 계속하여 같은 방향으로 회전하는 것을 보여주고 있다. 이러한 패러데이 효과의 특성을 이용하면 광분리기(optical isolator)라는 소자를 만들 수 있다. 광분리기는 빛을 어떤 한 방향으로는 그냥 통과시키지만 반대방향으로 반사되어 진행하는 빛을 차단시키는 광학 소자이다.

빛은 가역성(reciprocity)이 있기 때문에 자신이 통과한 길을 언제든지 반대로 정확하게 갈 수가 있다. 그러나 광분리기에서만은 한 방향으로만 빛을 통과시킬 수 있으며, 이것은 자기장이 특수한 비대칭성을 가지고 있기 때문이다.

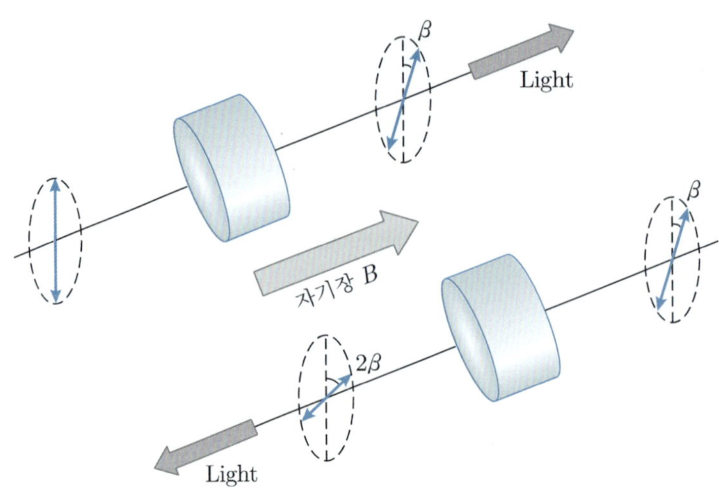

그림 6-20 빛의 진행방향에 따른 패러데이 효과

자동차의 선팅이나 건물의 유리창 등이 내부에서 밖만 보이고 밖에서는 내부가 보이지 않기 때문에 빛이 한 방향으로만 갈 수 있는 것이 아닌지 의심할 수도 있다. 그러나 이것은 자동차나 건물의 내부가 외부에 비해 어둡기 때문에 발생하는 현상으로 빛의 가역성이 깨진 것은 아니다.

그림 6-21은 일반적인 광분리기의 원리를 설명해 주는 그림이다. 그림에서 보듯이 선편광자(Polarizer-A)에서 입사파의 편광을 특정한 하나의 편광(x축으로 선편광)으로 만들어준 다음 **패러데이 회전기**(Faraday rotator)로 입사시킨다. 패러데이 회전기는 패러데이 효과를 이용하여 선편광된 빛의 편광축 방향을 45°만큼 회전시키는 역할을 한다. 패러데이 회전기를 통과한 빛의 편광축은 입사파의 편광축보다 45°만큼 회전되어 있어서 처음 선편광자의 편광축과 45°의 각을 이루고 있는 마지막 단의 선편광자(Polarizer-B)의 편광축과 평행하므로 광파의 흡수가 없이 그대로 Polarizer-B를 통과하여 진행할 수 있다.

반면, 반대로 진행하는 빛의 경우를 생각해 보자. 광학소자에서 반사되어 Polarizer-B로 들어온 빛은 Polarizer-B의 편광축과 나란하게 선편광되어 있기 때문에 광파의 흡수가 없이 Polarizer-B를 통과하여 패러데이 회전기로 입사하며, 패러데이 회전기에서 45° 회전한다. 이 때 선편광의 회전방향은 빛이 진행하는 방향의 왼쪽이 되므로 최종적으로 선편광의 방향은 수평방향(y축으로 선편광)이 된다. 그런데 Polarizer-A의 편광축은 수직방향(x축으로 선편광)이므로 패러데이 회전기를 통과한 빛의 편광과는 서로 90° 각도

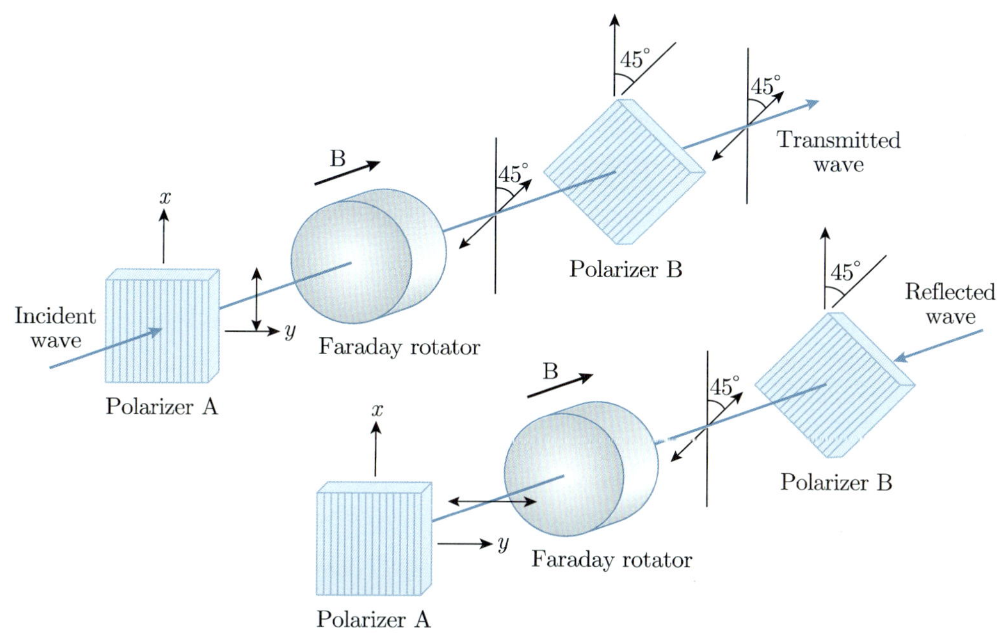

그림 6-21 패러데이 회전기를 사용한 광분리기

를 이룬다. 식 (6-15)의 말러스의 법칙에 의해 이 빛은 Polarizer-A에서 모두 소멸되어 반대방향으로는 빛이 진행할 수 없다.

패러데이 효과와 같이 자기장이 물질에 영향을 주어 빛의 성질을 변화시키는 것을 **자기광학 효과**(magneto-optic effect)라고 한다. 또 다른 자기광학 효과로는 **보이그 효과**(Voigt effect)와 **코튼-모튼 효과**(Cotton-Mouton effect)가 있다. 이것들은 모두 투명한 물질에 빛의 진행방향에 대해 수직으로 자기장이 걸렸을 때 일어나는데, 앞의 것은 물질이 기체인 경우이고 뒤의 것은 액체인 경우이다.

6.2.3 전기광학 효과

자기광학 효과와 비슷하게 전기장과 물질의 반응으로 인해 빛의 편광특성이 변화하는 전기광학 효과(electro-optic effect)가 1875년 커(Kerr)에 의해 처음으로 발견되었다. 그는 특정한 광학물질이 전기장 벡터 $\vec{E}$ 내에 있을 때, 인가된 전기장과 평행한 방향의 굴절률 $n_{\parallel}$과 그에 수직한 방향의 굴절률 $n_{\perp}$이 서로 다르게 됨을 알았다. 두 굴절률의 차이 Δn_K는 다음과 같음을 실험적으로 규명하였다.

$$\Delta n_K = \lambda_0 K E^2 \tag{6-35}$$

이 때 K는 커 상수(Kerr constant)로서 각 물질마다 고유한 값을 가지게 된다. 이와는 별도로 **포켈스 효과**(Pockels effect)라고 하는 전기광학 효과가 있는데, 이것은 1893년 포켈스(Friedrich Carl Alwin Pockels)에 의해 연구되었다. 포켈스 효과는 커 효과가 나타나는 물질과는 분자 구성이 다른 물질들에서 발견되었는데 굴절률의 차이 Δn_P가 인가된 전기장의 크기에 비례한다는 점이 커 효과와는 다른 점이다.

$$\Delta n_P \propto E \tag{6-36}$$

그림 6-22는 포켈스 효과를 이용한 변조기의 원리를 보여준다. 서로 90°로 편광축이 직교하는 두 선편광기 사이에 포켈스 효과를 일으키는 물질과 전기장을 걸어주는 전극이 함께 자리 잡고 있다. 이것을 포켈스 cell이라고 부른다. 만일 전극에 아무런 전압을 걸어주지 않으면 하나의 선편광기를 거치면서 선편광된 빛은 편광방향이 다른 선편광기의 편광축과 수직이 되므로 변조기를 통과할 수 없게 된다.

그러나 전극에 전압을 걸기 시작하면 포켈스 cell은 선복굴절을 띠게 되어 일종의 파장판 역할을 하게 되므로 하나의 선편광기를 통과한 빛의 편광이 cell을 거치면서 변화하게 된다. 만일 걸어준 전압이 적절하다면 cell이 1/2 파장판이 되어 선편광의 방향이 90°만큼 회전하여 다른 선편광기에서 모든 빛이 통과하여 나갈 수도 있다.

이렇게 전극에 걸어주는 전압의 크기에 따라 포켈스 cell을 통과하는 빛의 양을 조절할 수 있으므로 광변조기로 사용이 가능해진다. 실제 전기광학 효과는 그 반응속도가 매우 빠르기 때문에 포켈스 효과를 이용한 광변조기의 경우 광변조 속도를 수십 GHz까지도

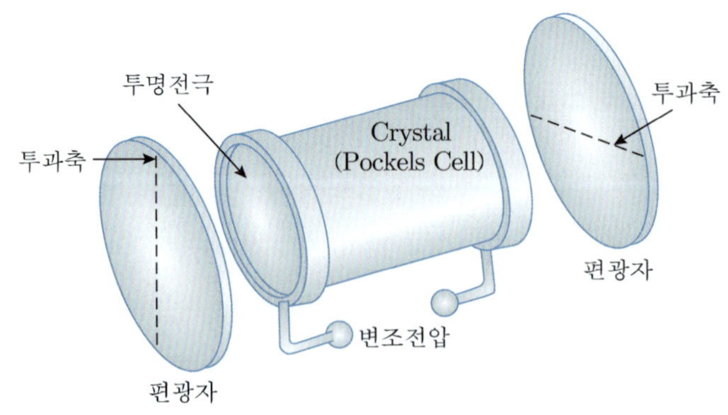

그림 6-22 포켈스 광변조기

빠르게 할 수 있다.

예제 6.5 패러데이 효과

선편광된 광파가 20℃의 상온에서 $B=1.0\times10^4$ G의 자기장 내에 놓여 있는 길이 1.0 cm의 물기둥을 통과하였다. 선편광된 광파의 편광축이 회전한 각도를 계산하시오. 단 20℃의 상온에서 물의 베르데 상수 V_{H_2O}는 $V_{H_2O}=0.0131$(min of arc/G·cm)이다.

풀이 패러데이 효과에서 선편광의 편광축이 회전한 각도 β는 다음과 같음이 실험적으로 알려져 있다.

$$\beta=B\ell V$$

20℃에서 물의 베르데 상수가 $V_{H_2O}=0.0131$(min of arc/G·cm)이며 단위가 min of arc/G·cm인 것에 주의해야 한다.

$$\begin{aligned}\beta &= B\ell V_{H_2O}\\ &=\frac{1}{60}\times0.0131\times1.0\times10^4\times1.0\\ &=2.18^\circ\\ &=2^\circ11'\end{aligned}$$

6.2.4 액정

액정(liquid crystal)은 액체와 결정의 중간 상태에 있는 물질이다. 이러한 물질은 분자의 배열이 임의의 방향에 대해서는 불규칙적인 액체 상태와 같지만 특정한 방향에서는 규칙적인 결정 상태를 가질 뿐 아니라 전압이나 온도의 변화에 따라 특이한 광학적 성질을 나타내기도 한다.

보통의 액체는 분자의 방향과 배열에 규칙성이 없지만 액정은 어느 정도의 규칙성을 가지는 액체 상(phase)과 비슷하다. 예를 들어 그림 6-23과 같이 가열하여 녹이면 복굴절 등의 이방성을 나타내는 액체 상이 되는 고체가 있다. 액정은 복굴절이나 색의 변화와 같은 광학적 특징을 가진다. 규칙성은 결정이 가지는 성질이고, 물질의 상은 액체와 비슷하기 때문에 액정이라고 한다.

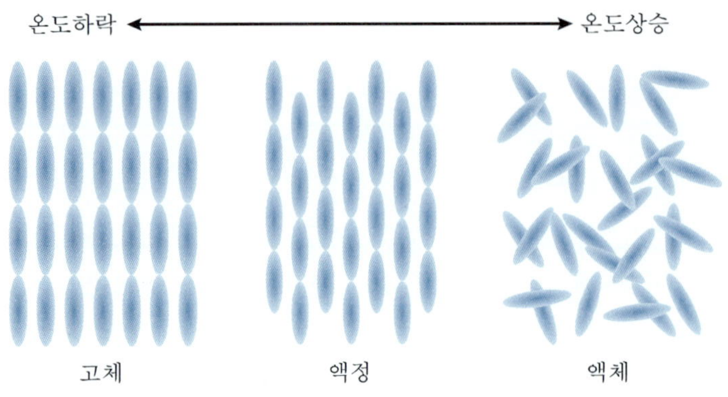

그림 6-23 온도에 따른 액정의 상(phase) 변화

액정은 분자의 배열방식에 따라서 그림 6-24와 같이 세 종류로 분류하는데 분자의 위치는 무질서하게 존재하지만 분자들끼리의 배열이 특정한 축의 방향으로 다소 평행한 경향을 가지는 액정을 **네마틱**(nematic) **액정**이라 하며, 방향이 일정한 분자가 층을 이루는 액정을 **스멕틱**(smectic) **액정**, 그리고 가지런한 축을 이루지만 축의 방향이 변하는 액정을 **콜레스테릭**(cholesteric) **액정**이라고 한다. 여기에서는 네마틱 액정에 관하여 간단한 원리와 특성을 공부해 보자.

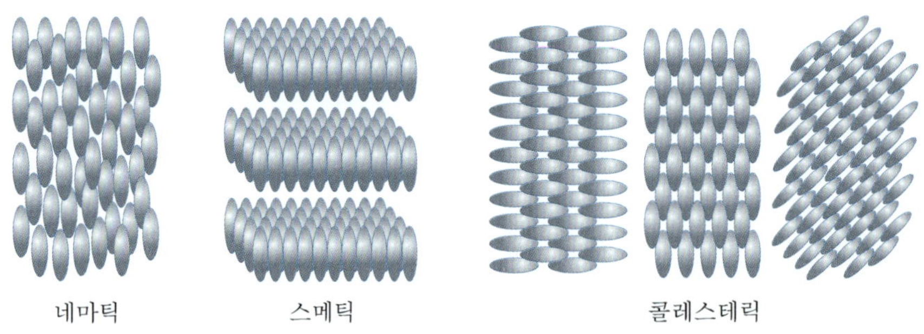

그림 6-24 분자 배열방식에 따른 액정의 종류

네마틱 액정

주석 산화물(ITO : Indium Tin Oxide) 박막은 파장이 450~1800 nm에 대해서 투과율이 높은 전도성 박막이다. 그림 6-25와 같이 ITO 박막이 증착된 두 장의 투명 전극 유리판 사이에 액정을 넣고 두 전극 사이에 전압을 인가한다. 전압이 걸리면 액정 분자의 방향이 전기장 방향으로 회전하여 정렬하게 된다.

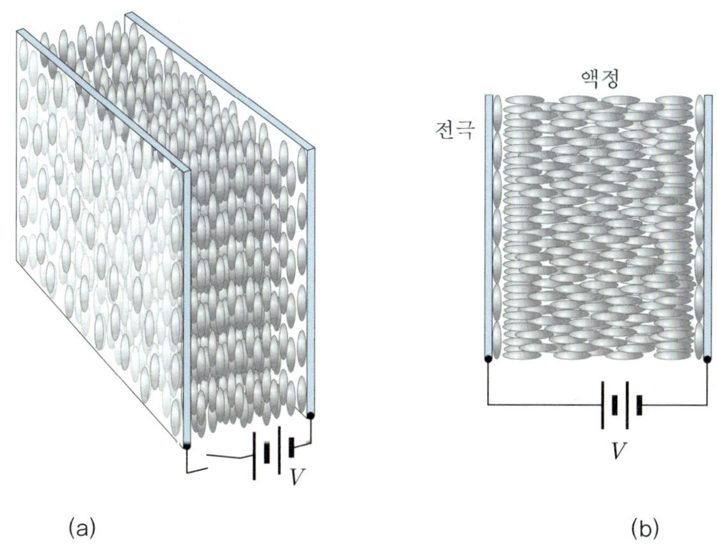

그림 6-25 (a) 전극 사이에 무질서하게 정렬된 네마틱 액정, (b) 전기장 방향으로 정렬된 네마틱 액정

액정 분자의 정렬 방향과 모양에 따라 액정은 비등방성 유전체이며 (+) 값을 가지는 단축 복굴절 물질이다. 분자의 장축은 이상광선 굴절률 방향이며 저속 축 방향이다. 따라서 광선이 정렬된 액정 셀을 지나가면 장축을 통과한 선편광된 빛과 단축을 통과한 선편광된 빛 사이에 $\Delta\varphi$의 위상지연이 발생한다.

그림 6-26 (a)에서 수평으로 선편광된 빛이 액정 셀에 수직으로 입사하여 액정 셀을 통과하면 편광면이 90° 회전하여 수직으로 편광된 빛으로 나오게 된다. 액정 셀에 전압이 인가되면 셀에 있는 분자들이 회전하여 그림 6-26 (b)에서 보는 바와 같이 전기장과 같은 방향으로 정렬한다. 정렬된 액정 분자들은 편광면을 회전시키는 능력이 없어지게 된다. 전기장이 없어지면 액정 분자의 배열은 원래대로 돌아가고 다시 빛의 편광면을 회전시킨다.

그림 6-26 (a)에서 마지막 편광기 뒤에 평면거울이 있는 경우를 생각해 보자. 자연광이 왼쪽에서 입사하여 첫 번째 편광자를 통과하면 수평으로 선편광된 빛이 된다. 액정 셀에 전압을 걸지 않으면 오른쪽으로 진행한 빛은 액정 셀을 통과한 후 편광면이 90° 회전하여 수직으로 편광된다. 이 빛은 두 번째 편광기를 그대로 통과하고, 거울에서 반사된 다음 입사한 경로로 다시 되돌아간다. 따라서 첫 번째 편광기를 보면 밝은 빛이 나오는 것을 볼 수 있다.

반면에 액정 셀에 전압이 인가되면 그림 6-26 (b)와 같이 셀에 있는 분자들이 회전하여 액정 분자들은 편광면을 회전시키는 능력이 없어지게 되어 수평으로 편광된 빛이 액정 셀을 그대로 통과하게 되며 두 번째 편광기에서 모두 흡수되기 때문에 첫 번째 편광기에서 볼 경우 어두워져 되돌아오는 빛이 없는 것을 알 수 있다. 이것이 LCD(liquid crystal display) 디스플레이의 원리이다.

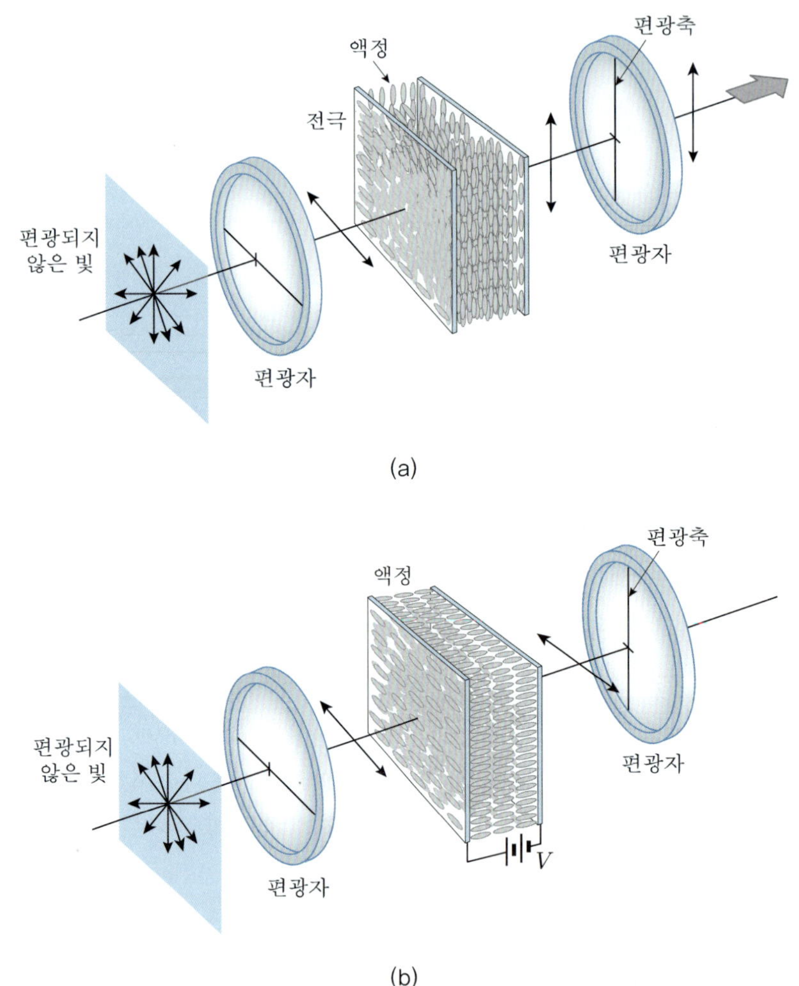

그림 6-26 (a) 액정 셀에서 편광면이 회전된 빛이 두 번째 편광자를 통과한다.
(b) 편광면이 회전되지 않아 빛이 두 번째 편광자를 통과하지 못한다.

6.3 부분 편광

지금까지 chapter 6에서는 빛의 편광에 관해 여러 가지 고찰을 해 보았고 빛에 대한 파동함수를 표현할 때 식 (6-1)이나 (6-4) 등과 같이 전기장을 사용하여 표현하는 방법을 사용했다. 그러나 우리가 일상생활에서 흔히 접하는 태양이나 전구 등의 광원으로부터 나오는 빛은 이렇게 간단한 수학식으로는 표현할 수 없다. 그 이유는 이러한 빛들은 광원을 구성하는 수많은 원자들이 개별적으로 방출하고 있는 광자(photon, 빛 알갱이)들로 이루어져 있기 때문이다. 각 원자들은 일정하게 정해지지 않은 시각에 각자 나름대로의 편광을 가진 광자를 방출하며 이런 광자들이 수없이 많이 모인 햇빛이나 백열전구로부터 나오는 빛은 어떤 하나의 편광을 가질 수 없다.

그러므로 지금까지 선편광, 원편광 혹은 타원편광이든 어떤 하나의 편광을 가진다고 기술한 빛들은 사실상 레이저와 같은 특수한 광원에서 나오는 빛의 상태에 해당한다. 사실은 레이저에서 나오는 빛도 완벽하게 수식에서 주어진 것과 같은 수학적인 형태의 전기장을 가질 수는 없으나, 우리는 그러한 빛들을 분석함에 있어서 지금까지 보았던 수식들을 근사적으로 이용하는 것이다.

어떤 물리적인 현상을 분석할 때에는 지금까지 나온 수식들보다 더 정확한 수학적 표현이 필요한 경우도 있는데, 그 때는 빛의 스펙트럼이나 혹은 다른 통계적인 특성을 고려한 더 복잡한 접근이 필요하다. 그러나 우리가 이 책에서 배울 내용들은 그런 것까지 고려하지 않아도 충분하다.

그렇다면 우리가 일상생활에서 접할 수 있는 빛들의 편광상태는 어떻게 되며 그것을 어떤 식으로 표현하는지를 살펴보자. 태양빛 혹은 전구의 불빛 등은 이미 언급한 대로 무수히 많은 원자들이 개별적으로 방출하는 광자의 집합이므로, 각 광자의 개별적인 편광들이 모여 있게 된다.

따라서 전체적으로 보면 어떤 편광상태가 약간 우세할 수는 있지만 단 하나의 편광상태만을 가지기는 불가능하다. 이러한 빛들을 **부분 편광**(partially polarized)되었다고 말한다. 또한, 모든 편광상태가 완벽하게 균일하게 섞여 아예 우세한 편광상태조차 없게 되면 편광되지 않은(unpolarized) 혹은 무편광된 빛이라고 말한다.

이렇게 편광되지 않은 빛을 선편광자를 통과시키면 어떻게 될까? 우선 그림 6-27과 같이 편광되지 않은 빛의 강도를 I_{in}이라 하고, 선편광자를 통과해서 나온 빛의 강도를 I_{out}이라고 하자. 편광되지 않은 빛은 그림에서 보듯이 진행방향에 대해 수직으로 선편광된 빛들이 모인 것으로 볼 수 있다. 이 때, 어떤 편광 방향도 우세하지 않고 각 빛들은 서로 독립적이기 때문에 다음과 같은 식이 성립한다.

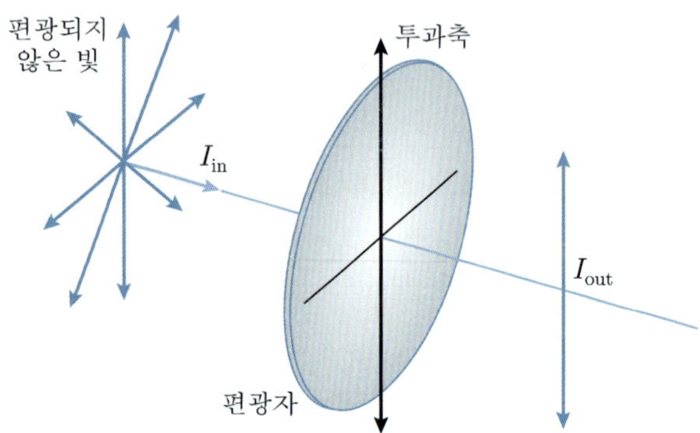

그림 6-27 선편광자를 통과하는 편광되지 않은 빛

$$I_{\text{in}} = \int_0^{2\pi} \rho_0 \, d\theta = 2\pi\rho_0 \tag{6-37}$$

여기서 ρ_0는 각도에 대한 빛의 강도밀도인데 모든 방향이 동일한 강도를 가지므로 상수이다. I_{out}은 말러스의 법칙에 의해 선편광의 방향과 편광자의 편광축이 이루는 각도 θ에 의해 결정되므로 다음과 같이 주어진다.

$$I_{\text{out}} = \int_0^{2\pi} \rho_0 \cos^2\theta \, d\theta = \pi\rho_0 = \frac{1}{2} I_{\text{in}} \tag{6-38}$$

식 (6-38)로부터 편광되지 않은 빛을 선편광자를 통과하게 되면 강도가 반으로 줄어든다는 것을 알 수 있다.

햇빛처럼 자연적인 빛이든 아니면 전구나 레이저와 같이 인공적인 빛이든 완전히 편광되거나 완전히 편광되지 않은(unpolarized) 빛은 일반적으로 찾아보기 어렵기 때문에 사실상 모든 빛은 부분 편광되었다고 보아도 좋겠다. 이렇게 부분 편광된 빛을 다룰 때는 빛이 완전히 편광된 빛과 완전히 편광되지 않은 빛의 합으로 이루어져 있다고 생각하면 편리하다.

그러므로 어떤 부분 편광된 빛의 강도를 I라고 하면 그것은 다음과 같이 완전 편광된 빛의 강도 I_{pol}과 편광되지 않은 빛의 강도 I_{unpol}의 합으로 표현할 수 있다.

$$I = I_{pol} + I_{unpol}$$

전체 빛의 강도에 대한 편광된 빛의 강도의 비를 **편광도**(DOP : Degree of Polarization)라고 정의한다.

$$\text{DOP} = \frac{I_{pol}}{I_{pol} + I_{unpol}} \tag{6-39}$$

식 (6-39)에 의하면 완전히 편광된 빛은 DOP 값이 1이며, 편광되지 않은 빛은 DOP가 0이 된다. 태양에서 방출되는 원래의 빛도 매우 약간이지만 편광성을 띠며(즉, DOP가 0이 아니며) 특히 지구 대기를 거친 태양광의 경우 관측하는 방향에 따라 편광도가 더욱 커지기도 한다. 그것은 그림 6-28에서 보이는 것처럼 대기의 공기 분자가 태양빛을 산란시키고 이 산란된 빛은 쳐다보는 방향에 따라 편광도가 다르게 보이기 때문이다.

그리고 레이저에서 발생되는 잘 편광된 빛도 일반적으로 DOP 값이 완전히 1이 아니고 약 0.998 정도의 값을 가진다. 즉, 편광되지 않은 성분이 전체의 1/500 정도가 된다.

부분 편광된 빛의 DOP 측정은 선편광자를 이용해서 쉽게 측정할 수 있는데 그 방법은 다음과 같다. 부분 편광된 빛을 선편광자에 입사시켜 이것을 통과하여 나오는 빛의 강도를 측정하되, 선편광자를 한 바퀴 회전시키면서 나오는 빛의 강도의 최대값 I_{max}와 최소값 I_{min}을 구한다.

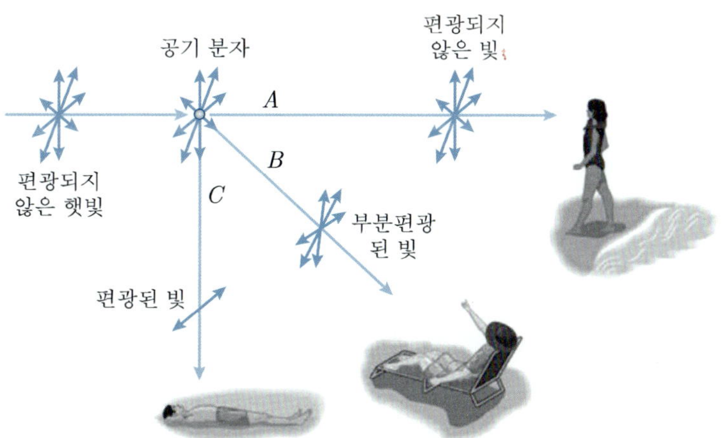

그림 6-28 산란에 의한 태양광의 부분 편광 현상

부분 편광된 빛은 완전히 편광된 빛과 편광되지 않은 빛의 합이고, 편광되지 않은 성분은 편광자의 회전에 상관없이 식 (6-38)에 나타난 것과 같이 항상 원래의 반만 편광자를 통과하게 된다. 따라서 최대강도 I_{max} 는 편광자의 편광축과 편광된 성분의 편광방향이 일치했을 때 얻어지고, 최소강도는 편광축과 편광된 빛의 편광방향이 수직이 되었을 때 얻어진다. 그러므로 I_{max}, I_{min}, I_{pol}, I_{unpol}에는 다음과 같은 관계가 성립한다.

$$I_{max} = I_{pol} + \frac{1}{2} I_{unpol} \tag{6-40}$$

$$I_{min} = \frac{1}{2} I_{unpol}$$

식 (6-40)으로부터,

$$I_{pol} = I_{max} - I_{min} \tag{6-41}$$

$$I_{pol} + I_{unpol} = I_{max} + I_{min}$$

를 얻을 수 있다. 그러므로 DOP를 다음과 같이 표현할 수 있다.

$$\mathrm{DOP} = \frac{I_{pol}}{I_{pol} + I_{unpol}} = \frac{I_{max} - I_{min}}{I_{max} + I_{min}} \tag{6-42}$$

지금까지 부분 편광에 관해 살펴보았는데, 마지막으로 한 가지 더 언급해 둘 것이 있다. 존스 벡터는 완전히 편광된 빛에 대해 적용되는 수학적 표현이므로 부분 편광된 빛에 적용할 수 없다. 존스 벡터의 개념을 부분 편광으로 확장한 것이 스톡스 벡터(Stokes vector)인데, 이것은 이 책의 범위를 넘어서는 것이므로 다루지 않기로 한다.

6.4 반사에 대한 전자기적 해석

Chapter 2에서 세 가지의 서로 다른 해석적 방법인 페르마의 원리, 호이겐스 원리, 말러스의 정리 등을 이용하여 반사와 굴절의 법칙을 유도하였다. 전자기학의 근간을 이루는 맥스웰 방정식을 사용하면, 앞에서 기술했던 방법들과 달리 보다 완벽하게 반사와 굴절 현상을 해석할 수 있는 장점이 있다.

전자기학 이론의 경계치 조건은 입사와 굴절이 일어나는 경계면에서 전기장 $\vec{E}$와 자기장 $\vec{B}$의 평행한 성분이 경계면을 지나면서 연속적인 값을 가진다는 것이다. 이것은 경계면을 중심으로 입사하는 쪽에서 $\vec{E}$와 $\vec{B}$의 평행한 성분의 합과 투과하는 쪽에서 $\vec{E}$와 $\vec{B}$의 평행한 성분의 합이 같아야 한다.

우리는 이러한 기본적인 전자기 이론을 바탕으로 경계면에서의 $\vec{E}_i(\vec{r},t)$, $\vec{E}_r(\vec{r},t)$, $\vec{E}_t(\vec{r},t)$와의 상관관계로부터 **프레넬**(Fresnel) **방정식**을 유도하여 광파의 강도에 대한 전자기적 접근 방법으로 물리적 현상을 해석하고자 한다.

6.4.1 조화파에 대한 맥스웰 방정식

Chapter 5에서 언급한 바와 같이 전기장 벡터와 자기장 벡터의 직교좌표 성분들은 다음과 같은 3차원 2차 미분 방정식

$$\nabla^2\Psi = \epsilon\mu\frac{\partial^2\Psi}{\partial t^2} = \frac{1}{v^2}\frac{\partial^2\Psi}{\partial t^2}$$

을 만족시킨다. 맥스웰 미분 방정식에서 전기장과 자기장 벡터를 평면 조화파로 가정하고, 자주 사용하는 연산자 항등식에 대한 계산을 미리 해 두는 것이 프레넬 방정식을 유도하고 광파에 대한 전자기적 해석을 하는데 편리하다.

평면 조화파에 대한 복소수의 지수함수 표현은

$$\Psi(\vec{r},t) = A\,e^{i(\vec{k}\cdot\vec{r}-\omega t)} \tag{6-43}$$

로 쓸 수 있다. 조화파를 시간에 대해 미분하면

$$\frac{\partial}{\partial t}\Psi(\vec{r},t)=\frac{\partial}{\partial t}\left\{Ae^{i(\vec{k}\cdot\vec{r}-\omega t)}\right\} \tag{6-44}$$

$$=-i\omega A\,e^{i(\vec{k}\cdot\vec{r}-\omega t)}$$

$$=-i\omega\Psi(\vec{r},t)$$

가 되며, 같은 방법으로 공간변수(x, y, z 중에서 x를 선택)에 대해 미분하면

$$\frac{\partial}{\partial x}\Psi(\vec{r},t)=\frac{\partial}{\partial x}\left\{Ae^{i(\vec{k}\cdot\vec{r}-\omega t)}\right\} \tag{6-45}$$

$$=\frac{\partial}{\partial x}\left\{Ae^{i(k_x x+k_y y+k_z z-\omega t)}\right\}$$

$$=ik_x Ae^{i(\vec{k}\cdot\vec{r}-\omega t)}$$

$$=ik_x\Psi(\vec{r},t)$$

가 된다. 따라서 $\vec{\nabla}$ 연산자 $\vec{\nabla}=\hat{i}\,\frac{\partial}{\partial x}+\hat{j}\,\frac{\partial}{\partial y}+\hat{k}\,\frac{\partial}{\partial z}$를 연산하면

$$\vec{\nabla}\Psi(\vec{r},t)=\vec{\nabla}\,Ae^{i(\vec{k}\cdot\vec{r}-\omega t)} \tag{6-46}$$

$$=i\vec{k}\,e^{i(\vec{k}\cdot\vec{r}-\omega t)}$$

$$=i\vec{k}\Psi(\vec{r},t)$$

이 된다. 식 (6-44)와 (6-46)의 결과로부터 다음과 같은 연산자의 관계식을 얻었다.

$$\frac{\partial}{\partial t}\rightarrow -i\omega \tag{6-47}$$

$$\vec{\nabla}\rightarrow i\vec{k}$$

식 (6-47)은 평면 조화파에 대해 성립한다. 이제 등방적이고 유전체인 매질에 대한 맥스웰 방정식에 이 연산을 적용해 보기로 하자.

$$\vec{\nabla}\times\vec{E}=-\mu\frac{\partial\vec{H}}{\partial t} \tag{6-48}$$

$$\vec{\nabla}\times\vec{H}=\epsilon\frac{\partial\vec{E}}{\partial t}$$

$$\vec{\nabla} \cdot \vec{E} = 0$$

$$\vec{\nabla} \cdot \vec{H} = 0$$

평면 조화파에 대하여 식 (6-47)을 맥스웰 방정식에 적용하면 다음과 같은 연산자 관계식

$$\vec{k} \times \vec{E} = \mu\omega \vec{H} \tag{6-49}$$

$$\vec{k} \times \vec{H} = -\epsilon\omega \vec{E}$$

$$\vec{k} \cdot \vec{E} = 0$$

$$\vec{k} \cdot \vec{H} = 0$$

을 얻을 수 있다.

예제 6.6 평면 조화파에 대한 연산자 관계식

평면 조화파에 대하여 식 (6-47)을 맥스웰 방정식에 적용하여 연산자 관계식 (6-49)를 얻었다. 연산자 관계식 (6-49)로부터 $E = vB$임을 보이시오.

풀이 세 벡터 $\vec{k}, \vec{E}, \vec{B}$는 서로 직교하며 $\vec{B} = \mu\vec{H}$, $\vec{D} = \epsilon\vec{E}$이다. 식 (6-49)의 첫 번째 식 $\vec{k} \times \vec{E} = \mu\omega\vec{H}$에서 $|\vec{k} \times \vec{E}| = kE\sin 90° = kE$이므로

$$\begin{aligned} |\vec{k} \times \vec{E}| &= kE\sin 90° \\ &= kE \\ &= |\mu\omega\vec{H}| \\ &= \mu\omega H \end{aligned}$$

$v = \omega/k$, $B = \mu H$이므로 $E = vB$이다.

6.4.2 전기장 벡터가 입사면에 수직한 경우(TE 편광)

입사파의 전기장 벡터 $\vec{E}$가 경계면에 평행하거나 입사면에 수직한 경우를 TE (transverse electric) 편광(혹은 s-polarization)이라고 한다. 먼저 그림 6-29와 같이

입사파의 전기장 벡터 $\vec{E}$가 입사면에 수직한 경우에 대하여 경계면에서의 경계치 조건을 적용해 보자. 경계면에서 전기장 $\vec{E}$의 평행한 성분은 경계면을 지나면서 연속적인 값을 가져야 한다.

그림 6-29에서 전기장 벡터 $\vec{E}$의 평행성분의 연속성을 이용하면 경계면에서는 다음의 조건을 만족해야 한다.

$$E_{0i} + E_{0r} = E_{0t} \tag{6-50}$$

여기서 아래첨자 i는 입사, r은 반사, 그리고 t는 투과를 의미한다. 마찬가지로 그림 6-29에서 연산자 관계식 (6-49)와 예제 6.6의 결과를 이용하여 자기장 벡터 $\vec{B}$(엄밀하게 말하면 $\vec{H} = \vec{B}/\mu$)에 대해서도 경계치 조건을 적용하면

$$-\frac{B_{0i}}{\mu_i}\cos\theta_i + \frac{B_{0r}}{\mu_i}\cos\theta_r = -\frac{B_{0t}}{\mu_t}\cos\theta_t \tag{6-51}$$

을 얻을 수 있다.

연산자 관계식 (6-49)와 예제 6.6의 결과로부터 $E = vB$임을 알 수 있다. 그리고 스넬의 법칙에서 $v_i = v_r$, $\theta_i = \theta_r$이므로 식 (6-51)은

$$\frac{1}{\mu_i v_i}(E_{0i} - E_{0r})\cos\theta_i = \frac{1}{\mu_t v_t}E_{0t}\cos\theta_t \tag{6-52}$$

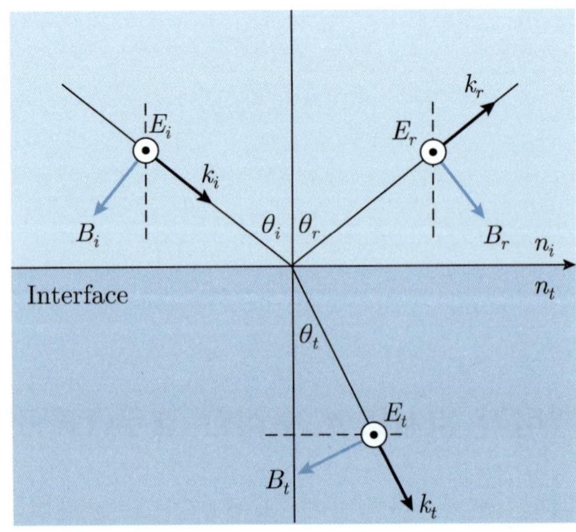

그림 6-29 전기장 벡터 $\vec{E}$가 입사면에 수직한 광파의 반사와 투과

로 다시 쓸 수 있다. 식 (6-52)에 $1/\mu v = n/\mu c$를 대입하고 양변에 광속도 c를 곱해주면 식 (6-52)는 다음과 같이 표현할 수 있다.

$$\frac{n_i}{\mu_i}(E_{0i} - E_{0r})\cos\theta_i = \frac{n_t}{\mu_t}E_{0t}\cos\theta_t \tag{6-53}$$

여기서 입사한 전기장의 진폭과 반사한 전기장의 진폭 비를 **반사계수**(reflection coefficient) r로, 입사한 전기장의 진폭과 투과한 전기장의 진폭 비를 **투과계수**(transmission coefficient) t로 정의하면 반사계수 r과 투과계수 t를 다음과 같이 간단히 표현할 수 있다.

$$r = \left(\frac{E_{0r}}{E_{0i}}\right) \tag{6-54}$$

$$t = \left(\frac{E_{0t}}{E_{0i}}\right)$$

먼저, TE 편광에 대한 반사계수 r_s를 구하기 위하여 식 (6-53)에 식 (6-50)을 대입해서 E_{0t}에 대한 항을 소거하고 E_{0i}와 E_{0r}의 항으로 정리한 다음, 양변을 E_{0i}로 나누면

$$\frac{n_i}{\mu_i}(E_{0i} - E_{0r})\cos\theta_i = \frac{n_t}{\mu_t}E_{0t}\cos\theta_t$$

$$= \frac{n_t}{\mu_t}(E_{0i} + E_{0r})\cos\theta_t$$

$$\left(\frac{n_i}{\mu_i}\cos\theta_i - \frac{n_t}{\mu_t}\cos\theta_t\right)E_{0i} = \left(\frac{n_i}{\mu_i}\cos\theta_i + \frac{n_t}{\mu_t}\cos\theta_t\right)E_{0r}$$

이 된다. 따라서 TE 편광에 대한 반사계수 r_s는

$$r_s = \left(\frac{E_{0r}}{E_{0i}}\right)_\perp = \frac{\dfrac{n_i}{\mu_i}\cos\theta_i - \dfrac{n_t}{\mu_t}\cos\theta_t}{\dfrac{n_i}{\mu_i}\cos\theta_i + \dfrac{n_t}{\mu_t}\cos\theta_t} \tag{6-55}$$

가 된다. 아래첨자 s와 $\perp$는 전기장 벡터 $\vec{E}$가 입사면에 수직한 경우, 즉 TE 편광에

대한 것을 의미한다. 같은 방법으로 TE 편광에 대한 투과계수 t_s도 계산해 보자. 마찬가지로 식 (6-53)에 식 (6-50)을 대입해서 E_{0r}에 대한 항을 소거하고 E_{0i}와 E_{0t}의 항으로 정리한 다음, 양변을 E_{0i}로 나누면

$$\frac{n_i}{\mu_i}(E_{0i}-E_{0r})\cos\theta_i=\frac{n_t}{\mu_t}E_{0t}\cos\theta_t$$

$$\frac{n_i}{\mu_i}\{E_{0i}-(E_{0t}-E_{0i})\}\cos\theta_i=\frac{n_t}{\mu_t}E_{0t}\cos\theta_t$$

$$\left(2\frac{n_i}{\mu_i}\cos\theta_i\right)E_{0i}=\left(\frac{n_i}{\mu_i}\cos\theta_i+\frac{n_t}{\mu_t}\cos\theta_t\right)E_{0t}$$

이 된다. 따라서 TE 편광에 대한 투과계수 t_s는

$$t_s=\left(\frac{E_{0t}}{E_{0i}}\right)_\perp=\frac{2\dfrac{n_i}{\mu_i}\cos\theta_i}{\dfrac{n_i}{\mu_i}\cos\theta_i+\dfrac{n_t}{\mu_t}\cos\theta_t} \tag{6-56}$$

이 된다. 식 (6-55), (6-56)과 뒤에 유도할 TM 편광에 대한 식 (6-62)와 (6-63)을 **프레넬 방정식**(Fresnel equation)이라고 한다.

만약 $\mu_i\simeq\mu_t\simeq\mu_0$인 유전체(매질이 강자성체가 아닌 경우)에서는 식 (6-55)와 (6-56)을 간단하게 더 일반적인 형태로 나타낼 수 있다.

$$r_s=\left(\frac{E_{0r}}{E_{0i}}\right)_\perp=\frac{n_i\cos\theta_i-n_t\cos\theta_t}{n_i\cos\theta_i+n_t\cos\theta_t} \tag{6-57}$$

$$=\frac{\cos\theta_i-n\cos\theta_t}{\cos\theta_i+n\cos\theta_t}$$

$$t_s=\left(\frac{E_{0t}}{E_{0i}}\right)_\perp=\frac{2n_i\cos\theta_i}{n_i\cos\theta_i+n_t\cos\theta_t}$$

$$=\frac{2\cos\theta_i}{\cos\theta_i+n\cos\theta_t}$$

여기서 n은 $n=n_t/n_i$로서 두 매질의 상대 굴절률을 나타낸다.

6.4.3 자기장 벡터가 입사면에 수직한 경우(TM 편광)

TE 편광에 반하여 입사파의 자기장 벡터 $\vec{B}$가 경계면에 평행하거나 입사면에 수직한 경우를 TM(transverse magnetic) 편광(혹은 p-polarization)이라고 한다. TE 편광의 경우와 마찬가지로 그림 6-30과 같이 입사파의 자기장 벡터 $\vec{B}$가 입사면에 수직한 경우에 대하여 경계면에서의 경계치 조건을 적용해 보자. 경계면 양쪽에서의 전기장 벡터의 접선 성분에 대한 연속성과 반사의 법칙($\theta_i = \theta_r$)을 적용하면

$$E_{0i}\cos\theta_i + E_{0r}\cos\theta_r = E_{0t}\cos\theta_t \tag{6-58}$$

을 얻을 수 있다. 마찬가지로 $\vec{B}/\mu(=\vec{H})$의 접선성분에 대한 연속성에 의하여

$$\frac{B_i}{\mu_i} - \frac{B_r}{\mu_r} = \frac{B_t}{\mu_t} \tag{6-59}$$

를 얻을 수 있다.

TE 편광에서와 마찬가지로 연산자 관계식 (6-49)와 예제 6.6의 결과로부터 $E = vB$임을 알 수 있다. 그리고 스넬의 법칙에서 $v_i = v_r$, $\theta_i = \theta_r$이므로 식 (6-59)는

$$\frac{1}{\mu_i v_i}(E_i - E_r) = \frac{1}{\mu_t v_t}E_t \tag{6-60}$$

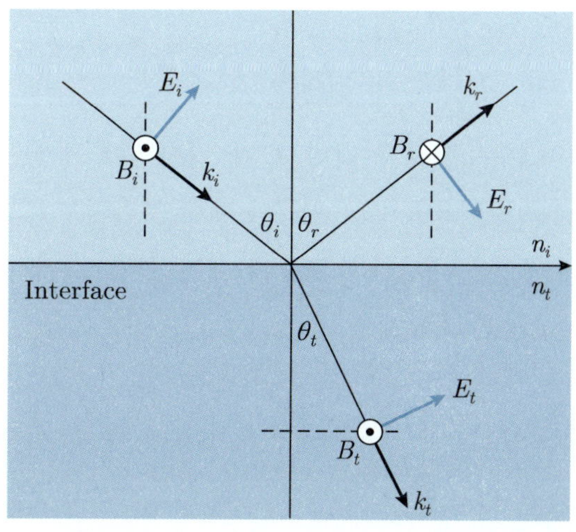

그림 6-30 자기장 벡터 $\vec{B}$가 입사면에 수직한 광파의 반사와 투과

로 다시 쓸 수 있다. 식 (6-60)에 $1/\mu v = n/\mu c$를 대입하고 양변에 광속도 c를 곱해주면 식 (6-60)은 다음과 같이 표현할 수 있다.

$$\frac{1}{\mu_i v_i} E_{0i} - \frac{1}{\mu_r v_r} E_{0r} = \frac{1}{\mu_t v_t} E_{0t} \tag{6-61}$$

$$\frac{n_i}{\mu_i} E_{0i} - \frac{n_r}{\mu_r} E_{0r} = \frac{n_t}{\mu_t} E_{0t}$$

TE 편광의 경우에서 계산했던 방법을 반복해서 (6-58)과 (6-61)을 정리하면 TM 편광에 대한 반사계수 r_p와 투과계수 t_p를 얻을 수 있다. 먼저, TM 편광에 대한 반사계수 r_p를 구하기 위하여 식 (6-61)을 식 (6-58)에 대입해서 E_{0t}에 대한 항을 소거하고 E_{0i}와 E_{0r}의 항으로 정리한 다음, 양변을 E_{0i}로 나누면

$$E_{0i} \cos\theta_i + E_{0r} \cos\theta_r = \frac{\mu_t}{n_t}\left(\frac{n_i}{\mu_i} E_{0i} - \frac{n_r}{\mu_r} E_{0r}\right) \cos\theta_t$$

$$\left(\frac{n_t}{\mu_t}\cos\theta_i - \frac{n_i}{\mu_i}\cos\theta_t\right) E_{0i} = -\left(\frac{n_t}{\mu_t}\cos\theta_r + \frac{n_r}{\mu_r}\cos\theta_t\right) E_{0r}$$

이 된다. 따라서 TM 편광에 대한 반사계수 r_p는

$$r_p = \left(\frac{E_{0r}}{E_{0i}}\right)_{\parallel} = \frac{-\dfrac{n_t}{\mu_t}\cos\theta_i + \dfrac{n_i}{\mu_i}\cos\theta_t}{\dfrac{n_i}{\mu_i}\cos\theta_t + \dfrac{n_t}{\mu_t}\cos\theta_i} \tag{6-62}$$

이 된다. 아래첨자 p와 $\parallel$는 전기장 벡터 $\vec{E}$가 입사면에 평행한 경우, 즉 TM 편광에 대한 것을 의미한다. 같은 방법으로 TM 편광에 대한 투과계수 t_p도 계산해 보자. 마찬가지로 식 (6-58)에 식 (6-61)을 대입해서 E_{0r}에 대한 항을 소거하고 E_{0i}와 E_{0t}의 항으로 정리한 다음, 양변을 E_{0i}로 나누면

$$E_{0i} \cos\theta_i + \frac{\mu_r}{n_r}\left(\frac{n_i}{\mu_i} E_{0i} - \frac{n_t}{\mu_t} E_{0t}\right) \cos\theta_r = E_{0t} \cos\theta_t$$

$$\left(\frac{n_i}{\mu_i}\cos\theta_i + \frac{n_i}{\mu_i}\cos\theta_i\right) E_{0i} = \left(\frac{n_t}{\mu_t}\cos\theta_r + \frac{n_i}{\mu_i}\cos\theta_t\right) E_{0t}$$

이 된다. 따라서 TM 편광에 대한 투과계수 t_p는

$$t_p = \left(\frac{E_{0t}}{E_{0i}}\right)_{\parallel} = \frac{2\dfrac{n_i}{\mu_i}\cos\theta_i}{\dfrac{n_i}{\mu_i}\cos\theta_t + \dfrac{n_t}{\mu_t}\cos\theta_r} \tag{6-63}$$

가 된다.

만약 $\mu_i \simeq \mu_t \simeq \mu_0$인 유전체에서는 식 (6-62)와 (6-63)을 간단하게 더 일반적인 형태로 다음과 같이 나타낼 수 있다.

$$r_p = \left(\frac{E_{0r}}{E_{0i}}\right)_{\parallel} = \frac{n_i\cos\theta_t - n_t\cos\theta_i}{n_i\cos\theta_t + n_t\cos\theta_i} \tag{6-64}$$

$$= \frac{\cos\theta_t - n\cos\theta_i}{\cos\theta_t + n\cos\theta_i}$$

$$t_p = \left(\frac{E_{0t}}{E_{0i}}\right)_{\parallel} = \frac{2n_i\cos\theta_i}{n_i\cos\theta_t + n_t\cos\theta_i}$$

$$= \frac{2\cos\theta_i}{\cos\theta_t + n\cos\theta_i}$$

식 (6-57)과 식 (6-64)에 스넬의 법칙 $n = \sin\theta_i / \sin\theta_t$를 적용하여 θ_i와 θ_t의 항으로 프레넬 방정식을 나타내면

$$r_s = -\frac{\sin(\theta_i - \theta_t)}{\sin(\theta_i + \theta_t)} \tag{6-65}$$

$$t_s = \frac{2\cos\theta_i \sin\theta_t}{\sin(\theta_i + \theta_t)}$$

$$r_p = -\frac{\tan(\theta_i - \theta_t)}{\tan(\theta_i + \theta_t)}$$

$$t_p = \frac{2\cos\theta_i \sin\theta_t}{\sin(\theta_i + \theta_t)\cos(\theta_i - \theta_t)}$$

의 형태로 쓸 수 있다. 식 (6-65)의 유도는 연습문제로 남겨둔다. 반사파에 대한 진폭

비를 나타내는 또 다른 방법은 스넬의 법칙을 사용하여 식 (6-57)과 (6-64)에서 투과각 θ_t의 항을 제거하고 상대굴절률 n과 입사각 θ_i 의 항으로만 표현하는 방법으로 r_s와 r_p를 다음과 같이 나타낼 수 있다.

$$r_s = \frac{\cos\theta_i - \sqrt{n^2 - \sin^2\theta_i}}{\cos\theta_i + \sqrt{n^2 - \sin^2\theta_i}} \tag{6-66}$$

$$r_p = \frac{-n^2\cos\theta_i + \sqrt{n^2 - \sin^2\theta_i}}{n^2\cos\theta_i + \sqrt{n^2 - \sin^2\theta_i}}$$

반사율(reflectance) R은 입사광파의 강도(intensity)와 반사된 광파의 강도에 대한 비율로 정의한다. 광파의 강도는 전기장 진폭의 절대값의 제곱에 비례하기 때문에, TE 편광과 TM 편광의 경우에 대하여 R_s와 R_p로 표기하며 다음과 같이 나타낼 수 있다.

$$R_s = |r_s|^2 = \left|\frac{E_{0r}}{E_{0i}}\right|^2_{TE}, \quad R_p = |r_p|^2 = \left|\frac{E_{0r}}{E_{0i}}\right|^2_{TM} \tag{6-67}$$

마찬가지로 **투과율**(transmittance) T는 입사광파의 강도와 투과된 광파의 강도에 대한 비율로 정의되며, TE 편광과 TM 편광의 경우에 대하여 T_s와 T_p로 표기하며

$$T_s = \frac{n_t\cos\theta_t}{n_i\cos\theta_i}|t_s|^2 = \left(\frac{n_t\cos\theta_t}{n_i\cos\theta_i}\right)\left|\frac{E_{0t}}{E_{0i}}\right|^2_{TE} \tag{6-68}$$

$$T_p = \frac{n_t\cos\theta_t}{n_i\cos\theta_i}|t_p|^2 = \left(\frac{n_t\cos\theta_t}{n_i\cos\theta_i}\right)\left|\frac{E_{0t}}{E_{0i}}\right|^2_{TM}$$

이다. 이 식의 증명 역시 연습문제로 남겨둔다. 그림 6-31은 광파가 공기에서 유리($n_g \simeq 1.5$)로 입사할 때 TE 편광과 TM 편광에 있어서 광파의 입사각에 대한 반사계수(r_s와 r_p)와 반사율(R_s와 R_p)의 변화를 보여주는 그래프이다.

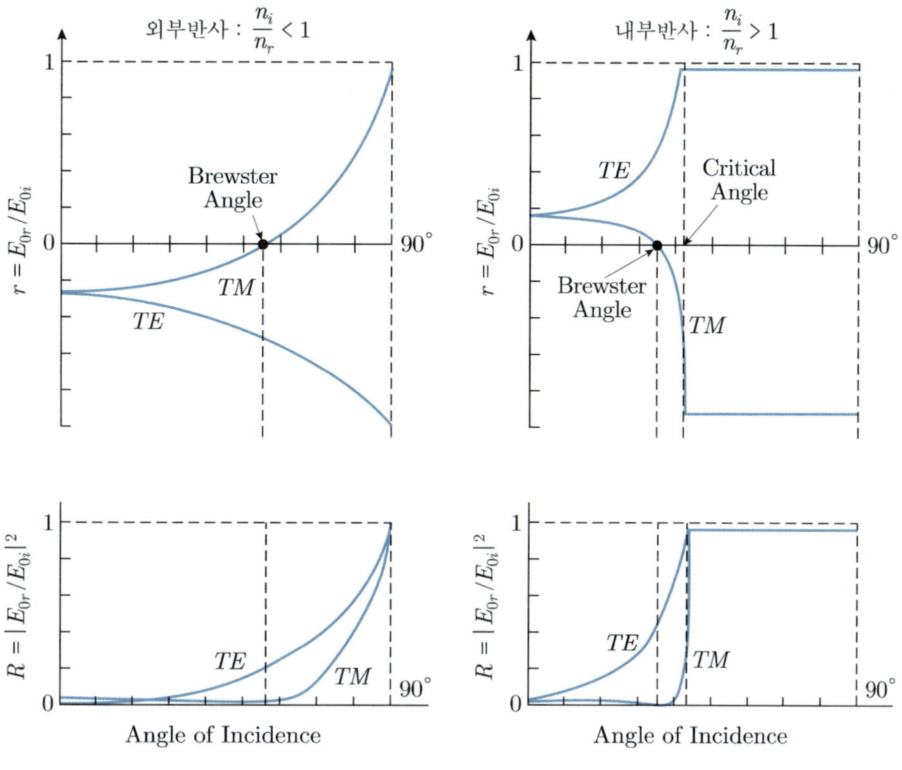

그림 6-31 광파의 입사각에 대한 반사계수와 반사율의 변화

이제 간단하게 프레넬 방정식에서 특별한 경우에 대하여 알아보기로 하자.

6.4.4 프레넬 방정식의 해석

입사파가 경계면에 수직으로 입사하거나 스쳐가는 경우

식 (6-57)과 (6-64)에서 입사파가 수직으로 입사하는 경우를 생각해 보자. 이 경우 입사파의 입사각 θ_i와 투과각 θ_t는 모두 0이 되며 r_s와 r_p 값은 둘 다 $\frac{(1-n)}{(1+n)}$이 된다. 상대 굴절률 n의 값이 1보다 작을 경우는 r_s와 r_p 값은 0보다 크지만 n의 값이 1보다 클 경우(소한 매질에서 밀한 매질로 빛이 진행할 경우) r_s와 r_p 값은 0보다 작다. r_s와 r_p가 음의 값을 가진다는 것은 반사파의 위상이 입사파의 위상에 비해 180°만큼 변했다는 것을 의미한다.

예를 들어 광파가 공기($n_a \simeq 1.0$)에서 유리($n_g \simeq 1.5$)로 입사하는 것과 같이 소한 매질에서 밀한 매질로 입사할 때 부분적으로 반사된 반사파의 위상이 입사파에 비해 180°만큼 변한다는 것이다. 반면에 입사파가 옆으로 스쳐가는 경우는 입사파의 입사각 θ_i가 90°에 매우 가까워져 식 (6-57)과 (6-64)에서 n의 값에 상관없이 $R_s = R_p = 1$이 됨을 알 수 있다. 이 경우 입사파는 모두 반사된다는 것을 의미하며 직관적으로도 그리됨을 짐작할 수 있다.

외부반사와 내부반사

상대굴절률 $n(n = n_t/n_i)$이 1보다 큰 경우를 **외부반사**(external reflection)라고 하고 1보다 작은 경우를 **내부반사**(internal reflection)라고 한다. 즉, 외부반사는 입사파가 굴절률이 작은 매질에서 큰 쪽으로 진행하는 경우를 의미하며 내부반사는 입사파가 굴절률이 큰 매질에서 작은 매질 쪽으로 진행하는 경우를 의미한다. 외부반사의 경우($n > 1$)에 있어서, 식 (6-66)의 제곱근 부분$\left(\sqrt{n^2 - \sin^2\theta_i}\right)$이 항상 (+)이므로 입사전기장 진폭($E_{oi}$)과 반사전기장 진폭 ($E_{or}$)의 비인 r_s와 r_p 값은 어떤 θ_i 값에 대해서도 실수 값을 가진다. 따라서 반사율 R의 계산은 아주 간단해진다. 그러나 내부반사의 경우에는 $n < 1$이기 때문에 $\sin\theta_i > n\left(\theta_i > \sin^{-1}n\right)$을 만족하는 θ_i 값이 존재할 수 있다. $\theta_c = \sin^{-1}n$인 각 θ_c를 **임계각**(critical angle)이라고 한다.

예제 6.7 반사계수와 반사율

굴절률이 1.5인 유리에 대해 광파가 수직으로 입사(입사각 0°)할 때 반사하는 광파의 반사계수와 반사율을 구하고 반사파의 위상에 대하여 설명하시오.

풀이 입사파가 수직으로 입사하는 경우 $\theta_i = 0, \theta_r = 0$이므로

$$r_s = r_p = \frac{(1-n)}{(1+n)}$$

이다. 따라서 상대굴절률 $n = 1.5$이므로

$$r_s = r_p = \frac{(1-n)}{(1+n)}$$

$$= -0.2$$

$$R_s = R_p = \left(\frac{n-1}{n+1}\right)^2$$

$$= (-0.2)^2 = 0.04$$

이다. r_s와 r_p가 음의 값을 가진다는 것은 반사파의 위상이 입사파의 위상에 비해 180°만큼 변했다는 것을 의미한다.

예를 들어 공기에 대한 유리의 상대굴절률은 1.5이다. 빛이 유리에서 공기로 입사할 때의 임계각 θ_c는

$$\theta_c = \sin^{-1}\frac{1}{1.5} \simeq 41.8°$$

이다.

내부 전반사

내부반사에 있어서 입사각이 임계각(θ_c)보다 크게 입사할 때, 반사계수 r_s와 r_p값은 복소수가 된다. $\theta_i > \sin^{-1}n$에 대해서 식 (6-66)의 제곱근 안$\left(n^2 - \sin^2\theta_i\right)$이 음수가 되므로 식 (6-66)을 다음과 같이 복소수로 나타낼 수 있다.

$$r_s = \frac{\cos\theta_i - i\sqrt{\sin^2\theta_i - n^2}}{\cos\theta_i + i\sqrt{\sin^2\theta_i - n^2}} \tag{6-69}$$

$$r_p = \frac{-n^2\cos\theta_i + i\sqrt{\sin^2\theta_i - n^2}}{n^2\cos\theta_i + i\sqrt{\sin^2\theta_i - n^2}}$$

식 (6-69)에 공액복소수를 곱하면 $|r_s|^2$과 $|r_p|^2$의 값이 1이 됨을 쉽게 알 수 있다. 이것은 반사율 R이 1이라는 것을 의미하며 입사각이 임계각(θ_c)보다 크게 입사한 이 경우를 **내부 전반사**(total internal reflection)라고 한다.

브루스터 각

식 (6-66)으로부터 TM 편광의 경우에 특별한 입사각 θ_i에 대해 반사계수 r_p가 0이 되는 입사각이 존재한다. 즉,

$$r_p = \frac{-n^2\cos\theta_i + \sqrt{n^2 - \sin^2\theta_i}}{n^2\cos\theta_i + \sqrt{n^2 - \sin^2\theta_i}} = 0$$

$$n^2\cos\theta_i = \sqrt{n^2 - \sin^2\theta_i}$$

$$n^4\cos^2\theta_i = n^2 - \sin^2\theta_i = n^2 - 1 + \cos^2\theta_i$$

$$(n^2 - 1)\left[(n^2+1)\cos^2\theta_i - 1\right] = 0$$

이다. $n^2 - 1 = 0$이거나 $(n^2+1)\cos^2\theta_i - 1 = 0$인데, 물질이 진공이 아니므로 $n^2 - 1$은 0이 될 수 없다. $(n^2+1)\cos^2\theta_i - 1 = 0$를 만족하기 위해서

$$\cos^2\theta_i = \frac{1}{n^2+1} \tag{6-70}$$

$$\sin^2\theta_i = 1 - \cos^2\theta_i = \frac{n^2}{n^2+1}$$

을 만족해야 한다. 식 (6-70)을 정리하면 $\tan\theta_i = n$이고 이 입사각에서는 반사계수 r_p가 0이 되며 이 조건을 만족하는 입사각을 **브루스터 각**(Brewster angle) 혹은 **편광각**이라고 한다.

$$\theta_{\mathrm{B}} = \tan^{-1} n \tag{6-71}$$

$r_p = 0$이라는 의미는 반사된 빛은 입사면에 수직한 전기장 벡터뿐이며 TE 편광되었다는 의미이다. 엄밀하게 말하면 브루스터 각은 파장의 함수이지만 가시광선 영역의 빛에 대해선 그 값이 거의 변하지 않는다. 그림 6-32에서 보는 것처럼 편광되지 않은 빛이 입사면에 브루스터 각으로 입사하면 반사된 빛은 입사면에 수직한 전기장 벡터로 선편광되며 투과된 빛은 부분 편광 된다.

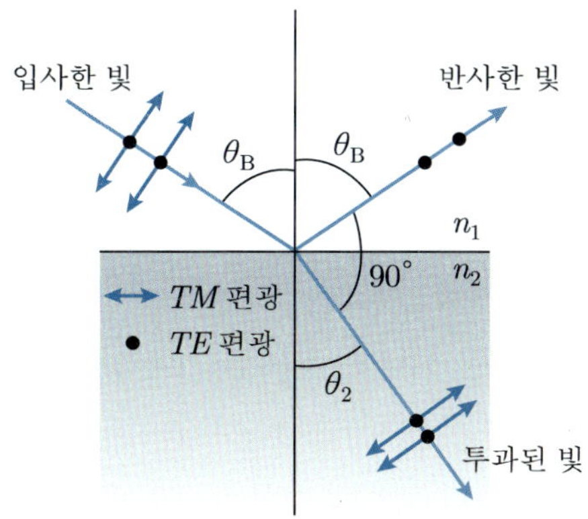

그림 6-32 브루스터 각으로 입사한 편광되지 않은 빛의 편광

반사된 빛이 완전히 편광된 빛이지만 입사된 빛의 아주 일부분(공기-유리 경계면의 경우 ~15%)만이 반사한다. 이것에 대한 증명은 연습문제로 남겨둔다.

예제 6.8 브루스터 각

굴절률이 1.5인 유리에 대해 외부반사와 내부반사의 브루스터 각을 구하시오.

풀이 (1) 공기에서 유리로 입사할 때

$$\theta_B = \tan^{-1} n$$
$$= \tan^{-1} 1.5 \simeq 56.3°$$

이다.

(2) 유리에서 공기로 입사할 때

$$\theta_B = \tan^{-1} n$$
$$= \tan^{-1}\left(\frac{1}{1.5}\right) \simeq 33.7°$$

이다.

연습문제

편광의 종류

01 다음의 파동들에 대한 편광 상태를 자세히 기술하시오.

(1) $\vec{E}(z,t) = E_0\,\hat{i}\cos(kz-\omega t) - E_0\,\hat{j}\cos(kz-\omega t)$

(2) $\vec{E}(z,t) = E_0\,\hat{i}\sin 2\pi(z/\lambda - ft) - E_0\,\hat{j}\sin 2\pi(z/\lambda - ft)$

(3) $\vec{E}(z,t) = E_0\,\hat{i}\cos(kz-\omega t) + E_0\,\hat{j}\cos(kz-\omega t+\pi/2)$

(4) $\vec{E}(z,t) = E_0\,\hat{i}\sin(kz-\omega t) + E_0\,\hat{j}\sin(kz-\omega t-\pi/4)$

02 3차원 2차 미분 파동방정식인 맥스웰 방정식을 만족하는 해 Ψ_1, Ψ_2가 존재한다면 맥스웰 방정식의 선형성에 의해 그들의 합인 $\Psi = \Psi_1 + \Psi_2$ 역시 미분 파동방정식의 해가 됨을 증명하시오.

03 임의의 방향으로 선편광된 두 광파 $\vec{E}(z,t), \vec{E}'(z,t)$ 가 다음과 같이 주어질 때, 두 광파의 편광축이 서로 수직하지 않음을 증명하시오.

$$\vec{E}(z,t) = (E_{0x}\,\hat{i} + E_{0y}\,\hat{j})\cos(kz-\omega t)$$

$$\vec{E}'(z,t) = (E_{0x}'\,\hat{i} - E_{0y}'\,\hat{j})\cos(kz-\omega t)$$

단, $E_{0x}E_{0x}' \neq E_{0y}E_{0y}'$ 이다.

04 파동함수가 $\vec{E} = \hat{j}\,E_0\sin\left(\frac{2\pi x}{\lambda} - \omega t\right) - \hat{k}\,E_0\sin\left(\frac{2\pi x}{\lambda} - \omega t\right)$로 주어진 광파의 편광면과 진폭의 크기를 구하시오.

05 편광되지 않은 빛이 투과축 사이의 각이 $45°$인 두 편광자를 통과한다. 입사광의 강도에 대한 투과광의 강도 비를 계산하시오.

06 강도가 I_i인 편광된 빛이 두 장의 sheet(판) 편광자에 입사한다. θ_1은 입사하는 광파의 편광 방향과 첫 번째 편광자의 투과축 사이의 각이고 θ_2를 입사하는 광파의 편광 방향과 두 번째 편광자의 투과축 사이의 각이라고 할 때, 투과된 광파의 강도가

$I_f = I_i \cos^2\theta_1 \cos^2(\theta_1 - \theta_2)$ 임을 보이시오.

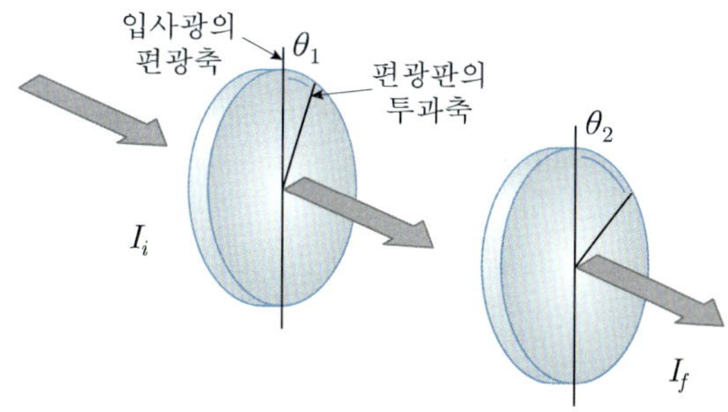

07 그림과 같이 같은 편광축을 가진 3개의 편광판이 동일한 중심축에 놓여 있다. 수직인 기준 축 방향으로 선편광된, 입사강도가 $I_i = 10\ \text{mJ}$인 레이저 빔이 왼쪽에서 첫 번째 편광판으로 입사한다. $\theta_1 = 30^\circ$, $\theta_2 = 45^\circ$, 그리고 $\theta_3 = 60^\circ$일 때, 투과된 레이저 빔의 강도 I_f를 계산하시오.

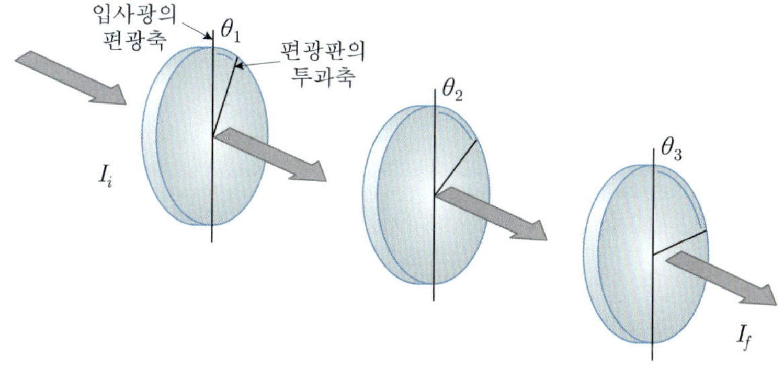

08 z 방향으로 진행하고 있는 각진동수가 ω인 선편광된 광파의 파동함수를 기술하시오. 단, 광파의 편광면과 $x-z$ 평면의 사이 각은 $30°$이다.

09 다음과 같이 표현되는 광파의 편광 상태를 자세히 설명하시오.

$$\vec{E}(z,t) = E_0\,\hat{i}\sin(kz-\omega t) - E_0\,\hat{j}\cos(kz-\omega t)$$

10 주축의 각도가 α인 타원방정식 (6-9)와 그림 6-8로부터 α가 다음과 같이 표현됨을 보이시오.

$$\tan\alpha = \frac{2E_{0x}E_{0y}\cos\varepsilon}{E_{0x}^2 - E_{0y}^2} \qquad (6\text{–}10)$$

11 다음 존스 벡터들의 편광상태를 기술하고 존스 벡터들과 직교하는 존스 벡터를 구하시오.

$$\begin{pmatrix} 1 \\ \sqrt{3} \end{pmatrix},\quad \begin{pmatrix} i \\ -1 \end{pmatrix},\quad \begin{pmatrix} 1-i \\ 1+i \end{pmatrix}$$

12 전기장 벡터가 다음과 같이 주어질 때, (1)~(4)의 경우에 대한 전기장 벡터의 존스 벡터를 구하시오.

$$\vec{E} = E_0\{\hat{i}\cos(kz-\omega t) + \hat{j}\,a\cos(kz-\omega t+\phi)\}$$

(1) $\phi = 0,\ a = 1$

(2) $\phi = 0,\ a = 2$

(3) $\phi = \pi/2,\ a = -1$

(4) $\phi = \pi/4,\ a = 1$

편광의 응용

13 진공 중에서 파장이 546.1 nm인 빛이 두께가 1.0 μm인 생체시료에 수직으로 입사하면서 서로 수직하게 편광된 빛으로 나누어진다. 이 때 각각의 편광축에 대한 굴절률은 1.320과 1.333이다. 서로 수직하게 편광된 두 빛이 생체시료를 나올 때, 두 빛 사이의 경로차를 계산하시오.

14 운모는 얇은 판으로 쉽게 쪼갤 수 있기 때문에 파장판을 만드는데 많이 사용한다. 진공 중에서 파장이 580 nm인 노란색 빛이 파장판에 수직으로 입사한다고 하자. 이 파장의 빛에 대해 운모판의 느린 축 및 빠른 축의 굴절률이 각각 1.5997과 1.5941이다. 1/4 파장판으로 사용할 수 있는 운모판의 두께를 계산하시오.

15 진공 중에서 파장이 589.3 nm인 빛이 방해석에 수직으로 입사했다. 방해석의 광축은 빛의 편광축과 수직하다. 방해석 내부에서 빛의 이상광선과 정상광선의 진동수와 파장을 계산하시오. 파장이 589.3 nm인 빛에 대한 방해석의 복굴절률은 $n_E = 1.4864$, $n_O = 1.6584$이다.

16 특정한 광학물질이 전기장 벡터 $\vec{E}$ 내에 있을 때, 인가된 전기장과 평행한 방향의 굴절률 $n_{\parallel}$과 그에 수직한 방향의 굴절률 $n_{\perp}$ 사이의 굴절률의 차이 Δn_K가 $\Delta n_K = \lambda_0 KE^2$이다. 2개의 판이 d만큼 떨어진 커 셀에 전압 V를 인가했을 때 발생하는 위상지연 $\Delta\varphi$가

$$\Delta\varphi = 2\pi K\ell V^2/d^2$$

임을 증명하시오. 단 여기서 ℓ은 판의 가장자리 효과를 고려한 판 사이의 유효거리이다.

17 임의의 함수 $f(t)$에 대한 시간평균은

$$\langle f(t)\rangle = \lim_{T\to\infty}\frac{1}{T}\int_0^T f(t)dt$$

로 정의한다. 시간평균의 정의를 이용하여 다음 값을 계산하시오. 여기서 T는 함수 $f(t)$의 주기이다.

(1) $\langle \sin^2\omega t\rangle$　　(2) $\langle \cos^2\omega t\rangle$　　(3) $\langle \sin\omega t\rangle$

부분 편광

18 $7\ \mathrm{W/m^2}$의 자연광 중에서 $3\ \mathrm{W/m^2}$가 편광되어 있다. 이 빛의 편광도를 구하시오.

19 입사광의 편광도(s−pol)가 40 %인 광파가 공기−유리 경계면에 대하여 $40°$의 입사각으로 입사한다. 반사 광파의 편광도를 계산하시오. 단, 공기와 유리의 상대굴절률은 1.5로 계산할 것.

반사에 대한 전자기적 해석

20 $\mu_i \simeq \mu_t \simeq \mu_0$인 유전체에 대하여 스넬의 법칙 $n = \sin\theta_i/\sin\theta_t$를 적용하여 θ_i와 θ_t의 항으로 표현된 프레넬 방정식인 식 (6−65)를 유도하시오.

21 $\mu_i \simeq \mu_t \simeq \mu_0$인 유전체에 대하여 스넬의 법칙을 사용하여 식 (6−57)과 (6−64)에서 투과각 θ_t의 항을 제거하고 상대굴절률 n과 입사각 θ_i의 항으로 표현하는 방법으로 식 (6−66)의 반사계수 r_s와 r_p를 유도하시오.

22 TM 편광된 빛이 $30°$의 입사각으로 공기 중에 놓인 크라운 유리($n_g = 1.5$) 판에 입사한다. 경계면에서 반사계수와 투과계수를 계산하시오.

23 물($n_w = 1.33$)과 다이아몬드($n_d = 2.42$)에 대해 $45°$의 입사각에서 TE 편광과 TM 편광에 대한 반사율을 구하시오.

24 입사각과 상대굴절률로 표현되는 TE 편광과 TM 편광에 대한 반사계수는 다음과 같이 주어진다. 편광된 광파가 공기에서 유리 표면에 $30°$의 입사각으로 입사할 때, 다음 물음에 답하시오. 단, 유리의 굴절률은 1.5로 계산하시오.

$$r_s = \frac{\cos\theta_i - \sqrt{n^2 - \sin^2\theta_i}}{\cos\theta_i + \sqrt{n^2 - \sin^2\theta_i}}, \quad r_p = \frac{-n^2\cos\theta_i + \sqrt{n^2 - \sin^2\theta_i}}{n^2\cos\theta_i + \sqrt{n^2 - \sin^2\theta_i}}$$

(1) TE 편광에 대한 반사계수를 계산하시오.

(2) TM 편광에 대한 반사계수를 계산하시오.

(3) 위의 (1)과 (2)에서 반사계수의 값이 음의 값을 가질 수 있는데, 그것의 물리적 의미를 기술하시오.

(4) TE 편광과 TM 편광에 대한 반사율을 계산하시오.

25 TE 편광과 TM 편광의 투과율 T_s와 T_p가

$$T_s = \frac{n_t\cos\theta_t}{n_i\cos\theta_i}|t_s|^2 = \left(\frac{n_t\cos\theta_t}{n_i\cos\theta_i}\right)\left|\frac{E_{0t}}{E_{0i}}\right|^2_{TE} \tag{6-68}$$

$$T_p = \frac{n_t\cos\theta_t}{n_i\cos\theta_i}|t_p|^2 = \left(\frac{n_t\cos\theta_t}{n_i\cos\theta_i}\right)\left|\frac{E_{0t}}{E_{0i}}\right|^2_{TM}$$

임을 증명하시오.

26 TE 편광과 TM 편광에 대한 투과계수는

$$t_s = \frac{2\cos\theta_i\sin\theta_t}{\sin(\theta_i + \theta_t)}, \quad t_p = \frac{2\cos\theta_i\sin\theta_t}{\sin(\theta_i + \theta_t)\cos(\theta_i - \theta_t)}$$

이다. 이 식을 이용하여 다음을 증명하시오.

$$T_s = \frac{\sin2\theta_i\sin2\theta_t}{\sin^2(\theta_i + \theta_t)}, \quad T_p = \frac{\sin2\theta_i\sin2\theta_t}{\sin^2(\theta_i + \theta_t)\cos^2(\theta_i - \theta_t)}$$

27 물($n_w = 1.33$) 속에 직사각 기둥의 유리($n_g = 1.5$)가 잠겨 있다. 빛이 유리를 통과하여 물속으로 진행할 때, 경계면에서 전반사가 일어날 임계각을 구하시오.

28 편광되지 않은 빛이 공기-유리 경계면에 브루스터 각으로 입사하였다. 반사된 빛이 완전히 편광된 빛이지만 입사된 빛의 아주 일부분만이 반사한다. 브루스터 각과 빛의 반사율을 구하시오. 단, 유리의 굴절률은 1.5이다.

29 편광되지 않은 빛이 공기에서 임의의 매질로 입사한다. 입사각이 $48°$일 때, 반사된 빛은 완전히 편광된다.

(1) 임의의 매질의 굴절률을 계산하시오.

(2) 만약 입사된 빛($\theta_i = 48°$)의 일부가 물질 표면 아래로 들어간다면 굴절각은 얼마가 되겠는가?

07 박막의 다중간섭

Chapter 5에서 빛의 간섭에 대한 기본적인 개념과 여러 가지 간섭계, 그리고 빛의 간섭을 일으키는 가간섭적인 특성에 관하여 공부하고, 특히 가간섭성을 가진 두 광파가 임의의 관측점에서 만드는 간섭무늬와 간섭현상에 대하여 알아보았다. Chapter 7에서는 단순히 두 빛의 간섭을 넘어 여러 빛들이 동시에 간섭을 일으키는 다중간섭에 대한 현상을 다루도록 하겠다.

일반적으로 투명하고 양면이 평행한 평행판에 반사계수 r 이 적당한 값을 갖도록 coating을 하고 여기에 일정한 각도로 광선을 입사시키면 다중선속을 얻을 수 있다. 높은 분해능을 갖는 분광기나 레이저의 공진기로도 널리 사용되는 **패브리-페로**(Fabry-Perot) 간섭계가 다중간섭의 대표적인 예이다. 이 간섭계는 반투명한 은이나 알루미늄으로 표면을 coating한 광학유리의 두 평면으로 반사 경계면을 형성한 것으로써 양면 사이의 간격은 수 mm~수 cm 정도이다. 만일 두 반사면 사이의 거리를 매우 길게 하면 레이저 공진기로도 사용할 수 있다.

반면 패브리-페로 간섭계와 같은 구조를 가지지만, 양면 사이의 간격이 고정된 것을 **에탈론**(etalon)이라고 한다. Chapter 7에서는 에탈론에서의 다중간섭 이론과 패브리-페로 간섭계의 원리와 활용에 관하여 자세히 다루도록 한다.

또한, 비록 다중간섭은 아니지만 선폭이 큰 빛이 얇은 박막에서 반사되면서 일어나는 간섭에 관해서도 간단히 살펴보고, 일상생활에서 우리가 쉽게 볼 수 있는 간섭현상에 관해서도 다루고자 한다.

7.1 박막에 의한 간섭

7.1.1 박막에 의한 간섭 이론

박막에 의한 간섭은 문자 그대로 얇은 막에서 빛이 반사되면서 발생하는 위상변이와 광경로의 차이 때문에 간섭이 일어나는 것을 말한다. 박막에서의 간섭은 반드시 다중간섭을 의미하는 것은 아니고, 오히려 앞에서 설명한 바와 같이 위상차이가 나는 두 빛 사이의 간섭현상이라고 보는 것이 좋다.

그림 7-1은 굴절률이 n_2인 얇은 박막의 윗면과 아랫면에서 빛이 각각 반사되고 있는 것을 보여준다.

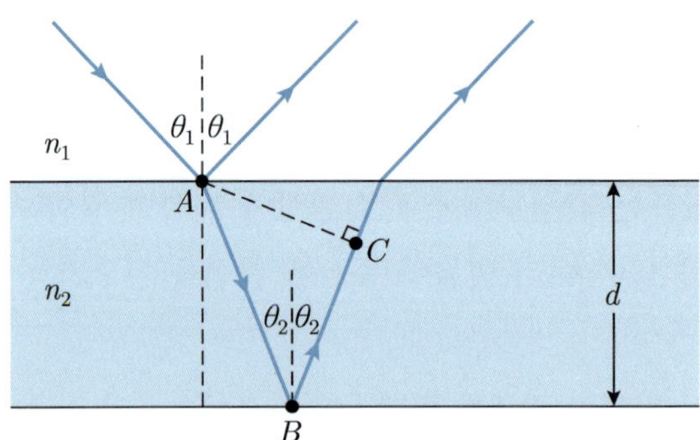

그림 7-1 박막에 의한 간섭

박막의 두께가 d일 때, 윗면과 아랫면에서 반사된 빛의 경로에 대한 거리 차 $\Delta\ell$은 다음과 근사할 수 있다.

$$\begin{aligned}\Delta\ell &= \overline{AB} + \overline{BC} \qquad (7-1)\\ &= \frac{d}{\cos\theta_2} + \frac{\cos(2\theta_2)d}{\cos\theta_2} = \frac{d\{\cos(2\theta_2)+1\}}{\cos\theta_2}\\ &= \frac{2d\cos^2\theta_2}{\cos\theta_2}\\ &= 2d\cos\theta_2\end{aligned}$$

그러므로 두 빛의 위상차이 δ는 다음과 같다.

$$\delta = k\Delta\ell = 2kd\cos\theta_2 \qquad (7-2)$$
$$= \frac{4\pi d\cos\theta_2}{\lambda}$$
$$= \frac{4\pi n_2 d\cos\theta_2}{\lambda_0}$$

식 (7-2)에서 λ_0는 자유공간에서 빛의 파장이다. 두 빛이 서로 보강간섭을 일으키기 위해서는 윗면과 아랫면에서 반사된 빛의 광경로차가 파장의 정수배가 되어야 한다. 그러나 앞에서 배운 바와 같이 빛이 소한 매질에서 밀한 매질($n_1 < n_2$)로 입사할 때, 부분적으로 반사되는 반사파의 위상이 입사파에 비해 180°만큼 변하기 때문에 보강간섭에 대한 조건은

$$2n_2 d\cos\theta_2 = (m+\frac{1}{2})\lambda_0 \quad (\text{보강간섭, } m\text{은 정수}) \qquad (7-3)$$

을 만족해야 한다. 그러므로 그림 7-1과 같은 박막에서의 반사가 일어난다고 할 때, 식 (7-3)을 만족하는 파장 λ_0가 다른 파장에 비해 가장 밝은 간섭무늬를 형성하게 될 것이다. 반대로 광경로차가 파장의 정수배가 되는 파장은 소멸간섭이 일어나게 되어 간섭무늬의 강도가 0이 된다.

$$2n_2 d\cos\theta_2 = m\lambda_0 \quad (\text{소멸간섭, } m\text{은 정수}) \qquad (7-4)$$

이러한 결과에서 예측할 수 있는 사실은 만일 여러 파장이 동시에 박막으로 들어올 경우, 반사되는 빛은 파장에 따라 그 강도가 달라질 것이라는 점이다. 어떤 파장은 보강간섭이 되어 강하게 보이는 반면, 어떤 파장은 소멸간섭이 되어 색깔이 나타나지 않을 것이다.

예제 7.1 박막에 의한 간섭

공기 중에 있는 비눗물 박막에 수직으로 가시광선을 입사시켰다. 박막에 있는 임의의 점에서 반사된 빛에서 λ_1=504 nm와 λ_2=630 nm인 파장의 빛이 간섭에 의해서 소멸되었다면 박막의 두께는 얼마인가? 단, 비눗물 박막의 굴절률은 $n = 1.36$이다.

풀이 박막에 의한 간섭에서 소멸간섭이 일어날 조건은 $2n_2 d\cos\theta_2 = m\lambda_0$이다.

$\theta_2 = 0°$ 이므로 임의의 점에서 사라진 간섭무늬의 차수가 λ_2에 대하여 m 차, λ_1에 대하여 $(m+1)$차라고 가정하면 다음과 같이 쓸 수 있다.

$$2n_2 d = m\lambda_2 = (m+1)\lambda_1$$

m 에 대해서 풀면

$$m \times 630 \times 10^{-9} = (m+1) \times 504 \times 10^{-9}$$

$$630m = 504m + 504$$

$$126m = 504$$

$$\therefore\ m = 4$$

이다. 따라서 비눗물 박막의 두께는 다음과 같다.

$$d = \frac{m\lambda_2}{2n_2} = \frac{4.0 \times 630 \times 10^{-9}}{2 \times 1.36}$$

$$= 926.5 \times 10^{-9}\ (\text{m})$$

가장 흔히 볼 수 있는 박막 간섭은 수면 위에 형성된 기름 막에서의 간섭이다. 빗물이 고인 웅덩이 위에 기름이 떨어져 얇게 박막이 형성된 것을 보면, 여러 가지 색깔이 나타남을 볼 수 있다. 이것은 앞에서 언급한 바와 같이 기름 박막에 넓은 파장 범위를 가지는 햇빛이 들어와서 생기는 간섭무늬가 보는 각도에 따라 보강간섭이 일어나는 파장이 달라지기 때문이다. 또한 기름 박막의 두께도 부분마다 다르기 때문에 보는 각도를 일정하게 유지해도 박막의 부분별로 색깔이 다르게 나타나는 등 그 복잡도가 더해진다.

비누방울의 박막에서 나타나는 간섭도 이와 유사한 박막 간섭의 일종이다. 그림 7-2는 비누방울의 박막에서 일어나는 여러 가지 간섭현상을 보여주고 있다.

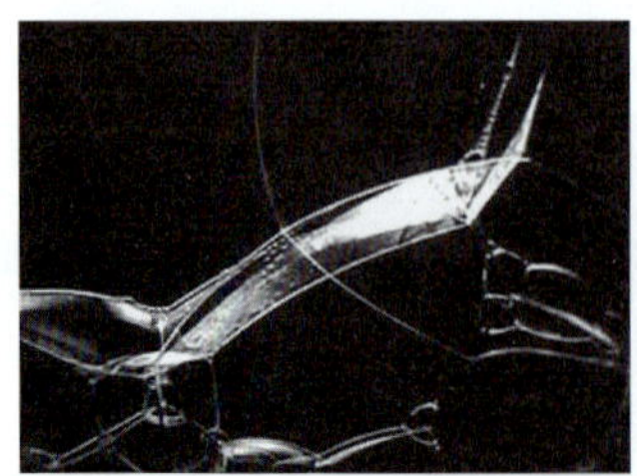
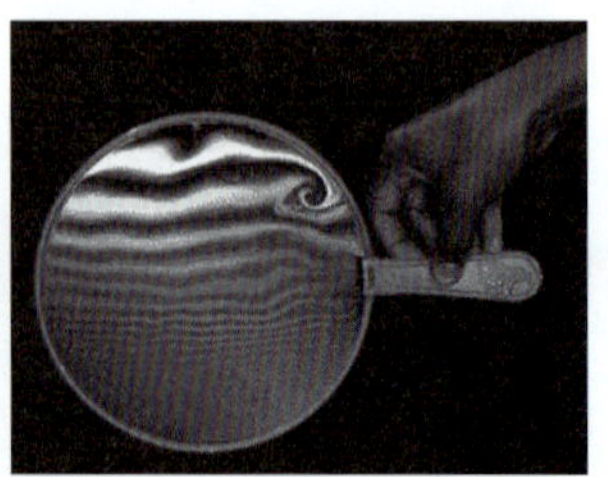

그림 7-2 비누방울의 박막에 의한 간섭

7.1.2 쐐기형 박막에 의한 간섭

박막에 의해 형성되는 간섭무늬는 박막에 입사하는 빛의 입사각에 의존하지만 박막의 광학적인 두께에도 의존한다. 비누방울 박막, 얇은 기름 박막, 또는 금속 산화물 박막 등과 같은 박막의 표면에 가시광선을 조사하면 무지개 형태의 간섭무늬들이 나타나는데, 이것은 박막의 두께 변화에서 기인된 것이다.

일반적으로 쐐기형 박막에 거의 수직하게 입사한 광파의 반사파에 의해 형성된 등고선 형태의 동일두께 간섭무늬를 **피조 무늬**(Fizeau fringe)라고 한다. 박막의 굴절률 n_f가 일정한 쐐기형 박막의 기하학적 구조를 이용하여 박막의 광학적 두께에 따른 간섭 현상을 알아보기로 하자. 그림 7-3과 같이 경사각 α가 아주 작은 쐐기형 박막에 의해 반사된 두 광파 사이의 광경로차는 식 (7-1)에 따라 $2n_f d\cos\theta$로 쓸 수 있으며 관측점에서의 기하학적 두께 d는 $d \simeq L\alpha$이다.

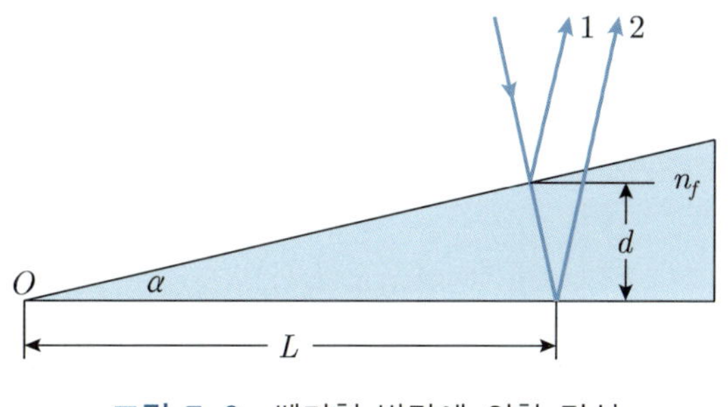

그림 7-3 쐐기형 박막에 의한 간섭

쐐기형 박막 윗면에서 반사된 광파 1은 소한 매질에서 밀한 매질(공기에서 굴절률이 n_f인 박막)로 진행하며 일어난 반사이므로 반사파의 위상이 입사파와 쐐기형 박막 아랫면에서 반사된 광파 2에 비해 180°만큼 변하게 된다. 따라서 거의 수직하게 입사(입사각 $\theta \simeq 0$)한 광파의 반사파에 의해 형성된 간섭무늬 강도가 최대인 조건은

$$\left(m+\frac{1}{2}\right)\lambda_0 = 2n_f d_m \qquad (7\text{-}5)$$

$$= 2n_f L_m \alpha$$

가 된다. $n_f = \lambda_0/\lambda$이므로 식 (7-5)로부터 m 번째 밝은 무늬까지의 거리 L_m을 얻을 수 있다.

$$L_m = \left(m + \frac{1}{2}\right)\lambda_0 \frac{1}{2\alpha n_f} \tag{7-6}$$

$$= \left(m + \frac{1}{2}\right)\lambda_0 \frac{1}{2\alpha} \frac{\lambda}{\lambda_0}$$

$$= \left(\frac{m + 1/2}{2\alpha}\right)\lambda$$

또한 밝은 무늬 사이의 간격 ΔL은

$$\Delta L = L_m - L_{(m-1)}$$

$$= \frac{\lambda}{2\alpha}$$

이다. 마찬가지로 식 (7-5)로부터 m 번째 밝은 무늬에 대응하는 박막의 두께 d_m은

$$d_m = \left(m + \frac{1}{2}\right)\lambda_0 \frac{1}{2n_f} \tag{7-7}$$

$$= \left(m + \frac{1}{2}\right)\lambda_0 \frac{\lambda}{2\lambda_0}$$

$$= \left(m + \frac{1}{2}\right)\frac{\lambda}{2}$$

로 나타낼 수 있다.

예제 7.2 쐐기형 박막에 의한 간섭

길이가 $L = 20$ cm인 두 유리판의 한 쪽 끝에 그림과 같이 지름이 D인 가는 선을

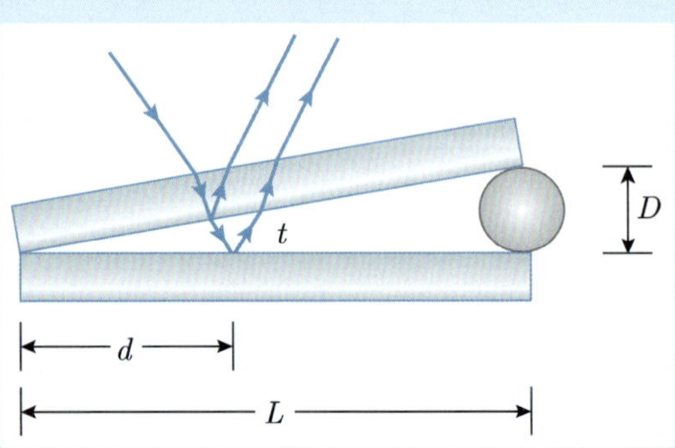

놓아 쐐기 모양의 공기 박막을 만들었다. 파장이 500 nm인 빛을 조사하였더니 1 cm마다 10개의 어두운 무늬가 나타났을 때 D를 계산하시오.

풀이 쐐기형 공기 박막에 의한 간섭에서 소멸간섭이 일어날 조건은 $2d_m = m\lambda_0$이다. 어두운 무늬 사이의 두께 변화는 $\Delta t = \lambda_0/2$, 어두운 무늬 사이의 수평거리는 $\Delta d = 1/10\ (\text{cm}) = 1.0 \times 10^{-3}\ (\text{m})$이다. 그림에서

$$\frac{D}{L} = \frac{\Delta t}{\Delta d}$$

이므로

$$\begin{aligned} D &= \frac{L\Delta t}{\Delta d} = \frac{L\lambda_0}{2\Delta d} \\ &= \frac{0.2 \times 500 \times 10^{-9}}{2 \times 1.0 \times 10^{-3}} \\ &= 50 \times 10^{-6}\ (\text{m}) \\ &= 50\ (\mu\text{m}) \end{aligned}$$

이다.

7.1.3 뉴턴의 원 무늬

광학 평판 위에 평면−볼록렌즈를 올려놓고 단색의 평행광을 조사하면 동심원 형태의 간섭무늬(피조 무늬)를 볼 수 있는데 이것을 **뉴턴의 원 무늬**(Newton's rings)라고 한다. 이 원 무늬는 쐐기형 박막에 의한 간섭무늬와 같은 원리로 이해할 수 있다. 뉴턴 원 무늬의 균일성은 피검사체인 렌즈면의 모양이 어느 정도 완벽한가를 평가하는 척도로 사용할 수 있다.

렌즈의 품질 검사뿐만 아니라 다른 곳에도 이용될 수 있다. 예를 들어, 매우 편평한 유리블록이나 평판을 만들었을 때 그것이 얼마나 편평한지 검사하기 위해 원 무늬 간섭계의 광학 평판으로 넣기도 한다. 만일 대상물이 완벽하게 편평하다면 완벽한 뉴턴의 원 무늬가 나타나지만 편평한 정도가 좋지 않아서 기판과 측정 대상이 밀착하지 못하게 되면 일그러진 뉴턴의 원 무늬가 나타날 것이다. 따라서 뉴턴의 원 무늬 실험장치를 이용하면 제작한

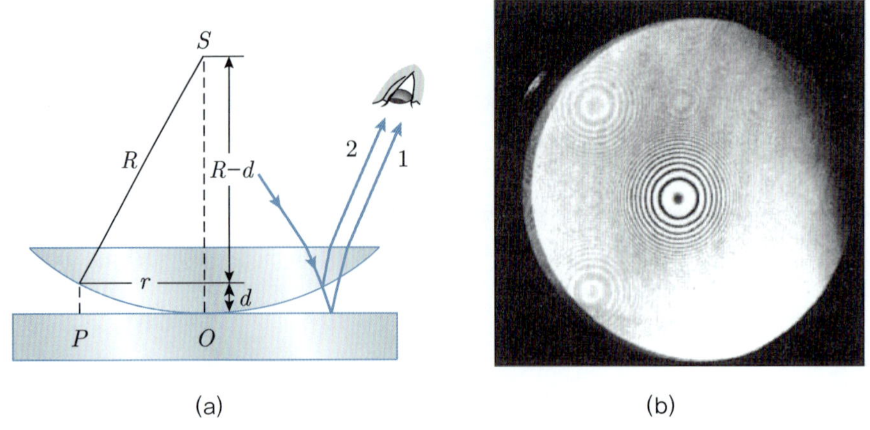

그림 7-4 (a) 뉴턴 원 무늬 실험장치 및 (b) 뉴턴 원 무늬

광학 소자의 편평도와 정밀도가 어느 정도인지 측정할 수 있다.

그림 7-4는 뉴턴의 원 무늬 실험장치와 간섭무늬를 보여주고 있다. 그림 7-4 (a)에서 보는 바와 같이 뉴턴의 원 무늬는 광학 평판에서 반사된 광선 1과 렌즈의 볼록면에서 반사한 광선 2의 간섭에 의해서 형성된다.

입사파에 대한 반사광선 2의 위상 변화는 일어나지 않지만 반사광선 1은 소한 매질에서 밀한 매질로의 진행에서 일어난 반사이므로 180°의 위상 변화가 일어난다. 따라서 뉴턴 원 무늬의 m차 최대 강도 조건은

$$2d_m = (m + \frac{1}{2})\lambda_0 \tag{7-8}$$

로 나타낼 수 있다. 그리고 곡률반경이 R인 볼록렌즈에 대하여 접촉점 O에서부터 뉴턴 원 무늬의 m차 최대 강도까지의 거리 $r_{\max}$와 공기층의 두께 d_m과의 관계는 다음과 같다.

$$\begin{aligned} r_{\max}^2 &= R^2 - (R - d_m)^2 \qquad (7\text{-}9) \\ &= 2Rd_m - d_m^2 \end{aligned}$$

$R \gg d_m,\ d_m^2 \simeq 0$이므로 식 (7-8)을 이용하면 식 (7-9)는 다음과 같은 근사식으로 표현할 수 있다.

$$r_{\max}^2 \simeq 2Rd_m = \left(m + \frac{1}{2}\right)\lambda_0 R \tag{7-10}$$

$$r_{\max} = \left[\left(m + \frac{1}{2}\right)\lambda_0 R\right]^{\frac{1}{2}}$$

마찬가지로 뉴턴 원 무늬의 m 차 최소 강도 조건은 $2d_m = m\lambda_0$가 되므로, 접촉점 O에서부터 뉴턴 원 무늬의 m 차 최소 강도까지의 거리 $r_{\min}$과 공기층의 두께 d_m과의 관계는

$$r_{\min}^2 \simeq 2Rd_m = m\lambda_0 R$$

$$r_{\min} = \sqrt{m\lambda_0 R} \tag{7-11}$$

임을 알 수 있다. 접촉점 O에서는 반사광선 1과 반사광선 2 사이에 광경로차가 없기 때문에 보강간섭이 일어나 밝은 무늬가 관찰될 것이라고 예측할 수 있겠지만 실제로는 어두운 무늬가 나타난다. 왜냐하면 입사파에 대한 반사광선 2의 위상 변화는 일어나지 않지만 광학 평판에서 반사된 광선 1은 소한 매질에서 밀한 매질로의 진행에서 일어난 반사이므로 180°의 위상 변화가 일어나기 때문이다.

예제 7.3 뉴턴의 원 무늬

파장이 500 nm인 그림 7-4 (a)의 뉴턴 원 무늬 실험장치를 사용하여 뉴턴의 원 무늬를 관찰하였다. 사용된 렌즈의 곡률반경이 2.0 m일 때 100 번째 어두운 무늬의 반지름을 계산하시오.

풀이 접촉점 O에서부터 뉴턴 원 무늬의 m차 최소 강도까지의 거리 $r_{\min}$은 $r_{\min} = \sqrt{m\lambda_0 R}$ 이다.

$$\begin{aligned} r_{\min} &= \sqrt{m\lambda_0 R} \\ &= \sqrt{100 \times 500 \times 10^{-9} \times 2} \\ &= \sqrt{1.0 \times 10^{-4}} \\ &= 1.0 \times 10^{-2}\ (\mathrm{m}) \\ &= 1.0\ (\mathrm{cm}) \end{aligned}$$

7.2 다중간섭

7.2.1 패브리-페로 에탈론에서의 다중간섭

다중간섭(multiple interference)이 일어나는 경우의 예로서 가장 쉽게 생각할 수 있는 것은 서로 평행하게 마주보고 있는 두 개의 거울이다. 좀 더 일반적으로는 반사율이 높은 두 개의 면이 서로 마주 보고 있는 것을 생각해도 된다. 그림 7-5는 서로 마주보고 서 있는 두 반사면 내부로 빛이 들어가서 여러 차례의 반사를 거치고 밖으로 빠져나가는 것을 보여준다. 이 때, 두 반사면 사이의 거리가 일정한 광학소자를 **패브리-페로**(Febry-Perot) **에탈론**, 또는 줄여서 **에탈론**(etalon)이라고 부른다.

그림 7-5에서 반사면 M_1으로 들어온 빛 E_0는 일부는 반사면에서 반사되어 되돌아가고, 나머지는 투과되어 반사면 안쪽으로 진행한다. 두 반사면 M_1과 M_2 사이는 빈 공간이거나 또는 어떤 물질이 차 있을 수도 있다. 이 때, 반사되는 빛은 E_0r 이고 투과되는 빛은 E_0t 이다.

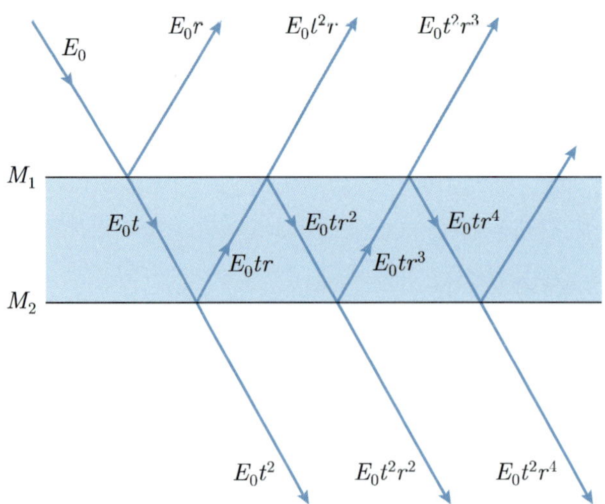

그림 7-5 두 개의 평행한 반사면(에탈론)에서 일어나는 다중반사(위쪽 반사면 M_1, 아래쪽 반사면 M_2)

여기서 r과 t는 각각 반사계수와 투과계수이다. r과 t는 일반적으로 빛이 반사되거나 투과될 때의 위상변화를 반영하므로 일반적으로 복소수가 된다.

$$r = |r|e^{i\delta_r},\ \ t = |t|e^{i\delta_t} \tag{7-12}$$

식 (7-12)에서 δ_r과 δ_t는 각각 빛이 반사될 때와 투과될 때 발생하는 위상변이를 의미한다. 그리고 r과 t의 크기에 대한 제곱은 각각 반사율 R과 투과율 T가 된다.

$$R = |r|^2 = \frac{I_{\mathrm{ref}}}{I_0} \tag{7-13}$$

$$T = |t|^2 = \frac{I_{\mathrm{tran}}}{I_0}$$

식 (7-13)에서 I_0는 반사면으로 입사하는 빛의 강도, I_{ref}는 반사면에서 반사되는 빛의 강도, 그리고 I_{tran}은 반사면을 투과하는 빛의 강도이다. 단, 여기서 반사율은 하나의 반사면에서 빛이 한 번 반사될 때의 반사율을 의미하며 투과율도 빛이 한 번 투과될 때의 투과율을 의미한다. 그리고 표면에서 빛의 흡수, 산란 등으로 인한 손실이 없다고 가정하면 에너지 보존법칙에 의하여 반사율과 투과율의 합은 1이 되어야 한다.

$$R + T = |r|^2 + |t|^2 = rr^* + tt^* = 1$$

그림 7-5의 에탈론에서 보는 바와 같이 위쪽 반사면 M_1을 투과한 빛 $E_0 t$는 다시 아래쪽 반사면 M_2로 진행하여 일부는 M_2의 표면에서 반사되고, 나머지는 M_2를 투과하여 밖으로 나가게 된다. 이 때, M_2에서 반사되어 다시 M_1으로 돌아가는 빛은 $E_0 t$에 반사계수를 곱한 $E_0 tr$이 되고, M_2를 투과하는 빛은 $E_0 t$에 투과계수를 곱한 $E_0 t^2$이 된다. 한편 M_2에서 반사된 후 다시 M_1에서 반사되어 M_2로 돌아온 빛 중에서 이번에는 M_2를 투과한 빛은 $E_0 tr$에 다시 r과 t를 한 번씩 더 곱하여 $E_0 t^2 r^2$이 된다.

그림 7-6은 두 반사면 사이의 거리가 d인 에탈론에 입사각 θ_i로 입사한 빛이 에탈론을 진행함에 따라 발생하는 경로 차이를 보여주고 있다. 에탈론에서 한 번도 반사되지 않고 투과된 빛을 E_{t0}라고 하면 $E_{t0} = E_0 t^2$이다. 두 번의 반사를 더 겪고 에탈론 밖으로 나간 빛을 E_{t1}이라고 하면, 이것은 E_{t0}에 비해 두 번의 반사를 더 겪었으므로 앞에서 보았듯이 $E_0 t^2 r^2$가 된다.

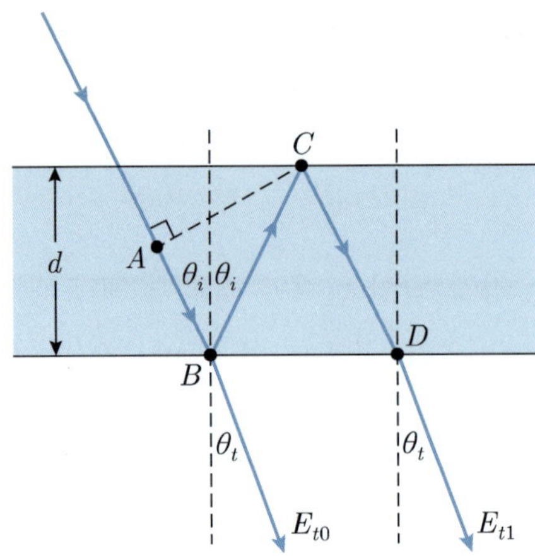

그림 7-6 에탈론에서 빛의 진행과정에 따른 경로 차이(입사각 θ_i, 투과각 θ_t)

그런데, 여기서 한 가지 고려하지 않은 것은 두 빛의 광경로차이다. 그림 7-6에서 보면 에탈론을 투관한 두 빛 E_{t0}와 E_{t1} 사이에 발생한 경로차 $\Delta\ell$은 다음과 같다.

$$\Delta\ell = \overline{BC} + \overline{AB} = \frac{d}{\cos\theta_i} + \frac{\cos(2\theta_i)d}{\cos\theta_i}$$

$$= \frac{d\{\cos(2\theta_i)+1\}}{\cos\theta_i}$$

$$= \frac{2d\cos^2\theta_i}{\cos\theta_i}$$

$$= 2d\cos\theta_i$$

그러므로 투과된 두 빛 사이의 위상차이 δ는

$$\delta = k\Delta\ell = 2kd\cos\theta_i \tag{7-14}$$

$$= \frac{4\pi d\cos\theta_i}{\lambda}$$

$$= \frac{4\pi nd\cos\theta_i}{\lambda_0}$$

이 된다. 식 (7-14)에서 λ_0는 진공 중에서의 빛의 파장이고, λ는 두 반사면 사이에 있는 물질 내에서의 빛의 파장, n은 물질의 굴절률이다. 만일 두 반사면 사이가 진공이라면

$n=1$, $\lambda=\lambda_0$가 된다.

그러므로 에탈론을 투과한 두 빛 E_{t0}와 E_{t1}은 다음과 같이 정리할 수 있다.

$$E_{t0} = E_0 t^2 \tag{7-15}$$

$$E_{t1} = E_0 t^2 r^2 e^{i\delta}$$

식 (7-15)로부터, 반사면에서 두 번을 더 반사하고 M_2를 투과한 빛 E_{t2}는 E_{t1}에 $r^2 e^{i\delta}$를 곱해서 얻을 것이라 유추할 수 있다. 그림 7-5에서 알 수 있듯이 에탈론을 투과한 빛 E_t는 이러한 빛들의 합으로 이루어져 있으므로 E_t는 다음과 같다.

$$\begin{aligned} E_t &= E_{t0} + E_{t1} + E_{t2} + E_{t3} + \cdots = E_0 t^2 + E_0 t^2 r^2 e^{i\delta} + E_0 t^2 r^4 e^{2i\delta} + \cdots \\ &= E_0 t^2 \left(1 + r^2 e^{i\delta} + r^4 e^{2i\delta} + \cdots\right) \\ &= E_0 t^2 \frac{1}{1 - r^2 e^{i\delta}} \end{aligned}$$

에탈론을 투과한 빛의 강도 I_t는 E_t의 크기의 제곱이므로

$$\begin{aligned} I_t = |E_t|^2 &= \frac{E_0^2 |t|^4}{\left(1 - r^2 e^{i\delta}\right)\left(1 - r^2 e^{i\delta}\right)^*} \\ &= \frac{I_0 T^2}{\left(1 - r^2 e^{i\delta}\right)\left(1 - r^2 e^{i\delta}\right)^*} \end{aligned} \tag{7-16}$$

로 표현할 수 있으며 식 (7-16)에 있는 $I_0 = E_0^2$은 에탈론으로 처음 입사한 빛의 강도이다. 식 (7-12)를 이용하여 식 (7-16)을 정리하면 다음과 같이 나타낼 수 있다.

$$\begin{aligned} I_t &= \frac{I_0 T^2}{\left(1 - r^2 e^{i\delta}\right)\left(1 - r^2 e^{i\delta}\right)^*} = \frac{I_0 T^2}{\left(1 - |r|^2 e^{2i\delta_r} e^{i\delta}\right)\left(1 - |r|^2 e^{-2i\delta_r} e^{-i\delta}\right)} \\ &= \frac{I_0 T^2}{1 + |r|^4 - |r|^2\left(e^{2i\delta_r} e^{i\delta} + e^{-2i\delta_r} e^{-i\delta}\right)} \\ &= \frac{I_0 T^2}{1 + R^2 - 2R\cos\Delta} \end{aligned} \tag{7-17}$$

식 (7-17)에서의 Δ는

$$\Delta = \delta + 2\delta_r = \frac{4\pi n d \cos\theta_i}{\lambda_0} + 2\delta_r \tag{7-18}$$

으로 정의되며 식 (7-17)의 분모는

$$\begin{aligned} 1 - 2R\cos\Delta + R^2 &= (1 - 2R + R^2) + 2R(1 - \cos\Delta) \\ &= (1-R)^2 + 4R\sin^2\left(\frac{\Delta}{2}\right) \\ &= (1-R)^2\left\{1 + \frac{4R}{(1-R)^2}\sin^2\left(\frac{\Delta}{2}\right)\right\} \end{aligned}$$

이므로 이것을 식 (7-17)에 적용하여 정리하면 입사한 빛의 강도 I_0와 투과한 빛의 강도 I_t의 비를 얻는다.

$$\frac{I_t}{I_0} = \frac{T^2}{(1-R)^2}\frac{1}{\left\{1 + \dfrac{4R}{(1-R)^2}\sin^2\left(\dfrac{\Delta}{2}\right)\right\}} \tag{7-19}$$

반사면이나 에탈론 내부의 물질에서 빛의 흡수나 산란과 같은 외적 요인으로 인한 손실이 없다고 하면 에너지 보존 법칙에 의하여 $T + R = 1$ 이므로

$$\frac{I_t}{I_0} = \frac{1}{1 + \dfrac{4R}{(1-R)^2}\sin^2\left(\dfrac{\Delta}{2}\right)} = \frac{1}{1 + F\sin^2\left(\dfrac{\Delta}{2}\right)} \tag{7-20}$$

가 된다. 식 (7-20)에 있는 F를 **예리도 계수**(coefficient of finesse)라고 부르며 다음과 같이 정의된다.

$$F = \frac{4R}{(1-R)^2}$$

예리도 계수 F는 반사율 R이 1에 가까워질수록 무한히 커질 수 있고, 반대로 반사율이 0에 가까워지면 F도 같이 0으로 접근함을 알 수 있다. 식 (7-20)은 빛의 흡수가 없는 에탈론에서, 입사한 빛의 강도에 대한 투과한 빛의 강도 비를 의미하며 이것을 **에어리 함수**(Airy function) $\mathcal{A}(\theta_i)$라고 한다.

$$\mathcal{A}(\theta_i) = \frac{I_t}{I_0} = \frac{1}{1 + F\sin^2\left(\frac{\Delta}{2}\right)} \tag{7-21}$$

그림 7-7은 F와 Δ의 변화에 따른 에어리 함수값을 보여주고 있다. 그림 7-7로부터 예리도 계수 F가 클수록 에어리 함수의 모양은 날카로운 산 모양이 되는 것을 볼 수 있다. F의 값에 관계없이 Δ가 2π의 정수배가 되면 sine 함수의 값이 0이 되므로 에어리 함수의 최대값은 1이 된다. 한편 빛의 흡수나 산란이 없다고 가정하고 입사한 빛이 에탈론에서 반사와 투과를 반복한 다음 입사한 쪽으로 반사되어 나가는 빛의 강도를 I_r이라고 하면

$$I_t + I_r = I_0$$

이 되고 반사에 대한 식 (7-22)의 표현을 얻을 수 있다.

$$\frac{I_r}{I_0} = 1 - \frac{I_t}{I_0} = 1 - \mathcal{A}(\theta_i) = \frac{F\sin^2(\Delta/2)}{1 + F\sin^2(\Delta/2)} \tag{7-22}$$

광원에서는 여러 방향으로 빛이 발산되기 때문에 에탈론에 입사하는 빛의 입사각 θ_i는 상수 값이 아니며 일정한 범위의 값을 갖는다. 광원에서 나오는 빛이 단색광, 즉 파장이 하나인 빛이라고 가정하자. θ_i가 변하면 에탈론을 투과하는 빛들의 각도도 변하고, 또 식 (7-18)에 의해 Δ도 변하므로 스크린에는 식 (7-21)을 만족하는 강하고 약한 빛의

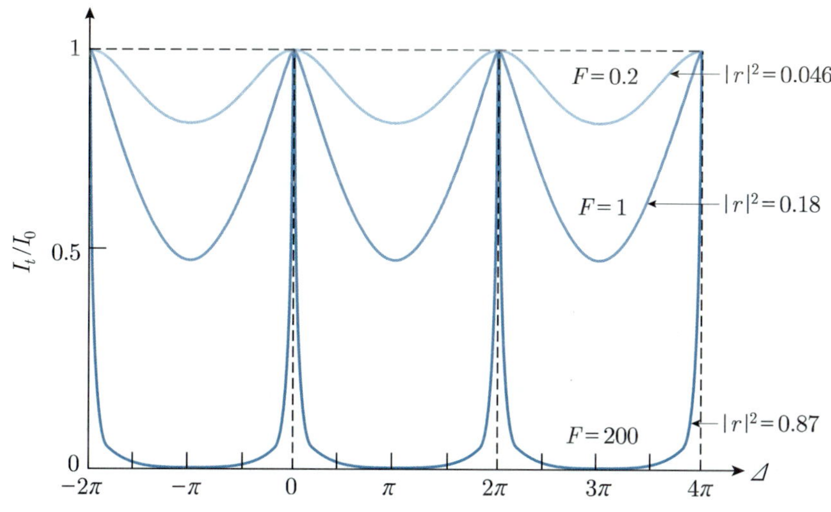

그림 7-7 F와 Δ에 따른 에어리 함수의 변화

무늬가 나타나게 된다. 에탈론의 반대편에 스크린을 놓으면 에탈론에서 반사된 빛들에 의한 간섭무늬가 식 (7-22)에 따라 나타난다.

그림 7-8과 7-9는 에탈론 표면의 반사율이 0.04인 경우와 0.8인 경우에 있어서 에탈론에서 형성된 간섭무늬의 사진이다. 참고로 $R=0.04$이면 예리도 계수 $F=0.174$이고, $R=0.8$이면 예리도 계수 $F=80$이다. 그림에서 알 수 있듯이 에탈론의 반사율이 큰 경우, 즉 예리도 계수가 큰 경우가 간섭무늬의 명암이 더 뚜렷하고 무늬의 띠가 가는 것을 알 수 있다. 반면, 반사율이 작은 경우는 무늬의 띠가 굵고 명암도 그리 뚜렷하지 않음을 볼 수 있다.

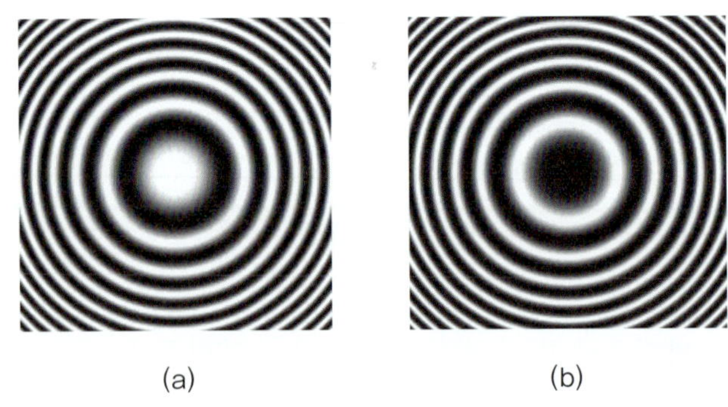

그림 7-8 에탈론($R=0.04$)에서의 간섭무늬. (a) 반사형, (b) 투과형

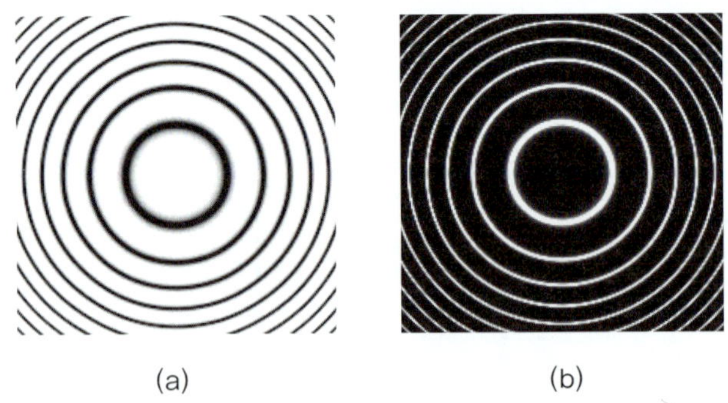

그림 7-9 에탈론($R=0.8$)에서의 간섭무늬. (a) 반사형, (b) 투과형

7.2.2 패브리-페로 간섭계

패브리-페로 간섭계에서 간섭을 일으키는 부분은 에탈론과 동일하다. 즉, 두 반사면이 서로 평행하며 그 사이에는 특정한 매질이 있거나 공기로 채워져 있어도 된다. 따라서

앞에서 에탈론의 경우에 대하여 유도한 일반적인 개념과 공식들은 패브리–페로 간섭계에서도 그대로 적용할 수 있다.

에탈론은 반사면 사이의 거리 d가 고정되어 있고 에탈론에 입사하는 빛의 입사각이 일정한 범위를 가지고 있기 때문에 그림 7–8이나 7–9와 같이 동심원 형태의 간섭무늬를 만든다. 그러나 패브리–페로 간섭계에서는 그림 7–10과 같이 두 반사면으로 입사하는 빛의 입사각이 0°가 되기 때문에 반사면을 투과하여 나온 빛도 모두 반사면에 수직이 됨을 알 수 있다.

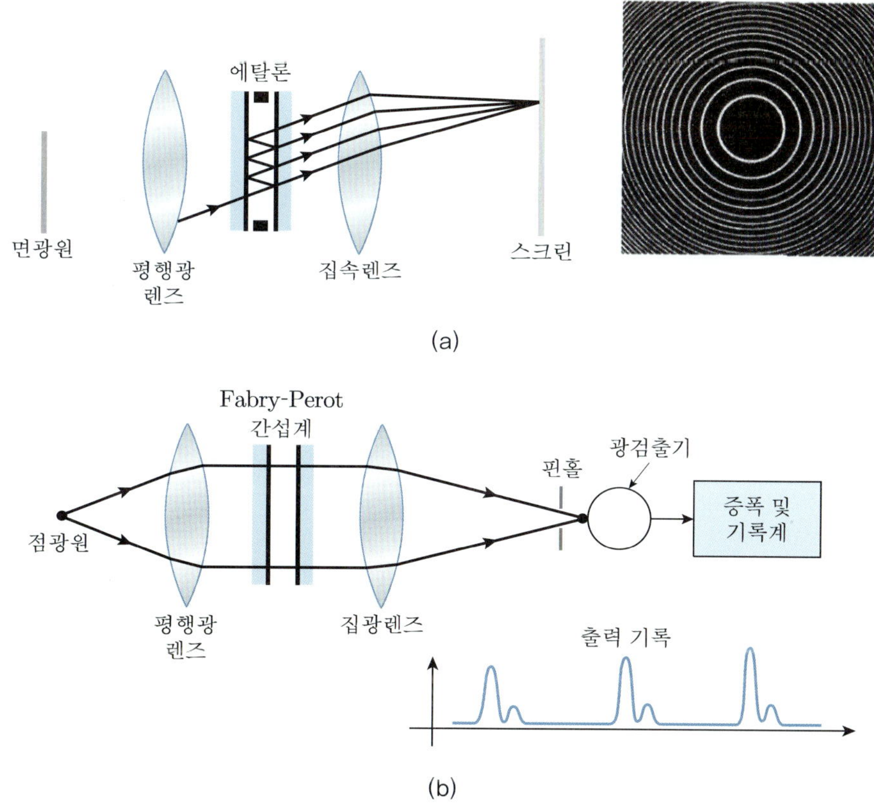

그림 7–10 (a) 패브리–페로 에탈론, (b) 패브리–페로 간섭계의 구성

그러므로 패브리–페로 간섭계에서는 에탈론과 달리 식 (7–18)의 입사각 θ_i는 위상차 Δ를 변화시킬 수 있는 인자가 아니라 상수$(\cos\theta_i = 1)$임을 알 수 있다. 그림 7–10에서 보는 바와 같이 두 반사면을 투과한 빛은 집속 렌즈에 의하여 광검출기에 집속된다. 따라서 패브리–페로 간섭계에서는 에탈론의 경우와 같은 간섭무늬를 형성하고(그것을 관찰하여 광원에 대한 어떤 정보를 얻는 것이 아니다) 간섭계를 통과한 빛의 전체적인 강도를 측정함

으로써 원하는 정보를 추출하게 된다.

위상차 $\Delta = \dfrac{4\pi n d \cos\theta_i}{\lambda_0} + 2\delta_r$ 이므로 패브리-페로 간섭계에서 두 반사면을 투과하는 빛들 사이의 위상차이를 변화시켜 광검출기에 집속되는 빛의 강도를 변화시키기 위해서는 광원의 파장 λ_0나 두 반사면 사이의 거리 d를 변화시켜야 한다. 그러므로 패브리-페로 간섭계에서는 에탈론과는 달리 반사면 중 하나를 움직여 d를 변화시킬 수 있다.

패브리-페로 간섭계에서는 입사각 θ_i가 0°로 정해져 있기 때문에 에어리 함수도 다음과 같이 Δ의 함수로 직접 생각하는 것이 바람직하다.

$$\frac{(I_t/I_0)}{(I_t/I_0)_{\max}} = \frac{I_t}{I_{t,\max}} = \mathcal{A}(\Delta) = \frac{1}{1 + F\sin^2(\Delta/2)} \tag{7-23}$$

식 (7-23)에서 Δ는 식 (7-18)과 같으나 입사각 θ_i가 0°로 정해져 있으므로 다음과 같다.

$$\begin{aligned}\Delta = \delta + 2\delta_r &= \frac{4\pi n d \cos\theta_i}{\lambda_0} + 2\delta_r \\ &= \frac{4\pi n d}{\lambda_0} + 2\delta_r\end{aligned} \tag{7-24}$$

이제 패브리-페로 간섭계에 파장이 λ_a인 빛 E_a와 λ_b인 빛 E_b가 동시에 입사한다고 하고, 편의상 두 빛의 강도는 같다고 가정하자. 서로 파장이 다르기 때문에 두 빛은 반사면 사이의 거리 d가 같더라도 각각 서로 다른 위상차 Δ를 가진다.

$$\begin{aligned}\Delta_a &= \delta_a + 2\delta_r = \frac{4\pi n d}{\lambda_a} + 2\delta_r \\ \Delta_b &= \delta_b + 2\delta_r = \frac{4\pi n d}{\lambda_b} + 2\delta_r\end{aligned} \tag{7-25}$$

그러므로 이와 같은 조건에서 d를 연속적으로 변화시키면서 투과되는 빛의 강도를 측정하면 그림 7-11과 같은 결과를 얻을 수 있다. 그림 7-11에서 안쪽에 있는 실선의 두 그래프는 각각의 파장에 대한 에어리 함수를 나타낸다. 광검출기에서는 두 빛이 동시에 들어오게 되므로, 광검출기가 측정하는 빛의 강도는 각각의 파장에 대한 빛의 강도의 합으로 나타난다. 그림을 보면 빛의 파장에 따라 peak가 생기는 위치가 다르므로, 이것을

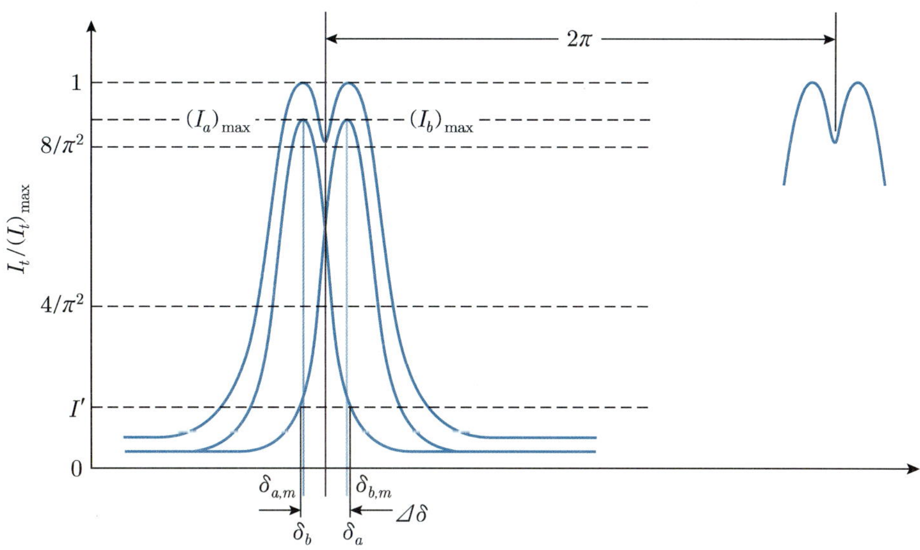

그림 7-11 파장이 서로 다른 두 빛에 의한 패브리-페로 간섭계의 출력

이용하면 역으로 빛의 파장이 어떻게 구성되었는지를 알 수 있게 된다.

그림 7-11에서 각각의 peak가 생기는 위치 $\delta_{a,m}$과 $\delta_{b,m}$은 식 (7-23)의 sine 함수 값이 0이 될 때 나타나므로 다음의 조건을 만족시켜야 한다.

$$\Delta_{a,m} = \delta_{a,m} + 2\delta_r = \frac{4\pi n d_{a,m}}{\lambda_a} + 2\delta_r = 2m\pi \tag{7-26}$$

$$\Delta_{b,m} = \delta_{b,m} + 2\delta_r = \frac{4\pi n d_{b,m}}{\lambda_b} + 2\delta_r = 2m\pi$$

식 (7-26)에서 m은 정수이다. 패브리-페로 간섭계에서 두 반사면 사이의 거리 d는 보통 빛의 파장에 비해 항상 매우 크다. 그러므로 다음과 같은 식이 성립한다.

$$d_{a,m} \gg \lambda_a,\ d_{b,m} \gg \lambda_b,\ m \gg 1 \tag{7-27}$$

또한, 식 (7-26)에서 $2\delta_r$을 무시하고 다음과 같이 근사할 수 있다.

$$\Delta_{a,m} = \delta_{a,m} + 2\delta_r \simeq \frac{4\pi n d_{a,m}}{\lambda_a} = 2m\pi \tag{7-28}$$

$$\Delta_{b,m} = \delta_{b,m} + 2\delta_r \simeq \frac{4\pi n d_{b,m}}{\lambda_b} = 2m\pi$$

식 (7−28)로부터 $d_{a,m}$과 $d_{b,m}$는

$$d_{a,m} = \frac{m\lambda_a}{2n}, \; d_{b,m} = \frac{m\lambda_b}{2n} \tag{7-29}$$

로 나타낼 수 있으며 식 (7−29)를 λ_a와 λ_b에 대해 다시 쓰면,

$$\lambda_a = \frac{2nd_{a,m}}{m}, \; \lambda_b = \frac{2nd_{b,m}}{m} \tag{7-30}$$

이 된다. 식 (7−30)으로부터 $\frac{2n}{m} = \frac{\lambda_a}{d_{a,m}}$이므로

$$\lambda_b = \frac{d_{b,m}}{d_{a,m}}\lambda_a \tag{7-31}$$

로 표현할 수 있다. 두 반사면 사이의 거리는 언제나 알 수 있는 것이므로, 만일 빛 E_a의 파장인 λ_a를 우리가 정확하게 알고 있다면, 식 (7−31)로부터 파장 λ_b를 구할 수 있다. 이와 같이 빛의 파장을 알 수 있으므로, 패브리-페로 간섭계는 일종의 스펙트로미터(spectrometer)로도 활용할 수 있다.

자유 스펙트럼 영역

지금까지는 두 파장이 매우 가까운 경우에 대하여 알아보았다. 만일 두 파장의 차이가 점점 커진다면 그림 7−11의 두 peak는 서로 분리되어 점점 멀어질 것이다. λ_a에 비해 λ_b가 더욱 증가한다면, λ_b에 대한 m 번째 최대값과 λ_a에 대한 $(m+1)$ 번째 최대값이 서로 겹치게 된다. 이 때 식 (7−29)로부터 다음과 같은 식이 성립한다.

$$d_{a,m+1} = \frac{(m+1)\lambda_a}{2n} = \frac{m\lambda_b}{2n} = d_{b,m}$$

이런 관계가 성립할 때 두 파장의 차이를 **자유 스펙트럼 영역**(FSR : free spectral range) $(\Delta\lambda)_{FSR}$이라고 하며 다음과 같다.

$$(\Delta\lambda)_{FSR} = \lambda_b - \lambda_a = \left(1 + \frac{1}{m}\right)\lambda_a - \lambda_a = \frac{\lambda_a}{m} \tag{7-32}$$

식 (7-29)를 (7-32)에 적용하면,

$$(\Delta\lambda)_{FSR} = \frac{\lambda_a^2}{2nd_{a,m}} \tag{7-33}$$

이 되며 이를 주파수로 환산하면 다음과 같다. 우선 $(\Delta\lambda)_{FSR} \ll \lambda$일 때 다음과 같은 관계가 성립한다.

$$\frac{(\Delta f)_{FSR}}{f} = \frac{(\Delta\lambda)_{FSR}}{\lambda}$$

이를 이용하여 $(\Delta f)_{FSR}$을 구하면 다음과 같이 쓸 수 있다.

$$(\Delta f)_{FSR} = (\Delta\lambda)_{FSR}\frac{f}{\lambda} = (\Delta\lambda)_{FSR}\frac{c}{\lambda^2}$$

$$(\Delta f)_{FSR} = \frac{\lambda_a^2}{2nd_{a,m}}\frac{c}{\lambda^2}$$

$$= \frac{c}{2nd_{a,m}}$$

일례로서 λ_a를 500 nm, $nd_{a,m}$를 15 mm로 놓으면 $(\Delta\lambda)_{FSR}$는 0.0083 nm가 된다. 식 (7-33)을 사용하여 이를 주파수로 환산하면 $(\Delta f)_{FSR}$은 10 GHz가 된다.

스펙트럼 영역이 작으면 두 반사면 사이의 거리가 증가할 때 다른 차수의 peak가 원래 peak에 겹치게 되어 혼란을 초래하게 되므로 바람직하지 않다. 간섭계의 성능으로 보면, 최소 분해 가능한 파장폭인 $(\Delta\lambda_a)_{\min}$은 가능한 한 작으면 좋고 스펙트럼 영역은 가능한 한 크면 좋다. 이 둘 사이의 관계는 식 (7-33)을 참고하면 다음과 같다.

$$\frac{(\Delta\lambda_a)_{FSR}}{(\Delta\lambda_a)_{\min}} = \frac{\dfrac{\lambda_a^2}{2nd_{a,m}}}{\dfrac{\lambda_a^2}{2nd_{a,m}F}} = F \tag{7-34}$$

그러므로 예리도 계수 F를 크게 하면, 다시 말해서 반사면의 반사율을 높임으로써 스펙트럼 영역을 크게 하면서도 최소 분해가능 파장은 작게 할 수 있다. 단, 예리도가 커지면 에탈론의 경우에서 보았듯이 간섭계를 통과하는 빛의 절대적인 양이 감소하게 됨을 유의해야 한다.

7.3 다층박막 간섭

7.3.1 다층박막 간섭이론

굴절률이 서로 다른 박막을 여러 층으로 쌓게 되면, 앞서 살펴본 단일 박막에 의한 간섭보다 더 복잡한 간섭현상을 유도할 수 있고 이를 활용하여 다양한 광학소자를 만들 수 있다. 다층박막은 빛의 물리적 특성을 제어하기 위하여 과학 분야와 산업 전반에 널리 사용되고 있다. 임의의 반사특성과 투과특성을 충족시킬 수 있는 광학적 표면들을 적절한 박막 coating에 의해 얻을 수 있다. 일반적으로 이러한 박막들은 고진공 증착법에 의해 유리나 금속 기판 위에 증착된다. 카메라 렌즈나 다른 광학기기들에 사용된 무반사(anti-reflecting) coating은 박막의 여러 가지 실제적인 응용 중의 일례이며 레이저 반사경, 열반사거울(hot mirror), 열투과거울(cold mirror), 광학필터 등 많은 분야에 다양하게 적용되고 있다.

먼저, 그림 7-12에서 보는 바와 같이 굴절률이 n_0, n_T인 매질 속에 있는 굴절률이 n_1, 박막의 두께가 d인 단층박막에 있어서 빛의 반사와 투과 특성에 대해 논의해 보자.

우선 복잡한 계산을 피하기 위해 굴절률이 n_0인 매질에서 n_1인 매질(박막 층)로 입사할 때, 입사광선이 수직으로 입사(입사각 $\theta = 0°$)하는 것을 가정하자. 임의의 입사각에 대한 일반적인 적용은 쉽게 도출할 수 있다.

입사광선의 전기장 벡터의 진폭은 E_0, 첫 번째 면에서 반사된 광선의 진폭은 $E_0{}'$, 단층의 박막을 투과한 전기장 벡터의 진폭은 E_T, 그리고 그림 7-12에서 보는 바와 같이

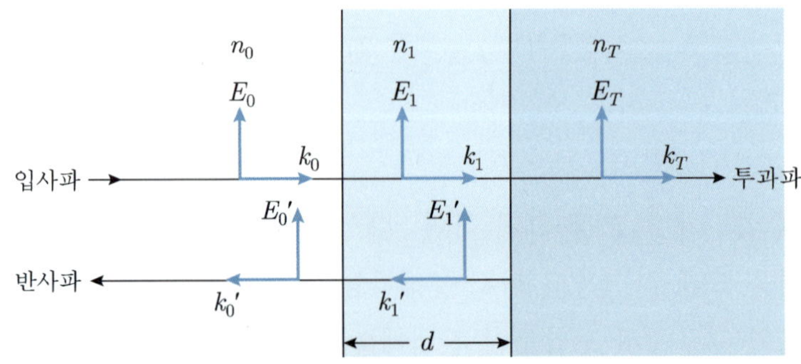

그림 7-12 단층박막에 수직으로 입사한 전기장 벡터의 진폭

단층의 박막을 진행하는 광파의 전기장 벡터 진폭은 E_1, 두 번째 경계면에서 반사되어 거꾸로 진행하는 광파의 전기장 벡터 진폭은 $E_1{}'$으로 정의하자. 경계치 조건에 따라 경계면에서의 전기장(E)과 자기장($H = B/\mu$)은 연속이다. 따라서 첫 번째 경계면에서, 입사파와 반사파에 대한 전기장 벡터와 자기장 벡터의 진폭은

$$E_0 + E_0{}' = E_1 + E_1{}' \tag{7-35}$$

$$H_0 - H_0{}' = H_1 - H_1{}'$$
$$(n_0 E_0 - n_0 E_0{}' = n_1 E_1 - n_1 E_1{}')$$

이며, 마찬가지로 두 번째 경계면에서의 입사파와 반사파에 대한 전기장 벡터와 자기장 벡터의 진폭 역시 다음과 같이 표현할 수 있다.

$$E_1 e^{ikd} + E_1{}' e^{-ikd} = E_T \tag{7-36}$$

$$H_1 e^{ikd} - H_1{}' e^{-ikd} = H_T$$
$$(n_1 E_1 e^{ikd} - n_1 E_1{}' e^{-ikd} = n_T E_T)$$

식 (7-35)와 (7-36)에 포함되어 있는 위상 인자 e^{ikd}와 e^{-ikd}는 거리가 d인 한 경계면에서 다른 경계면까지 빛이 진행했을 때의 위상변화를 나타내는 항이다. 이제 우리는 굴절률이 n_0, n_T인 매질 속에 있는 굴절률이 n_1, 박막의 두께가 d인 단층박막에 있어서 빛의 반사와 투과 특성을 계산하기 위하여 식 (7-35)와 (7-36)로부터 $\dfrac{E_0{}'}{E_0}$와 $\dfrac{E_T}{E_0}$, 즉 반사계수 r과 투과 계수 t를 계산할 것이다. 반사계수 r을 구하기 위해서는 식 (7-35)와 (7-36)에 있어서 E_1, $E_1{}'$, E_T에 대한 항들을 소거하고 E_0와 $E_0{}'$의 항으로만 수식을 나타내야 하며, 반대로 투과계수 t를 구하기 위해서는 E_1, $E_1{}'$, $E_0{}'$에 대한 항들을 소거하고 E_0와 E_T의 항으로만 수식을 표현해야 한다.

먼저 식 (7-36)의 첫 번째 식에 n_1을 곱한 다음 식 (7-36)의 세 번째 식과 같이 쓰면

$$n_1 E_1 e^{ikd} + n_1 E_1{}' e^{-ikd} = n_1 E_T \tag{7-37}$$

$$n_1 E_1 e^{ikd} - n_1 E_1{}' e^{-ikd} = n_T E_T$$

이 된다. 식 (7-37)의 두 식을 더해서 E_1에 대해서 정리하면

$$E_1 = \frac{1}{2}\left(1 + \frac{n_T}{n_1}\right)E_T e^{-ikd} \tag{7-38}$$

이고, 같은 방법으로 두 식을 빼서 $E_1{}'$에 대해서 정리하면 다음과 같다.

$$E_1{}' = \frac{1}{2}\left(1 - \frac{n_T}{n_1}\right)E_T e^{ikd} \tag{7-39}$$

식 (7-38)과 (7-39)를 식 (7-35)의 첫 번째 식에 대입하면

$$\begin{aligned} E_0 + E_0{}' &= E_1 + E_1{}' \\ &= \frac{1}{2}\left(1 + \frac{n_T}{n_1}\right)E_T e^{-ikd} + \frac{1}{2}\left(1 - \frac{n_T}{n_1}\right)E_T e^{ikd} \\ &= \frac{1}{2}E_T\left(e^{ikd} + e^{-ikd}\right) + \frac{1}{2}\frac{n_T}{n_1}E_T\left(e^{-ikd} - e^{ikd}\right) \\ &= E_T \cos kd - i\frac{n_T}{n_1}E_T \sin kd \end{aligned}$$

로 나타낼 수 있으며 양변을 E_0로 나누면

$$1 + \frac{E_0{}'}{E_0} = \left(\cos kd - i\frac{n_T}{n_1}\sin kd\right)\frac{E_T}{E_0} \tag{7-40}$$

가 된다. 같은 방법으로 식 (7-38)과 (7-39)를 식 (7-35)의 세 번째 식에 대입하면

$$\begin{aligned} n_0E_0 - n_0E_0{}' &= n_1E_1 - n_1E_1{}' \\ &= \frac{1}{2}(n_1 + n_T)E_T e^{-ikd} - \frac{1}{2}(n_1 - n_T)E_T e^{ikd} \\ &= \frac{1}{2}n_1E_T\left(e^{-ikd} - e^{ikd}\right) + \frac{1}{2}n_TE_T\left(e^{ikd} + e^{-ikd}\right) \\ &= -i\,n_1E_T \sin kd + n_TE_T \cos kd \end{aligned}$$

로 나타낼 수 있으며 양변을 E_0로 나누면

$$n_0 - n_0\frac{E_0{}'}{E_0} = \left(-i\,n_1 \sin kd + n_T \cos kd\right)\frac{E_T}{E_0} \tag{7-41}$$

가 된다. 식 (7-40)과 (7-41)을 행렬식으로 간단히 표현하면

$$\begin{bmatrix}1\\ n_0\end{bmatrix}+\begin{bmatrix}1\\ -n_0\end{bmatrix}\frac{E_0'}{E_0}=\begin{bmatrix}\cos kd & \dfrac{-i}{n_1}\sin kd\\ -i\,n_1\sin kd & \cos kd\end{bmatrix}\begin{bmatrix}1\\ n_T\end{bmatrix}\frac{E_T}{E_0} \tag{7-42}$$

이다. 여기서 n_1은 단층박막의 굴절률이며 k는 파수로서 $k=2\pi/\lambda=2\pi n_1/\lambda_0$이다. 식 (6-54)의 $r=E_0'/E_0$와 $t=E_T/E_0$, 즉 반사계수와 투과계수 r과 t로 식 (7-42)를 간단히 나타내면

$$\begin{bmatrix}1\\ n_0\end{bmatrix}+\begin{bmatrix}1\\ n_0\end{bmatrix}r=M\begin{bmatrix}1\\ n_T\end{bmatrix}t \tag{7-43}$$

로 쓸 수 있다. 여기서 **전이행렬**(transfer matrix)로 알려진 matrix M은 다음과 같다.

$$M=\begin{bmatrix}\cos kd & \dfrac{-i}{n_1}\sin kd\\ -i\,n_1\sin kd & \cos kd\end{bmatrix} \tag{7-44}$$

7.3.2 *N*층의 다층박막에 의한 반사계수와 투과계수

이제 N개의 층으로 증착된 다층박막을 생각해 보자. 각각 층의 굴절률이 $n_1,\ n_2,\ n_3,\cdots n_N$이고 박막의 두께가 $d_1,\ d_2,\ d_3,\cdots d_N$인 다층박막에 식 (7-43)을 유도했던 방식을 적용하여 다층박막에 대한 반사계수와 투과계수에 관한 유사한 matrix 방정식을 다음과 같이 나타낼 수 있다.

$$\begin{bmatrix}1\\ n_0\end{bmatrix}+\begin{bmatrix}1\\ -n_0\end{bmatrix}r=M_1M_2M_3\cdots M_N\begin{bmatrix}1\\ n_T\end{bmatrix}t=M\begin{bmatrix}1\\ n_T\end{bmatrix}t \tag{7-45}$$

여기서 $M_1M_2M_3\cdots M_N$은 다층 각각의 박막에 대한 전이행렬을 나타낸다. 각각의 전이행렬은 다층 각각의 물리적 특성인 $n,\ k,\ d$의 인자를 가지는 식 (7-44)의 형태로 주어지며 N개의 층으로 증착된 다층박막 전체의 전이행렬 M은 다층 각각의 전이행렬의 곱으로 나타낼 수 있다.

전체 전이행렬 M의 원소를 $A,\ B,\ C,\ D$라고 하면 전이행렬 M은

$$M=M_1M_2M_3\cdots M_N=\begin{bmatrix}A & B\\ C & D\end{bmatrix} \tag{7-46}$$

로 쓸 수 있다. 식 (7-45)와 전이행렬의 원소 항을 사용해서 반사계수 r과 투과계수 t로 이루어진 두 개의 방정식을 나열하면

$$1+r=(A+Bn_T)t \tag{7-47}$$

$$n_0-n_0r=(C+Dn_T)t$$

이며 식 (7-47)로부터 반사계수 r과 투과계수 t를 다음과 같이 구할 수 있다.

$$r=\frac{An_0+Bn_0n_T-C-Dn_T}{An_0+Bn_0n_T+C+Dn_T} \tag{7-48}$$

$$t=\frac{2n_0}{An_0+Bn_0n_T+C+Dn_T}$$

마찬가지로 반사율 R과 투과율 T는 $R=|r|^2$과 $T=|t|^2$으로 주어진다.

7.3.3 무반사 박막

굴절률이 n_1, 두께가 d인 단층박막의 전이행렬은 식 (7-44)로 주어진다. 이제 단층박막이 굴절률이 n_T인 유리기판 위에 증착되어 있는 경우에 대해 생각해 보자. 빛이 입사하는 층이 공기층이므로 $n_0\simeq 1.0$이다. 따라서 식 (7-48)로 주어진 반사계수는 다음과 같이 표현된다.

$$r=\frac{n_0\cos kd-\dfrac{i}{n_1}n_0n_T\sin kd+i\,n_1\sin kd-n_T\cos kd}{n_0\cos kd-\dfrac{i}{n_1}n_0n_T\sin kd-i\,n_1\sin kd+n_T\cos kd} \tag{7-49}$$

$$=\frac{n_1(1-n_T)\cos kd-i\left(n_T-n_1^2\right)\sin kd}{n_1(1+n_T)\cos kd-i\left(n_T+n_1^2\right)\sin kd}$$

만약 단층박막의 광학적 두께가 광원으로 사용한 빛의 파장의 $\frac{1}{4}$이라면 식 (7-49)에 있어서 $kd=\pi/2$이 되고 $\sin kd=0$, $\cos kd=1$이 되어 반사계수 r은 다음과 같이 아주 간결하게 표현된다.

$$r = \frac{\left(n_T - n_1^2\right)}{\left(n_T + n_1^2\right)}$$

따라서 유리기판 위에 증착된 두께가 $\frac{1}{4}\lambda$ 인 단층박막의 반사율은

$$R = |r|^2 = \frac{\left(n_T - n_1^2\right)^2}{\left(n_T + n_1^2\right)^2}$$

이며, 특히 $n_1 = \sqrt{n_T}$ 이면 반사율은 $R = 0$이 된다. 이것은 유리기판 위에 $n_1 = \sqrt{1.5}$ 의 조건을 만족하는 광학물질을 $\lambda/4$의 두께로 단층박막을 증착하면 그 파장에서의 반사율은 0이 된다. 그러나 그림 7-13에서 보는 바와 같이 특정한 파장의 빛에 대해서만 반사율이 0이 되는 것이지 다른 파장의 빛에 대해서는 **무반사 박막**의 역할을 할 수 없다.

가장 간단히 증착할 수 있는 무반사 박막의 실례를 들어보자. 일반적으로 렌즈의 무반사 박막으로 굴절률이 1.38인 불화마그네슘(MgF_2 : magnesium fluoride)이나 굴절률이 1.35인 불화나트륨알루미늄(Na_3AlF_6)을 사용한다. 정확하게 $n_1 = \sqrt{n_T}$ 인 조건을 만족하지는 않지만 그럼에도 불구하고 $\lambda/4$ 두께의 MgF_2 단층박막은 가시광선 영역에서 ~4%인 유리의 반사율을 ~1%로 감소시킨다. 이것은 한 층의 무반사 박막을 증착함으로써 반사되는 광량을 1/4로 감소시킨다는 것이다.

고 감도의 카메라와 같이 많은 광학부품으로 이루어진 광학기기에서는 광학부품에서 반사되는 전체의 광량은 상당하다. 만약 5~6개의 광학부품이 있다면 10~12개의 반사면이

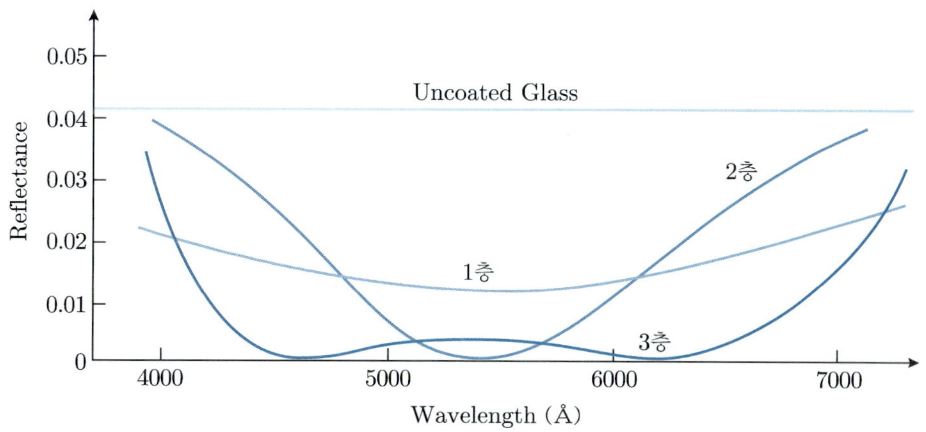

그림 7-13 무반사 박막의 파장에 따른 반사율

존재하게 되므로 반사되는 전체 광량은 ~40%가 된다. 이 경우에 무반사 박막이 증착된 광학부품들을 사용했다면 반사되는 전체 광량은 ~10%로 감소되기 때문에 영상의 밝기를 현저히 증가시킬 뿐만 아니라 산란에 의해 영상이 흐려지는 것을 감소시킬 수 있어서 훨씬 우수한 품질의 영상을 얻을 수 있을 것이다.

단층박막에 의한 무반사 박막은 $n_1 = \sqrt{n_T}$ 인 조건을 만족시키는 유전물질이 많지 않을 뿐더러 효과적이지도 않다. 일반적으로 사용하는 가시광선 영역에서라도 전 파장영역에 걸쳐 반사율을 낮추기 위해서는 단층박막만으로는 불가능하다. 두 층 이상의 무반사 박막을 사용할 경우 단층박막에 비하여 비교적 넓은 영역의 파장대에서 무반사 효과를 나타낼 수 있다.

두 층으로 된 무반사 박막은 기판 위에 굴절률이 높은 물질(n_H)과 낮은 물질(n_L)을 각각 $\lambda/4$의 두께로 박막을 증착한 것이다. 두 층으로 된 무반사 박막의 전이행렬은 식 (7-44)와 (7-46)을 이용하면

$$M = \begin{bmatrix} 0 & -\dfrac{i}{n_L} \\ -in_L & 0 \end{bmatrix} \begin{bmatrix} 0 & -\dfrac{i}{n_H} \\ -in_H & 0 \end{bmatrix} = \begin{bmatrix} -\dfrac{n_H}{n_L} & 0 \\ 0 & -\dfrac{n_L}{n_H} \end{bmatrix} \tag{7-50}$$

로 나타낼 수 있다. 식 (7-50)을 (7-48)에 대입하여 반사계수 r을 구하면

$$r = \frac{\left(n_H^2 - n_L^2 n_T\right)}{\left(n_H^2 + n_L^2 n_T\right)}$$

이 된다. 따라서 유리기판 위에 두 층으로 증착된 무반사 박막의 반사율은

$$R = |r|^2 = \frac{\left(n_H^2 - n_L^2 n_T\right)^2}{\left(n_H^2 + n_L^2 n_T\right)^2}$$

이 되며 특정 파장에 대해서 $R = 0$이 될 조건은 다음과 같다.

$$\frac{n_H}{n_L} = \sqrt{n_T}$$

7.3.4 고반사 박막

다층박막을 이용하여 고반사율(high-reflectance)을 얻기 위해서는 그림 7-14와 같이 각 층의 박막 두께가 $\frac{1}{4}\lambda$가 되도록, 높은 굴절률 n_H와 낮은 굴절률 n_L의 층을 교대로 적층하여 다층박막의 더미(dummy)를 증착한다. 박막의 두께를 $\frac{1}{4}\lambda$씩 높은 굴절률(n_H) 층과 낮은 굴절률(n_L) 층을 증착한 두 층 박막에 대한 전이행렬은

$$M=\begin{bmatrix} 0 & -\frac{i}{n_L} \\ -in_L & 0 \end{bmatrix}\begin{bmatrix} 0 & -\frac{i}{n_H} \\ -in_H & 0 \end{bmatrix}=\begin{bmatrix} -\frac{n_H}{n_L} & 0 \\ 0 & -\frac{n_L}{n_H} \end{bmatrix}$$

이다. 그림 7-14의 다층박막이 $2N$ 층으로 이루어져 있다면 $2N$ 층에 대한 전이행렬은 다음과 같이 나타낼 수 있다.

$$M=\begin{bmatrix} -\frac{n_H}{n_L} & 0 \\ 0 & -\frac{n_L}{n_H} \end{bmatrix}^N=\begin{bmatrix} \left(\frac{-n_H}{n_L}\right)^N & 0 \\ 0 & \left(\frac{-n_L}{n_H}\right)^N \end{bmatrix} \tag{7-51}$$

반사율에 대한 표현을 간단히 하기 위하여 n_0와 n_T를 모두 1이라고 가정하고 $2N$ 층의 다층박막에 대한 전이행렬인 식 (7-51)의 행렬요소를 식 (7-48)에 대입하면 다층박막의 반사율은

$$R=|r|^2=\left\{\frac{\left(-\frac{n_H}{n_L}\right)^N-\left(-\frac{n_L}{n_H}\right)^N}{\left(-\frac{n_H}{n_L}\right)^N+\left(-\frac{n_L}{n_H}\right)^N}\right\}^2=\left\{\frac{\left(-\frac{n_H}{n_L}\right)^{2N}-1}{\left(-\frac{n_H}{n_L}\right)^{2N}+1}\right\}^2 \tag{7-52}$$

으로 나타낼 수 있다. 식 (7-52)에서 $\left(\frac{n_H}{n_L}\right)>1$이기 때문에 다층박막의 반사율 R은 N의 값이 클수록 1에 가까워진다.

예를 들어 두께가 $\frac{1}{4}\lambda$인 염화아연($ZnCl_2$, $n_H=2.3$)과 불화마그네슘(MgF_2, $n_L=1.35$)으로 증착된 8층($N=4$) 다층박막의 가시영역에 대한 반사율은 0.97로써 이것은

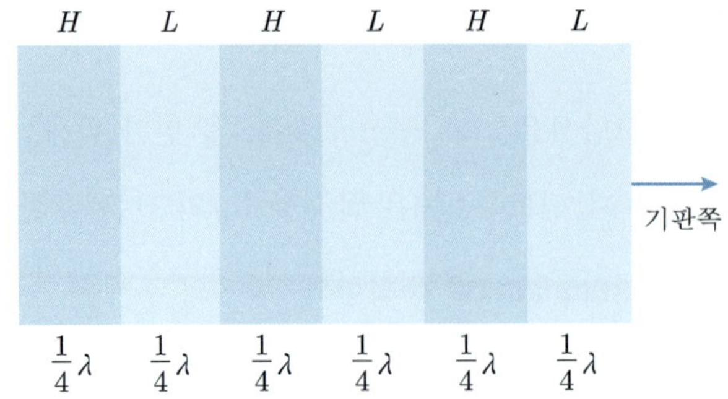

그림 7-14 고반사율을 얻기 위한 다층박막. (λ는 매질에서의 파장)

불순물이 없는 순수한 은으로 된 박막의 반사율보다 더 우수하다.

식 (7-52)에서 30층($N = 15$)의 다층박막에 대한 반사율은 0.9999보다 높다. 물론 최대 반사율은 유일한 단일 파장에서만 일어나지만 박막의 다른 두께들의 결합으로 높은 반사율의 스펙트럼 영역을 확장시킬 수 있다. 그림 7-15는 레이저 분야에 사용되고 있는 여러 가지 다층박막의 파장에 따른 반사율의 특성곡선을 보여주는 그림이다.

다층박막은 그림 7-15에서 보는 바와 같이 일정한 파장영역에서 높은 반사율을 가지며, 박막의 층수가 많을수록 반사율도 올라가는 것을 알 수 있다. 레이저에서 공진기의 거울(mirror)로 사용하는 광학소자는 특정 파장에서 매우 높은 반사율이 요구될 때가 많다.

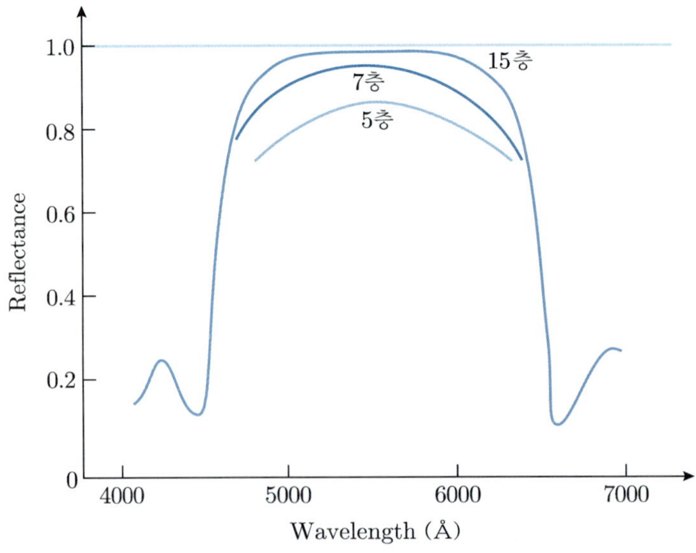

그림 7-15 여러 가지 다층박막의 파장에 따른 반사율의 특성곡선

우리가 일반적으로 사용하는 수은 등 금속 반사체의 거울은 실제 반사율은 그다지 높지 않고, 또 흡수도 상당히 많이 일어난다. 그러나 레이저와 같은 정교한 광학장치에서는 해당 파장에 대해 매우 높은 반사율을 가지면서, 동시에 흡수는 거의 일어나지 않는 우수한 반사특성을 가지는 거울이 요구된다.

이러한 조건을 만족시킬 수 있는 것이 바로 다층박막으로서, 특정한 파장영역의 반사율을 레이저에서 요구되는 수준까지 올리기 위해 이론적인 설계를 통해 박막의 층수 및 각 박막의 굴절률과 두께 등을 미리 계산할 수 있다. 필요한 굴절률이 계산되면 이에 맞는 박막 구성 물질이 선택되고, 정교한 제어를 통해 각 물질들을 유리기판 위에 필요한 두께만큼 증착하게 된다. 이렇게 제작된 다층박막형 거울의 반사율은 경우에 따라서는 거의 100%에 달할 수도 있을 정도로 높으며, 이를 이용하여 성능이 우수한 레이저의 개발도 가능하게 된다.

7.3.5 자연에서 볼 수 있는 다층박막 간섭

자연에서도 다층박막과 유사한 구조를 가진 것들을 찾아볼 수 있는데, 그림 7-16에 몇 가지 예를 나타내었다. 그림 7-16의 (a)는 아마존 열대우림에 사는 Morpho didius 라는 나비이다. 이 나비의 푸른색은 날개를 구성하는 물질이 푸른색을 내기 때문이 아니라, 그 구조가 푸른색 파장의 빛을 보강간섭이 일어나게 형성되어 있다. 여기서 날개의 표면은 유리에 입히는 박막과 같은 것이 증착되어 있는 것은 아니고, 날개의 구조가 여러 겹의 다층으로 구성되어 각각의 층에서 반사되는 빛이 간섭을 일으키는 것이다.

그림 7-16의 (b)는 공작의 깃털에서 볼 수 있는 눈 모양의 무늬인데, 이것은 깃털을 구성하는 멜라닌 색소 단백질의 분자들이 간섭을 일으킬 수 있게 정렬되어 있기 때문에 나타난다. 이 눈 모양의 무늬는 보는 각도에 따라서 그 색깔도 변하게 된다. 그림 7-16의 (c)는 전복 껍데기에서 나타나는 무지개빛 색깔로써 진주층이라고 불리는 여러 겹의 얇은 광물질로 이루어진 막들로 인하여 나타난 것이다.

그림 7-16 (d)의 화려한 오팔 보석의 색은 사실 이 보석을 구성하는 규산염 물질들의 구조에 의한 것이다. 이 보석의 미세구조를 보면 매우 작은 구의 형태를 지닌 규산염 물질들이 규칙적으로 층을 이루면서 쌓여 있는 형태이다. 각각의 작은 구에서 반사된 빛들은 이웃하는 구에서 반사된 빛들과 간섭을 일으키게 되며, 보석을 다른 각도에서 보면 반사되는 빛의 색깔들도 다르게 보인다.

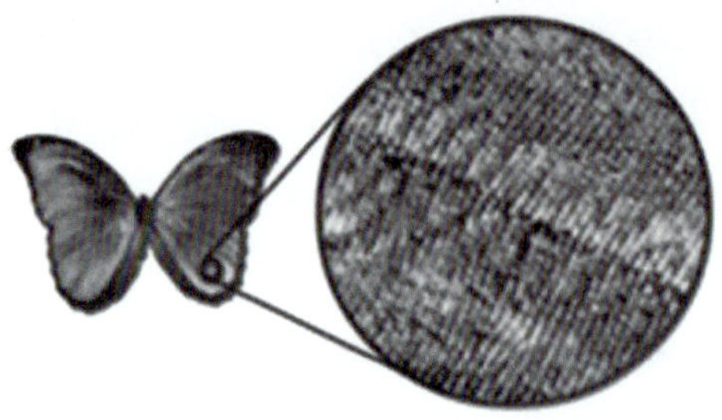

(a) Morpho didius 나비

(b) 공작 깃털

(c) 전복 껍데기

(d) 오팔 보석

그림 7-16 자연에서 나타나는 다층박막 간섭현상

연습문제

박막에 의한 간섭

01 빛이 다음의 박막에서 반사하거나 투과할 때 몇 번의 위상반전(π의 위상변화)이 일어나겠는가?

(1) 공기 중에 있는 굴절률 1.4의 단층박막

(2) 두 개의 유리판 사이에 있는 얇은 공기층

02 두께가 100 nm, 굴절률이 1.5인 기름 박막이 물 위에 떠 있다. 이 박막에 빛이 수직으로 입사할 때, 다음 물음에 답하시오.

(1) 반사에 의해 몇 번의 위상반전(π의 위상변화)이 일어나겠는가?

(2) 기름 박막에 의해 완전 보강간섭 조건으로 반사되는 빛의 파장을 계산하시오.

03 굴절률이 1.4인 비누방울의 두께는 300 nm이다. 만약 비누방울에 백색광이 수직으로 입사하면 완전 보강간섭 조건으로 반사되는 빛의 색깔은 무엇인가?

04 5 번째 밝은 뉴턴 원 무늬의 반경이 10 mm이다. 알 수 없는 액체가 렌즈와 지지대 사이의 틈으로 흘러 들어간 후, 5 번째 밝은 뉴턴 원 무늬의 반경이 8 mm가 되었다. 이 액체의 굴절률을 계산하시오.

05 굴절률이 1.4, 두께가 500 nm의 비누 박막이 있다. 햇빛이 비누 박막 위에서 비칠 때, 반사가 일어나지 않는 가시광선에 대한 진공 중에서의 파장을 계산하시오.

06 뉴턴의 원 무늬 실험으로 곡률반경이 $R = 20$ cm인 볼록렌즈를 평가하였다. 렌즈의 중심으로부터 1.0 mm 떨어진 지점에서 10 번째 어두운 무늬를 관찰하였다면 이 실험에 사용한 광원의 파장은 얼마인가? 또, 렌즈의 중심에서 무늬가 밝은지 어두운지를 결정하고 그 이유를 설명하시오.

07 파장이 500 nm인 단색광의 광원을 사용하여 뉴턴의 원 무늬를 관찰하였다. 만약 10 번째 밝은 원 무늬의 반경이 1 cm이라면 뉴턴 원 무늬 실험장치에 사용한 렌즈의 곡률반경은 얼마인가?

08 평면 유리판 위에 아주 얇게 퍼져 있는 굴절률이 1.35인 에탄올 박막에 햇빛을 반사시켜 간섭무늬를 관찰하였다. 박막에서 400 nm의 빛만이 강하게 반사되었을 때 에탄올 박막의 두께를 계산하시오.

09 아래 그림과 같이 곡률반경이 R인 뉴턴 ring이 있다. 다음 물음에 답하시오.

(1) $r^2 \simeq 2Rd$ 임을 보이시오.

(2) 뉴턴 원 무늬의 중심에서의 무늬가 밝은지 어두운지를 결정하고 그 이유를 설명하시오.

(3) m 번째 밝은 무늬의 반경을 구하시오.

(4) m 번째 어두운 무늬의 반경을 구하시오.

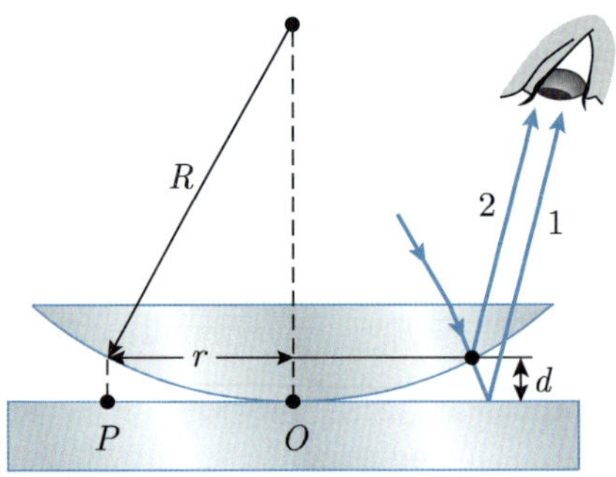

10 굴절률이 1.5인 쐐기형 박막에 파장이 500 nm인 단색광의 평행광을 수직으로 입사시켜 간섭무늬를 관찰하였다. 간섭무늬 사이의 간격이 0.2 cm일 때 쐐기형 박막의 기울어진 각도를 계산하시오.

다중간섭

11 페브리-페로 간섭계에 사용된 거울들의 반사계수 r이 $r=0.90$의 값을 가질 때 다음을 계산하시오.

(1) 예리도

(2) 반치폭

(3) 예리도 계수

12 두께가 d이고 굴절률이 n_f인 thin film에 입사각 θ_i로 강도가 I_0인 광선이 입사하고 있다. 다중반사, 투과를 고려하여 인접한 반사광선과 투과광선 사이의 광경로차가

$2n_f d\cos\theta_t$로 주어질 때 다음 물음에 답하시오. 여기서 θ_t는 투과각이다.

(1) 투과된 빛의 강도를 구하시오.

(2) Airy function을 이용하여 (1)을 표현하시오.

(3) 흡수가 없을 때 최대 투과율을 구하시오.

(4) 흡수가 없을 때 최소 투과율을 구하시오.

13 페브리-페로 간섭계에 사용된 거울들의 반사율이 0.9, 투과율은 0.05, 그리고 흡수가 0.05 되는 은 도금물로 coating이 되어 있다. 간섭계의 투과율에 대한 최대값(극대값)과 최소값(극소값)을 구하시오. 그리고 예리도 계수는 얼마인가?

14 만일 N이 정수이고 반지름이 0인 간섭무늬가 있다고 가정하면, 평면 평행의 페브리-페로 에탈론의 간섭무늬 반경들이 $\sqrt{0}$, $\sqrt{1}$, $\sqrt{2}$, $\sqrt{3}$, $\cdots$, $\sqrt{N}$에 근사적으로 비례함을 보이시오.

15 파장이 500 nm인 광원을 사용하는 페브리-페로 에탈론의 자유 스펙트럼 영역이 0.1 nm일 때 페브리-페로 에탈론의 간격을 계산하시오.

다층박막 간섭

16 굴절률이 1.5인 광학유리로 제작된 렌즈 위에 유전체인 $MgF_2(n=1.4)$로 박막을 coating 하였다. 다음 물음에 답하시오.

(1) 만약에 파장이 500 nm인 반사광에 의해 소멸간섭이 일어나도록 coating 되어 있다면 박막의 두께는 얼마이겠는가?

(2) 반면에 파장이 500 nm인 빛을 가장 강하게 반사시킬 수 있도록 coating 되어 있다면 박막의 두께는 얼마이겠는가?

17 파장이 540 nm인 빛이 유리면($n=1.5$)에 수직입사(입사각 $\theta_i=0°$)할 때, 빛이 반사되는 것을 방지하기 위하여 증착해야 할 박막의 굴절률과 두께를 계산하시오.

18 굴절률이 1.5인 현미경 유리렌즈에 파장이 $\lambda_0=550$ nm인 황색광의 수직입사(입사각 $\theta_i=0°$)에 대한 투과율을 증가시키기 위하여 굴절률이 1.35인 MgF_2 박막을 증착하고자 한다. MgF_2 박막의 두께를 계산하시오.

19 굴절률이 $n_L = 1.4$와 $n_H = 2.8$인 물질들을 그림 7-14와 같이 교대로 적층하여 8층의 더미(dummy)를 증착함으로서 고반사 다층박막을 만들고자 한다. 이와 같이 증착된 반사 다층박막의 반사율을 계산하시오.

08

빛의 회절

광원과 스크린 사이에 빛이 통과할 수 없는 장애물이 존재할 때, 스크린에 나타나는 장애물의 가장자리 그림자가 기하학적인 예측과 달리 밝고 어두운 그림자가 섞여서 복잡한 형태로 나타난다. 빛의 입자성을 근거로 하여 고전적인 방법으로 직선 경로를 벗어난 빛의 진행 현상을 설명하는 것은 불가능하다. 앞에서 살펴보았듯이, 영(Thomas Young)에 의하여 빛의 간섭현상이 실험적으로 증명되었으며 빛의 파동성을 이용하여 간섭에 관한 이론이 확립되었다. 그러나 당시에는 뉴턴역학의 성공을 배경으로 한 입자설이 지배적이었기 때문에 영의 업적은 인정받지 못했다.

그러나, 뉴턴과 비슷한 시기에 이미 호이겐스(Christian Huygens)는 **호이겐스의 원리**를 기반으로 여러 가지의 슬릿에서 나타나는 빛의 회절 현상을 수학적으로 해석할 수 있었다. 그 이후에 영과 마찬가지로 빛이 파동이라고 생각했던 프레넬(Fresnel)은 1822년 빛이 파동이라는 전제를 바탕으로 빛의 회절 현상을 완전하게 설명할 수 있는 이론을 완성하였다. 이로 인하여 오랫동안 논란을 거듭하던 빛의 근원에 대한 논쟁에서 빛의 파동설이 입자설을 압도하게 되었다.

빛의 **회절**(diffraction)은 nano-science의 산업에 대한 응용이 폭발적으로 증대함에 따라 많은 연구가 진행되고 있는 분야이다. 최근에 이르러 반도체, 디스플레이 장치 등 각종 광학적 장치 및 소자 등에서 널리 활용됨은 물론 우리의 일상생활에도 깊숙이 영향을 미치고 있다. Chapter 8에서는 이러한 빛의 회절에 대해 기초적인 부분부터 시작하여 수학적인 기술방법과 그 응용에 대해 공부하고자 한다.

8.1 호이겐스 원리와 빛의 회절

8.1.1 호이겐스의 원리

파동이 전파되는 경우 매질의 변위와 운동 상태가 같은 점들을 위상이 같다고 말하며 위상이 같은 점들의 집합을 파면이라고 한다. 파원이 점인 경우에는 파면이 원이나 구면이 되는데 이러한 파동을 구면파라고 한다. 그리고 파원이 직선인 경우 파면이 직선이나 평면으로 형성되는데 이러한 파동을 평면파라고 한다.

호이겐스의 원리(Huygens' principle)는 임의의 파원에서 발생한 파동이 매질을 진행할 때, 파면상의 각 점은 원래의 파원과 같은 진동수로 진동하는 새로운 2차적인 점파원이 되며, 이러한 무수한 점파원에서 발생하는 구면파가 겹쳐서 다음의 파면을 이룬다는 것이다. 즉, 어느 순간의 파면이 주어지면 다음 순간의 파면은 주어진 파면상의 각 점이 각각 독립한 파원이 되어 발생하는 2차적인 구면파에 공통으로 접하는 면, 즉 포락면이 된다.

호이겐스의 원리는 1678년 호이겐스가 발표한 빛의 파동설에서 광파의 진행 상태를 나타내는데 사용한 것이며, 빛의 직진성이나 굴절·반사 등 당시 뉴턴의 빛의 입자설에 기초가 된 여러 가지 현상도 이 원리를 바탕으로 해서 파동설의 입장에서도 설명할 수 있다. 그림 8-1은 호이겐스의 원리를 이용하여 평면파와 구면파가 공간을 진행하는 모양을 보여주고 있다.

호이겐스의 시대에는 광파의 주기성이라고 하는 개념이 명확하게 규명되어 있지 않았으

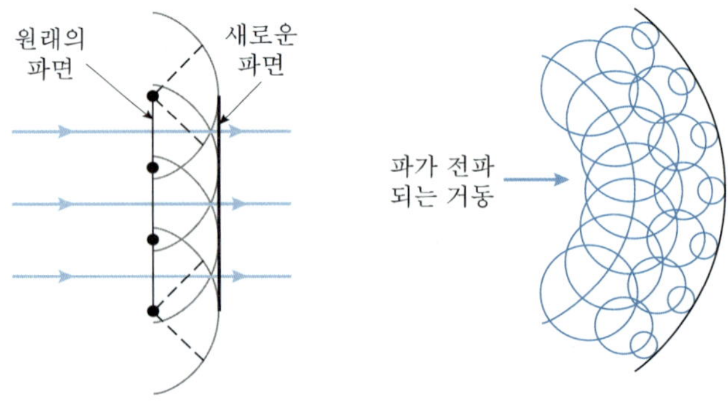

그림 8-1 호이겐스의 원리에 따른 파의 진행

며 호이겐스의 원리에도 파장이라고 하는 개념이 정립되지 않아서 회절과 같은 현상을 설명할 수가 없었다. 프레넬은 이러한 문제점을 2차 파가 간섭한 결과라고 하는 생각을 보충하여 호이겐스의 원리를 완전하게 하였다. 따라서 이것을 프레넬-호이겐스의 원리라고도 한다.

또한, 호이겐스의 원리를 이용하면 파동의 반사나 굴절현상도 그림 8-2와 같이 설명될 수 있고, 파동이 장애물 혹은 슬릿에 의해 퍼져 나가는 회절 현상도 쉽게 설명할 수 있게 된다.

음파의 경우에는 파장이 ~1 m 정도이므로 상당히 큰 물체에서도 회절현상이 나타나 물체의 뒤쪽으로도 음파가 전파될 수가 있다. 그래서 담 너머에서 나는 소리도 들을 수 있는 것이다. 그러나 빛(가시광선)의 파장은 음파의 파장의 백만 분의 1 이하이므로, 보통 흔히 볼 수 있는 큰 물체에서는 빛의 회절현상이 잘 관찰되지 않는다. 그러므로 빛은

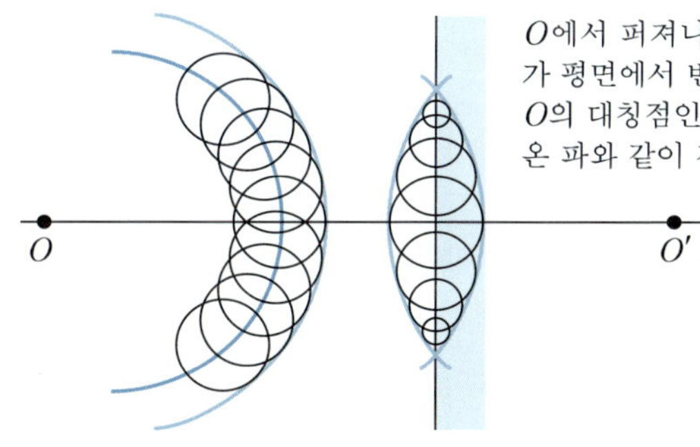

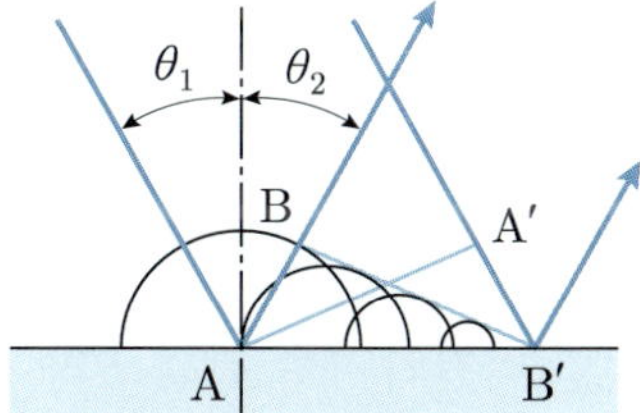

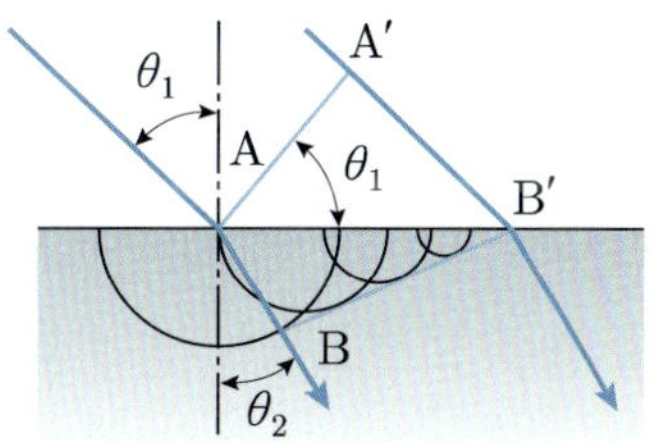

그림 8-2 호이겐스의 원리를 이용한 파동의 반사 및 굴절현상

보통 직진하는 것으로 생각되어 왔다.

그러나 햇빛에 비친 물체들의 그림자를 주의 깊게 살펴보면, 그림자의 가장자리가 뚜렷하지 않고 그림자 부분에도 어느 정도 밝은 부분이 있는 반면, 그림자가 없는 밝은 곳에도 약간 어두운 부분이 생기는 것을 볼 수 있다. 이것은 빛을 고전적인 입자라고 생각하면 매우 설명하기 어려운 현상으로써 빛이 파동임을 잘 보여주는 좋은 예이다.

8.1.2 프라운호퍼 회절과 프레넬 회절

그림 8-3과 같이 광원 S로부터 폭이 δ인 슬릿 S_1으로 입사하는 평행광선을 생각하자. 슬릿 S_1과 스크린 Σ가 평행하고 광원 S와 슬릿 S_1, 그리고 슬릿 S_1과 스크린 Σ의 거리가 매우 가까운 경우 스크린 Σ에는 뚜렷하고 명확한 aperture의 모양이 나타나며 무늬의 가장자리에는 그림 8-4의 (d), (e), (f)에서 보는 바와 같이 몇 개의 희미한 회절무늬가 나타난다.

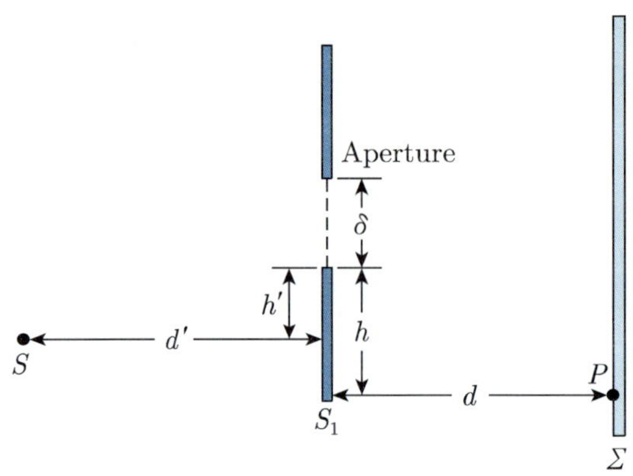

그림 8-3 프라운호퍼 회절과 프레넬 회절의 조건을 위한 회절 구도

스크린 Σ를 슬릿 S_1으로부터 멀리 이동시키면(마찬가지로 광원 S와 슬릿 S_1의 거리도 멀리 이동) aperture의 모양은 여전히 뚜렷하지만 가장자리에 많은 회절무늬가 생성(그림 8-4의 (c) 참조)된 것을 볼 수 있다. 그림 8-3에서 광원 S와 관측점 P가 aperture와 가까운 경우에는 파면의 곡률반경이 작기 때문에 평면파로 근사하기 어렵다. 이러한 회절은 그림 8-4의 (e)와 (f)에 나타나 있으며 **프레넬**(Fresnel) **회절** 혹은 **근거리**(near-field) **회절**이라고 부른다.

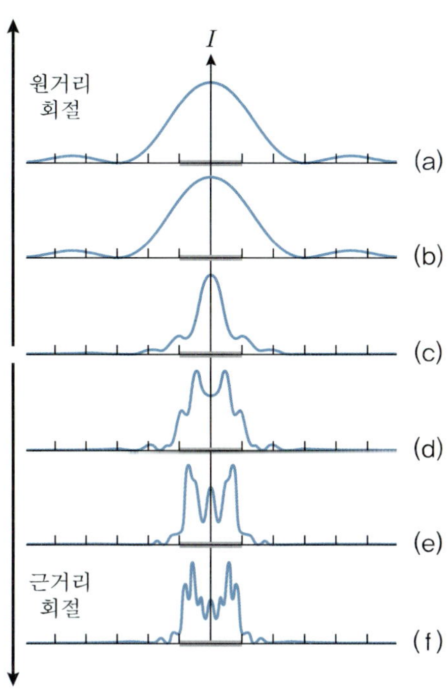

그림 8-4 슬릿으로부터 거리에 따른 회절무늬 모양의 의존성
(K.U. Ingard의 Fundamentals of Waves and Oscillation에서 인용함)

반면에 스크린 Σ를 슬릿 S_1으로부터 더욱 멀리 이동시키면(마찬가지로 광원 S와 슬릿 S_1의 거리도 더 멀리 이동) 가장자리의 회절무늬도 점차적으로 더 복잡하게 변화한다. 관측점이 슬릿 S_1에서 아주 멀리 멀어지면 회절무늬는 상당히 넓게 퍼지게 되며 aperture의 실제 모양과 많이 변하게 된다. 관측점이 슬릿 S_1으로부터 아주 멀어지면 스크린 Σ를 더욱 멀리 이동시켜도 회절무늬의 모양은 기본적으로 더 변화되지 않으며 회절무늬의 크기와 강도만 변하게 된다. 이와 같이 광원 S와 슬릿 S_1, 그리고 슬릿 S_1과 스크린 Σ의 거리가 아주 멀어서 입사파와 회절파를 모두 평면파로 근사해서 취급해도 좋은 경우의 회절을 **프라운호퍼**(Fraunhofer) **회절** 혹은 **원거리**(far-field) **회절**이라고 한다. 이것은 광원이 있는 지점 S와 회절파의 관측점 P가 모두 aperture로부터 멀리 떨어져서 입사파와 회절파에 대한 파면의 곡률반경이 매우 큰 경우에 해당한다.

프라운호퍼 회절이 되기 위한 조건을 정량적인 방법을 통하여 보다 구체적으로 평가해 보자. 그림 8-3에서 보는 바와 같이 광원 S로부터 나온 빛은 aperture를 지나 관측점 P에서 회절무늬를 형성한다. 광원 S로부터 슬릿 S_1까지의 거리를 d', 슬릿 S_1에서 스크린

Σ까지의 거리를 d, aperture의 크기를 δ, 그리고 S와 P에서 aperture 평면에 수직선을 내려서 이로부터 aperture 하단까지의 높이를 각각 h'과 h라 하자. 이 때 aperture의 양끝을 통과한 빛 사이의 경로차이 Δd는 다음과 같이 계산할 수 있다.

$$\begin{aligned}\Delta d &= \sqrt{d'^2+(h'+\delta)^2}+\sqrt{d^2+(h^2+\delta)^2}-\sqrt{d'^2+h'^2}-\sqrt{d^2+h^2} \qquad (8\text{–}1)\\ &= d'\left\{1+\left(\frac{h'+\delta}{d'}\right)^2\right\}^{\frac{1}{2}}+d\left\{1+\left(\frac{h+\delta}{d}\right)^2\right\}^{\frac{1}{2}}-d'\left\{1+\left(\frac{h'}{d'}\right)^2\right\}^{\frac{1}{2}}-d\left\{1+\left(\frac{h}{d}\right)^2\right\}^{\frac{1}{2}}\\ &\simeq \left(\frac{h'}{d'}+\frac{h}{d}\right)\delta+\frac{1}{2}\left(\frac{1}{d'}+\frac{1}{d}\right)\delta^2+\cdots\end{aligned}$$

여기서 aperture의 크기 δ는 일반적으로 d'이나 d보다 훨씬 작은 값을 가지기 때문에 δ의 고차 항은 근사적으로 무시할 수 있다. 식 (8–1)에서 첫 번째 항은 평행광이 S로부터 aperture에 입사하여 스크린 Σ의 한 점 P까지 평행광으로 진행할 경우 aperture의 상단과 하단을 지나간 빛 사이의 광경로 차이를 의미한다. 따라서 두 번째 항이 프라운호프 회절과 프레넬 회절을 구분하는 정량적 기준점이 되며 프라운호퍼 회절 조건은 다음과 같다.

$$\frac{1}{2}\left(\frac{1}{d'}+\frac{1}{d}\right)\delta^2 \ll \lambda \qquad (8\text{–}2)$$

식 (8–2)의 조건이 충족되지 않으면 입사파 혹은 회절파의 파면을 평면으로 근사할 수 없으며 프레넬 회절로 취급해야 한다.

8.1.3 *N*개의 가간섭적인 광원에 의한 간섭

빛이 전파되는 과정에서 장애물을 만나면 파면, 진폭, 또는 위상 등이 변하여 회절 현상이 나타난다. 빛의 파면은 호이겐스의 원리에 따라 새로운 2차 파원이 되며 장애물을 지나 진행하면서 서로 간섭하여 회절무늬를 만든다. 간섭과 회절은 엄밀하게 구분할 수는 없고, 몇 개의 광파가 중첩하는 경우에는 간섭으로, 아주 많은 광파가 중첩되어 나타나는 현상은 회절로 구분하는 것이 일반적이다.

간섭과 회절 사이에 있어서 간단한 논리적 연관성을 알아보고 일정한 폭을 가지고 있는 슬릿이 만드는 회절 현상을 이해하기 위하여 그림 8–5와 같이 N개의 가간섭적 광원에

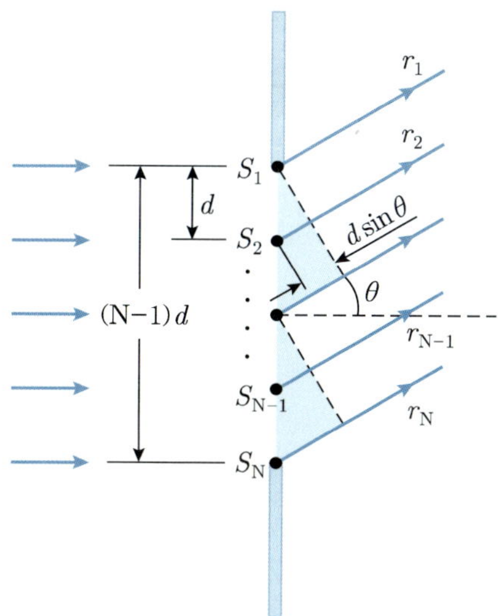

그림 8-5 동일한 위상, 진동수, 진폭을 갖는 N개의 가간섭 광원이 만드는 간섭

의한 간섭을 생각해 보자.

각각의 광원은 동일한 초기 위상을 가지며 진동수와 진폭 역시 같다고 가정하자. 계산의 복잡성을 피하기 위하여 광원에서 조사되는 광파를 평면파로 가정하면 광파의 파동함수는 식 (5-22)와 같이 $E(r,t) = E_0(r)e^{i(kr-\omega t)}$로 나타낼 수 있다. 광원들의 배열이 갖는 크기가 매우 작다면 관측점에 도달하는 각 광파의 진폭은 실질적으로 같다. 따라서 다음과 같이 표현할 수 있다.

$$E_0(r_1) = E_0(r_2) = E_0(r_3) = \cdots = E_0(r_N) \equiv E_0(r)$$

각각의 파원들이 임의의 관측점에 형성하는 합성 전기장 $E(r,t)$는

$$\begin{aligned} E(r,t) &= E_1 + E_2 + E_3 + \cdots + E_N \qquad (8\text{-}3) \\ &= E_0 e^{i(kr_1-\omega t)} + E_0 e^{i(kr_2-\omega t)} + E_0 e^{i(kr_3-\omega t)} + \cdots + E_0 e^{i(kr_N-\omega t)} \\ &= E_0 e^{i(kr_1-\omega t)}\left\{1 + e^{ik(r_2-r_1)} + e^{ik(r_3-r_1)} + \cdots + e^{ik(r_N-r_1)}\right\} \end{aligned}$$

로 나타낼 수 있다. 인접한 광원들 사이에 발생하는 광경로차는 그림 8-5에서 보는 것과 같이 $d\sin\theta$이므로 위상차 δ는 $\delta = kd\sin\theta$이다. 식 (8-3)을 δ의 항으로 다시 정리하면

$$E(r,\, t) = E_0 e^{i(kr_1 - \omega t)} \{1 + e^{ik(r_2 - r_1)} + e^{ik(r_3 - r_1)} + \cdots + e^{ik(r_N - r_1)}\}$$

$$= E_0 e^{i(kr_1 - \omega t)} \{1 + (e^{i\delta}) + (e^{i\delta})^2 + (e^{i\delta})^3 + \cdots + (e^{i\delta})^{N-1}\}$$

로 쓸 수 있다. 중괄호안의 값은 초항이 1, 항수가 N, 공비가 $e^{i\delta}$인 등비수열의 합으로

$$\{1 + (e^{i\delta}) + (e^{i\delta})^2 + (e^{i\delta})^3 + \cdots + (e^{i\delta})^{N-1}\} = \frac{e^{i\delta N} - 1}{e^{i\delta} - 1} \tag{8-4}$$

이다. 식 (8-4)를 다시 정리하면

$$\frac{e^{i\delta N} - 1}{e^{i\delta} - 1} = \frac{e^{iN\delta/2}(e^{iN\delta/2} - e^{-iN\delta/2})}{e^{i\delta/2}(e^{i\delta/2} - e^{-i\delta/2})}$$

$$= e^{i\frac{(N-1)\delta}{2}} \left(\frac{\dfrac{e^{iN\delta/2} - e^{-iN\delta/2}}{2i}}{\dfrac{e^{i\delta/2} - e^{-i\delta/2}}{2i}} \right)$$

$$= e^{i\frac{(N-1)\delta}{2}} \left(\frac{\sin N\delta/2}{\sin\delta/2} \right)$$

로 나타낼 수 있다. 따라서 임의의 관측점에 형성하는 합성 전기장 $E(r,\, t)$는

$$E(r,\, t) = E_0(r) e^{-i\omega t} e^{i[kr_1 + (N-1)\delta/2]} \left(\frac{\sin N\delta/2}{\sin\delta/2} \right) \tag{8-5}$$

으로 표현할 수 있다. 광원 S_1과 S_N 사이에 발생하는 광경로차는 $(N-1)d\sin\theta$ 이므로 선형으로 배열된 광원의 중심에서부터 관측점까지의 거리를 R 이라고 하면

$$R = \frac{1}{2}(N-1)d\sin\theta + r_1$$

이며 이것을 이용하면 식 (8-5)는

$$E(r,\, t) = E_0(r) e^{i(kR - \omega t)} \left(\frac{\sin N\delta/2}{\sin\delta/2} \right) \tag{8-6}$$

로 표현된다. 간섭무늬의 강도 I는 $I \propto EE^*/2$이므로 따라서 동일한 위상, 진동수, 진폭을 갖는 N개의 가간섭 광원이 만드는 간섭무늬의 강도 I는

$$I(\theta) = I_0 \frac{\sin^2(N\delta/2)}{\sin^2(\delta/2)} \tag{8-7}$$

로 주어진다. 여기서 I_0는 점광원 하나가 관측점에 만드는 강도이다.

특별한 예로 $N=0$일 때 $I=0$이고 $N=1$이면 $I=I_0$가 되어 위에서 언급한 I_0의 의미와 잘 일치한다. 만약 $N=2$인 경우에는 $I=4I_0\cos^2(\delta/2)$와 같이 되어 예제 5-7에서 본 바와 같이 영의 이중 슬릿에 의한 간섭의 결과와 일치한다. 이것에 대한 증명은 연습문제로 남겨둔다.

이제 회절현상을 설명하기 위하여 그림 8-6과 같이 N개의 점광원 대신에 무수히 많은 점광원(∞개, 즉 연속체)이 모여 있는, 광원의 폭이 d인 선광원(line light source)을 생각해 보자. 각 점에서 방출하는 2차 구면파의 파동함수(전기장)는 진폭이 거리에 반비례함으로

$$E(r, t) = \left(\frac{\varepsilon_0}{r}\right) e^{i(\omega t - kr)} \tag{8-8}$$

와 같이 표현할 수 있다. 여기서 ε_0는 점광원 한 개가 방출하는 광파의 진폭 크기이다.

전체 광원의 개수를 N, 선광원의 폭을 d라고 하자. 이 선광원은 M개의 미소선분 Δy_i의 집합으로 이루어져 있다. 각각의 미소선분 Δy_i에서 방출되는 광파가 서로 가간섭적

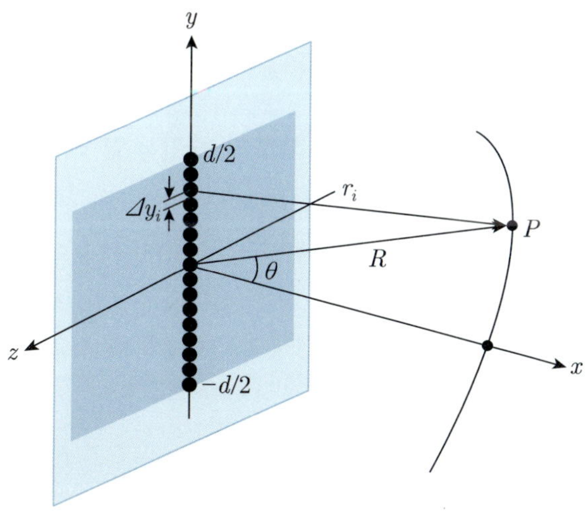

그림 8-6 무수히 많은 점광원이 모여 있는 선광원

이고 N을 무수히 큰 수로 가정하면 미소선분 Δy_i에는 $(N/d)\Delta y_i$ 개의 점광원이 있으며 i 번째 미소선분 Δy_i에 의한 관측점 P에서의 전기장 세기는

$$E_i = \left(\frac{\varepsilon_0}{r_i}\right)e^{i(\omega t - kr)}\left(\frac{N}{d}\right)\Delta y_i \tag{8-9}$$

로 쓸 수 있다. N을 ∞로 확장하면 점광원 배열은 가간섭성이 있는 연속적인 선광원이 된다.

연속적인 신광원이 단위길이당 방출하는 광파의 진폭 크기 ε_L을 다음과 같이 정의하자.

$$\varepsilon_L = \frac{1}{d}\lim_{N\to\infty}(\varepsilon_0 N) \tag{8-10}$$

따라서 식 (8-9)와 (8-10)을 이용하여 M개의 미소선분으로 이루어진 연속적인 선광원 전체가 관측점 P에 만드는 전기장은

$$E(r,\, t) = \sum_{i=1}^{M}\frac{\varepsilon_L}{r_i}e^{i(\omega t - kr_i)}\Delta y_i \tag{8-11}$$

가 되며 연속적인 선광원으로 확장하면 $\Delta y_i \to dy$, $\sum \to \int$ 로 연산할 수 있으며 식 (8-11)은 다음과 같이 정적분 형태로 일반화할 수 있다.

$$E(r,\, t) = \varepsilon_L\int_{-d/2}^{d/2}\frac{e^{i(\omega t - kr)}}{r}dy \tag{8-12}$$

식 (8-12)를 활용하면, 다음 8.2.1절에서 보듯이 폭이 d인 단일 슬릿에 의한 회절현상을 설명할 수 있다.

8.2 프라운호퍼 회절

8.2.1 단일 슬릿에 의한 회절

그림 8-6에서와 같이 슬릿의 폭이 d인 단일 슬릿(single slit)에 의해 관측점 P에 나타나는 회절 현상에 대해 공부해 보기로 하자. 프라운호퍼 회절은 원거리 회절이므로 관측점 P가 광원으로부터 매우 멀리 떨어져 있어서 $R \gg d$이고 $r \simeq R - y\sin\theta$로 근사할 수 있다. 따라서 식 (8-12)로부터 미소선분 dy에 의한 관측점 P에서의 전기장은

$$dE = \frac{\varepsilon_L}{R} e^{i(\omega t - kr)} dy$$

로 표현할 수 있다. 그러므로 슬릿의 폭이 d인 단일 슬릿에 의한 관측점 P에서의 전기장은 다음과 같이 계산된다.

$$E(r, t) = \frac{\varepsilon_L}{R} \int_{-d/2}^{d/2} e^{i(\omega t - kr)} dy \qquad (8-13)$$

$$= \frac{\varepsilon_L}{R} \int_{-d/2}^{d/2} e^{i[\omega t - k(R - y\sin\theta)]} dy$$

식 (8-13)의 적분은 $\omega t - kR + ky\sin\theta \equiv u$로 치환하고 양변을 미분하면 $k\sin\theta dy = du$가 되고 적분 구간이

$$\int_{-d/2}^{d/2} \rightarrow \int_{\omega t - kR - \frac{d}{2}k\sin\theta}^{\omega t - kR + \frac{d}{2}k\sin\theta}$$

로 바뀌게 된다. 간단한 계산 후 식 (8-13)을 다시 정리하면

$$E(r, t) = \frac{\varepsilon_L}{R} \frac{1}{k\sin\theta} \int_{\omega t - kR - d\sin\theta/2}^{\omega t - kR + d\sin\theta/2} e^{iu} du$$

$$= \frac{\varepsilon_L}{R} \frac{1}{ik\sin\theta} \left[e^{i(\omega t - kR + k\frac{d}{2}\sin\theta)} - e^{i(\omega t - kR - k\frac{d}{2}\sin\theta)} \right]$$

$$= \frac{\varepsilon_L}{R} \frac{1}{kd\sin\theta/2} e^{i(\omega t - kR)} \left[\frac{e^{ik\frac{d}{2}\sin\theta} - e^{-ik\frac{d}{2}\sin\theta}}{2i} \right]$$

가 된다. 여기서 $\beta \equiv kd\sin\theta/2$로 두면

$$E(r,\, t) = \frac{\varepsilon_L d}{R} e^{i(\omega t - kR)} \left(\frac{\sin\beta}{\beta} \right) \tag{8-14}$$

를 얻을 수 있다. 따라서 슬릿의 폭이 d인 단일 슬릿에 의해 관측점 P에 나타나는 회절무늬의 강도 $I(\theta)$는

$$I(\theta) = \left(\frac{\varepsilon_L d}{R} \right)^2 \left(\frac{\sin\beta}{\beta} \right)^2 \tag{8-15}$$

$$= I(0) \left(\frac{\sin\beta}{\beta} \right)^2$$

로 표현된다. 여기서 $I(0)$는 $\theta = 0$일 때, $I(\theta)$의 값이다.

식 (8-15)를 이용하여 단일 슬릿에 의해 관측점 P에 나타나는 회절무늬의 강도 $I(\theta)$의 최대값과 최소값을 구해 보자. 회절무늬 강도 $I(\theta)$는 θ와 β의 함수이므로 극값은 $dI/d\beta = 0$의 조건을 만족해야 한다. 따라서

$$\frac{dI}{d\beta} = I(0) \frac{2\sin\beta(\beta\cos\beta - \sin\beta)}{\beta^3} = 0 \tag{8-16}$$

에서 $\sin\beta = 0$, $\beta\cos\beta - \sin\beta = 0$을 만족하는 β 값에서 $I(\theta)$의 극값을 얻을 수 있다. 그런데 $\lim_{\beta \to 0} \frac{\sin\beta}{\beta} = 1$이므로 두 개의 극값 중에서 $\beta = 0$에서 극대값(최대값)을 가지며 $\sin\beta = 0$(단 $\beta \neq 0$)을 만족하는 경우에 최소값을 갖는다. 즉,

$$\beta = \frac{1}{2} kd\sin\theta = m\pi \;\; (\pm 1,\, \pm 2,\, \pm 3,\, \cdots) \tag{8-17}$$

$$d\sin\theta = m\lambda \;\; (\pm 1,\, \pm 2,\, \pm 3,\, \cdots)$$

인 경우에 회절무늬 강도 $I(\theta)$는 최소값 0을 갖는다. 그림 8-7을 이용하여 정성적으로 식 (8-17)이 성립함을 설명해 보자. 슬릿의 위쪽 가장자리로부터 방출된 광파 1과 슬릿의 중심(정확하게 1/2 아래쪽)에서 방출된 광파 3(광파 2와 4, 또는 3과 5) 사이의 광경로차는

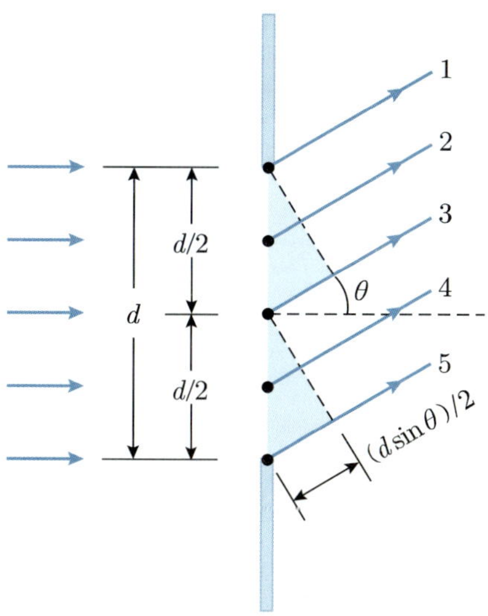

그림 8-7 단일 슬릿에서 발생하는 광파들의 광경로차

$\frac{1}{2}d\sin\theta$ 이다. 만약 이 광경로차가 $\frac{1}{2}\lambda$ 와 같다면 광파 1과 3(광파 2와 4, 또는 3과 5)은 서로 소멸간섭을 일으킬 것이다.

이것을 식으로 나타내면

$$\frac{1}{2}d\sin\theta = \frac{1}{2}\lambda$$

$$d\sin\theta = \lambda$$

로 식 (8-17)에서 $m = 1$의 경우와 같음을 알 수 있다. 비슷한 방법으로 슬릿을 4부분으로 나누면 회절무늬 강도의 최소조건은 다음과 같다.

$$\frac{1}{4}d\sin\theta = \frac{1}{2}\lambda$$

$$d\sin\theta = 2\lambda$$

마찬가지로 슬릿을 6부분으로 나누면 다음과 같은 경우에 회절무늬 강도가 최소가 된다.

$$\frac{1}{6}d\sin\theta = \frac{1}{2}\lambda$$

$$d\sin\theta = 3\lambda$$

따라서 회절무늬 강도가 최소가 될 일반적인 조건은

$$d\sin\theta = m\lambda \qquad m = \pm 1,\ \pm 2,\ \pm 3, \cdots$$

이며 식 (8-17)의 표현과 동일하다. 또 다른 극값의 조건은 최대값이 되는 조건으로

$$\beta\cos\beta - \sin\beta = 0, \text{ 또는} \tag{8-18}$$

$$\tan\beta = \beta$$

이다. 식 (8-18)의 해는 그림 8-8과 같이 그래프를 그려서 결정할 수 있다. 곡선 $f_1(\beta) = \tan\beta$ 와 직선 $f_2(\beta) = \beta$ 의 교점에서 두 식은 같은 값을 가지므로 교점의 β 값이 식 (8-18)의 해가 된다. 이 극값은 식 (8-17)의 인접한 두 개의 최소값 사이에만 존재하기 때문에 $I(\theta)$는 $\beta \simeq \pm 1.4303\pi,\ \pm 2.4590\pi,\ \pm 3.4707\pi, \cdots$ 에서 보조 최대값을 가진다.

식 (8-15)으로부터 관측점 P 에서의 회절무늬 강도 $I(\theta)$의 최대값과 최소값을 계산해 본 결과 회절무늬 강도 $I(\theta)$는 중앙에서 주극대 값을 가지고 β 가 $\pm\pi,\ \pm 2\pi,\ \pm 3\pi, \cdots$ 일 때 최소값을 가지며 $\beta \simeq \pm 1.4303\pi,\ \pm 2.4590\pi,\ \pm 3.4707\pi, \cdots$ 에서 보조 최대값을 가지는 것을 알았다. 그림 8-9는 이러한 결과를 바탕으로 β 에 대한 회절무늬 강도 $I(\theta)/I(0)$의 그래프이다.

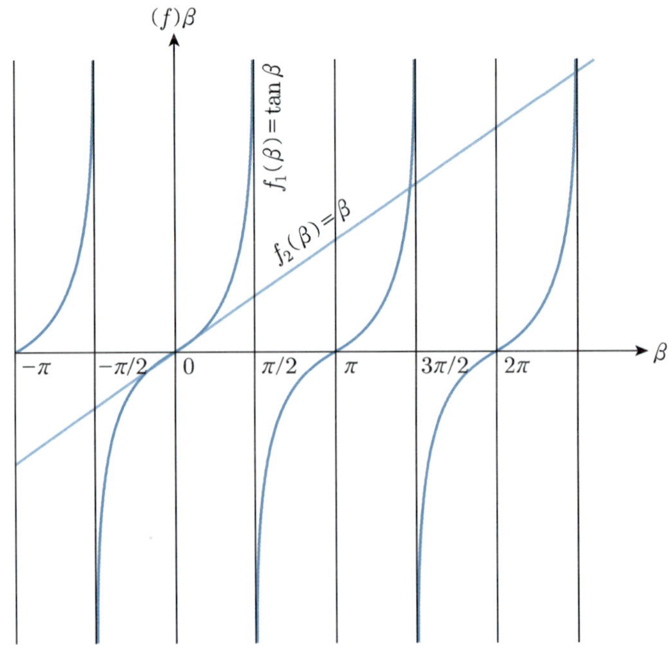

그림 8-8 $\tan\beta = \beta$를 만족하는 곡선 $f_1(\beta) = \tan\beta$와 직선 $f_2(\beta) = \beta$의 교점

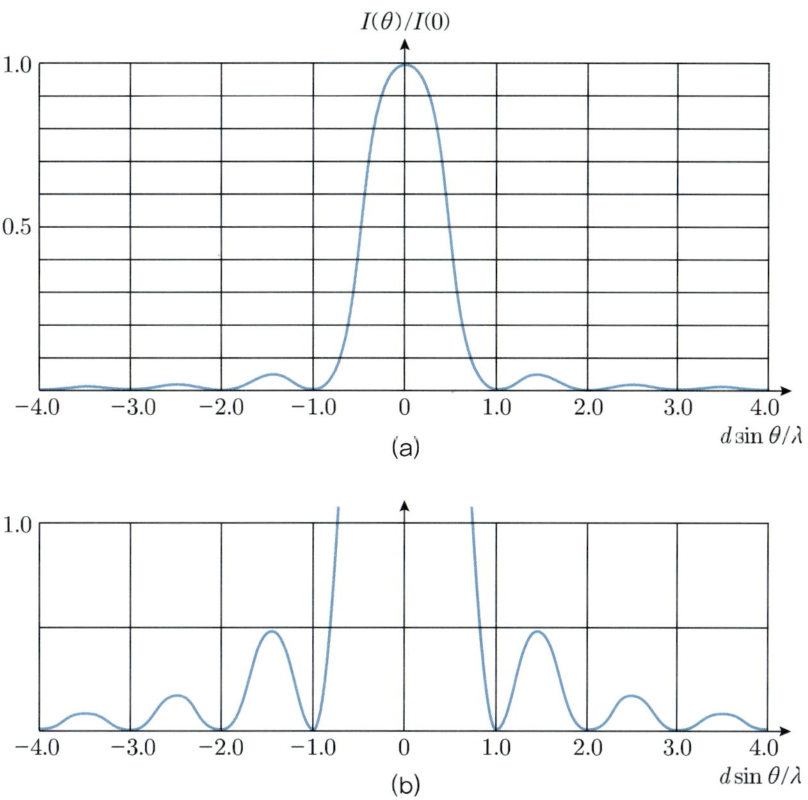

그림 8-9 단일 슬릿에 의한 회절무늬

예제 8.1 단일 슬릿에 의한 회절

슬릿의 폭이 0.02 mm인 단일 슬릿에 의한 회절무늬를 스크린에서 보았다. 스크린과 슬릿 사이의 거리가 2.0 m이고 사용된 광원의 파장이 500 nm라면 중앙 극대의 폭은 얼마인가?

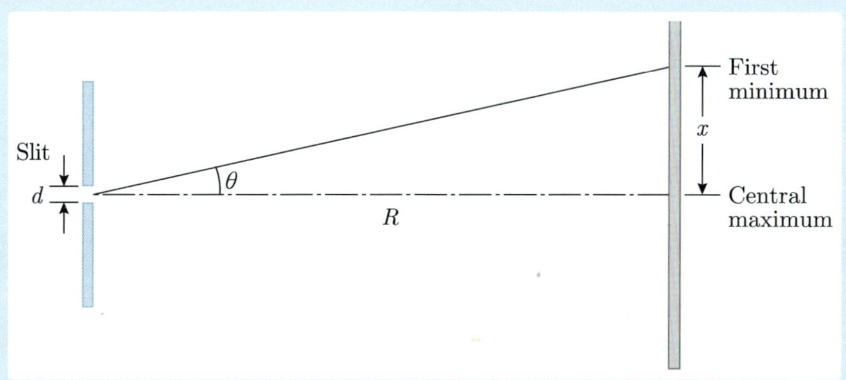

풀이 단일 슬릿에 의한 회절무늬의 최소 조건은 다음과 같다.

$$d\sin\theta = m\lambda \ \ (m = \pm 1, \pm 2, \pm 3, \cdots)$$

제1극소값은 $m=1$일 때이며 θ는 매우 작은 값이다. 따라서

$$d\sin\theta \simeq d\tan\theta = d\frac{x}{R} = \lambda$$

$$d\frac{x}{R} = \lambda \rightarrow x = \frac{\lambda R}{d} = \frac{500\times 10^{-9}\times 2.0}{0.02\times 10^{-3}}$$

$$= 5.0\times 10^{-2}\ (\mathrm{m})$$

중심 극대값의 폭은 $2x$이므로 10 cm이다.

8.2.2 이중 슬릿에 의한 회절

그림 8-10에서와 같이 슬릿 중심 사이의 간격이 a, 슬릿의 폭이 b인 이중 슬릿(double slit)에 의해 관측점 P에 나타나는 회절 현상에 대해 공부해 보기로 하자. 단일 슬릿의 경우에서와 마찬가지로 프라운호퍼 회절이므로 관측점 P가 광원으로부터 매우 멀리 떨어져 있어서 $R \gg a,\ b$이고 $r \simeq R - y\sin\theta$로 근사할 수 있으며 식 (8-12)로부터 미소선분

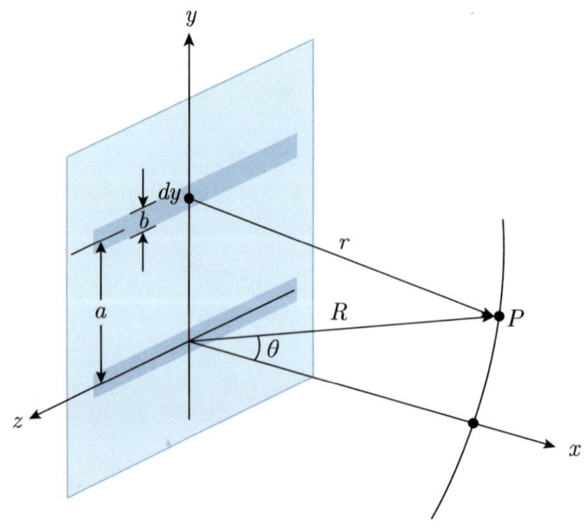

그림 8-10 이중 슬릿에 의한 회절

dy에 의한 관측점 P에서의 전기장은

$$dE = \frac{\varepsilon_L}{R} e^{i(\omega t - kr)} dy$$

로 표현할 수 있다.

그러므로 슬릿 중심 사이의 간격이 a, 폭이 b인 이중 슬릿에 의한 관측점 P에서의 전기장은 다음과 같이 계산된다.

$$E(r,\, t) = \frac{\varepsilon_L}{R}\int_{-\frac{1}{2}b}^{\frac{1}{2}b} e^{i(\omega t - kr)}\, dy + \frac{\varepsilon_L}{R}\int_{a-\frac{1}{2}b}^{a+\frac{1}{2}b} e^{i(\omega t - kr)}\, dy \tag{8-19}$$

$$= \frac{\varepsilon_L}{R}\int_{-\frac{1}{2}b}^{\frac{1}{2}b} e^{i[\omega t - k(R - y\sin\theta)]}\, dy + \frac{\varepsilon_L}{R}\int_{a-\frac{1}{2}b}^{a+\frac{1}{2}b} e^{i[\omega t - k(R - y\sin\theta)]}\, dy$$

식 (8–19)의 적분은 단일 슬릿의 경우에서와 마찬가지로 $ky\sin\theta \equiv u$로 치환하여 계산하면 식 (8–19)는

$$E(r,\, t) = \frac{\varepsilon_L}{R}\frac{1}{k\sin\theta} e^{i(\omega t - kR)}\left\{\int_{-\frac{1}{2}kb\sin\theta}^{\frac{1}{2}kb\sin\theta} e^{iu}du + \int_{k(a-\frac{b}{2})\sin\theta}^{k(a+\frac{b}{2})\sin\theta} e^{iu}du\right\}$$

가 되며 약간의 계산을 하여 정리하면

$$E(r,\, t) = \frac{\varepsilon_L}{R}\frac{b}{2ikb\sin\theta/2} e^{i(\omega t - kR)}\left\{\left[e^{iu}\right]_{-k(b/2)\sin\theta}^{k(b/2)\sin\theta} + \left[e^{iu}\right]_{k(a-b/2)\sin\theta}^{k(a+b/2)\sin\theta}\right\}$$

$$= \frac{\varepsilon_L}{R}\frac{b}{2ikb\sin\theta/2} e^{i(\omega t - kR)}\left(e^{i\frac{1}{2}kb\sin\theta} - e^{-i\frac{1}{2}kb\sin\theta}\right) +$$

$$\frac{\varepsilon_L}{R}\frac{b}{2ikb\sin\theta/2} e^{i(\omega t - kR)}\left\{e^{ik(a+\frac{1}{2}b)\sin\theta} - e^{ik(a-\frac{1}{2}b)\sin\theta}\right\}$$

$$= \frac{\varepsilon_L}{R} e^{i(\omega t - kR)}\frac{b}{kb\sin\theta/2}\left\{\sin\left(\frac{1}{2}kb\sin\theta\right) + e^{ika\sin\theta}\sin\left(\frac{1}{2}kb\sin\theta\right)\right\}$$

가 된다. 여기서 $\alpha \equiv \dfrac{1}{2}ka\sin\theta$, $\beta \equiv \dfrac{1}{2}kb\sin\theta$로 두면

$$E(r,\, t) = \frac{\varepsilon_L b}{R} e^{i(\omega t - kR)}\left(\frac{\sin\beta}{\beta}\right)\left(1 + e^{ika\sin\theta}\right) \tag{8-20}$$

$$= \frac{\varepsilon_L b}{R} e^{i(\omega t - kR)} \frac{\sin\beta}{\beta} e^{ik(a/2)\sin\theta} \left(e^{ik(a/2)\sin\theta} + e^{-ik(a/2)\sin\theta} \right)$$

$$= \frac{2\varepsilon_L b}{R} e^{i(\omega t - kR)} e^{i\alpha} \frac{\sin\beta}{\beta} \cos\alpha$$

를 얻을 수 있다. 따라서 슬릿 중심 사이의 간격이 a, 폭이 b 인 이중 슬릿에 의해 관측점 P에 나타나는 회절무늬의 강도 $I(\theta)$는

$$I(\theta) = 4\left(\frac{\varepsilon_L b}{R}\right)^2 \left(\frac{\sin\beta}{\beta}\right)^2 \cos^2\alpha \qquad (8-21)$$

$$= 4I_0 \left(\frac{\sin\beta}{\beta}\right)^2 \cos^2\alpha$$

로 표현된다.

식 (8-21)에서 b가 아주 작은 값을 가지면 $\lim_{b \to 0} \frac{\sin\beta}{\beta} = 1$이 되므로 회절무늬의 강도 $I(\theta)$는 $I(\theta) = 4I_0 \cos^2\alpha$ 가 되어 이중 슬릿에 의한 영의 간섭실험과 결과가 동일함을 알 수 있다. 생각해 보면, 회절은 슬릿의 폭이 좁을수록 잘 일어나므로 회절무늬의 폭이 커진다. 이것은 슬릿의 폭 b가 0에 가까워지면, 중앙 회절무늬의 봉우리(envelope)가 매우 커져서(그림 8-11 참조) $\theta \ll 1$인 영역에서 간섭효과만 보이기 때문이다. 즉, 슬릿의 폭 b가 0에 가까워지면 두 개의 점광원에 의한 간섭으로 귀착되므로 영의 실험과 같음을 알 수 있다.

반면에 $a = 0$이면 두 슬릿은 단일 슬릿으로 되고 이 때 $\alpha = 0$이므로 식 (8-21)은 $I(\theta) = 4I_0 \left(\frac{\sin\beta}{\beta}\right)^2$가 되어 단일 슬릿에 의한 회절무늬의 강도 식 (8-15)와 같은 결과를 얻게 된다.

사라진 차수

그림 8-11은 슬릿 중심 사이의 거리 a와 슬릿 폭이 $b(a = 5b)$인 이중 슬릿에 의한 회절무늬 강도를 보여주는 그림으로 단일 슬릿에 의해 형성된 회절무늬와 영의 이중 슬릿에 의한 간섭무늬가 합성되어 있는 것을 볼 수 있다.

그림 8-11에서 회절무늬 봉우리의 최소값은

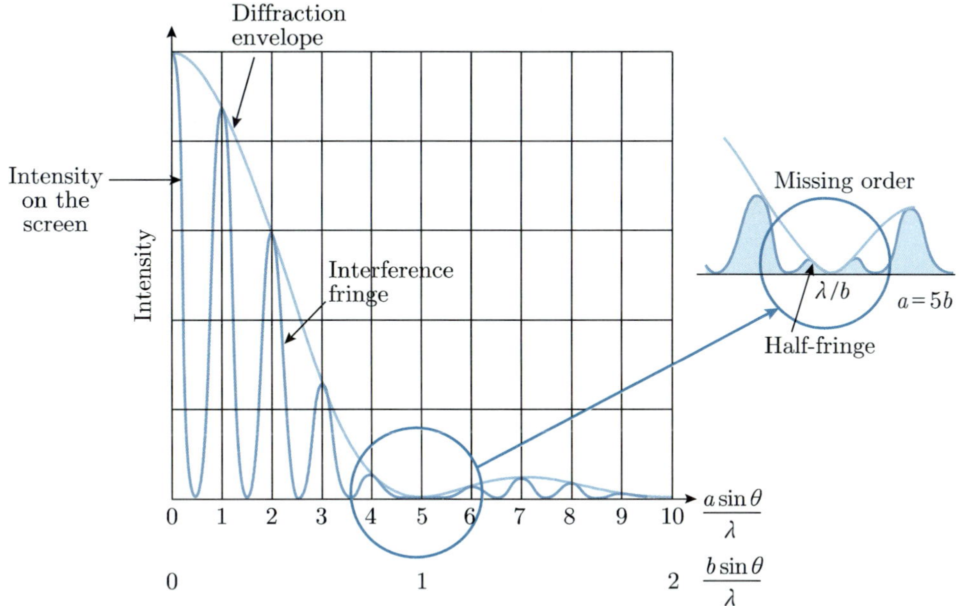

그림 8-11 이중 슬릿에 의한 회절무늬와 사라지는 차수($a=5b$)

$$\beta = \pm\pi,\ \pm 2\pi,\ \pm 3\pi,\ \cdots = m\pi\ (m = \pm 1,\ \pm 2,\ \pm 3,\ \cdots)$$

$$b\sin\theta = m\lambda\ (m = \pm 1,\ \pm 2,\ \pm 3,\ \cdots)$$

이다. 반면에 이중 슬릿의 간섭에 의한 간섭무늬($\cos^2\alpha$)의 최대값은

$$\alpha = 0,\ \pm\pi,\ \pm 2\pi,\ \pm 3\pi,\ \cdots = n\pi\ (n = 0,\ \pm 1,\ \pm 2,\ \pm 3,\ \cdots)$$

$$a\sin\theta = n\lambda\ (n = 0,\ \pm 1,\ \pm 2,\ \pm 3,\ \cdots)$$

가 된다. 그런데 $a = pb$ ($p = 1, 2, 3, \cdots$)인 특별한 경우를 생각해 보자. 만약 그림 8-11에서와 같이 $p = 5$이면 5 번째 간섭무늬 극대와 회절무늬 봉우리의 최소값이 만나게 되어 5 번째 간섭무늬 극대가 사라지게 된다. 이것을 **사라진 차수**(missing order)라고 한다.

예제 8.2 사라진 차수

그림 8-11에서와 같이 $a=5b$인 경우 중앙의 큰 회절무늬 봉우리 내에 있는 간섭무늬 극대는 몇 개가 있겠는가?

풀이 $a = pb(p=1, 2, 3, \cdots)$인 경우 사라진 차수를 감안하면 중앙의 큰 회절무늬 봉우리 내에는 $2p$개의 간섭무늬 극대가 존재한다. 그림 8-11에서 보는 바와 같이 $p=5$이면 10개의 간섭무늬 극대가 존재한다.

즉, 봉우리의 오른쪽에 4개, 왼쪽에 4개, 중앙에 1개, 그리고 사라진 차수는 $0.5 \times 2 = 1$개로 각각의 회절무늬 봉우리 내에 10개의 간섭무늬 극대가 존재하게 된다.

예제 8.3 이중 슬릿에 의한 회절

이중 슬릿에 의한 회절 실험에서 슬릿으로부터 스크린 사이의 거리가 50 cm, 사용한 광원의 파장이 500 nm, 슬릿 중심 사이의 간격은 0.1 mm, 슬릿의 폭이 0.02 mm일 때 (a) 이웃하는 밝은 무늬 사이의 간격을 구하시오. (b) 회절무늬의 주요 최대값(중심 극대값)과 첫 번째 최소 위치 사이의 거리를 구하시오.

풀이 (a) 이웃하는 밝은 무늬 사이의 간격은 영의 간섭실험의 결과와 같다. 따라서 간섭무늬의 밝은 무늬 조건은 식 (5-33)으로 주어진다.

$$r_2 - r_1 \simeq \frac{ya}{L} = m\lambda$$

$$y_{\mathrm{m+1}} - y_{\mathrm{m}} = \frac{\lambda L}{a}$$

$$= \frac{500 \times 10^{-9} \times 0.5}{0.1 \times 10^{-3}}$$

$$= 2.5 \times 10^{-3}\ (\mathrm{m})$$

(b) 회절무늬의 중심 극대값은 $y=0$에서 나타나고, 회절무늬의 첫 번째 최소 조건은 $b\sin\theta = \lambda \rightarrow \sin\theta = \lambda/b$이다. 그러므로 회절무늬의 첫 번째 최소 지점 y_1은 다음과 같다.

$$y_1 = L\tan\theta \simeq L\sin\theta$$

$$= 0.5 \times \frac{500 \times 10^{-9}}{0.02 \times 10^{-3}}$$

$$= 1.25 \times 10^{-2}\ (\mathrm{m})$$

8.2.3 다중 슬릿에 의한 회절

그림 8-12에서와 같이 슬릿 중심 사이의 간격이 a, 슬릿의 폭이 b, 그리고 슬릿의 개수가 N 인 다중 슬릿(grating)에 의해 관측점 P에 나타나는 회절 현상에 대해 알아보기로 하자. 프라운호퍼 회절로 가정하면 관측점 P가 광원으로부터 매우 멀리 떨어져 있어서 $R \gg a,\ b$ 이고 $r \simeq R - y\sin\theta$로 근사할 수 있으며 식 (8-12)로부터 미소선분 dy에 의한 관측점 P에서의 전기장은

$$dE = \frac{\varepsilon_L}{R} e^{i(\omega t - kr)} dy$$

로 표현할 수 있다.

따라서 슬릿의 개수가 N인 다중 슬릿에 의한 관측점 P에서의 전기장은 다음과 같이 계산된다.

$$E(r,\ t) = \frac{\varepsilon_L}{R}\int_{-\frac{1}{2}b}^{\frac{1}{2}b} e^{i(\omega t - kr)} dy + \frac{\varepsilon_L}{R}\int_{a-\frac{1}{2}b}^{a+\frac{1}{2}b} e^{i(\omega t - kr)} dy + \cdots \qquad (8\text{-}22)$$

$$\cdots + \frac{\varepsilon_L}{R}\int_{(N-1)a-\frac{1}{2}b}^{(N-1)a+\frac{1}{2}b} e^{i(\omega t - kr)} dy$$

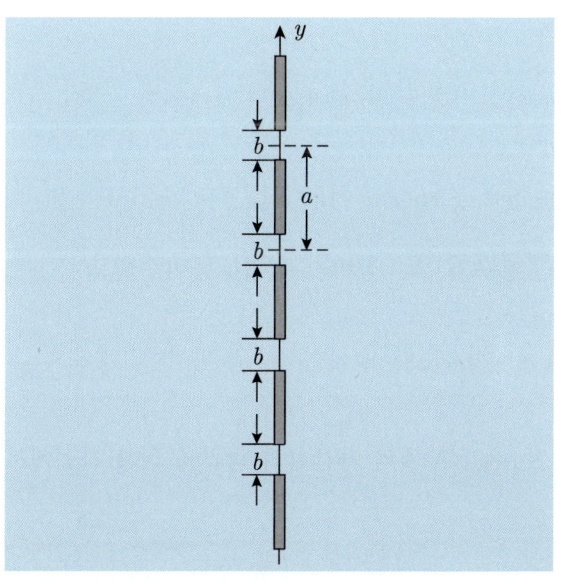

그림 8-12 다중 슬릿(grating)에 의한 회절

r을 $R-y\sin\theta$로 바꾸어 식 (8-22)를 다시 쓰면

$$E(r,\,t)=\frac{\varepsilon_L}{R}\int_{-\frac{1}{2}b}^{\frac{1}{2}b}e^{i[\omega t-k(R-y\sin\theta)]}dy+\frac{\varepsilon_L}{R}\int_{a-\frac{1}{2}b}^{a+\frac{1}{2}b}e^{i[\omega t-k(R-y\sin\theta)]}dy+\cdots \quad (8\text{-}23)$$

$$\cdots+\frac{\varepsilon_L}{R}\int_{(N-1)a-\frac{1}{2}b}^{(N-1)a+\frac{1}{2}b}e^{i[\omega t-k(R-y\sin\theta)]}dy$$

이다. 식 (8-23)의 적분은 단일 슬릿과 이중 슬릿의 경우에서와 마찬가지로 $ky\sin\theta\equiv u$로 치환하여 계산하면 식 (8-23)은

$$E(r,\,t)=\frac{\varepsilon_L}{R}\frac{1}{k\sin\theta}e^{i(\omega t-kR)}[\int_{-k(b/2)\sin\theta}^{k(b/2)\sin\theta}e^{iu}du+\int_{k(a-b/2)\sin\theta}^{k(a+b/2)\sin\theta}e^{iu}du+\cdots$$

$$\cdots+\int_{k\{(N-1)a-b/2\}\sin\theta}^{k\{(N-1)a+b/2\}\sin\theta}e^{iu}du]$$

가 되며 약간의 계산을 하여 정리하면

$$E(r,\,t)=\frac{\varepsilon_L b}{R}e^{i(\omega t-kR)}\left[\frac{\sin\beta}{\beta}+e^{ika\sin\theta}\frac{\sin\beta}{\beta}+\cdots+e^{ik(N-1)a\sin\theta}\frac{\sin\beta}{\beta}\right]$$

$$=\frac{\varepsilon_L b}{R}e^{i(\omega t-kR)}\frac{\sin\beta}{\beta}\left\{1+e^{ika\sin\theta}+\cdots+e^{ik(N-1)a\sin\theta}\right\}$$

$$=\frac{\varepsilon_L b}{R}e^{i(\omega t-kR)}\frac{\sin\beta}{\beta}\left\{1+e^{i\delta}+\cdots+e^{i(N-1)\delta}\right\}$$

가 된다. 여기서 β는 $\beta\equiv\frac{1}{2}kb\sin\theta$이고 δ는 $\delta=ka\sin\theta=2\alpha$ 이다. 위 식에서 중괄호 안의 값은 초항이 1, 항수가 N, 공비가 $e^{i\delta}$인 등비수열로

$$\left\{1+\left(e^{i\delta}\right)+\left(e^{i\delta}\right)^2+\left(e^{i\delta}\right)^3+\cdots+\left(e^{i\delta}\right)^{N-1}\right\}=\frac{e^{i\delta N}-1}{e^{i\delta}-1}$$

이다. 앞에서 공부한 8.1.3의 N개의 가간섭적 광원에 의한 간섭에서 계산한 결과를 이용하면

$$\frac{e^{i\delta N}-1}{e^{i\delta}-1}=e^{i\frac{(N-1)\delta}{2}}\left(\frac{\sin N\delta/2}{\sin\delta/2}\right)=e^{i(N-1)\alpha}\left(\frac{\sin N\alpha}{\sin\alpha}\right)$$

로 나타낼 수 있다. 따라서 슬릿 중심 사이의 간격이 a, 슬릿의 폭이 b, 그리고 슬릿의 개수가 N인 다중 슬릿에 의한 관측점 P에서의 전기장 $E(r, t)$는

$$E(r, t) = \frac{\varepsilon_L b}{R} e^{i(\omega t - kR)} e^{i(N-1)\alpha} \frac{\sin\beta}{\beta}\left(\frac{\sin N\alpha}{\sin\alpha}\right) \tag{8-24}$$

으로 표현할 수 있다. 회절무늬의 강도 $I(\theta)$는 $I \propto EE^*/2$이므로 슬릿 중심 사이의 간격이 a, 슬릿의 폭이 b, 그리고 슬릿의 개수가 N인 다중 슬릿이 만드는 회절무늬의 강도 $I(\theta)$는

$$I(\theta) = I_0\left(\frac{\sin\beta}{\beta}\right)^2\left(\frac{\sin N\alpha}{\sin\alpha}\right)^2 \tag{8-25}$$

로 주어진다. 여기서 I_0는 슬릿 하나가 관측점에 만드는 강도이다. 슬릿의 폭 b가 $b \to 0$으로 줄어든다면 식 (8-25)는 N개의 가간섭적 광원에 의한 간섭의 결과인 식 (8-7)로 귀착된다. 또한 $N=2$이면 식 (8-25)는 이중 슬릿에 의한 회절을 나타내는 식 (8-21)과 일치하게 된다.

그림 8-13은 $N=6$, $a=4b$인 다중 슬릿에 의한 회절무늬 강도를 보여주는 그림으로 $\left(\frac{\sin\beta}{\beta}\right)^2$가 만드는 회절무늬 봉우리 내에 $\left(\frac{\sin N\alpha}{\sin\alpha}\right)^2$의 간섭무늬 항이 합성되어 나타난다. 회절무늬 강도의 주요 최대값(principal maxima)은 $\alpha = 0, \pm\pi, \pm 2\pi, \cdots$인 경우 $(\sin N\alpha/\sin\alpha = N)$로

$$a\sin\theta_{\max} = m\lambda \ (m = 0, \pm 1, \pm 2, \pm 3, \cdots)$$

을 만족할 때 나타난다. 반면에 최소값은 간섭항 $\left(\frac{\sin N\alpha}{\sin\alpha}\right)^2 \to 0$인 경우에 해당된다. 즉,

$$\sin N\alpha = 0$$

$$N\alpha = \pm\pi, \pm 2\pi, \cdots = p\pi \, (p \neq 0, N, 2N, \cdots)$$

의 조건에 해당된다. 여기서 p는 정수이다.

만약 $p = 0, N, 2N, \cdots$이면 $\alpha = 0, \pm\pi, \pm 2\pi, \cdots$가 되어 간섭항의 분모도 0이 되며 로피탈 정리에 의해 주요 최대값 조건이 된다. 따라서 최소 조건은 $\alpha = \frac{p}{N}\pi \ (p \neq 0, N, 2N, \cdots)$으로

$$a\sin\theta_{\min} = \frac{p}{N}\lambda$$

가 된다. 인접한 주요 최대값 사이에는 $(N-1)$개의 최소값과 $(N-2)$개의 보조 최대값(subsidiary maxima)이 존재함을 알 수 있다.

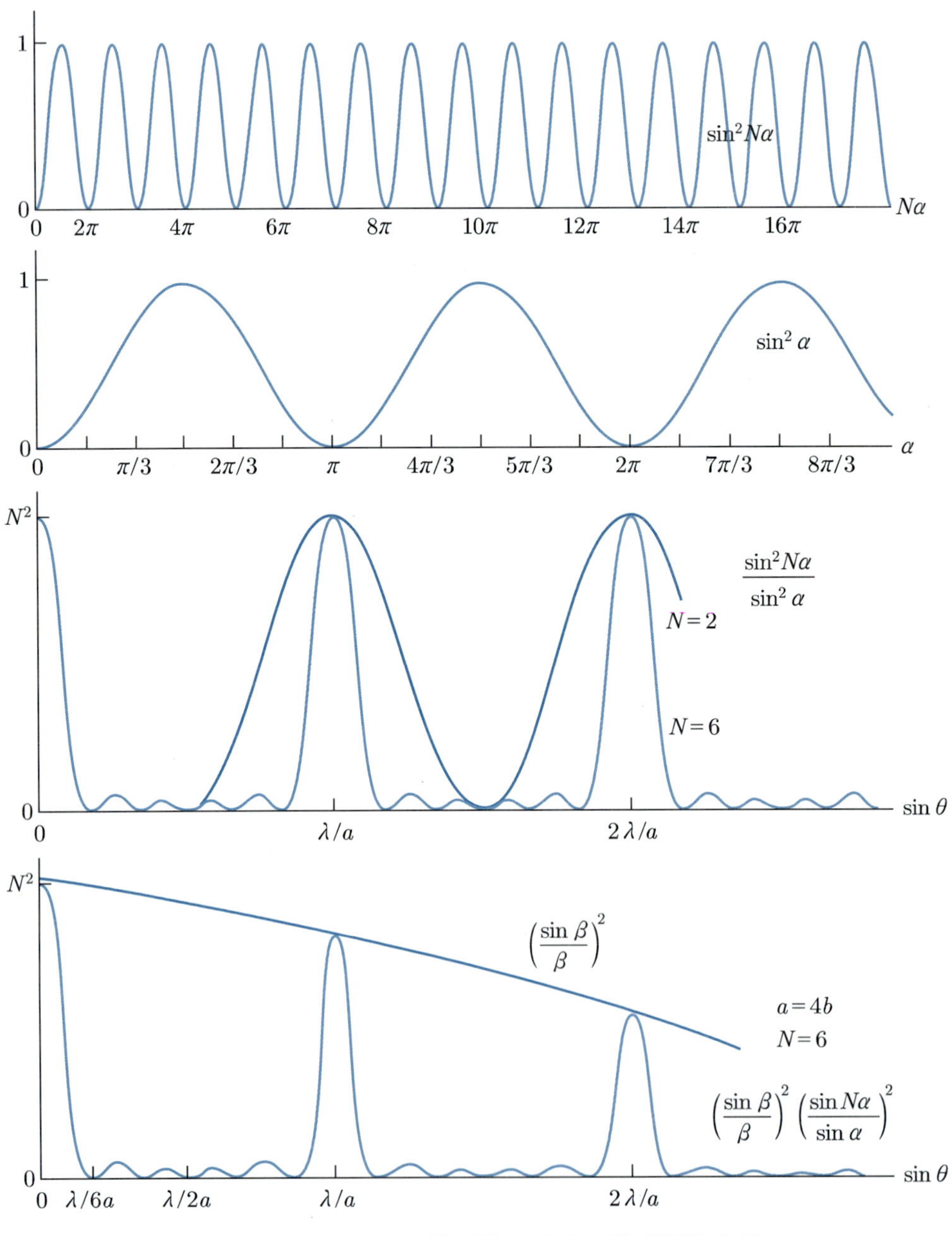

그림 8-13 $N=6$, $a=4b$인 다중 슬릿에 의한 회절무늬 강도

8.2.4 직사각형 aperture에 의한 회절

x축 방향으로 진행하는 평면파가 그림 8-14에서와 같이 임의의 형태의 슬릿에 입사할 경우 관측점 P에서의 회절무늬 강도를 생각해 보자. 슬릿 내부의 미소면적 dS는 구면파를 방출하는 아주 작은, 무수히 많은 가간섭 2차 파원들의 group으로 간주할 수 있다. 만일 단위면적당 광원의 세기 ε_A가 슬릿의 전 영역에서 균일하다고 가정하면 미소면적 dS에 의한 관측점 P에서의 전기장 세기는

$$dE = \frac{\varepsilon_A}{r} e^{i(\omega t - kr)} dS$$

로 나타낼 수 있다. 여기서 r은 dS로부터 관측점 P까지의 거리이며 R은 $R = (X^2 + Y^2 + Z^2)^{\frac{1}{2}}$로서 O에서 P까지의 거리이다.

따라서

$$\begin{aligned} r &= \{X^2 + (Y - y)^2 + (Z - z)^2\}^{\frac{1}{2}} \\ &= R\left\{1 + \frac{(y^2 + z^2)}{R^2} - 2\frac{(Yy + Zz)}{R^2}\right\}^{\frac{1}{2}} \end{aligned}$$

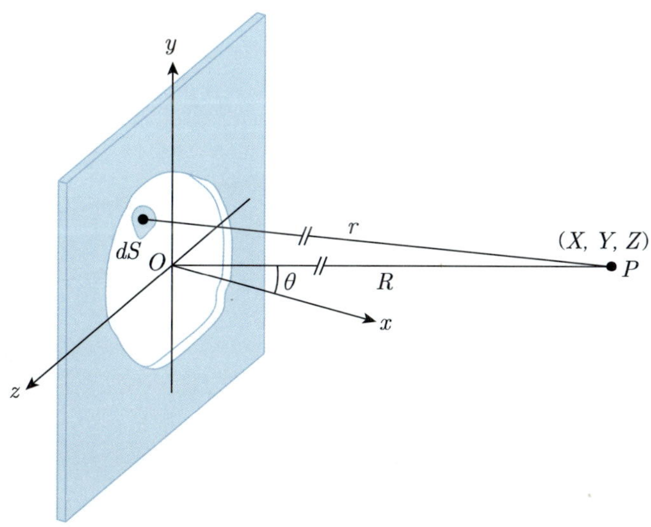

그림 8-14 임의의 형태의 슬릿에 의한 회절

로 표현된다.

프라운호퍼 회절에서는 R이 슬릿의 dimension보다 훨씬 크기 때문에 $(y^2+z^2)/R^2$의 항을 무시할 수 있으므로

$$r \simeq R\left\{1-2\frac{(Yy+Zz)}{R^2}\right\}^{\frac{1}{2}} \qquad (8-26)$$

$$\simeq R\left\{1-\frac{(Yy+Zz)}{R^2}\right\}$$

로 나타낼 수 있다. 따라서 관측점 P에서의 전기장 세기는

$$E=\frac{\varepsilon_A}{R}e^{i(\omega t-kR)}\iint e^{ik(Yy+Zz)/R}dS \qquad (8-27)$$

이다.

식 (8-27)을 그림 8-15와 같은 가로가 a, 세로가 b인 직사각형 형태의 슬릿에 적용하면 식 (8-27)은

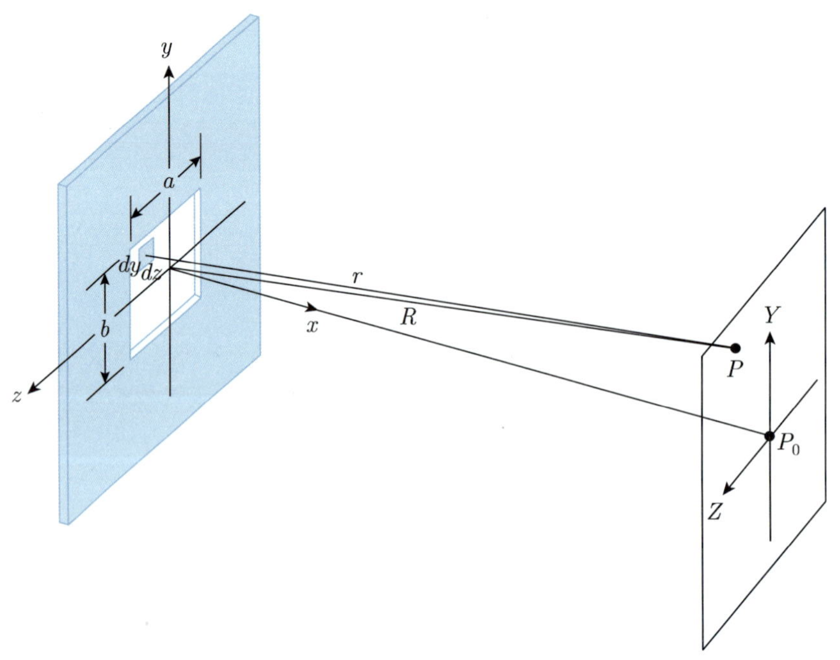

그림 8-15 직사각형 형태의 슬릿에 의한 회절

$$E=\frac{\varepsilon_A}{R}e^{i(\omega t-kR)}\int_{-b/2}^{b/2}e^{ikYy/R}dy\int_{-a/2}^{a/2}e^{ikZz/R}dz \tag{8-28}$$

와 같이 표현할 수 있다.

여기서 $dS=dy\,dz$이며 $\alpha'=kaZ/2R$, $\beta'=kbY/2R$로 정의하면

$$\int_{-b/2}^{b/2}e^{ikYy/R}dy=\frac{R}{ikY}\left[e^{ik\frac{Yy}{R}}\right]_{-b/2}^{b/2}$$

$$=\frac{b}{\frac{kYb}{2R}}\frac{\left(e^{ikYb/2R}-e^{-ikYb/2R}\right)}{2i}$$

$$=b\frac{\sin\beta'}{\beta'}$$

이며 같은 방법으로

$$\int_{-a/2}^{a/2}e^{ikZz/R}dy=\frac{R}{ikZ}\left[e^{ik\frac{Zz}{R}}\right]_{-a/2}^{a/2}$$

$$=a\frac{\sin\alpha'}{\alpha'}$$

이므로 식 (8-28)은

$$E=\frac{\varepsilon_A}{R}e^{i(\omega t-kR)}\int_{-b/2}^{b/2}e^{ikYy/R}dy\int_{-a/2}^{a/2}e^{ikZz/R}dz \tag{8-29}$$

$$=\frac{\varepsilon_A}{R}ab\,e^{i(\omega t-kR)}\left(\frac{\sin\alpha'}{\alpha'}\right)\left(\frac{\sin\beta'}{\beta'}\right)$$

$$=\frac{\varepsilon_A}{R}A\,e^{i(\omega t-kR)}\left(\frac{\sin\alpha'}{\alpha'}\right)\left(\frac{\sin\beta'}{\beta'}\right)$$

가 된다. 여기서 $A=ab$는 직사각형 슬릿의 면적이다. 따라서 직사각형 형태의 슬릿이 만드는 회절무늬 강도 $I(Y,\ Z)$는

$$I(Y,\ Z)=I(0)\left(\frac{\sin\alpha'}{\alpha'}\right)^2\left(\frac{\sin\beta'}{\beta'}\right)^2 \tag{8-30}$$

가 되며 $I(0)$는 점 $P_0(Y=0,\ Z=0)$에서의 회절무늬 강도이다. 그림 8-16은 정사각형 슬릿이 만드는 회절무늬이다.

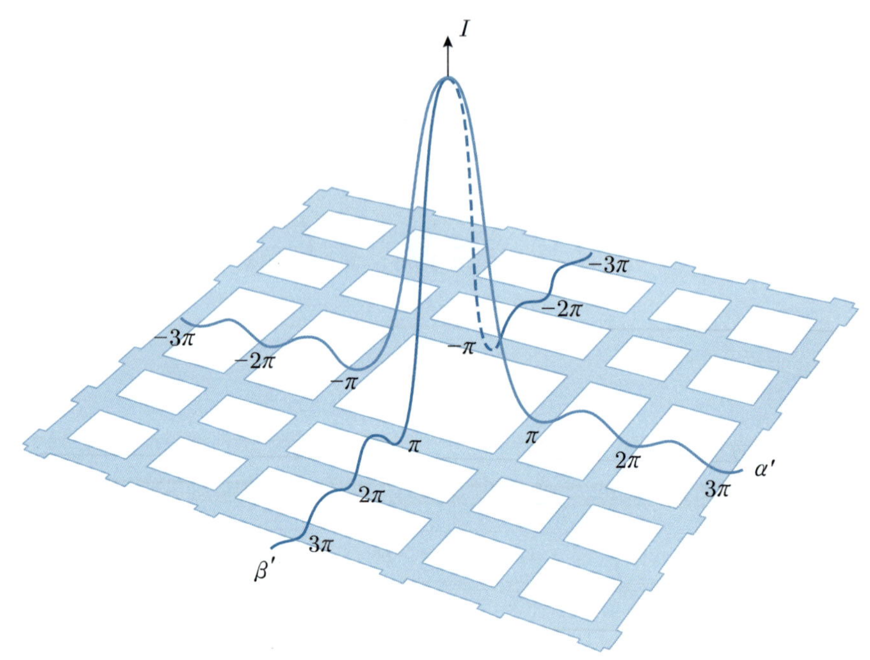

그림 8-16 정사각형 슬릿이 만드는 회절무늬

8.2.5 원형 aperture에 의한 회절

그림 8-17에서와 같이 반경이 a인 원형 aperture에 의해 관측점 P에 나타나는 회절 현상을 살펴보기로 하자. 여러 가지 슬릿의 경우에서와 마찬가지로 프라운호퍼 회절이므로 관측점 P가 광원으로부터 매우 멀리 떨어져 있어서 $R \gg a$이고 $r \simeq R - y\sin\theta$로 근사할 수 있다.

식 (8-12)를 사용하여 회절된 빛의 전기장을 계산하기 위해서 그림 8-17에서와 같이 원형 aperture를 두께가 dy인 단일 슬릿의 집합으로 생각할 수 있다. 원형 aperture의 중심으로부터 y지점에 있는 단일 슬릿은 두께 dy, 길이 $2\sqrt{a^2-y^2}$인 미소 단일 슬릿이라고 할 수 있다. 두께 dy, 길이 $2\sqrt{a^2-y^2}$인 미소 단일 슬릿에 의한 관측점 P에서의 전기장은

$$dE = \frac{\varepsilon_A}{R} e^{i(\omega t - kr)} dA$$

로 표현할 수 있다. 여기서 R은 원형 aperture에서 스크린(관측점)까지의 평균 거리, ε_A는 원형 aperture에 있어서 단위면적당 광원의 강도를 나타내며 dA는 두께 dy, 길이 $2\sqrt{a^2 - y^2}$인 미소 단일 슬릿의 면적이다.

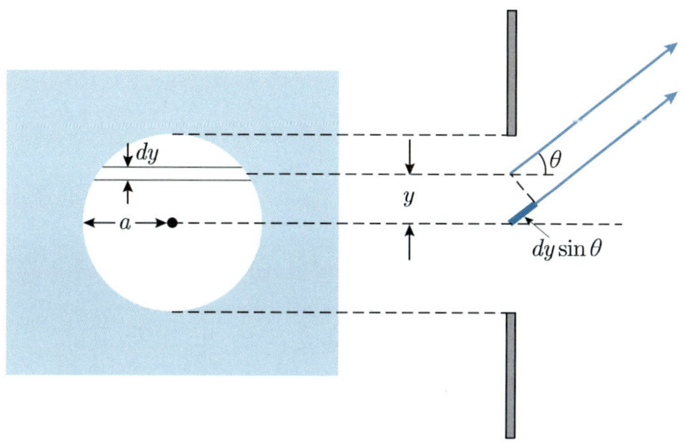

그림 8-17 원형 aperture에서 일어나는 회절의 구도

따라서 반경이 a인 원형 aperture에 의한 관측점 P에서의 전기장은 다음과 같이 계산된다.

$$E(r, t) = \frac{\varepsilon_A}{R} e^{i(\omega t - kR)} \int_{-a}^{a} e^{iky\sin\theta} \cdot 2\sqrt{a^2 - y^2}\, dy \tag{8-31}$$

여기서 다음과 같이 u와 ρ를 정의하자.

$$u = y/a, \ \rho = ka\sin\theta \tag{8-32}$$

식 (8-32)를 이용하여 식 (8-31)을 다시 쓰면,

$$E = 2\frac{\varepsilon_A}{R} a^2 e^{i(\omega t - kR)} \int_{-1}^{1} e^{i\rho u} \sqrt{1 - u^2}\, du \tag{8-33}$$

이다. 식 (8-33)의 적분은 널리 알려진 형태로 바로 **베셀**(Bessel) **1차 함수**를 나타내는 적분이다. 즉,

$$\int_{-1}^{1} e^{i\rho u}\sqrt{1-u^2}\,du = \pi J_1(\rho)/\rho$$

이다. 그러므로 식 (8–33)은

$$E = 2\pi\frac{\varepsilon_A}{R}a^2 e^{i(\omega t - kR)}\frac{J_1(\rho)}{\rho} \tag{8–34}$$

이 된다. 따라서 회절무늬의 강도 $I(\rho)$는 전기장 크기의 제곱이므로 다음과 같이 나타낼 수 있다.

$$I(\rho) = |E|^2 = I_0\left(\frac{2J_1(\rho)}{\rho}\right)^2 \tag{8–35}$$

식 (8–35)에서 I_0는 θ 또는 ρ가 0인 경우의 회절무늬 강도이며 $I_0 = \left(\frac{\varepsilon_A}{R}\pi a^2\right)^2$이다. ρ를 변화시키며 식 (8–35)의 값을 그려 보면 그림 8–18과 같다. 이것은 단일 슬릿에 의한 회절무늬와 비슷한 것 같으나 실제로 회절무늬를 스크린에서 관찰하면 그림 8–19와 같이 원형 대칭성을 가진다. 중앙의 밝은 영역을 **에어리 원판**(Airy disk)이라고 부르며, 이를 중심으로 동심원 형태의 밝은 무늬들이 나타나고 있다.

에어리 원판의 반경을 회절무늬 강도가 처음으로 0이 되는 지점까지의 거리로 정의하면, 에어리 원판의 반경은 1차 베셀 함수가 최초로 0이 되는 ρ의 값에 의해 결정된다. 이 값을 컴퓨터를 이용하여 계산해 보면 약 3.83임을 알 수 있다. 그러므로 에어리 원판의 각 반지름(angular radius)을 θ_{airy}라고 하면 $\rho = ka\sin\theta$로부터

$$\sin\theta_{airy} = \frac{3.83}{ka} = \frac{3.83\lambda}{2\pi a} \tag{8–36}$$

$$= \frac{1.22\lambda}{2a} = 1.22\frac{\lambda}{D}$$

로 표현할 수 있다. 식 (8–36)에서 D는 $2a$로써 바로 원형 aperture의 지름이다. 보통 $\lambda \ll D$이므로, 식 (8–36)을 다음과 같이 근사하여 에어리 원판의 각 반지름 θ_{airy}를 다음과 같이 쓸 수 있다.

$$\sin\theta_{airy} \simeq \theta_{airy} = 1.22\frac{\lambda}{D} \tag{8–37}$$

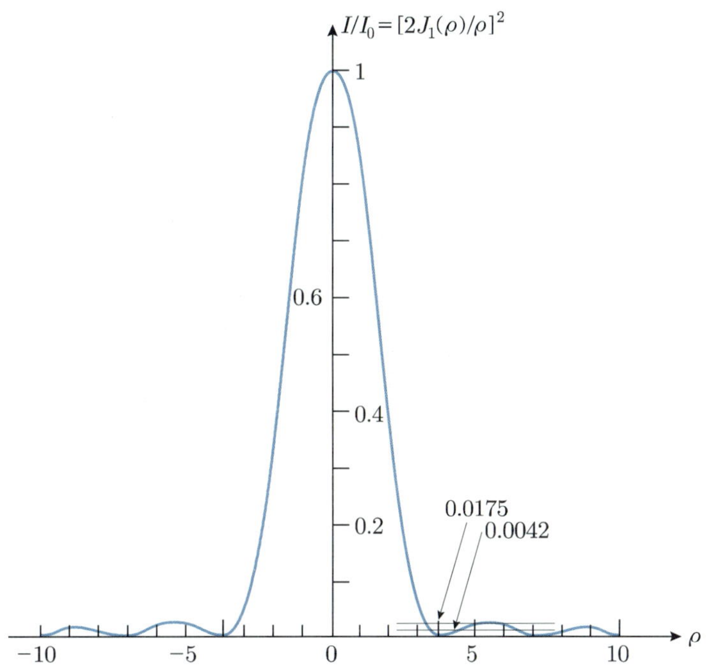

그림 8-18 원형 aperture에서 회절된 빛의 공간적인 강도 분포

그림 8-19 원형 aperture에서 나타나는 프라운호퍼 회절무늬

레일레이 규준

그림 8-20 (a)는 서로 가까이 있는 두 광원이 원형 aperture를 통과하여 생긴 회절무늬이다. 광원이 두 개이므로 원형 aperture에 의한 회절무늬가 두 개임을 알 수 있다. 그림 8-20 (b)는 (a)보다도 두 광원이 더욱 가깝게 인접하고 있는 경우이다. 이 경우에는 회절무늬가 겹쳐서 두 개의 에어리 원판이 분리되어 보이지 않으므로 광원이 두 개인지 한 개인지

알기가 어렵다. Aperture에서 회절이 발생하는 것과 마찬가지로, 지름이 D인 렌즈를 통과한 빛에서도 역시 같은 크기의 aperture를 통과하는 빛과 같은 회절현상을 관찰할 수 있다.

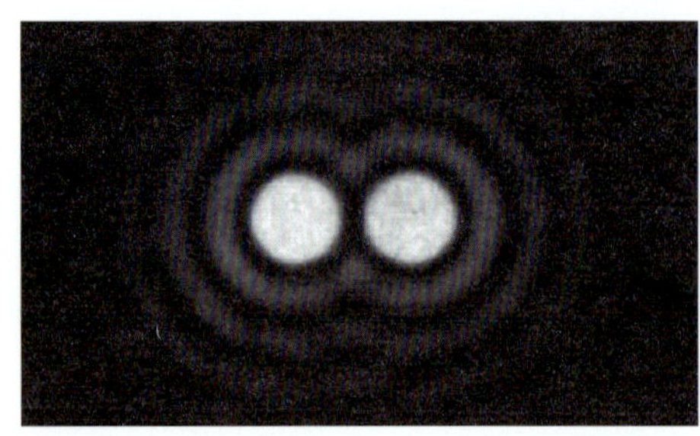
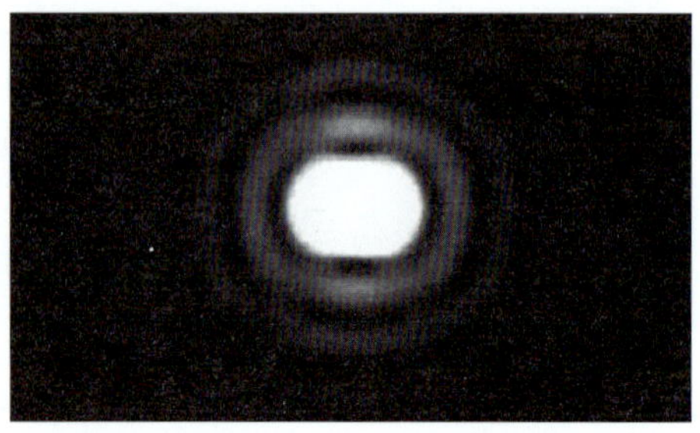

그림 8-20 원형 aperture에 의한 두 광원의 회절무늬 (a) 광원들이 어느 정도 떨어져 있는 경우, (b) 두 광원이 서로 매우 가깝게 인접해 있는 경우

이것은 회절이 빛과 aperture와의 상호작용에 기인하기보다는 aperture에 의해 빛의 빔 size가 유한하게 제한받기 때문이다. 레이저 빔도 $1.22\lambda/D$의 각도로 퍼져나간다. 여기서 D는 레이저 빔의 지름, λ는 레이저 빔의 파장이다. 이러한 퍼짐은 회중전등 빛에서는 관측하기가 매우 어려운데, 그 이유는 회중전등에서 나오는 빛은 기본적으로 지극히 짧은 시간 동안만 식 (8-3)에서처럼 위상이 일정한 전기장으로 표현할 수 있기 때문이다. 즉, 회중전등에서 나오는 빛은 본 교재의 앞부분에서 언급한 것처럼 가간섭성이 매우 좋지 않은 빛이다.

레이저 빔이나 마이크로파 신호에 대한 장거리 전송에서 회절의 퍼짐은 매우 크다. 이러한 현상을 줄이기 위해, D를 크게 할 수도 있다. 달까지의 거리 측정을 위해 사용된 레이저빔의 경우, 망원경을 통과시켜 D를 크게 함으로써 퍼지는 각도를 매우 작게 하였다. 회절현상 때문에 렌즈나 거울을 사용하는 모든 광학시스템에서 빛을 발생시키는 두 개의 광원이 어떤 거리 이하로 가깝게 있을 경우 광원을 서로 구분할 수 없게 된다. 그렇다면 두 점을 구분할 수 있는 한계는 어떻게 정할 수 있겠는가? 여기에는 여러 가지 규준이 있을 수 있으나 19세기에 **레일레이**(Rayleigh)가 정한 **규준**(criterion)을 따르는 것이 일반적이다. 레일레이는 그 기준을 다음과 같이 정하였다. "**한 점의 회절무늬의 중심이 다른 점의 회절무늬의 에어리 원판의 끝에 바로 겹쳐질 때 두 점은 분해되었다**"고 규정하였다.

이것을 다른 말로 하면, 한 점의 회절무늬의 중심이 다른 점의 회절무늬의 에어리 원판의 내부에 있으면 두 점은 서로 구분되지 않는다. 에어리 원판의 각 반지름(angular radius) θ_{airy}가 $1.22\lambda/D$이므로, aperture에서 보았을 때 두 점이 이루는 각도가 $1.22\lambda/D$ 이상이면 두 점은 스크린(혹은 회절무늬가 나타나는 상면)에서 서로 구분될 수 있다. 이렇게 두 점이 구분되는 경우 이것을 분해(resolution)가 가능하다고 하고, 반대의 경우를 두 점이 서로 분해되지 않았다고 한다.

예제 8.4 레일레이 규준

궤도를 회전하는 허블 우주망원경의 주 거울은 지름이 2.40 m이다. (a) 분해가 가능한 최소 점광원(두 개의 별)의 각도는 얼마인가? 이 때 빛의 파장은 550 nm이다. (b) 만일 이 두 별들이 지구로부터 약 2백만 광년만큼 떨어진 곳에 있다면, 두 별들이 분해될 수 있는 서로 간의 최소 거리는 얼마인가?

풀이 (a) 레일레이 기준의 분해 가능한 최소각은 $\theta = 1.22\lambda/D$이므로, 분해가 가능한 최소 각도 θ는

$$\theta = 1.22\frac{550\times10^{-9}}{2.4} = 2.8\times10^{-7}\ (\text{rad})$$

이다.

(b) 관측점으로부터 거리 r만큼 멀리 떨어진 곳에 있고 관측점으로부터 각 θ를 이루고 있는 두 별 사이의 거리 $d = r\theta$이므로

$$d = 2.0\times10^{6}\times2.80\times10^{-7} = 0.56\ (\text{ly})$$

이다.

8.3 프레넬 회절

빛의 경로에 불투명한 물체가 놓이게 되면 물체와 똑같은 형상의 뚜렷한 그림자가 생긴다. 그러나 물체의 가장자리에는 명암의 띠가 나타나는데, 빛의 입자론이 지배하던 당시에는 이러한 현상을 광입자(photon)가 물체의 가장자리를 지날 때 굴절을 일으키는 것이라고 설명하였다. 그러나 그 이후에 파동의 운동방식에 대한 연구가 집중되던 19세기에 이르러서 프레넬(Fresnel)과 키르히호프(Kirchhoff) 등이 파동방정식을 이용하여 호이겐스의 원리를 검증하였다. 프레넬과 키르히호프는 임의의 점에서의 파의 강도는 파면의 진행방향과 이루는 각도에 따라 다르다는 것을 보여주었다. 프레넬은 1차 파면으로부터 진행한 임의의 점에서 파동의 진폭은 프레넬과 키르히호프 적분을 적용하여 1차 파면에서 발생한 2차 구면파의 중첩으로 해석하였다. 이와 같이 8.1.2에서 언급하였듯이 광원이나 관측점 또는 양자 모두 슬릿에 가까이 있어서 파면의 곡률을 단순히 상수로 취급할 수 없는 경우의 회절을 **프레넬 회절**이라고 한다.

경사인자

호이겐스-프레넬 원리에 의해서 1차 파면 위의 모든 점은 매 순간 2차 구면파를 연속적으로 방출하는 파원이 되며 임의의 시간에서 2차 파면 역시 새로운 구면파를 방출하는 파원이 된다. 만일 2차 파면에서 발생한 새로운 구면파들이 모든 방향으로 균일하게 방출된다면 원래의 방향으로 진행하는 파동(그림 8-21의 $\vec{k}$ 방향)뿐 아니라 2차 파원에서 1차 파원 쪽으로 거꾸로 진행하는 구면파도 존재하게 될 것이다. 그러나 실제적으로 그런 파동은 존재하지 않으므로 2차 파원의 복사형태를 물리적 현상에 맞도록 수정해야 한다. 2차 파원에 의한 구면파 방출의 방향성을 기술하기 위하여 프레넬과 키르히호프는 **경사인자**(obliquity or inclination factor)로 알려진 함수 $K(\theta)$를 다음과 같이 정의하였다.

$$K(\theta) = \frac{1}{2}(1 + \cos\theta) \tag{8-38}$$

식 (8-38)은 키르히호프가 스칼라 회절이론을 설명하면서 수학적으로 증명하였다. 그림 8-21은 2차 파원과 경사인자를 설명하기 위한 그림으로, θ는 1차 파면에 수직한 벡터 $\vec{k}$와 관측점 P가 이루는 각이다. 경사인자는 원래의 방향으로 진행하는 파동에 대해

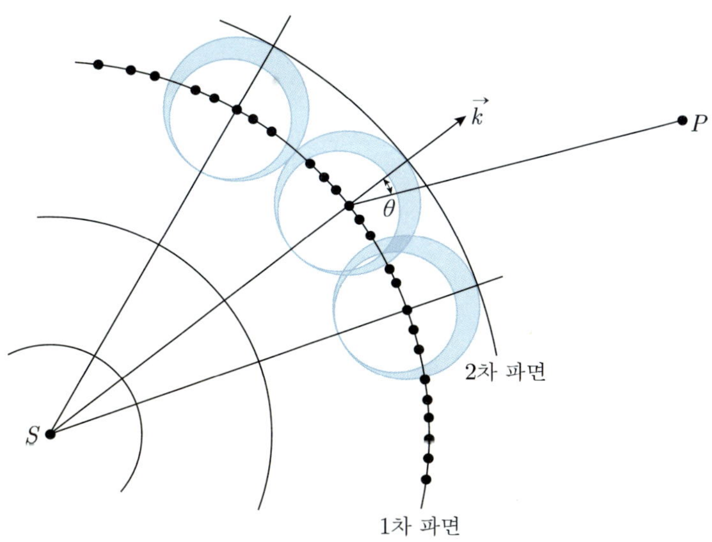

그림 8-21 1차 파원에 의해 생성된 2차 파원과 경사인자

$K(0)=1$이며 반대방향에 대해서는 $K(\pi)=0$이므로 반대방향으로 진행하는 파동은 존재하지 않는다는 것을 의미한다.

8.3.1 프레넬의 반주기대

그림 8-22 (a)는 점광원 S에서(1차 파원) 방출된 구면파의 파면을 근사적으로 나타낸 그림이다. 구면상의 모든 점은 2차 파원으로 생각할 수 있으며, 관측점 P에서 무수히 많은 연속된 파원들의 다중간섭에 대한 현상을 관찰하기 위하여 $\overline{SO}=a_0$, $\overline{OP}=b_0$라고 하자. 점 O를 중심으로 하여 반경이 s_1, s_2, s_3, $\cdots$인 원형의 띠를 가정하고 $\overline{s_1P}$, $\overline{s_2P}$, $\overline{s_3P}$, $\cdots$가 $b_0+\dfrac{\lambda}{2}$, $b_0+\lambda$, $b_0+\dfrac{3}{2}\lambda$, $\cdots$의 조건을 만족하도록 구성된 띠를 **프레넬 반주기대**(Fresnel's zone plate)라고 한다. 먼저 m 번째 반주기대의 면적을 계산해 보자. 그림 8-22 (b)에서 경로 SQP는 경로 $SOP+\Delta$와 같으며 프레넬 반주기대의 반경 s는 $s \ll a_0,\ b_0$이므로 다음과 같이 근사할 수 있다.

$$a_m \simeq \sqrt{s_m^2+a_0^2} \tag{8-39}$$

$$b_m \simeq \sqrt{s_m^2+b_0^2}$$

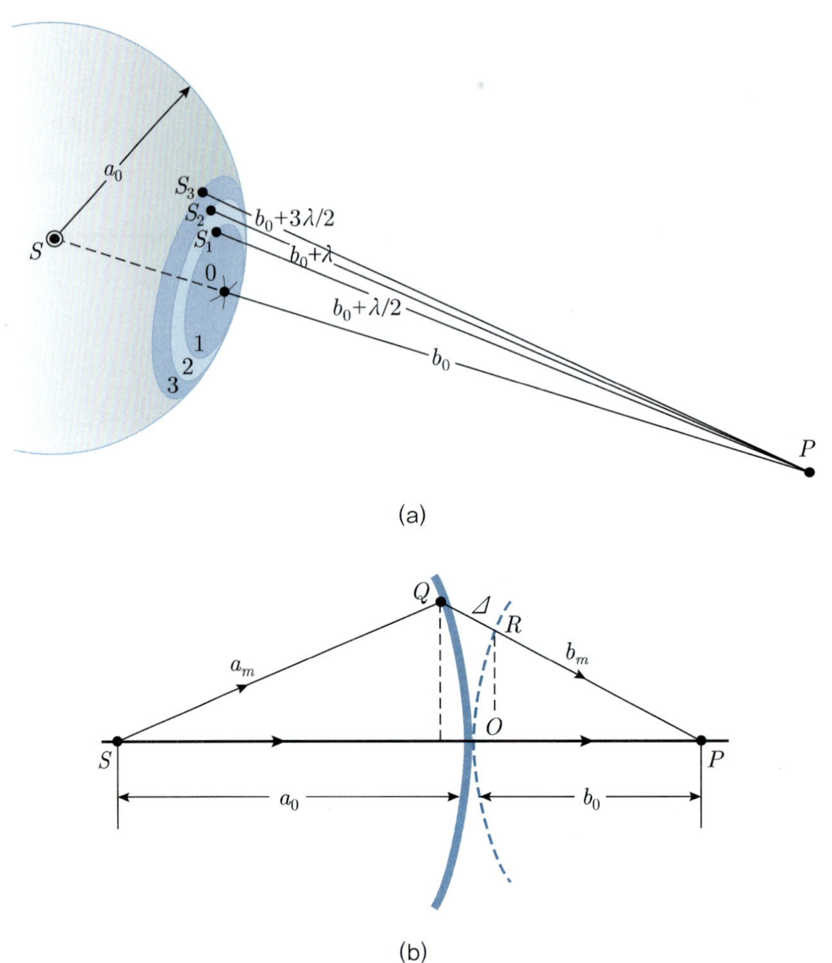

그림 8-22 (a) 점광원 S에서(1차 파원) 방출된 구면파의 파면과 프레넬 반주기대,
(b) 프레넬 반주기대의 기하학적 모형

이항정리의 공식 $(1+x)^n = 1 + nx + \frac{1}{2!}n(n-1)x^2 + \frac{1}{3!}n(n-1)(n-2)x^3 + \cdots$을 이용하여 식 (8-39)를 간단히 정리하면

$$a_m \simeq a_0 + \frac{s_m^2}{2a_0} \tag{8-40}$$

$$b_m \simeq b_0 + \frac{s_m^2}{2b_0}$$

로 쓸 수 있으며 식 (8-40)을 이용하면

$$\Delta = (a_m + b_m) - (a_0 + b_0) = \frac{s_m^2}{2a_0} + \frac{s_m^2}{2b_0} \tag{8-41}$$

$$= s_m^2 \left(\frac{a_0 + b_0}{2a_0 b_0} \right)$$

이다. b_m은 $b_m = b_0 + m\dfrac{\lambda}{2} = b_0 + \Delta$이므로 식 (8-41)로부터

$$\Delta = s_m^2 \left(\frac{a_0 + b_0}{2a_0 b_0} \right) = m\frac{\lambda}{2}$$

이며

$$s_m^2 = m\frac{\lambda}{2}\left(\frac{2a_0 b_0}{a_0 + b_0} \right) = m\lambda \left(\frac{1}{a_0} + \frac{1}{b_0} \right)^{-1} \tag{8-42}$$

$$= m\lambda L$$

이다. 여기서 L은 $L = \left(\dfrac{1}{a_0} + \dfrac{1}{b_0} \right)^{-1}$이다. 식 (8-42)를 이용하여 m 번째 프레넬 반주기대의 면적 S_m을 계산하면

$$S_m = \pi \left(s_m^2 - s_{m-1}^2 \right) = \pi \lambda L$$

로써 m과 무관하며 근사적으로 각각의 반주기대들의 면적이 동일함을 알 수 있다(근사값을 줄이고 더 정밀한 계산을 하면 m 값이 증가함에 따라 반주기대의 면적이 미미하게 증가한다).

호이겐스 원리에 따르면 같은 파면에서 발생한 파원의 위상은 동일 위상임을 가정할 수 있다. 관측점 P에 도달하는 같은 반주기대에서 발생한 파원들 사이의 위상차는 π 이하가 되며 m 번째의 반주기대에서 나오는 빛의 합성진폭 E_m은 연속해 있는 반주기대에 의한 합성진폭 E_{m-1}이나 E_{m+1}과 서로 부호가 반대로 되는데 이것은 위상이 π만큼 변해서 진폭벡터의 방향이 바뀌는 것을 의미한다.

임의의 슬릿에 의한 관측점에서의 합성진폭을 E라고 하면

$$E = E_1 - E_2 + E_3 - E_4 + \cdots\cdots + (-1)^{m-1} E_m \tag{8-43}$$

로 나타낼 수 있다. m 번째 반주기대에 의한 빛의 합성진폭 E_m을 결정하는 세 가지의

중요한 인자가 있는데 첫 번째는 반주기대의 면적은 2차 파원의 수를 결정하기 때문에 각 항의 크기가 거의 같지만 약간씩 증가한다. 두 번째는 진폭은 반주기대와 관측점 P 사이의 평균거리에 반비례하기 때문에 m이 증가함에 따라 크기가 약간씩 감소한다. 세 번째는 경사각이 증가함에 따라 진폭의 크기가 감소하며 다음과 같이 표시할 수 있다.

$$E_m \propto \frac{S_m}{\bar{b}_m}(1+\cos\theta) \tag{8-44}$$

여기서 $\bar{b}_m$은 m 번째 반주기대에서 관측점 P까지의 평균거리이며, θ는 빛이 반주기대를 떠나는 각도이다. $\bar{b}_m$은 $\bar{b}_m = b_m + \Delta$이며 Δ는 각각의 반주기대 중앙에서 관측점까지의 광경로이므로 $S_m/\bar{b}_m$은 m에 무관한 상수임을 짐작할 수 있다. 따라서 인접해 있는 반주기대의 진폭 변화는 경사인자 $(1+\cos\theta)$의 영향만 고려하면 된다. 이러한 사항들을 고려하여 관측점 P에 있어서의 합성진폭은 그림 8-23과 같이 m(홀수일 때와 짝수일 경우)의 값에 따라 달라진다.

우선 m이 홀수일 경우는 식 (8-43)으로부터

$$\begin{aligned} E &= \frac{E_1}{2} + \left(\frac{E_1}{2} - E_2 + \frac{E_3}{2}\right) + \left(\frac{E_3}{2} - E_4 + \frac{E_5}{2}\right) + \cdots + \frac{E_m}{2} \\ &= E_1 - \frac{E_2}{2} - \left(\frac{E_2}{2} - E_3 + \frac{E_4}{2}\right) - \left(\frac{E_4}{2} - E_5 + \frac{E_6}{2}\right) - \cdots - \frac{E_{m-1}}{2} + E_m \end{aligned} \tag{8-45}$$

으로 나타낼 수 있다. 여기서 진폭 E_1, E_2, E_3, $\cdots$는 일정한 비율로 감소하지 않으며 m 번째 반주기대의 진폭 E_m은 그 전후 반주기대의 진폭의 산술평균보다 작다. 즉,

$$\frac{E_{m-1} + E_{m+1}}{2} - E_m > 0$$

이다. 그러므로 식 (8-45)의 괄호 안의 값은 (+) 값을 가지지만 0에 가깝다. 따라서

$$\frac{E_1}{2} + \frac{E_m}{2} < E < E_1 - \frac{E_2}{2} - \frac{E_{m-1}}{2} + E_m$$

이고 $E_1 \simeq E_2$, $E_{m-1} \simeq E_m$이므로 E는

$$E \simeq \frac{E_1}{2} + \frac{E_m}{2} \tag{8-46}$$

이다. m이 짝수일 경우도 같은 방법으로

$$E \simeq \frac{E_1}{2} - \frac{E_m}{2} \tag{8-47}$$

임을 알 수 있다. 이것의 계산은 연습문제로 남겨둔다.

결국 m개의 반주기대에 의한 관측점에서의 합성진폭은 m의 값이 홀수냐 짝수냐에 따라 첫 번째 반주기대에 의한 진폭의 반과 마지막 반주기대에 의한 진폭의 반의 합과 차가 된다. m을 충분히 크게 할 경우 경사인자의 θ는 180°가 되며 $E_m = 0$이므로 합성진폭은 첫 번째 반주기대가 만드는 진폭의 반이 된다. 즉, m이 충분히 클 때 합성진폭 E는 $E \simeq \frac{E_1}{2}$이다. 그림 8-23은 m이 12일 경우 반주대에 의한 합성진폭의 합을 나타내는 그림이다.

이웃하는 프레넬 반주기대에 의한 관측점에서의 합성진폭은 각각의 반주기대에서 발생한 파원들 사이에 평균적으로 π의 위상차가 생기기 때문에 서로 상쇄하려는 경향이 있다. 만일 모든 짝수 번째 또는 홀수 번째 반주기대를 차단한다면 관측점 P에서의 회절무늬 강도가 엄청나게 증가됨을 알 수 있다. 이와 같이 프레넬 반주기대에서 반주기대를 하나씩 걸러서 차단함으로써 빛의 진폭 또는 위상을 변조하는 스크린을 **원형띠판**(zone plate)이라고 한다.

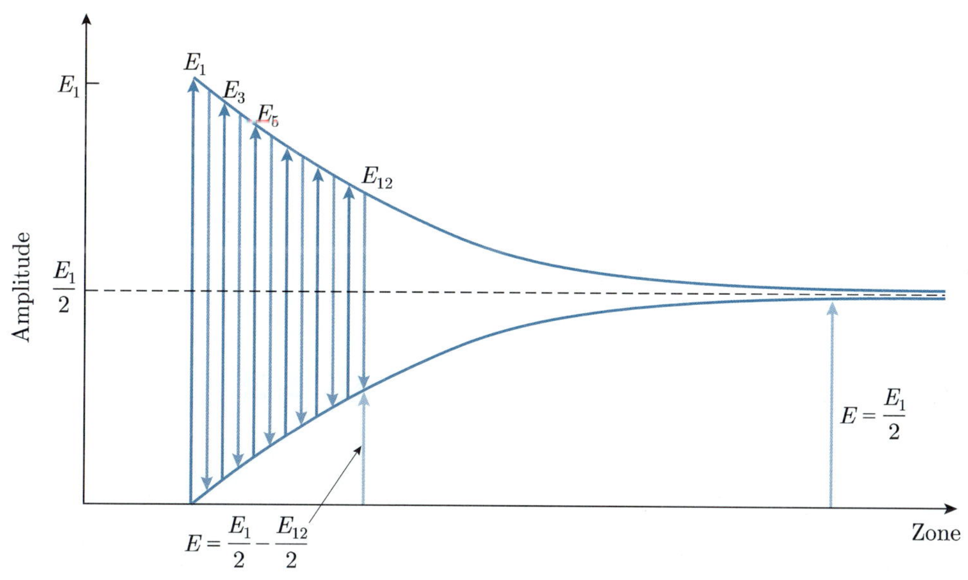

그림 8-23 프레넬 반주기대에 의한 합성진폭의 벡터 합

프레넬 반주기대에서 처음 10개의 홀수 번째 반주기대를 통과시키고 짝수 번째 반주기대를 차단한 원형띠판을 생각해 보자. 처음 10개의 홀수 번째 반주기대에서 방출된 광파들이 관측점 P에 만드는 합성진폭 E는

$$E = E_1 + E_3 + E_5 + \cdots + E_{19} \tag{8-48}$$

이며 근사적으로 $E_1 \simeq E_2 \simeq \cdots\cdots \simeq E_{19}$이다. $m = 20$인 프레넬 반주기대에서 방출된 광파들이 관측점 P에 만드는 합성진폭 E는 $E \simeq \dfrac{E_1}{2}$인 반면에 짝수 번째 반주기대를 차단한 원형띠판이 만드는 합성진폭 E는 $E \simeq 10E_1$이 되며 회절무늬의 진폭은 약 20배가 되고, 강도는 약 400배로 증가됨을 알 수 있다. 그림 8-22 (b)에서 프레넬 반주기대를 임의의 광학계로 간주하면 식 (8-42)로부터

$$m\frac{\lambda}{2} = \frac{s_m^2}{2}\left(\frac{1}{a_0} + \frac{1}{b_0}\right)$$

$$\frac{1}{a_0} + \frac{1}{b_0} = \frac{m\lambda}{s_m^2} = \frac{1}{f}$$

로 표현할 수 있으며 식 (8-42)로부터 초점 f는 $a_0 = \infty$에서 b_0의 값, 즉

$$f = \frac{s_m^2}{m\lambda} = \frac{s_1^2}{\lambda} \tag{8-49}$$

이다. 식 (8-49)에서 보듯이 초점거리가 파장에 따라 변하기 때문에 원형띠판은 큰 색수차를 갖는 광학계이다. 따라서 단색광을 사용할 경우 렌즈로서의 기능을 발휘할 수 있다. 이러한 특성을 이용하여 원형띠판은 일반 광학렌즈의 사용이 불가능한 X-선이나 마이크로파 등과 같은 영역에 많이 사용된다.

8.3.2 진동곡선과 원형 슬릿에 의한 프레넬 회절

그림 8-22에서 첫 번째 프레넬 반주기대를 반경이 $b_0 + \dfrac{1}{2N}\lambda$, $b_0 + \dfrac{1}{N}\lambda$, $b_0 + \dfrac{3}{2N}\lambda$, ……, $b_0 + \dfrac{1}{2}\lambda$이고 관측점 P를 중심으로 구면과 교차하는 N개의 작은 원형의 띠로

분할해 보자. 각각의 작은 원형 띠에서 방출되는 광파들이 관측점 P에서 서로 중첩하여 만드는 합성진폭의 크기는 그림 8-24 (a)에서와 같이 E_1이 된다. 중심 O로부터 첫 번째 프레넬 반주기대의 가장자리에 위치한 작은 원형 띠(N 번째 원형 띠)의 위상차는 π rad ($\lambda/2$)이므로 각각의 작은 원형 띠들 사이에는 π/N rad만큼의 위상차를 갖는다. 그림 8-24 (a)는 $N=10$일 경우 작은 원형 띠에 의한 진폭들의 벡터 합을 보여주는 그림이다. 진폭들의 벡터 합 $\overrightarrow{AB}(E_1)$는 그림 8-24 (a)에서 보는 바와 같이 원 궤도로부터 약간 벗어나는데, 이것은 경사인자 효과에 의해 진폭이 약간씩 줄어들기 때문이다. 만약 작은 원형 띠의 개수가 N으로부터 ∞까지 확장될 경우 N각형의 진폭벡터는 그림 8-24 (b)와 같은 나선형의 **신동곡선**(vibration curve)이 된다. 두 번째 반주기대에서도 같은 방법으로 작은 원형 띠를 만들면 두 번째 반주기대에 의한 합성진폭은 $\overrightarrow{CD}$가 되며 중심으로부터 두 번째 반주기대까지의 합성진폭은 $\overrightarrow{AD}$가 되는 것을 알 수 있다.

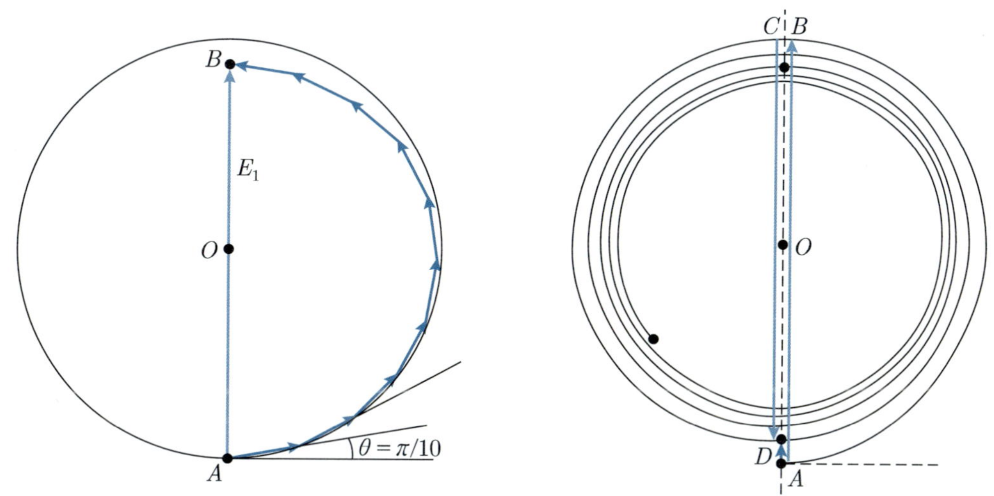

그림 8-24 (a) $N=10$일 경우 작은 원형 띠에 의한 진폭들의 벡터 합, (b) $N\to\infty$인 경우에 있어서 나선형 진동곡선

그림 8-25에서 보는 바와 같이 작은 원형 슬릿이 있는 스크린이 빛을 차단할 때, 관측점 P에서의 빛의 강도(회절무늬 강도)를 생각해 보자. 만일 슬릿의 반경 $r=OR$인 경우, $\overline{RP}=\overline{OP}+\dfrac{\lambda}{2}=s_1$을 만족하여 $\overline{RP}$가 첫 번째 프레넬 반주기대의 가장자리로부터 P까지의 거리가 s_1과 같게 되면 관측점 P에서의 광파의 진폭은 E_1으로서 스크린에 의해

빛이 차단되지 않을 경우의 광파의 진폭보다 두 배가 될 것이며 P에서의 회절무늬 강도는 스크린이 없을 때의 네 배가 된다. 원형 슬릿의 반경을 두 번째 반주기대의 가장자리($\overline{RP}=\overline{OP}+\lambda=s_2$)까지 넓히면 광파의 진폭은 E_1-E_2가 되어 거의 0이 되며 회절무늬 강도 역시 0이 된다. 원형 슬릿의 반경 r을 계속 증가시키면 원형 슬릿의 가장자리로부터 P까지의 거리 $\overline{RP}$와 원형 슬릿의 중심으로부터 P까지의 거리 $\overline{OP}$의 차는 $\overline{RP}-\overline{OP}=m\dfrac{\lambda}{2}$이 되며 m의 값이 짝수 또는 홀수이냐에 따라 관측점 P에서의 회절무늬 강도가 극대와 극소값을 가지게 된다.

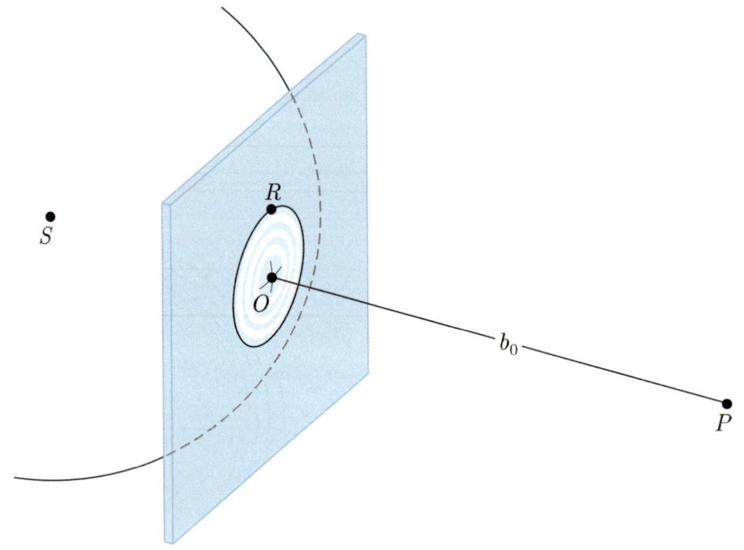

그림 8-25 원형 슬릿에 의한 프레넬 회절

8.3.3 사각형 슬릿에 의한 프레넬 회절

그림 8-26에서 임의의 점 A에 있는 면적소 dS의 좌표는 (y, z)이다. 광원 S로부터 a만큼 떨어진 지점에서의 1차 광파의 진폭은 ε_0/a이며, 면적소 dS 상의 2차 점광원들의 단위면적당 강도 ε_A는 ε_0/a에 비례한다. 자유전파의 경우 키르히호프-프레넬 이론에 따라 $\varepsilon_A a\lambda=\varepsilon_0$이다. 그러므로 면적소 dS에 있는 2차 파원들이 점 P에 만드는 광파의 전기장 dE는

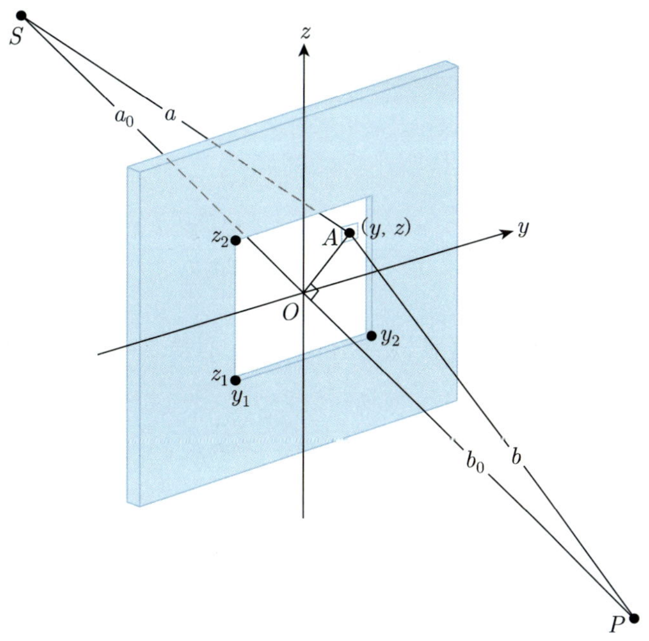

그림 8-26 사각형 슬릿에 의한 프레넬 회절

$$dE = \frac{\varepsilon_A}{r} K(\theta)\, e^{i[k(a+b)-\omega t]} dS \tag{8-50}$$

$$= \frac{\varepsilon_0}{ab\lambda} K(\theta) e^{i[k(a+b)-\omega t]} dS$$

로 쓸 수 있다. a_0, b_0에 비해 직사각형 슬릿의 크기가 작은 경우 $K(\theta) \simeq 1$, $\frac{1}{ab} \simeq \frac{1}{a_0 b_0}$로 근사할 수 있다.

피타고라스 정리와 이항정리를 이용하면 a와 b는

$$a = \left(a_0^2 + y^2 + z^2\right)^{\frac{1}{2}} \tag{8-51}$$

$$= a_0 \left(1 + \frac{y^2 + z^2}{a_0^2}\right)^{\frac{1}{2}} \simeq a_0 \left(1 + \frac{1}{2}\frac{y^2 + z^2}{a_0^2}\right)$$

$$= a_0 + \frac{y^2 + z^2}{2a_0}$$

$$b = \left(b_0^2 + y^2 + z^2\right)^{\frac{1}{2}} \simeq b_0 + \frac{y^2 + z^2}{2b_0}$$

이다. 따라서 $(a+b)$는

$$a + b \simeq a_0 + b_0 + \frac{(a_0 + b_0)(y^2 + z^2)}{2a_0 b_0} \tag{8-52}$$

이므로 면적소 dS에 의해 방출된 광파들에 의한 관측점 P에서의 합성진폭 dE는

$$\begin{aligned} dE &= \frac{\varepsilon_0}{a_0 b_0 \lambda} e^{i\left[k\left\{(a_0 + b_0) + \frac{(a_0 + b_0)(y^2 + z^2)}{2a_0 b_0}\right\} - \omega t\right]} dydz \\ &= \frac{\varepsilon_0}{a_0 b_0 \lambda} e^{i[k(a_0 + b_0) - \omega t]} e^{ik\left[\frac{(a_0 + b_0)(y^2 + z^2)}{2a_0 b_0}\right]} dydz \end{aligned} \tag{8-53}$$

로 표현할 수 있다. 식 (8-53)을 더 간단히 만들기 위하여 다음과 같이 치환해 보자.

$$u = y\left[\frac{2(a_0 + b_0)}{a_0 b_0 \lambda}\right]^{\frac{1}{2}}, \quad v = z\left[\frac{2(a_0 + b_0)}{a_0 b_0 \lambda}\right]^{\frac{1}{2}}$$

$$\begin{aligned} \frac{\pi}{2}u^2 &= \frac{\pi}{2}y^2\left[\frac{2(a_0 + b_0)}{a_0 b_0 \lambda}\right] = y^2 \frac{(a_0 + b_0)}{2a_0 b_0} \frac{2\pi}{\lambda} \\ &= y^2 \frac{(a_0 + b_0)}{2a_0 b_0} k \end{aligned} \tag{8-54}$$

$$\begin{aligned} \frac{\pi}{2}v^2 &= \frac{\pi}{2}z^2\left[\frac{2(a_0 + b_0)}{a_0 b_0 \lambda}\right] = z^2 \frac{(a_0 + b_0)}{2a_0 b_0} \frac{2\pi}{\lambda} \\ &= z^2 \frac{(a_0 + b_0)}{2a_0 b_0} k \end{aligned}$$

식 (8-53)의 항 $k\left[\frac{(a_0 + b_0)(y^2 + z^2)}{2a_0 b_0}\right]$은 식 (8-54)를 이용하면

$$k\left[\frac{(a_0 + b_0)(y^2 + z^2)}{2a_0 b_0}\right] = \frac{\pi}{2}\left(u^2 + v^2\right) \tag{8-55}$$

로 나타낼 수 있으며 식 (8-55)를 식 (8-53)에 대입하여 적분하면 관측점 P에서의 합성진폭 E_p를 다음과 같이 계산할 수 있다.

$$E_p = \frac{\varepsilon_0}{2(a_0+b_0)} e^{i[k(a_0+b_0)-\omega t]} \int_{u_1}^{u_2} e^{i\frac{\pi}{2}u^2} du \int_{v_1}^{v_2} e^{i\frac{\pi}{2}v^2} dv \qquad (8-56)$$

식 (8-56)의 적분 앞에 있는 항은 직사각형 슬릿이 없이 자유롭게 전파된 광파에 의한 점 P에서 합성진폭의 $\frac{1}{2}$로써 이것을 E_1으로 표기하면 식 (8-56)은

$$E_p = E_1 \int_{u_1}^{u_2} e^{i\frac{\pi}{2}u^2} du \int_{v_1}^{v_2} e^{i\frac{\pi}{2}v^2} dv \qquad (8-57)$$

로 나타낼 수 있다. 식 (8-57)의 적분은 **프레넬 적분**으로 알려져 있는

$$\int_0^s e^{i\frac{\pi}{2}w^2} dw = C(s) + iS(s) \qquad (8-58)$$

을 사용하여 계산할 수 있다. 식 (8-58)에서 $C(s)$와 $S(s)$는 다음과 같이 정의된 함수이다.

$$C(s) = \int_0^s \cos\left(\frac{\pi}{2}w^2\right) dw \qquad (8-59)$$

$$S(s) = \int_0^s \sin\left(\frac{\pi}{2}w^2\right) dw$$

식 (8-59)의 프레넬 적분 값은 표 8-1에 수표로 작성되어 있다.

따라서 점 P에서 합성진폭 E_p는

$$E_p = E_1 [C(u) + iS(u)]_{u_1}^{u_2} [C(v) + iS(v)]_{v_1}^{v_2} \qquad (8-60)$$

로 쓸 수 있으며, 이것은 $C(u_1)$, $C(u_2)$, $S(u_1), \cdots$ 등의 값을 사용하여 계산할 수 있다. 그림 8-27은 프레넬 적분 값을 횡축과 종축에 실수 값과 허수 값을 도해한 그림으로 **코르뉘 나선**(Cornu spiral)이라고 한다.

표 8-1 프레넬 적분

s	$C(s)$	$S(s)$	s	$C(s)$	$S(s)$
0.00	0.0000	0.0000	2.30	0.6266	0.5531
0.20	0.1999	0.0042	2.60	0.3890	0.5500
0.40	0.3975	0.0334	3.00	0.6058	0.4963
0.60	0.5811	0.1105	3.50	0.5326	0.4152
0.80	0.7230	0.2493	4.00	0.4984	0.4204
1.00	0.7799	0.4383	4.50	0.5261	0.4342
1.20	0.7154	0.6234	5.00	0.5637	0.4992
1.40	0.5431	0.7135	5.50	0.4784	0.5537
1.60	0.3655	0.6389	6.00	0.4995	0.4470
1.80	0.3336	0.4508	6.50	0.4816	0.5454
2.00	0.4882	0.3434	∞	0.5000	0.5000

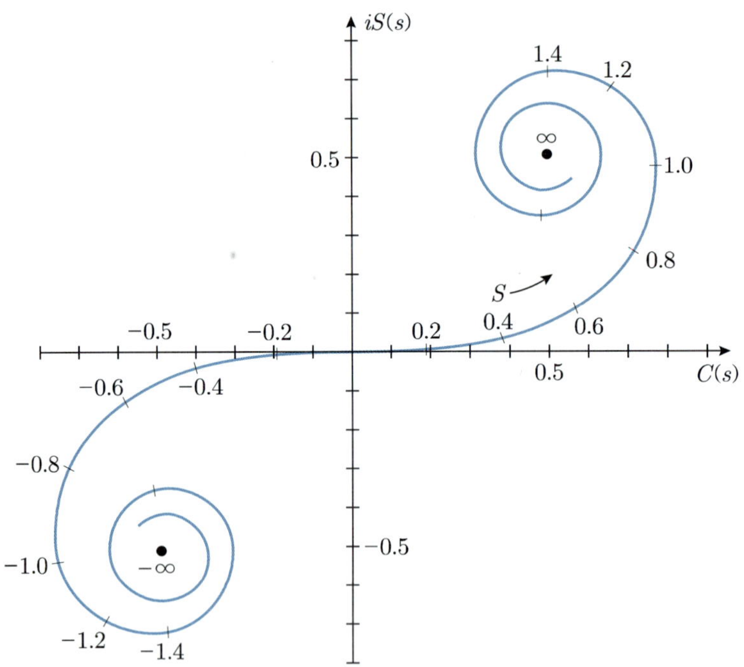

그림 8-27 코르뉘 나선(s의 척도가 곡선 상에 표시되어 있음)

그림 8-28에서 보면, 나선 상에 적분의 하한 s_1과 상한 s_2가 표기되어 있으며 s_1에서 s_2까지 그린 직선 선분이 적분 $\int e^{i\frac{\pi}{2}w^2}dw$의 값을 나타낸다. 선분의 길이가 적분 값의

크기이며 $C(s)$와 $S(s)$ 축들 상에 투사된 부분들이 실수와 허수 부분들을 나타낸다. 식 (8-59)에서 $(dC)^2+(dS)^2=(ds)^2$으로 ds는 호의 요소를 의미하며 코르뉘 나선 상의 두 점 s_1과 s_2 사이의 길이는 두 적분한계 사이의 차 s_2-s_1과 같다.

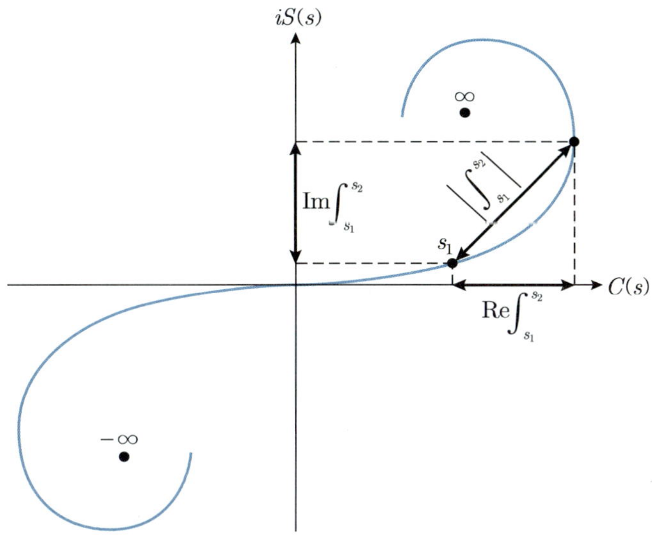

그림 8-28 코르뉘 나선을 이용한 프레넬 적분의 계산

두 적분한계 사이의 차 s_2-s_1은 직사각형 슬릿의 크기에 비례한다. 즉, y 성분에 대해서는

$$s_2-s_1=u_2-u_1=(y_2-y_1)\sqrt{\frac{2}{\lambda L}}$$

이며 z 성분에 대해서는

$$s_2-s_1=v_2-v_1=(z_2-z_1)\sqrt{\frac{2}{\lambda L}}$$

로써 직사각형 슬릿의 크기에 비례함을 알 수 있다. 이 때 L은 식 (8-42)에서 정의된 L과 같다. 극단적인 예로서, 직사각형 슬릿의 크기가 ∞인 경우, 즉 회절 슬릿이 없는 경우에는 $u_1=v_1=-\infty$과 $u_2=v_2=+\infty$이다. 따라서 $C(\infty)=S(\infty)=\frac{1}{2}$이고 $C(-\infty)=S(-\infty)=-\frac{1}{2}$이므로, 회절 슬릿이 없는 경우의 관측점 P에서 합성진폭 E_p는

$$E_p = E_1 [C(u) + iS(u)]_{-\infty}^{+\infty} [C(v) + iS(v)]_{-\infty}^{+\infty} \tag{8-61}$$

$$= E_1 [\{C(\infty) + iS(\infty)\} - \{C(-\infty) + iS(-\infty)\}]$$

$$\times [\{C(\infty) + iS(\infty)\} - \{C(-\infty) + iS(-\infty)\}]$$

$$= E_1 \left[\left(\frac{1}{2} + i\frac{1}{2} \right) - \left\{ \left(-\frac{1}{2} \right) + i\left(-\frac{1}{2} \right) \right\} \right]^2$$

$$= E_1 (1+i)^2$$

이 됨을 알 수 있다. 그림 8-25에서 보면 식 (8-61)에서의 E_p는 코르뉘 나선 상에서 $-\infty$에서 $+\infty$까지의 곡선 길이에 E_1의 값을 곱한 것이다. $E_1(1+i)^2 \equiv E_0$라고 두면 식 (8-60)은

$$E_p = \frac{E_0}{(1+i)^2} [C(u) + iS(u)]_{u_1}^{u_2} [C(v) + iS(v)]_{v_1}^{v_2} \tag{8-62}$$

의 정규화된 형태로 일반적인 슬릿의 경우에 대한 표현으로 쓸 수 있다.

8.3.4 불투명한 반 무한 슬릿에 의한 프레넬 회절

불투명한 반 무한 슬릿에 의한 프레넬 회절은 식 (8-62)에서 $u_1 = -\infty$이고 $u_2 = +\infty$인 직사각형 슬릿의 특수한 경우로 볼 수 있다. 이러한 조건을 식 (8-62)에 적용하면

$$E_p = \frac{E_0}{1+i} [C(v) + iS(v)]_{v_1}^{v_2} \tag{8-63}$$

가 된다. 여기서 v_1과 v_2는 슬릿의 세로 길이를 나타내며 $v_1 = -\infty$인 경우로 볼 수 있다. 따라서 불투명한 반 무한 슬릿에 의한 점 P에서의 합성진폭 E_p는

$$E_p = \frac{E_0}{1+i} [C(v) + iS(v)]_{v_1}^{v_2} \tag{8-64}$$

$$= \frac{E_0}{1+i} \left[C(v_2) + iS(v_2) + \frac{1}{2} + i\frac{1}{2} \right]$$

이다. 식 (8-64)는 변수 v_2만의 함수이며 변수 v_2가 슬릿의 위치를 규정한다. 관측점

P가 정확하게 슬릿 끝단에 위치할 경우 $v_2=0$이며 합성진폭 E_p는

$$E_p = \frac{E_0}{1+i}\left(\frac{1}{2}+i\frac{1}{2}\right)$$

$$= \frac{1}{2}E_0$$

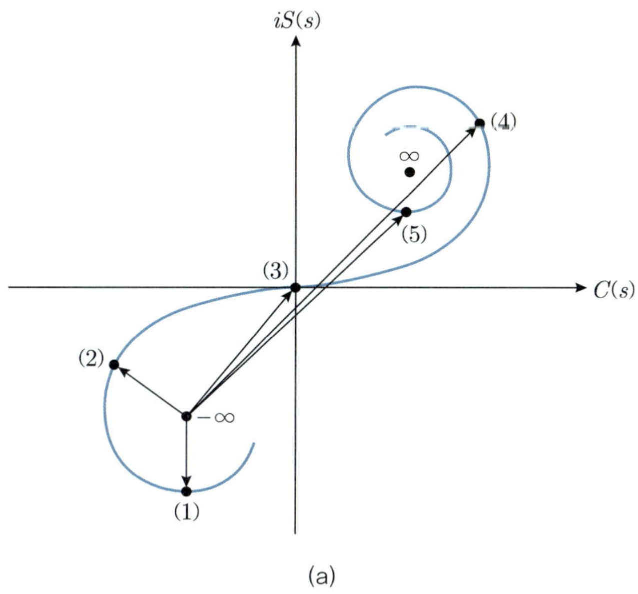

(a)

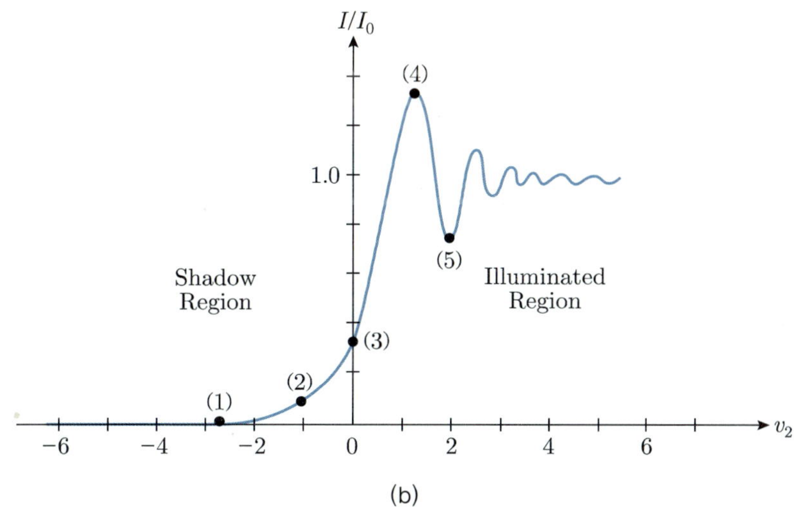

(b)

그림 8-29 불투명한 반 무한 슬릿에 의한 회절 (a) 코르뉘 나선 상의 점들, (b) 강도 곡선

가 된다. 그러므로 슬릿 끝단에서의 합성진폭은 슬릿이 없을 때의 1/2이며 회절무늬 강도는 1/4이 된다. 그림 8-29는 식 (8-64)로 주어지는 $I_p = |E_p|^2$의 그래프이며 I_p 역시 v_2의 함수임을 알 수 있다. 그림 8-29에서 보는 바와 같이 $v_2 \to -\infty$가 되면 회절무늬 강도가 급격하게 감소하며, $v_2 > 0$인 경우에는 v_2가 증가함에 따라 회절무늬의 강도가 슬릿이 없을 때의 값 $I_p/I_0 = 1.0$에 미급 진동(under-damped oscillation)으로 수렴하게 됨을 볼 수 있다. $v_2 \simeq 1.25$인 경우(그림 8-28의 (4)번) 회절무늬 강도가 가장 큰 값을 가지며 $I_p/I_0 \simeq 1.37$이 된다.

연습문제

호이겐스 원리와 빛의 회절

01 N개의 가간섭 광원이 만드는 회절무늬의 강도 I는 식 (8-7)인

$$I(\theta) = I_0 \frac{\sin^2(N\delta/2)}{\sin^2(\delta/2)}$$

으로 표현할 수 있다. 만약 $N=2$인 경우에는 $I=4I_0\cos^2(\delta/2)$와 같이 되어 영의 이중 슬릿에 의한 간섭의 결과와 일치함을 증명하시오.

02 광원의 간격이 a인 N개의 가간섭 광원이 있다. 이 광원들이 임의의 관측점에 만드는 무늬의 강도 $I(\theta)$가 다음과 같이 주어질 때, 다음 물음에 답하시오.

$$I(\theta) = I_0 \frac{\sin^2 \frac{N\delta}{2}}{\sin^2 \frac{\delta}{2}}$$

여기서 I_0는 관측점에 도달하는 점광원 하나의 강도이며 δ는 각 광원간의 위상차이다.

(1) δ를 구하시오.

(2) $I(\theta)$가 최대가 될 조건을 구하시오.

(3) $I(\theta)$의 최대값을 구하시오.

(4) $N=2$일 때의 강도와 영의 간섭실험에서 만들어지는 간섭무늬의 강도를 물리적으로 비교 설명하시오.

03 광원들 사이의 간격이 a이고 파장이 λ이고 서로 위상이 일치하는 가간섭적 점광원 4개가 있다. 이 점광원들이 만드는 회절무늬 강도 $I(\theta)$를 주극대와 최소점을 계산하여 개략적으로 그리시오. 광원들 사이의 간격 a는 $a \gg \lambda$인 조건을 만족하며 관측점은 점광원으로부터 아주 멀리 있다고 가정한다.

프라운호퍼 회절

04 슬릿의 폭이 d인 단일 슬릿이 임의의 관측점에 만드는 회절무늬의 강도는 $I=I(0)\frac{\sin^2\beta}{\beta^2}$

이다. 회절무늬의 강도가 극대가 될 조건을 구하시오. 단 $\beta = \frac{1}{2}kd\sin\theta$ 이다.

05 파장이 632.8 nm인 He–Ne 레이저가 그림과 같이 평행광으로 0.5 mm의 폭을 가진 슬릿에 수직으로 입사하고 있다. 슬릿 바로 뒤에 위치한 초점거리가 50 cm인 렌즈가 초점거리에 위치한 스크린 위에 회절 광을 집속시켰다. 회절무늬의 중심(중심부의 최대치)에서 처음 최소점과 2차 극대값까지의 거리를 계산하시오.

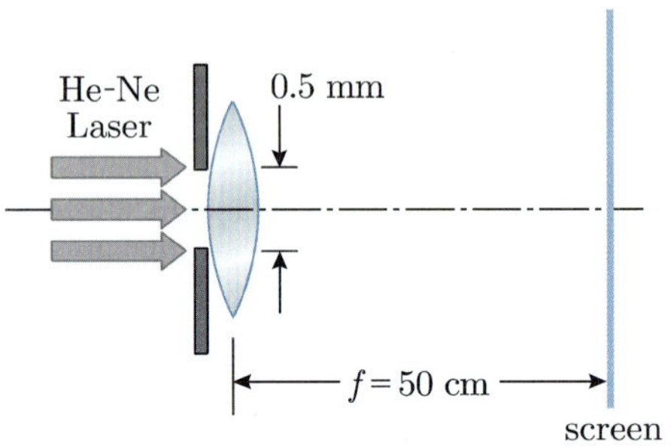

06 문제 5번의 실험에서 사용한 He–Ne 레이저 대신에 백색광원을 사용하여 실험을 할 경우, 어떤 파장에 대한 네 번째 극대값이 적색광($\lambda = 650$ nm)에 대한 세 번째 극대값과 일치하였다. 이 때, 어떤 파장의 값을 계산하시오.

07 파란색의 파장을 광원으로 사용하여 단일 슬릿에 의한 회절무늬를 스크린에서 관찰하였더니 회절무늬의 중심 극대 폭이 2.0 cm였다. 만일 빨간색의 파장을 광원으로 사용하였다면 회절무늬의 중심 극대 폭은 넓어지겠는가 아니면 좁아지겠는가?

08 파장이 500 nm인 빛을 슬릿의 폭이 0.5 mm인 단일 슬릿에 입사시켜 슬릿으로부터 2 m 떨어진 스크린에서 그림과 같은 회절무늬를 관찰하였다. 거리 S를 계산하시오.

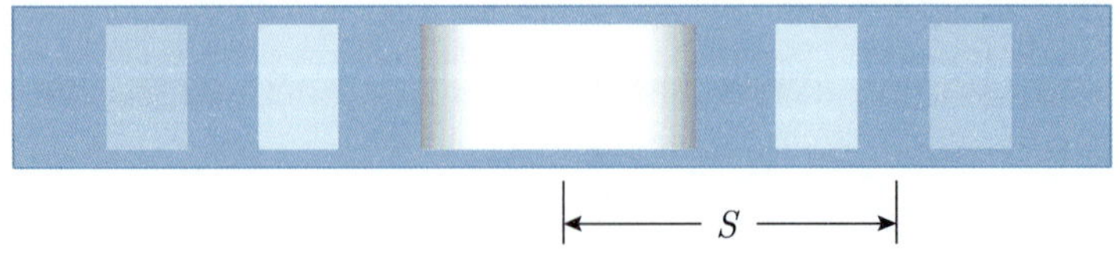

09 광축과 관측점은 30°의 각을 이루고 있다. 이 관측점에서 단일 슬릿에 의한 프라운호퍼 회절의 1차 최소가 나타나려면 슬릿의 폭은 파장의 몇 배가 되어야 하는가?

10 폭이 $0.1\ \mathrm{mm}$인 슬릿에 단색광의 광원을 조사하였다. 슬릿으로부터 $2\ \mathrm{m}$ 떨어진 스크린 위에 두 개의 2차 최소점들이 서로 $2\ \mathrm{cm}$만큼 떨어져 있다. 광원의 파장을 계산하시오.

11 파장이 $500\ \mathrm{nm}$인 단색 광원을 폭이 좁은 단일 슬릿에 조사시켰다. 회절무늬의 가장 밝은 곳의 좌우로 첫 번째 어두운 무늬들 사이의 각도가 $1.0°$였다. 단일 슬릿의 폭을 구하시오.

12 슬릿 중심 사이의 간격이 a, 슬릿의 폭이 b인 이중 슬릿이 만드는 회절무늬에서 중앙의 밝은 회절무늬 봉우리 내에 12개의 밝은 무늬가 놓여 있을 조건을 구하시오.

13 슬릿 중심 사이의 간격이 a, 슬릿의 폭이 b인 이중 슬릿에 의한 프라운호퍼 회절에서 $a=mb$의 관계가 성립할 때(m은 2 이상의 자연수), 중심에 있는 밝은 회절무늬 봉우리 내부의 밝은 줄무늬의 개수가 $2m$임을 보이시오.

14 아래 그림과 같이 슬릿 중심 사이의 간격 a와 슬릿의 폭 b 사이에 $a=3b$의 관계를 만족하는 이중 슬릿이 있다. 이 이중 슬릿이 만드는 회절무늬의 중앙 밝은 회절무늬 봉우리 내에 몇 개의 밝은 간섭무늬가 있겠는가?

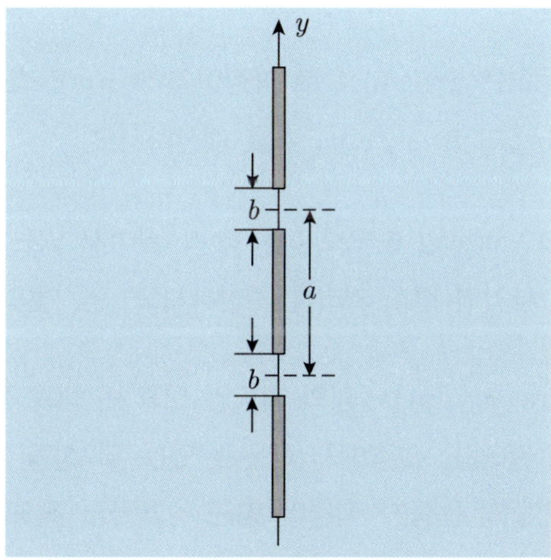

15 슬릿 간 간격이 $a=4b$, 폭이 b인 이중 슬릿이 있다. 이 슬릿으로부터 거리 R만큼 떨어진 관측점에서의 회절무늬 강도 $I(\theta)$가 다음과 같이 주어질 때, 다음 물음에 답하시오.

$$I(\theta) = 4I_0\left(\frac{\sin\beta}{\beta}\right)^2 \cos^2\alpha$$

여기서 $\beta = \frac{1}{2}kb\sin\theta,\ \alpha = \frac{1}{2}ka\sin\theta$이다.

(1) 중앙의 회절무늬 봉우리 내에 몇 개의 간섭무늬 줄이 있겠는가?

(2) 극대 간섭무늬의 missing order를 구하시오.

(3) 슬릿의 폭이 0으로 된다면 $I(\theta)$는 어떻게 되겠는가?

(4) 슬릿간의 간격이 0으로 된다면 $I(\theta)$는 어떻게 되겠는가?

16 N개의 groove를 가진 grating이 임의의 관측점에 만드는 회절무늬의 강도는 다음과 같이 주어진다. 여기서 groove의 폭은 a, groove의 간격은 d이다.

$$I(\theta) = I_0\left(\frac{\sin\beta}{\beta}\right)^2\left(\frac{\sin N\alpha}{\sin\alpha}\right)^2$$

여기서 $\beta = \frac{1}{2}kb\sin\theta,\ \alpha = \frac{1}{2}ka\sin\theta$이다.

(1) 슬릿 폭이 0에 가까워지면 회절무늬 강도 $I(\theta)$가 N개의 가간섭 광원이 만드는 간섭무늬 강도와 같아짐을 보이시오.

(2) 회절무늬의 강도가 최대가 될 조건을 구하시오.

(3) 회절무늬의 강도가 최소가 될 조건을 구하시오.

(4) 인접하는 두 개의 최대 회절무늬 사이에 몇 개의 최소 회절무늬가 존재하는가?

17 2차 회절광을 이용하는 grating으로 파장이 500 nm인 빛을 30°의 각도로 회절시킨다. 사용한 grating의 lines/mm 수를 계산하시오.

18 눈동자의 지름이 10 mm인 눈으로 500 mm 떨어져 있는 두 물체를 구별하여 볼 수 있을 때, 두 물체 사이의 최소 거리를 계산하시오. 단, 빛의 파장은 500 nm로 할 것.

19 Suerat의 'La Grande Jatte 섬의 일요일 오후'는 점을 찍어서 그린 특이한 장르(점묘화/점묘법)의 그림이다. 그림에서 이웃해 있는 두 점들 사이의 간격은 ~2 mm 정도이다. 만약 사람들의 눈동자 직경이 평균 ~2 mm 정도라면 사람들이 그림의 점들을 구별할 수 없는 최소 거리를 계산하시오.

20 베셀함수의 기본적인 특성 중의 하나인 $\frac{d}{du}[u^m J_m(u)] = u^m J_{m-1}(u)$를 이용하여 다음 물음에 답하시오.

(1) $J_o(u) = \frac{d}{du}J_1(u) + \frac{J_1(u)}{u}$ 임을 보이시오.

(2) $J_o(0)$의 값을 구하시오.

(3) $J_1(0)$의 값을 구하시오.

(4) $\frac{J_1(u)}{u} = \frac{d}{du}J_1(u) = \frac{1}{2}$ 임을 보이시오.

프레넬 회절

21 m개의 반주기대로 이루어진 원형구멍이 있다. 각 반주기대의 면적이 일정함을 증명하시오.

22 관측점 P에 있어서의 합성진폭은 그림 8-23과 같이 m(홀수일 때와 짝수일 경우)의 값에 따라 달라지며 m이 홀수일 경우는 E는

$$E \simeq \frac{E_1}{2} + \frac{E_m}{2} \qquad (8-46)$$

으로 나타낼 수 있다. m이 짝수일 경우, 관측점 P에 있어서의 합성진폭이 식 (8-47)로 표현됨을 보이시오.

$$E \simeq \frac{E_1}{2} - \frac{E_m}{2} \qquad (8-47)$$

23 제1반주기대와 제2반주기대로 나누어진 원형구멍이 있다. 각 반주기대를 6개의 sub-zone으로 나누었을 때, 다음 물음에 답하시오. 단, 제1반주기대가 관측점에 만드는 진폭의 크기를 A라고 가정할 것.

(1) 제1반주기대의 2 번째 작은 원형 띠와 4 번째 작은 원형 띠가 관측점에 만드는 진폭벡터들 간의 위상차를 구하시오.

(2) 하나의 작은 원형 띠가 관측점에 만드는 진폭의 크기를 구하시오.

(3) 각각의 작은 원형 띠들이 관측점에 만드는 진폭들의 크기가 같다면, 4 번째 작은 원형 띠까지 관측점에 만드는 진폭의 크기를 구하시오.

(4) 각각의 작은 원형 띠들이 관측점에 만드는 진폭들의 크기가 같다면, 이 원형구멍이 관측점에 만드는 총 진폭의 크기를 구하시오.

24 $dS = 2\pi a_0^2 \sin\varphi \, d\varphi$를 이용하여 m 번째 반주기대의 면적이

$$S_m = \frac{\lambda \pi a_0}{a_0 + b_0}\left\{b_0 + \frac{(2m-1)\lambda}{4}\right\} \tag{8-65}$$

임을 증명하시오.

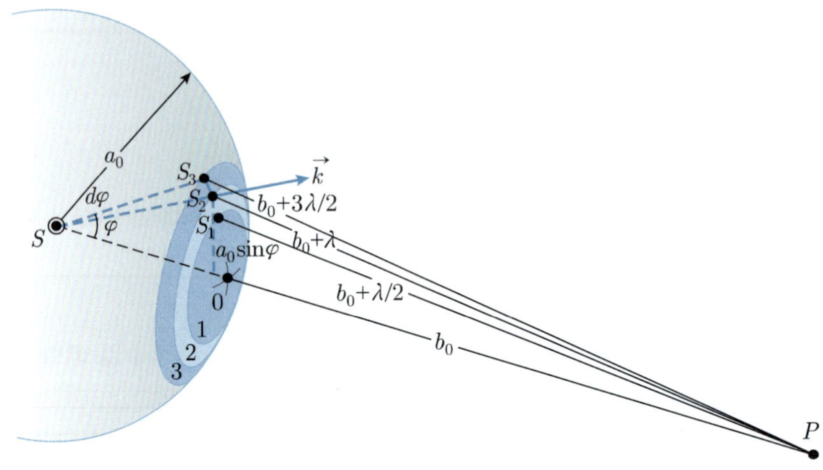

25 구면파에 대한 m 번째 프레넬 반주기대의 면적은 식 (8-65)로 주어진다. 파장이 $\lambda = 600$ nm, 슬릿으로부터 관측점까지의 거리 $b_0 = 50$ cm이고 입사하는 광파가 평면파일 경우, 첫 번째 프레넬 반주기대의 면적을 계산하시오.

26 파장이 $\lambda = 624$ nm인 평면파가 반경이 2.09 mm인 원형 슬릿에 수직(입사각 $\theta = 0°$)으로 입사하고 있다. 원형 슬릿으로부터 1 m 떨어져 있는 스크린에 회절무늬가 형성되었다. 원형 슬릿의 크기를 프레넬 반주기대의 개수로 표시하고 회절무늬 중앙점에서의 회절무늬 형태를 기술하시오.

27 파장이 $\lambda = 624$ nm인 평면파가 반경이 2.09 mm인 원형 슬릿에 수직(입사각 $\theta = 0°$)으로 입사하고 있다. 광축의 어떤 점 P에 대하여 원형 슬릿이 첫 번째 반주기대의 1/4만큼 열려 있을 때, P에서의 회절무늬 강도를 I_0 항으로 표현하시오. I_0는 평면파를 가리는 원형 슬릿이 없을 때 P에서의 빛의 강도를 나타낸다.

28 파장이 $\lambda = 450$ nm인 평면파가 반경이 1.0 mm와 1.414 mm인 환형(고리모양 또는 반지모양)의 슬릿에 수직(입사각 $\theta = 0°$)으로 입사하고 있다. 환형 슬릿으로부터 2.222 m 떨어진 점에서의 합성진폭을 입사진폭 E_0의 항으로 나타내시오.

09

레이저 입문

19세기 전반까지도 인공적인 빛이라고는 불꽃이 유일한 것이었다. 횃불, 양초, 그리고 천연가스 불꽃들이 실내조명에 사용되었고, 가스 램프들이 도시거리를 밝히는데 사용되었다. 보다 개선된 장치에서는 산화칼슘으로 구성된 석회 덩어리를 태움으로써 산소와 수소 가스의 혼합물을 연소시켜 불꽃을 일으키기도 하였다.

19세기의 마지막 10년 동안에는 에디슨의 발명에 의해 백열전구가 등장하였고, 널리 퍼져있는 전력망 덕분에 각 개인 가정과 사무실에서도 이를 사용할 수 있었다. 이 발명은 사람들의 생활양식까지도 변화시켰다. 초기의 백열전구는 투명한 유리 공 내부를 진공으로 만들어 그 안에 필라멘트를 넣는 방식이었으나, 계속 발전하여 오늘날에는 비활성 기체가 들어 있는 우유 빛의 유리 전구를 사용하고 있다. 오늘날 교실이나 사무실에서 아주 흔한 형광등으로부터 수은 및 나트륨 가스램프를 이용하는 현대적인 형태의 많은 광원들이 개발되어 왔다.

최근 이룩된 가장 중요한 혁신은 레이저라고 할 수 있는데, 일상적으로 사용되는 열광원들과는 달리 레이저의 출력은 가간섭적인 특성이 있고 열광원들에 비하면 훨씬 더 강하게 집속된 에너지를 가지고 있다. 이 chapter에서는 발광다이오드(LED: Light-Emitting Diode)와 같은 작은 반도체 레이저부터 초강력 출력을 가지는 기체 레이저 시스템에 이르기까지 다양한 형태의 레이저에 관해 소개한다. 또한, 어떤 원리로 그러한 레이저가 동작되는지 알아보자.

9.1 열 복사

그림 9-1은 특정한 절대온도 T에서 흑체(black body)인 물체가 방출하는 복사의 스펙트럼을 보여주고 있다. 이러한 복사 스펙트럼의 강도 분포는 식 (9-1)로 주어지는 **스테판-볼츠만 법칙**(Stefan-Boltzmann law)을 따른다.

$$P(\lambda)=\frac{2\pi c^2 h}{\lambda^5}\frac{1}{e^{hc/\lambda k_B T}-1} \tag{9-1}$$

여기서 $P(\lambda)$는 파장 λ에서의 복사 스펙트럼의 강도, c는 자유공간에서의 빛의 속도, h는 플랑크 상수로 6.626×10^{-34} J·s, k_B는 1.381×10^{-23} J/K의 값을 가지는 볼츠만 상수, 그리고 T는 절대온도이다. 스테판-볼츠만 법칙은 양자이론의 발전에 지대한 공헌을 했으며 특히 레이저의 기본 이론을 확립하는 토대가 되었다.

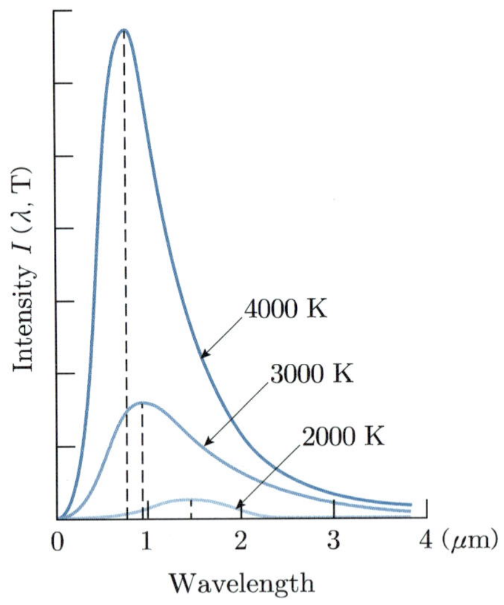

그림 9-1 온도에 따른 흑체복사의 스펙트럼 분포(온도가 상승함에 따라 가시광선 영역에 점점 더 많은 빛이 나타나게 된다)

여기서 기억해야 할 중요한 점은, 뜨거운 광원에서 나오는 복사 스펙트럼의 강도는 온도가 올라갈수록 함께 증가한다는 것과 최대출력이 나오는 파장은 온도가 올라가면 반대로 짧아진다는 것이다.

열광원에서 이렇게 온도에 따라 최대출력을 발생시키는 파장이 이동하는 것은 이미 잘 알려진 보편적인 현상이었다. 물체의 온도가 올라가면서 처음에 물체는 붉은 빛을 띠게 되는데, 이것은 최대 복사출력이 붉은색 파장이 되었다는 의미는 아니다. 이것은 단지 상당한 양의 복사 에너지가 스펙트럼 상에서 붉은 색에 해당하는 부분에서 방출되고 있음을 알려준다. 이보다 온도가 더 상승하게 되면, 물체는 흰색을 띠게 되는데, 그것은 가시광선 영역 전체에서 골고루 출력이 나오기에 흰색처럼 보이는 것이다. 복사출력 곡선에서 최대출력이 나오는 파장은 식 (9-2)와 같은 빈(Wien)의 천이 이론에 의해 주어지는데, 이것은 최대출력이 나오는 파장이 달라지는 것을 절대온도의 함수로 보여준다.

$$\lambda_{max} T = 2.898 \times 10^{-3}\ \text{m} \cdot \text{K} \tag{9-2}$$

예제 9.1 스테판-볼츠만의 법칙

실온(20℃)에서 스테판-볼츠만 곡선의 최대값이 되는 파장을 계산하시오.

풀이 빈의 천이공식 식 (9-2)와 실온 20℃가 절대온도로 293 K임을 이용하면,

$$293\,\lambda_{max} = 2.898 \times 10^{-3}\ (\text{m} \cdot \text{K})$$

이다. 그러므로 $\lambda_{max} = 9.9\ \mu\text{m}$임을 얻을 수 있다. 이 파장은 물론 확실히 적외선 영역에 속한다. 우리가 상식적으로 알고 있듯이, 실온에서 물체들은 그다지 많은 양의 가시광선을 방출하지는 않기 때문이다.

9.2 복사의 방출과 흡수

어떤 물질이라도 열을 가하게 되면 빛을 방출하지만, 열이 아니라 전기적인 여기와 화학적인 여기를 이용한 자극에 의해서도 물질은 빛을 방출할 수 있다. 기본적으로 빛은 물질 내부에서 진행되는 모종의 과정에 대한 결과물이며, 마이켈슨 간섭계를 이용하여 빛이 나오는 과정에 대해 어느 정도 이해할 수 있다.

마이켈슨 간섭계의 한쪽 팔이 다른 쪽 팔과 수 cm 정도의 길이 차이가 나면 열광원으로부터 만들어진 간섭무늬는 사라지게 된다. 이것은 광원에서 개별적으로 방출된 빛의 가간섭 길이(coherence length)가 수 cm 이내라는 것을 의미한다. 이것을 시간적인 관점에서 보면 가간섭 시간(coherence time)이 $\Delta\ell/c$라고 해석할 수 있다. 여기서 $\Delta\ell$은 간섭계 두 팔의 길이 차이이다. 만일 $\Delta\ell = 10$ cm라면, 가간섭 시간은 약 0.3 ns가 되는데 이 정도의 시간이라면 원자 내부에서 일어나는 전자적인 과정에 걸리는 시간과 일치한다. 즉, 원자 내부에서 일어나는 전자들의 천이가 바로 광 복사의 근원이 됨을 짐작할 수 있다.

원자들 내의 전자들은 각 원자가 가지는 고유한 성질에 따라서 정해진 에너지 상태들을 점유하고 있다. 예를 들어, 비록 수소와 나트륨은 화학적으로는 대단히 유사한 특성을 가지지만, 수소 원자 내의 전자의 에너지 상태는 나트륨 원자 내의 전자들의 에너지 상태와는 다르다. 모든 전자들이 핵에 가능한 한 가장 근접해서 모여 있는 상태로서 원자의 가장 낮은 에너지 상태를 **기저상태**(ground state)라고 한다. 기저상태에 있는 원자들은 에너지를 단지 흡수만 할 수 있고 에너지를 방출하는 복사는 일으킬 수 없다. 원자가 일단 에너지를 흡수하여 전자가 기저상태보다 좀 더 높은 에너지 상태로 여기되면 전자들은 에너지를 방출할 수 있게 된다. 전자들이 다시 기저상태로 돌아가면서 방출하는 에너지는 **양자**(quanta) 또는 **광자**(photon)라고 불리는 에너지 덩어리로 나타나게 되며, 경우에 따라서 이 에너지 덩어리는 가시광으로 나타나기도 한다.

에너지 보존법칙에 따르면 어떤 원자에서 하나의 전자가 보다 높은 에너지 준위로 올라가기 위해서는 두 준위들 사이의 에너지 차이에 해당하는 에너지를 흡수해야 한다. 같은 맥락으로, 한 전자가 **여기상태**(excited state)에서 보다 낮은 에너지 상태로 돌아갈 때 원자는 일반적으로 두 상태의 에너지 차이만큼의 광자를 방출한다.

상온의 일상적인 조건에서도 원자를 여기시키는데 필요한 열에너지가 항상 존재하고 있다. 스테판-볼츠만 법칙에서 알 수 있듯이, 온도가 충분히 높으면 원자는 맨 눈으로도 관찰이 가능할 만큼 충분한 에너지의 가시광도 방출이 가능하다. 볼츠만은 임의의 절대온도 T에서 여기된 원자들의 수와 여기되지 않은 원자들의 수 사이에는 적절한 평형관계가 성립한다는 것을 알았다.

$$\frac{N_e}{N_g} \propto e^{-\Delta E/k_B T}$$

여기서 N_e은 여기상태에 있는 원자들의 수, N_g는 기저상태에 있는 원자들의 수, k_B는 1.381×10^{-23} J/K 또는 8.63×10^{-5} eV/K의 값을 가지는 볼츠만 상수이다. 에너지 준위들이 중첩(degeneracy)이 없는 경우에는 비례상수가 1이 되어 다음과 같은 관계가 성립한다.

$$\frac{N_e}{N_g} = e^{-\Delta E/k_B T} \tag{9-3}$$

예제 9-2에서 나타난 에너지 준위의 차이인 2 eV는 가시광의 에너지 영역에 해당하기 때문에, 상온에서 이러한 여기상태에 있는 원자의 비율이 매우 작은 것은 놀랄 만한 일은 아니다. 그것은 물체들이 일반적으로는 상온에서 사람이 관찰할 수 있을 만큼 많은 가시광을 방출하지 않는다는 사실과 일치한다. 온도 T가 매우 큰 값으로 증가하게 되면, 식 (9-3)의 우변이 1로 접근하게 된다. 그러나 열적인 평형상태에서는 아주 높은 온도에서도 여기상태에 있는 원자들의 수가 에너지가 낮은 상태에 있는 원자들의 수보다 커지지는 않는다.

예제 9.2 기저상태와 여기상태의 원자 수 비

기저상태와 여기상태의 에너지 차이가 2 eV일 때, 기저상태에 있는 원자들의 수에 대한 여기상태에 있는 원자들의 수의 비율을 계산하시오. 온도는 상온, 즉 295 K라고 가정한다.

풀이 식 (9-3)에서 볼츠만 상수를 eV로 표현하여 이용하면 다음과 같은 결과가 나온다.

$$\frac{N_e}{N_g} = \exp\left[-\frac{2}{8.63\times 10^{-5}\times 295}\right] = 7.61\times 10^{-35}$$

이 결과를 보면, 상온에서 여기상태에 있는 원자들의 비율은 극히 낮으며 대부분의 원자들은 기저상태에 있음을 알 수 있다.

낮은 에너지 상태에 있는 원자들은 비탄성충돌이나 또는 딱 맞는 에너지를 가진 광자를 흡수함으로써 ΔE를 얻게 된다. 여기상태에서 다시 안정화된 상태로 가는 천이(decay, or de-excitation)는 또 다른 충돌을 통하거나 아니면 자연방출이나 유도방출과 같은 하나의 복사과정을 통해서 일어나게 된다.

첫 번째 복사과정은 확률적으로 제멋대로 발생하는 천이로서 **자연방출**(spontaneous emission)이라고 한다. 여기상태가 유지되는 평균적인 지속시간(life time)은 준위들 사이의 에너지 차이와 초기 및 나중상태의 상호관계에 의해 달라진다. 준위 사이에서 천이(transition), 즉 붕괴가 일어날 때, 지속시간은 대부분의 경우에는 $\sim 10^{-9}$ s 정도이다. 그러나 금지된 천이(forbidden transition)라고 알려진 다른 종류의 천이에서는 지속시간은 훨씬 더 길어질 수 있다.

두 번째 복사 천이과정은 **유도방출**(stimulated emission)이라고 하는데, 이것은 원자가 천이에 필요한 에너지를 가진 광자가 가까이 있으면서 방출을 유도함으로써 일어난다. 압력 혹은 밀도가 낮은 가스 내에서는 원자들의 충돌이 상대적으로 매우 낮기 때문에 복사에 의한 천이(radiative transition)들이 천이의 주된 과정이 된다.

유도방출은 자연방출과는 다른 특성을 가진다. 유도방출의 경우에는 발생되는 광자들의 진행방향이 제멋대로가 아니라 자극을 주는 광자와 나란하게 되며 또 그 위상도 자극을 주는 광자와 같아진다.

그림 9-2는 자연방출과 유도방출에 대한 복사과정들을 요약해서 보여주는 그림이다. 광자를 방출하는 복사 방출과정에서는 자연방출과 유도방출이라는 두 개의 과정이 존재하지만 광자를 흡수하여 여기상태로 가는 복사 여기과정(radiative excitation process)에서는 광자 흡수(photon absorption : pumping)라는 하나의 과정만 있다.

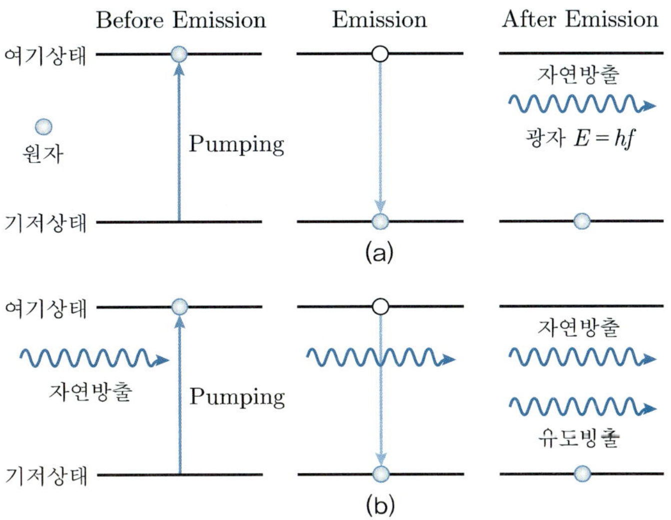

그림 9-2 두 원자 준위들 사이의 복사과정. (a) 자연방출, (b) 유도방출

9.3 레이저

9.1절과 9.2절에서 평형상태에 있는 원자들의 거동에서 복사의 흡수 및 방출에 관해서 고찰해 보았다. 그러나 현재에 가장 일반화되어 있고 보편화되어 있는 광원인 레이저는 비평형과정을 통해서 동작한다.

레이저는 유도방출을 통한 광의 증폭(LASER : Light Amplification by the Stimulated Emission of Radiation)이라는 말의 약어이다. 레이저의 동작에 필요한 비평형상태들은 많은 물질에서 다양한 방법으로 만들어 낼 수 있다. 레이저 매질에는 하나의 기저상태와 하나의 여기상태라는 두 상태 이외에 더 많은 에너지 상태들이 존재하고 있다. 따라서 직접적으로 레이징에 관여를 하는 에너지 준위의 수에 따라 3-준위 혹은 4-준위 시스템으로 분류한다.

레이저가 발진하는 동작 형태에 따라서 연속(cw: continuous wave)형과 펄스형으로 분류할 수 있으며 여기과정에 따라서 플래시 여기(flash-excited)형, 가스 방전형, LD형, 또는 레이저 여기형으로 분류할 수 있다. 또한 레이저에 사용되는 매질에 따라서 고체, 액체, 그리고 가스형으로도 분류할 수 있다.

산업화가 빨라짐에 따라 레이저의 사용이 점점 확대되어 가고 있다. 현재에는 수백 종류의 레이저들이 있는데, 어떤 것들은 특수한 용도를 위해 개발된 것도 있고 보다 광범위한 용도로 쓰이는 일반적인 레이저들도 있다. 여기서 레이저들을 일일이 다 열거하는 것은 불가능하므로 3-준위 및 4-준위 레이저 시스템의 예를 들어 레이저의 기본적인 동작 mechanism을 살펴보도록 하겠다.

9.3.1 레이저의 원리와 특성

반전분포

레이저는 자연방출된 광자를 seed로 삼아 유도방출에 의한 광증폭을 의미한다. 스테판-볼츠만 법칙에서 알 수 있듯이 정상상태에서는 기저상태의 원자수가 여기상태의 원자수보다 훨씬 많다. 유도방출에 의한 광증폭을 지속적으로 유지하기 위해서는 여기상태의 원자수가 기저상태의 원자수보다 많은 상태를 인위적으로 만들어 주어야 한다. 이러한 상태를

반전분포(population inversion)라고 한다. 인위적인 반전분포를 만들기 위해서는 강력한 여기원이 필요하다. 여기강도를 크게 하면 반전분포의 정도가 더욱 크게 되며 단위길이당 증폭계수는 반전분포의 정도에 비례하기 때문에 반전분포가 특정한 값을 넘게 되면 레이저가 발진할 수 있게 된다.

레이저의 기본 구조와 발진

그림 9-3은 레이저 발진기의 구성을 간단하게 도해한 그림이다. 레이저 빔을 발생시키는 장치를 레이저 발진기(공진기)라고 하며 그림 9-3에서 보는 바와 같이 레이저 매질, 여기원, 그리고 공진기 거울로서 이루어져 있다. 레이저 매질은 고체, 액체, 기체 등이 있으며 매질의 종류에 따라 고체 레이저, 액체 레이저, 기체 레이저로 분류하기도 한다. 레이저 매질에는 활성원자(또는 분자)가 균일하게 분포되어 있으며 여기원으로부터 에너지를 공급받아서 기저상태에서 여기상태로 천이한다.

기저상태에 있는 원자는 안정된 상태로 존재할 수 있지만 여기상태에 있는 원자는 불안정하므로 여기상태에 오래 머물지 못하고 바로 기저상태로 다시 천이하게 된다. 이 때 여기상태에서 가지고 있는 에너지를 빛의 형태로 외부에 방출하면서 다시 기저상태로 돌아가서 안정적인 상태를 유지하려고 한다.

즉, 빛은 원자나 분자가 여기상태로부터 기저상태로 되돌아갈 때나 에너지가 보다 큰 여기상태에서 작은 여기상태로 천이할 때 방출된다. 이렇게 방출되는 빛은 원자들이 자발적으로 무질서하게 천이가 일어나기 때문에 자연방출과정이 된다. 자연방출된 광자를 발진기의 레이저 매질 내로 왕복시켜 여기상태에 있는 원자들로부터 유도방출을 일으켜 증폭된 레이저 빔을 얻게 되는 것이다.

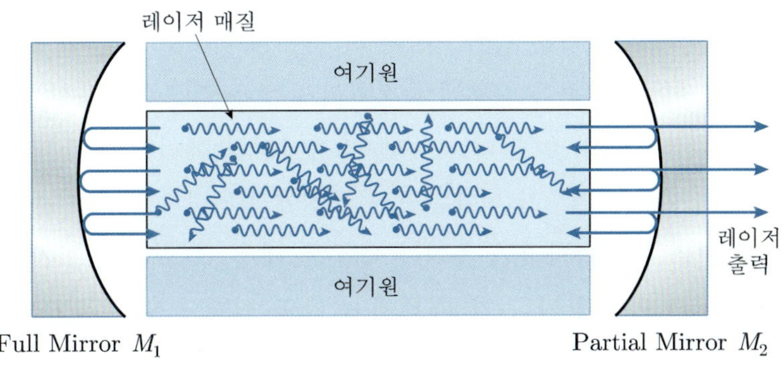

그림 9-3 레이저 발진기(공진기)의 구성

레이저의 특성

레이저 빔은 자연광선이나 일반 광원과는 아주 다른 특성이 있다. 여러 가지 특성 중에서 레이저의 대표적인 특성인 단색성, 가간섭성, 고 에너지 밀도, 그리고 지향성에 대해 알아보기로 하자.

(1) 단색성

자연광선이나 일반 광원은 넓은 범위의 파장이 존재하지만 레이저 빔의 파장은 단일 파장의 빛(엄밀하게 말하면 매우 좁은 범위의 파장)만을 방출한다. 자연광선이나 일반 광원에서 방출되는 빛은 고온으로 가열된 원자나 분자 하나하나에서 무질서하게 방출되는 빛으로 넓은 범위의 파장을 가지며 각각의 광자들 사이에 간섭성도 없다. 일반 광원의 빛과 레이저 빔을 프리즘에 입사시켜서 분광을 하면 일반 광원의 빛과 레이저 빔의 퍼지는 정도를 쉽게 알 수 있다. 일례로 태양광이나 전구의 빛을 프리즘에 통과시키면 무지개와 같이 여러 가지 색깔의 빛으로 분리되어 나타나는데 반하여 레이저 빔은 프리즘을 통과하여도 원래의 색과 같게 보인다. 이것은 레이저 빔의 파장이 단일 파장이라는 것을 말하여 주는 것이다. 레이저에 따라서는 몇 개의 단색광을 방출하는 것도 있다.

(2) 가간섭성(coherence)

각각의 광파들 사이의 위상차가 시간이나 공간적으로 일정한 값을 가지는 경우를 가간섭성이 있다고 정의한다. 레이저 빔은 자연방출된 광자가 유도방출의 seed가 되어서 광증폭된 광파이므로 seed와 동일한 초기 위상을 가지게 되며 가간섭성을 가진다.

(3) 고 에너지 밀도

일반적으로 레이저의 출력은 입력 에너지의 ~수 % 이하로 효율이 높지 않다. 그러나 레이저 빔은 지향성이 우수하기 때문에 초점거리가 짧은 렌즈를 사용할 경우 파장의 수배 이내의 직경으로 집속시킬 수 있다. 이 때 초점에서의 에너지 밀도는 대단히 큰 값이 된다. 레이저 빔의 에너지 밀도가 높다는 것은 초점에서의 광자 밀도가 높다는 것을 의미한다. 태양 빛을 렌즈로 집속시키면 종이나 나무를 태울 수 있는 정도지만, 레이저 빔을 집속하면 에너지 밀도가 훨씬 높기 때문에 철판도 쉽게 녹일 수 있다.

(4) 지향성

레이저 빔은 레이저 발진기의 양쪽 거울에 의해 결정되는 광축에 평행한 방향으로 진행하는 빛을 증폭하기 때문에 모든 방향으로 퍼져 나가는 일반 광원과 달리 특정한 방향으로만 직진하는 지향성이 우수하다. 그러나 레이저 빔도 파동의 성질을 가지고 있기 때문에 회절현상에 의한 발산(divergence) 각을 가진다.

9.3.2 3-준위 시스템

최초로 동작된 레이저는 루비 레이저인데, 이것은 이해하기가 가장 간단한 레이저 시스템이다. 루비는 결정형태를 가지는 알루미나(Al_2O_3) 격자 안에 크롬 이온들이 doping되어 있는 광물질이다. 이 격자에서 알루미나의 자리에 대신 들어가 있는 크롬 이온의 농도는 보통 0.07%보다 낮다. 루비 레이저는 3-준위 레이저 시스템이며 그림 9-4는 3-준위 레이저 시스템의 에너지 준위를 설명하는 그림이다. 그림 9-4에 준위-2로 표시되어 있는 여기상태로 원자를 여기시키는 것을 펌핑(pumping)이라고 하는데, 이 말은 보통 모든 레이저의 여기과정에서 공통적으로 사용되는 용어이다.

여기서 펌핑은 사진기사가 쓰는 flash와 비슷한 flash lamp가 사용되는데 빛의 강도 측면에서 flash lamp가 flash보다 훨씬 더 강하다. 그림 9-4에서 준위-2로 여기된 크롬 원자들은 준위-1로 빠르게 붕괴한다. 준위-1에서 기저상태(ground state)로의 천이는 준위-2에서 준위-1로의 천이와 비교하여 매우 천천히 일어난다. 그래서 준위-1에 있는 크롬 원자들의 수가 늘어나게 되며 마침내 기저상태에 있는 크롬 원자의 수보다도 많아지게 된다. 준위-1에 있는 여기된 크롬 원자들은 처음에는 자연방출 과정을 통하여 기저상태로

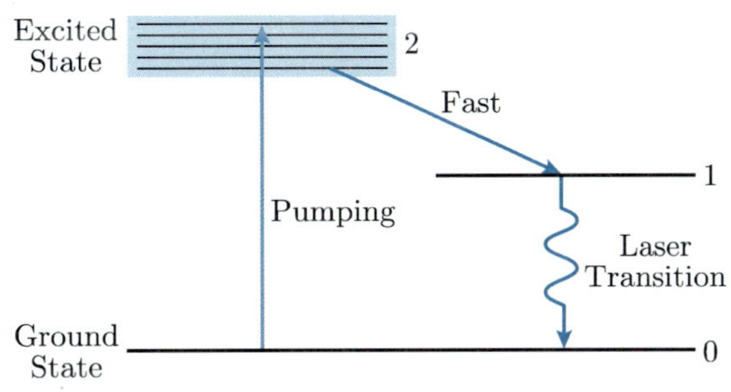

그림 9-4 루비 레이저의 3-준위 시스템

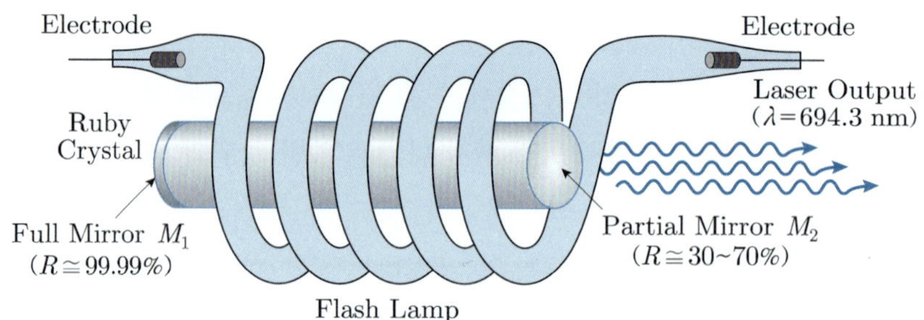

그림 9-5 루비 레이저의 구성도(거울 M_1은 루비에 바로 밀착되어 있고 거울 M_2는 루비와 떨어져 있다)

붕괴하는데, 이 때 발생된 초기 광자들은 다른 여기된 크롬 원자들이 유도방출을 통하여 기저상태로 돌아가도록 하는 역할을 한다.

루비 레이저의 실험장치가 그림 9-5에 나타나 있다. 루비 결정은 긴 원통형 봉의 형태이며 펌핑 효율을 높이기 위하여 루비 결정을 flash lamp가 여러 차례 나선형으로 감겨진 형태로 감싸고 있다.

루비봉의 양끝에는 봉과 떨어져 있든 밀착되어 있든 거울들이 놓여 있다. 준위-1에서 자연방출된 광자들은 모든 방향으로 진행하게 되는데, 거울에서의 반사에 의하여 처음에 봉의 축과 나란한 방향으로 방출된 광자들은 레이저 시스템 안에 남아서 봉의 축을 따라서 앞뒤로 계속 왔다 갔다 하게 된다. 이러한 광자들은 축을 따라 움직이면서 또 다른 광자들의 방출을 유도하며, 이런 원리에 의해 봉의 축과 나란한 방향으로 점점 더 많은 복사가 일어난다.

유도방출의 빈도는 복사를 유도하는 광의 강도에 비례하기 때문에 광의 강도가 빠르게 증가한다. 거울 M_1은 최대한 모든 광자들을 반사할 수 있도록 만들어진 반면(반사율이 ~99%), 거울 M_2는 반사율을 약간 낮게 만들어 모든 빛을 반사하지 않도록 하는데 보통은 30~70% 정도의 반사율이 되도록 한다. 이러한 레이저용 거울들은 거의 전부가 여러 층의 유전체 coating을 통하여 만들어진다. 우리가 레이저광이라고 하는 레이저의 출력은 거울 M_2에서 반사되지 않고 일부 새어나오는 빛이다.

루비 레이저는 펄스형으로 동작되는데, 그 출력광은 파장이 694.3 nm로 이는 스펙트럼에서 붉은 부분에 해당한다. Flash lamp의 펄스 빈도(pulse rate)가 출력 광펄스의 빈도를 결정한다. 1초에 몇 개 정도의 펄스를 발생시키는 조건에서 루비 레이저는 10 W 정도의 출력을 낼 수 있다. Flash lamp에 의한 여기는 언제나 펄스 형태의 레이저광을 만든다.

각각의 펄스에 담긴 광에너지는 Q-스위칭(Q-switching)이라는 방법을 통해 급격히 증대시킬 수 있는데, 이 방법을 쓰면 펄스의 폭이 나노 초(nanosecond) 영역으로 짧아지게 된다. Q-스위칭에서는 빛이 다니는 경로 중에서 루비봉과 거울 사이에 억제기를 놓아둔다. 억제기는 일반적으로 전기적 혹은 자기적으로 스위칭이 가능한 커 셀(Kerr cell)이나 패러데이 셀(Faraday cell)을 사용한다.

이러한 셀들을 적절하게 조절하여, 루비봉에서 에너지가 높은 준위의 원자들의 수가 기저상태에 있는 원자들의 수에 비해 최대로 많아질 때까지 셀이 빛을 통과시키지 못하도록 할 수 있다. 그러다가 에너지가 높은 준위의 원자들의 수가 최대가 되었을 때 셀의 스위치를 열어 빛이 통과할 수 있도록 하면, 그 순간에 매우 강한 광펄스를 만들 수 있다. 펄스가 일단 발생하고 나면, 대량의 원자들은 여기상태인 준위-1에서 기저상태로 돌아가게 된다. 기저상태의 원자들의 수가 준위-1에 있는 원자들의 수보다 많아지면, 레이저는 더 이상 레이저광을 출력하지 못하게 된다.

그림 9-6에 나타난 것과 같은 flash는 펌핑 해주는 빛이 봉이 있는 방향뿐만 아니라 봉의 바깥쪽 방향으로도 나가기 때문에 효율면에서 어느 정도 손해를 보고 있다. 이를 개선하기 위해 루비봉에 도달하는 flash의 출력을 최적화시키는 다양한 방안들이 시도되었다. 그 중에서 대단히 흥미로운 구조가 그림 9-6의 타원형 구조이다.

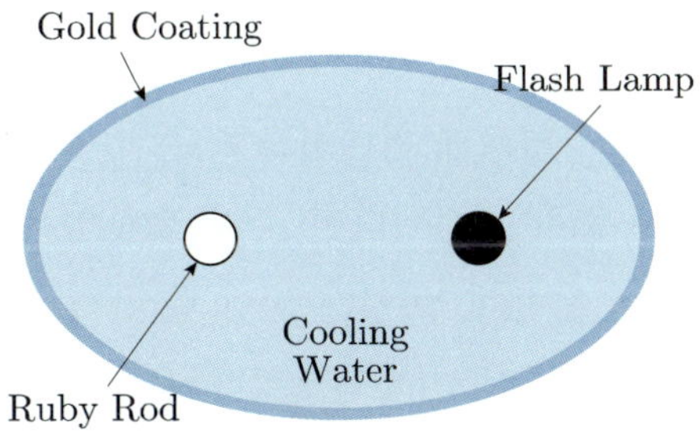

그림 9-6 타원형 반사 집광렌즈

그림 9-6에서 보는 바와 같이 타원형 단면을 가지는 긴 원통형 거울 내에서 봉과 flash lamp가 각각 서로 다른 타원의 초점 위치에 놓여 있다. 이것은 타원형 거울에서 타원의 한 초점에서 나온 모든 빛은 타원의 다른 초점을 지나는 성질을 가진다는 점을 이용한 것이다. 이런 시스템은 flash 출력을 몇 배나 더 효율적으로 사용하도록 해 준다.

9.3.3 4-준위 시스템

오늘날 가장 흔한 레이저 중 하나는 바로 헬륨-네온(He-Ne) 레이저이다. He-Ne 레이저는 100만원 미만으로도 구입이 가능하며 또한 교실에서의 실습뿐만 아니라 측량장치에서 조준용 광원 등 상업적으로도 아주 많이 활용되고 있다. He-Ne 레이저는 세상에 나온 두 번째 레이저로서 루비 레이저보다 불과 몇 개월 뒤에 나타났다. He-Ne 레이저는 4-준위 시스템으로 그림 9-7과 같은 에너지 준위를 가지고 있다.

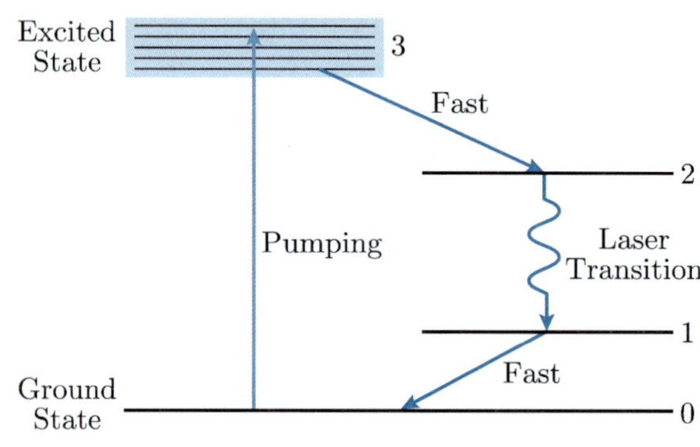

그림 9-7 4-준위 시스템에서의 천이

펌핑에 의해 원자는 준위-3으로 여기되고 이후 원자는 빠르게 준위-2로 천이된다. 레이저광은 준위-2에서 준위-1로 천이가 느리게 일어나는 과정에서 발생하며 원자가 준위-1에서 기저상태로는 다시 빠르게 천이하므로 준위-1에 머물러 있는 원자들의 수는 매우 적다. 이것은 펌핑이 꾸준히 계속된다면 준위-2에 있는 원자들이 언제나 준위-1에 있는 원자들보다 수가 많다는 것이다. 이렇게 되면 항상 더 높은 에너지에 있는 원자들의 수가 더 많으므로 레이저광도 역시 연속적으로 나올 수 있게 된다.

He-Ne 레이저에서 능동형 매질은 네온 가스이다. 네온 가스는 레이저 관을 채운 내부 가스의 10% 정도를 차지하고 있고 나머지는 헬륨 가스가 차지하고 있다. He-Ne 레이저 시스템의 펌핑은 대단히 흥미롭다. 전류가 헬륨과 네온 가스의 혼합물을 지날 때 네온사인에서 일어나는 것과 비슷한 방전이 일어나고 헬륨 원자들이 자신의 첫 번째 여기상태로 올라간다. 그런데 헬륨 원자의 첫 번째 여기상태의 에너지는 그림 9-7에서 볼 때 네온 원자의 준위-3에 해당하는 에너지와 거의 같다.

레이저 관 내부에 헬륨이 네온보다 9배 정도 더 많기 때문에 가스들 사이의 충돌 시

네온 원자는 자신들끼리보다는 헬륨과 충돌을 훨씬 더 많이 하게 된다. 이 충돌은 주로 비탄성충돌로서 헬륨 원자와 네온 원자의 여기상태가 서로 교환된다. 이렇게 원자들 사이에 에너지가 전달되는 것이 네온을 준위-3으로 여기시키는 펌핑 역할을 하게 된다. 그림 9-8은 이러한 과정을 나타낸 그림이다.

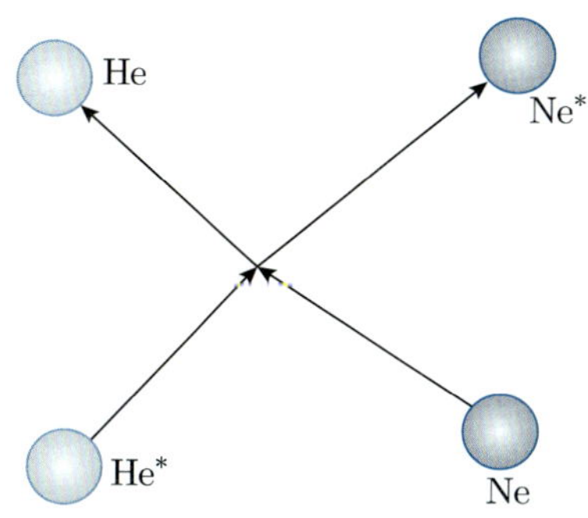

그림 9-8 여기된 헬륨 원자 He*와 기저상태에 있는 네온 원자의 충돌에 의한 네온 원자의 여기

준위-3에 있는 네온 원자는 빠른 천이를 통해 준위-2로 붕괴하고 준위-2에서 준위-1로는 느리게 천이를 일으킨다. 준위-1에 있는 네온 원자들은 다시 빠른 천이를 통해 기저상태로 돌아간다. 가스의 방전이 연속적이므로 He-Ne 레이저는 루비 레이저와는 대조적으로 광 출력이 연속적이다. 정상적인 동작 조건 아래서는 준위-2에 있는 원자들의 수를 준위-1에 있는 원자들의 수보다도 항상 크도록 유지할 수가 있으므로 레이저의 동작도 연속적으로 가능한 것이다.

그림 9-9는 He-Ne 레이저 시스템의 구조이다. 방전관의 양끝에 있는 브루스터 창(Brewster window)은 단순히 방전관을 닫아주는 역할뿐만 아니라 광 출력의 편광을 결정하는 역할도 한다. 이러한 레이저에서 나오는 광의 출력은 보통은 수십 mW 정도이다.

He-Ne 레이저에서 나오는 광 파장 중에서 가장 많이 볼 수 있는 것은 632.8 nm로 이는 스펙트럼 상에서 붉은 색 영역에 해당하는 것이다. 그러나 실제로 He-Ne 레이저 시스템에서는 100개 이상의 레이저 천이가 가능하며 매우 다양한 파장의 광을 만들어 낼 수 있다. 이렇게 다양한 파장들 중에서 방전관의 크기 및 100개 정도나 되는 유전체 박막을 사용하여 만든 고도로 선택적인 거울 등에 의해 원하는 특정한 파장이 레이저로 동작하도록 정해줄 수 있다.

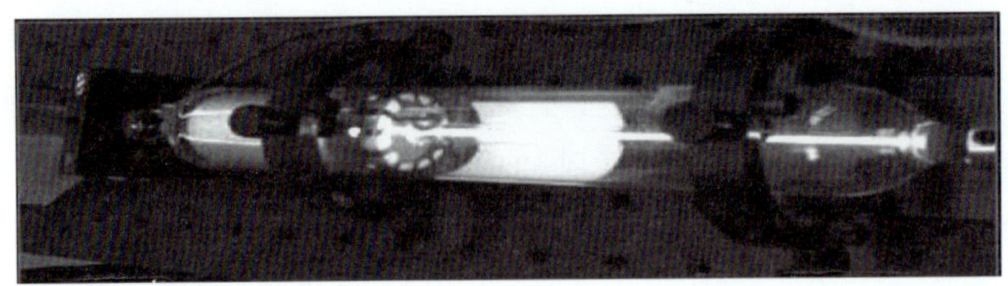

그림 9-9 He-Ne 레이저 시스템(방전관 내부는 10%의 네온 가스와 90%의 헬륨 가스로 구성되어 있고 압력은 약 10 torr 정도이다)

9.3.4 대표적인 레이저의 소개

레이저는 레이저를 개발하고 여러 분야에 응용하는 과학자들뿐만 아니라 일반인들에게까지도 널리 알려져 있는 첨단 장비이다. 레이저를 구성하고 있는 기본적인 요소는 앞에서 배운 바와 같이 레이저 매질, 여기원, 그리고 공진기 거울로 이루어져 있는데, 레이저 매질의 종류에 따라 고체 레이저, 액체 레이저, 기체 레이저로 분류한다. 여기에서는 산업용, 의료용, 그리고 연구용으로 가장 널리 쓰이는 Nd:YAG 레이저와 엑시머(excimer) 레이저를 소개하기로 한다.

Nd:YAG 레이저

Nd:YAG(Neodymium-doped Yttrium Aluminum Garnet) **레이저**는 대표적인 고체 레이저로서 Nd:YAG 결정을 레이저 매질로 사용하며 모든 분야에서 가장 유용하게 사용되는 레이저 중의 하나이다. Nd:YAG 결정은 $Y_3Al_5O_{12}$에 Nd^{+3} 이온을 doping시킨 물질로서 가장 널리 이용되고 있는 레이저 매질이다. Host인 YAG는 성장속도(0.5 mm/hr)가 느리기 때문에 가격이 비싸지만 무색이고, 광학적으로 등방적이며, 열전도도가 높아서 열에 안정적이고, 또 doping된 농도가 glass나 다른 host보다 높기 때문에 레이저 매질의 host로서 아주 적합하다. 그림 9-10은 Nd:YAG 결정의 에너지 레벨을 나타내는 도식도이다. 그림 9-10에서 보는 바와 같이 Nd:YAG 레이저의 중심 파장인 $\lambda = 1.064\ \mu m$의 값은 YAG에 doping된 Nd^{+3} 이온이 갖는 에너지 준위 중 $^4F_{3/2}$의 부준위인 R_2 준위에서 $^4I_{11/2}$ 준위로의 천이에서 생성되는 광자가 가지는 파장이다.

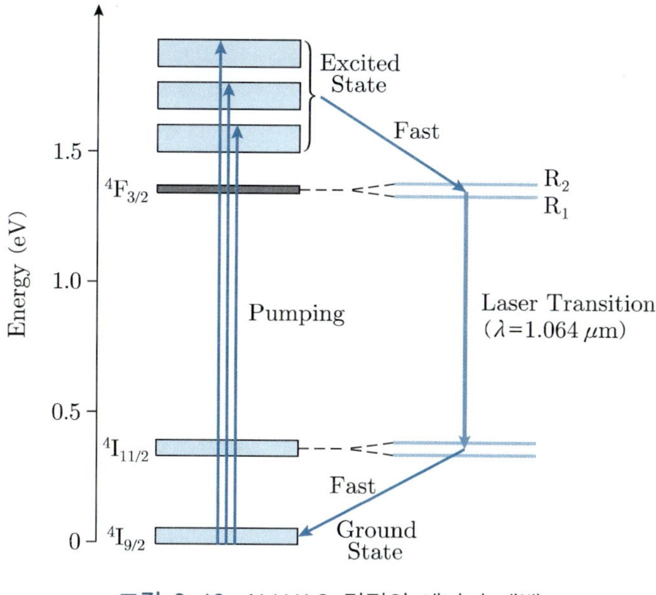

그림 9-10 Nd:YAG 결정의 에너지 레벨

Nd:YAG 레이저의 기저상태는 $^4I_{9/2}$ 준위인데, 기저상태에서 펌핑대(pumping band)로 여기된 원자들은 빠르게 $^4F_{3/2}$ 준위로 천이된다. $^4F_{3/2}$ 준위에는 R_1과 R_2의 부준위가 있는데, 이 부준위에 존재하는 원자밀도의 비율은 볼츠만의 법칙에 따라

$$\frac{N_{R_2}}{N_{R_1}} = e^{-\frac{\Delta E}{k_B T}} \simeq 0.656$$

이 된다. 여기서 k_B는 볼츠만 상수, ΔE는 R_1 준위와 R_2 준위 사이의 에너지 차, 그리고 T는 절대온도이다. 따라서 상온에서 R_1 준위에 40%, R_2 준위에 60%의 원자가 존재한다.

만약 상온에서 R_1과 R_2의 평형상태가 외적 요인에 의해 순간적으로 깨지더라도 $k_B T$의 값이 ΔE의 ~25배 정도 되기 때문에 R_1 준위에서 R_2 준위로 원자들이 여기되어 다시 평형상태가 된다. 레이저 발진이 시작되면 R_2 부준위의 원자가 $^4I_{11/2}$ 준위로 천이하게 되고 볼츠만 법칙을 만족시키기 위해 설명한 바와 같이 $R_1 \rightarrow R_2$ 천이에 의해서 R_2 부준위의 원자밀도를 공급한다. 따라서 기저상태로부터 펌핑대로 여기된 원자들 중에서 60%만이 $^4F_{3/2}$ 준위로부터 $^4I_{11/2}$ 준위로 발진하는데 기여하며, Nd:YAG 레이저의 중심 파장이 바로 이 천이에서 생기는 광자의 파장이다.

엑시머 레이저

엑시머(excimer) **레이저**는 200 nm 이하의 자외선 영역의 파장대까지 발진이 가능한 대표적인 기체 레이저이다. 엑시머란 excited dimer의 합성어로서 Xe_2, Kr_2, Ar_2처럼 동일한 원자 두 개로 만들어진 분자를 일컫는다. 엑시머 레이저는 일반적으로 dimer를 형성할 수 있는 불활성 기체인 Ar, Kr, Xe 등과 할로겐 이온인 F, Cl, Br 등이 혼합된 기체에 고전압의 전기 방전을 통해 에너지를 가해줌으로써 여기상태의 dimer를 형성한다. 이렇게 형성된 dimer의 life time(여기상태에 머물러 있는 시간)은 수 ns~수백 ns이며 이 시간이 지나면 dimer들은 유도방출로 자외선 영역의 빛을 방출하면서 각각의 단원자 상태로 돌아간다. 대표적인 엑시머 레이저로는 ArF($\lambda=193$ nm), KrF($\lambda=248$ nm), XeCl($\lambda=308$ nm), XeF($\lambda=351$ nm) 엑시머 레이저가 있다.

일반적으로 엑시머 레이저는 펄스 폭(pulse width)이 수 ns, 반복율이 수백 Hz에서 수 kHz, 평균 출력은 수 W(watt)에서 수백 W로 자외선 영역에서 가장 높은 출력특성을 가지는 광원이다. 파장이 짧은 자외선이 유기 합성물이나 생물체 등에 잘 흡수되는 특성을 이용하여 레이저 미세가공 분야에 응용이 가능할 뿐만 아니라 사람의 시력을 개선하기 위한 LASIK(laser assisted in-situ keratomileusis) 수술에도 엑시머 레이저가 사용되고 있다. 특히 자외선이 가지고 있는 높은 광자 에너지와 매우 높은 첨두 파워(peak power)는 엑시머 레이저가 레이저 가공 분야와 반도체 산업에 있어서 아주 매력적인 광원으로 활용되고 있다. 반도체 제조 공정에 있어서 가장 핵심적인 기술 중의 하나가 리소그래피 공정인데, 광원의 파장이 짧을수록 리소그래피 공정의 분해능을 향상시킬 수 있다. 현재에는 파장이 193 nm인 ArF 엑시머 레이저를 리소그래피 장비의 광원으로 사용하여 회로 선폭이~10 nm인 양산기술을 성공시켰으며 차세대 리소그래피 공정을 위한 극자외선(EUV : Extreme Ultra-Violet)을 광원으로 사용하는 양산용 리소그래피 장비의 출시를 목전에 두고 있다.

9.3.5 광검출기

사람의 눈은 놀라운 성능을 가진 광검출기이다. 우리가 알고 있듯이 눈은 인쇄된 페이지의 세세한 내용뿐만 아니라 아주 먼 곳에 있는 별들과 같은 물체들을 분간하는 능력을 가지고 있다. 하늘에 있는 먼 곳의 물체를 검출하는 능력은 눈 안의 검출기들의 감도(sensitivity)에 관계된 것이고, 반면에 촘촘하게 배치된 물체들의 세세한 부분들을 볼 수 있는 능력은 눈의 분해능에 관계된 것이다. 모든 검출기의 사용에 있어서 감도와 분해능은 고려해야 할 중요한 문제이다.

광검출기는 크게 두 종류로 구분할 수 있다. 첫 번째는 눈과 같이 상(image)을 검출하는 것이다. 이런 종류의 대표적인 검출기로는 사진필름이나 좀 더 현대적인 전하결합소자(CCD) 배열 등을 들 수 있다. 필름은 보통 사소하고 하찮은 재료로 여기는 사람들이 많지만 사실 이것이 사용된 지는 불과 100여 년 정도밖에 되지 않았다.

광검출기의 두 번째 종류는 점 검출기(point detector)로서 이것은 단순히 어떤 지점에 빛이 얼마나 있는지를 검출한다. 광통신기술이 크게 발달하면서 점 검출기들은 통신시스템에서 매우 중요한 역할을 하고 있다. 지난 40 여 년에 걸친 빈도체 기술의 빌달은 광검출 과정에 많은 변화를 가져왔을 뿐 아니라 가정용 TV 카메라와 같은 기기의 개발을 가능하게 했다.

광전효과(photoelectric effect)는 광검출 과정을 이해하는데 있어 기초가 된다. 아인슈타인(Albert Einstein)은 광전효과를 밝히는데 중요한 역할을 함으로써 노벨상을 받았다. 흔히 아인슈타인이 상대성이론으로 노벨상을 탔을 것이라고 생각하는데, 상대성이론이 아닌 광전효과의 규명으로 노벨상을 수상한 것은 흥미로운 일이다.

복사에 대한 검출방법은 복사가 나타나는 스펙트럼이 어떤 영역인가에 따라서 달라진다. 자외선은 파장이 400 nm 이하의 빛으로 광자의 에너지가 큰 반면에, 광통신 시스템에서 사용되는 적외선은 1000 nm (1 μm) 이상의 파장을 가지고 있으며 광자의 에너지도 작아서 자외선에 비해 검출하기가 더 어렵다.

광검출 시 고려해야 할 또 다른 요소는 신호의 종류이다. 즉, 그 광신호가 강도를 검출해야 할 신호인지 아니면 광학 이미지와 같은 분산신호인지 구분이 필요하다. 분산신호는 대부분 보관을 목적으로 하기 때문에 필름이나 CCD 배열 등을 필요로 한다. 이미지를 검출하는 것은 공간적으로 광범위한 검출기를 사용해야 하는데 그것은 점 검출기와는 다른 규격들을 가지고 있다.

광전효과

빛이 어떤 금속의 표면에 닿을 때 일종의 전기적인 효과가 일어난다는 것은 20세기 초부터 알려져 있었다. 1887년 헤르츠(Hertz)는 전극에 자외선을 조사하면 좀 더 낮은 전압을 걸어주더라도 두 전극들 사이에서 스파크가 일어나는 것을 발견했다. 그림 9-11은 광전효과를 관찰할 수 있는 일반적인 실험장치의 도해도이다. 보통 알칼리 금속으로 coating된 감광을 할 수 있는 금속판이 진공 상태인 chamber 내에 놓여 있는데, 이것은 외부의 전압인가 장치 및 전류계와 직렬로 연결되어 있다. 표면이 빛을 받으면 전체 시스템에 전류가 흐르게 되고 다음과 같은 현상들이 관측된다.

1. 빛의 파장이 **끊어버림 파장**(cutoff wavelength)이라고 하는 특정한 파장보다 짧지 않은 경우에는 전류가 흐르지 않는다.
2. 일단 파장이 끊어버림 파장보다 짧아지면, 전류가 흐르는데 전류의 크기는 빛의 강도에 비례한다.
3. 끊어버림 파장은 감광표면의 금속이 무엇으로 구성되어 있느냐에 따라서 달라진다.

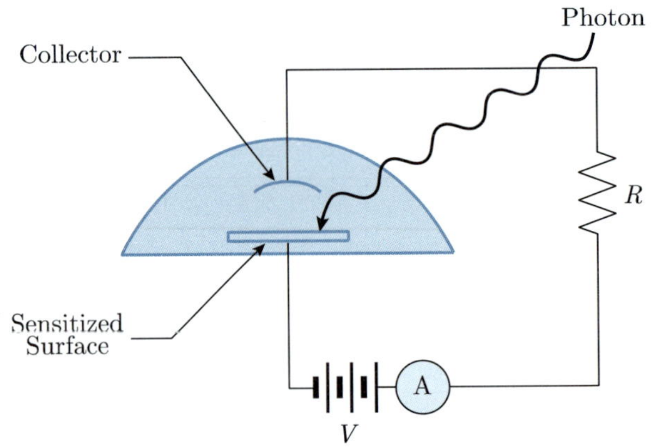

그림 9-11 광전효과를 관찰할 수 있는 실험장치

아인슈타인은 표면에 도달하는 빛이 플랑크 법칙에 의해 다음 식과 같이 주어지는 에너지를 가진 광자들이라고 가정을 세웠다.

$$E = hf = h\frac{c}{\lambda} \tag{9-4}$$

여기서 h는 플랑크 상수로 6.63×10^{-34} J · s 또는 4.14×10^{-15} eV · s의 값을 가지며, f는 빛의 주파수이다. 광자들은 금속표면에서 전자들을 튀어나가게 만드는데, 물질에 따라 전자를 튀어나가게 하는데 필요한 에너지가 달라지며 이 에너지를 **일함수**(work function)라고 한다.

예제 9.3 He–Ne 레이저의 광자 에너지

일반적인 He–Ne 레이저에서 나오는 파장 632.8 nm 광자 한 개의 에너지를 계산하시오.

풀이 플랑크(Plank)의 법칙을 이용하면 광자 한 개의 에너지 E는 다음과 같다.

$$E = hf = \frac{hc}{\lambda}$$

$$= \frac{4.14 \times 10^{-15}\mathrm{eV \cdot s} \times 3 \times 10^{8}\,\mathrm{m/s}}{632.8 \times 10^{-9}\mathrm{m}}$$

$$= 1.96\ (\mathrm{eV})$$

예를 들어, 나트륨(Na)의 경우 일함수는 2.28 eV이고, 백금의 경우는 6.35 eV이다. 금속표면에서 탈출한 전자가 가지는 에너지는 다음과 같이 주어진다.

$$E = hf - \phi \qquad (9\text{–}5)$$

여기서 ϕ는 주어진 금속의 일함수이다. 광전효과 및 플랑크 법칙에 의하면, 짧은 파장을 가진 빛을 검출하는 것이 긴 파장의 빛을 검출하는 것보다 쉽다는 것을 알 수 있다.

예제 9.4 일함수

알루미늄의 일함수는 4.08 eV이다. 알루미늄의 끊어버림 주파수 및 파장을 계산하시오.

풀이 식 (9–4)로부터

$$E_{\mathrm{cutoff}} = hf_{\mathrm{cutoff}}$$

이다. 따라서 끊어버림 주파수는

$$f_{\mathrm{cutoff}} = \frac{4.08\ \mathrm{eV}}{4.14 \times 10^{-15}\mathrm{eV \cdot s}} = 0.99 \times 10^{15}\ (\mathrm{Hz})$$

이고 끊어버림 파장은

$$\lambda_{\mathrm{cutoff}} = \frac{c}{f_{\mathrm{cutoff}}} = \frac{3 \times 10^{8}\mathrm{m/s}}{0.99 \times 10^{15}\mathrm{Hz}} = 3 \times 10^{-7}\ (\mathrm{m}),$$

또는 300 nm이다.

연습문제

01 최대출력이 나타나는 파장이 녹색 영역에 해당하는 $550\ \mathrm{nm}$가 되려면 물체의 온도가 얼마가 되어야 하는가?

02 어떤 푸른 별의 표면온도가 $6800\ \mathrm{K}$이다. 그렇다면 이 별이 일으키는 전자기 복사의 최대출력이 나오는 파장은 얼마가 되는가? 이 별을 푸른 별이라고 하는 것이 적절한가?

03 일광에서 사용하는 사진필름은 색온도 $6200\ ℃$에 최적화가 되어 있다고 한다. 이 필름은 파장이 얼마일 때 감도가 최대가 되는가?

04 문제 2의 별의 반지름이 $10^4\ \mathrm{m}$라고 할 때 이 별로부터 나오는 복사의 출력을 계산하시오.

05 광자의 에너지에 대한 수치적인 감각을 익히는 의미에서 파장이 $350\ \mathrm{nm}$인 자외선 광자의 에너지와 파장이 $2000\ \mathrm{nm}$인 적외선 광자의 에너지를 각각 구하시오.

06 온도가 $25\ ℃$일 때, 기저상태보다 $10\ \mathrm{eV}$ 높은 에너지 준위로 여기되는 원자는 전체 중 얼마의 비율이겠는가?

찾 아 보 기

ㄴ

ㄷ

ㄹ

ㅁ

ㅂ

ㅅ

ㅇ

ㅈ

ㅎ

기 타

안 승 준

· 경북대학교 자연과학대학 물리학과(이학사)
· KAIST 물리학과 석사과정(이학석사)
· KAIST 물리학과 박사과정(이학박사)
· ㈜삼성전자 반도체연구소 선임연구원
· 현재 선문대학교 공과대학 정보디스플레이학과 교수

안 성 준

· 서울대학교 자연과학대학 물리학과(이학사)
· KAIST 물리학과 석사과정(이학석사)
· KAIST 물리학과 박사과정(이학박사)
· ㈜삼성전자 반도체연구소 선임연구원
· 한국전력연구원 선임연구원
· 현재 선문대학교 공과대학 정보통신공학과 교수

현대 광학

인쇄 | 2019년 3월 1일
발행 | 2019년 3월 5일

지은이 | 안 승 준 · 안 성 준
펴낸이 | 조 승 식
펴낸곳 | (주)도서출판 **북스힐**

등 록 | 1998년 7월 28일 제 22-457 호
주 소 | (01043) 서울시 강북구 한천로 153길 17
전 화 | (02) 994-0071
팩 스 | (02) 994-0073

홈페이지 | www.bookshill.com
전자우편 | bookshill@bookshill.com

값 25,000원

ISBN 979-11-5971-195-4